Le Colonel Chabert au cinéma

Gilles VISY

Université de Limoges

Le Colonel Chabert au cinéma

Variation sémiologique autour de la transformation
du texte en film : théorie, pratique, et didactique
sur *Le Colonel Chabert* et autres textes

Thèse de doctorat en lettres modernes sous la direction de Monsieur Claude Filteau

Publibook

Dialoguez avec l'auteur, et retrouvez cet ouvrage accompagné de la critique de notre club de lecture, des commentaires des lecteurs, sur le site Publibook :

http://www.publibook.com

Publibook, Paris, 2003

Publibook,
133 ante, rue de l'université
75007 Paris – France
Tél : 33 (0)1 47 05 69 10

IDDN.FR.010.0101354.000.R.P.2003.035.40000

« Il est plus facile d'adapter une histoire comportant quelques flous qu'un chef-d'œuvre parfait. Sinon, on devient esclave du génie, on n'ose pas le malmener. »

Yves Angelo
A propos du *Colonel Chabert*, *Le Figaro magazine*,
samedi 17 septembre, 1994.

Avant-propos

Née du regard, *La Comédie humaine* s'adresse au regard. Fasciné par le kaléidoscope, la lanterne magique, le panorama, le diorama, et toutes les fantasmagories en vogue à son époque, Balzac a cherché à introduire dans le roman l'illusion d'un spectacle polychrome et animé pour représenter « la réalité sociale saisie en action »[1]. Mais pour cela, il fallait recréer cette réalité humaine, la mettre en œuvre, lui donner une forme qui produise l'impression du réel et fasse concurrence à la vie elle-même. Balzac prétend donc monter pour ses lecteurs un spectacle qui soit capable de les soustraire à leur environnement pour les enfermer dans l'univers fictif que son talent de metteur en scène réussit à imposer. Pour arriver à ce résultat, il cherche à atteindre un art total, une forme idéale qui réussisse à exprimer l'essence de la vie au lieu de la copier platement. Et comme rien ne lui semble impossible, il pense pouvoir y arriver par des moyens techniques, c'est-à-dire en utilisant les ressources des autres genres littéraires par une méthode symphonique réunissant Histoire, drame, épopée, opéra dans une composition unique, un spectacle complet.

Cet aspect spectaculaire, donc populaire du roman balzacien a été d'emblée ressenti par le cinéma, qui y a trouvé un véritable filon. Dès ses débuts, le septième art, prenant conscience du caractère intrinsèquement cinématographique de cet univers, découvre chez l'auteur de *La Comédie humaine* des scenarii comportant tous les ingrédients du succès. Le cinéma muet sait d'emblée traduire par l'expressionnisme les situations étranges de textes fantastiques ou philosophiques dans les chefs-d'œuvre de Jean Epstein (*L'Auberge rouge* 1923) ou de Marcel L'herbier (*L'Homme du large* 1920), le cinéma de l'Occupation, trouvant dans *La Comédie humaine* des histoires qui échappent à la censure, l'adaptent à tour de bras, la télévision doit à Balzac ses meilleures drames et ses feuilletons les plus suivis. Et le cinéma d'aujourd'hui continue à exploiter ce filon. Il est donc toujours

[1] – La formule est de Pierre-Georges Castex, *L'Univers de la Comédie Humaine*, Pléiade, t.I, p. XVII.

intéressant d'examiner comment les cinéastes adaptent Balzac pour le grand écran et de comparer textes et films. C'est ce que fait le livre de Gilles Visy. Il se présente comme une réflexion, à la fois théorique et pratique, sur le processus de l'adaptation cinématographique du texte balzacien, réflexion menée à propos du *Colonel Chabert* de Balzac et des deux films homonymes de René Le Hénaff (1943) et d'Yves Angelo (1994). C'est un travail solide, bien informé et surtout d'une incontestable rigueur méthodologique. Il explore toutes les théories modernes de l'adaptation et les applique à l'étude de son objet avec une grande largeur de vues, forgeant à cet usage un concept original, celui de « sémiologie à géométrie variable » qui paraît bien adapté à cette opération. De plus, il tire de sa recherche des enseignements didactiques, en lui assignant une finalité pédagogique qui la rend précieuse non seulement pour tous les enseignants, confrontés de plus en plus au problème du visionnement et du commentaire de films, et très mal formés à cet exercice périlleux. Je suis certaine que son travail sera l'un de ceux qui contribueront à imposer le recours au film comme outil pédagogique indispensable à l'enseignement des lettres et des sciences humaines, aussi bien dans le secondaire que dans le supérieur.

Anne-Marie Baron

Préface

Gilles Visy nous invite à l'étude comparée des voyages immobiles que nous offrent le cinéma et le roman moderne. Ces deux arts majeurs sont nés au XIXe siècle, si l'on accepte de considérer qu'Honoré de Balzac élabora, malgré la contestation dont elles ont fait l'objet pendant deux ou trois générations, les formes et les normes de ce qu'est aujourd'hui, socio-culturellement (en occident du moins), un roman. Au cours de ce même siècle industriel, précisément au temps de Balzac, une autre invention, celle des chemins de fer, ébranla profondément la stabilité du monde en modifiant la perception cinétique que l'on pouvait s'en faire. Un observateur en mouvement se croit immobile, et confère au monde extérieur la vitesse dont il est affecté. Un spectateur et un lecteur sont des observateurs immobiles en face desquels défilent ou se déroulent les époques, les hommes et les continents. Le cinéma et le roman ne sont-ils pas toujours comme des départs sollicitant la puissance de notre imagination ? Ne nous dépaysent-ils pas en nous proposant les plus grands déplacements qu'il soit possible d'envisager dans le temps et dans l'espace ?

Le présent ouvrage explore lumineusement ces questions pour examiner comment les mots se laissent traduire en images et en mouvements. Il s'intéresse, en effet, aux procédures complexes de transformation et de transposition – ces deux termes sont à ne pas confondre – que le changement des moyens d'expression artistique suppose et impose. Gilles Visy n'a toutefois aucun mal à nous convaincre que sa tâche ne s'achève pas avec la description des amendements et des remaniements qu'exige le passage d'un langage à un autre. Une adaptation est toujours une création et une interprétation – d'où son caractère spécifique –, une lecture qui prête à une œuvre antérieure une signification originale.

D'André Calmettes à Jacques de Baroncelli, à Lavinia Currier, à Jacques Rivette, le cinéma est allé très régulièrement puiser ses sources d'inspiration chez Honoré de Balzac, qui est certes le plus formidable inventeur d'histoires de la littérature, et dont toutes les œuvres sont traversées par un immense courant de vie et d'humanité. En choisissant, comme terrain d'analyse et d'expérimentation, *Le Colonel Chabert*, Gilles Visy conduit d'emblée son lecteur vers l'un des romans de Balzac actuellement les plus lus et les plus appréciés par un vaste public. Il le dirige en outre au cœur de l'univers romanesque que Balzac coiffa d'un titre – *La Comédie humaine* – dont la célébrité est universelle.

Colonel et comte de l'Empire, héros des guerres napoléoniennes déclaré mort sur le champ de bataille à Eylau en février 1807, Chabert rentre en France en 1815 et se présente, à Paris, en 1819, afin d'obtenir la reconnaissance de son existence et de ses droits, la restitution de son nom, de sa fortune et de son épouse remariée. *Le Colonel Chabert* parle, certes, à l'actualité de chaque époque et de chaque guerre en offrant une formidable histoire de revenant qui se hisse à la hauteur du mythe – celui du voyage au pays des morts, de la résurrection et de la mise au tombeau. Il est aussi, ainsi que nous le disions en présentant ce roman dans une édition de poche, par la richesse et la variété de ses thèmes, « une tragédie moderne, un roman de la vie privée, une affaire judiciaire, une scène parisienne, une histoire militaire, une étude de femme ».

Cette longue nouvelle, ou ce roman court – comme on voudra –, ne fut pourtant pas toujours auréolé de popularité et de célébrité, mais il a toujours, et très tôt, tenté les adaptateurs de théâtre et de cinéma. Dans les semaines qui ont suivi sa première publication, en ce temps (1832) où la propriété littéraire n'existe pas encore, *Le Colonel Chabert* fut mis en coupe réglée par deux dialoguistes professionnels qui n'hésitèrent pas à modifier le nombre des personnages, à changer les noms, à inventer des actions, à modifier radicalement le dénouement. Ils firent représenter avec succès au Théâtre du Vaudeville un *Chabert, histoire contemporaine en deux actes*. Dans une adaptation réalisée par Henri Pouctal, *Le Colonel Chabert* est porté à l'écran aussi tôt qu'en 1911. L'histoire de cette œuvre au cinéma est ponctuée par deux grandes adaptations, que Gilles Visy analyse avec beaucoup de rigueur dans toutes leurs composantes : l'une, réalisée en 1943 par René Le Hénaff (dialogues de Pierre Benoit, Raimu dans le rôle titre) ; on doit l'autre, réalisée en 1994, à Yves Angelo (dialogues de Jean Cosmos, Gérard Depardieu dans le rôle titre).

Sous l'Occupation, les œuvres de Balzac jouirent d'une faveur constante : sept d'entre elles firent l'objet d'adaptations (seul Simenon fut mieux servi). Le film de Le Hénaff n'a sans doute pas réussi à faire oublier le grand succès de *La Duchesse de Langeais*, adaptée en 1942 par Jean Giraudoux (avec Edwige Feuillère), mais il participait d'un même besoin d'évasion (du quotidien dans le passé) et d'une même volonté : affirmer un patrimoine littéraire, une identité culturelle, la continuité du génie français. L'évocation de la grandeur militaire de l'Empire jetait en outre un baume sur la démoralisation d'un pays vaincu. Autre époque, autres normes culturelles, autres objectifs, autres besoins, l'adaptation de 1994 témoigne des exigences et des contraintes externes auxquelles est soumise aujourd'hui toute production cinématographique qui accepte de ne pas rompre avec la narration.

On ne niera pas la part de ces déterminations historiques ou circonstancielles dans l'intérêt que le cinéma porte depuis un siècle à l'œuvre de Balzac, mais Gilles Visy modifie de telles perspectives. *Le Colonel Chabert* offre à la lecture un conflit poignant, une histoire qui entretient nos angoisses les plus sourdes (l'identité, la folie, l'abandon, la dépossession, la mort). Le héros incarne tout à fait l'homme plongé dans une situation qui le laisse sans réaction parce qu'elle semble déborder toute action possible. L'œuvre de Balzac propose aussi quelques morceaux de bravoure (le long monologue de Chabert face à Derville ; la charge de la cavalerie à Eylau en 1807, etc.) qui ne peuvent laisser indifférents aucun des agents de la transformation filmique : un dialoguiste cherchant à rivaliser avec un grand style, vif et rapide, un acteur souhaitant un rôle qui le mette avantageusement en valeur, un directeur de la photographie ou un réalisateur voulant montrer sa virtuosité, etc. Il propose encore une unité d'action (Chabert récupérera-t-il sa fortune et sa femme ?), un nombre réduit de lieux et de personnages principaux, tandis que la fréquence du recours au style direct, des dialogues fortement théâtralisés, la faible occurrence des descriptions et des commentaires, en un mot l'effacement du narrateur – inattendu chez ce romancier réputé pour ses nombreuses interventions souvent jugées insupportables –, ménage d'autres regards, d'autres points de vue, d'autres discours, d'autres élaborations. Attentif aux métamorphoses et aux correspondances d'une écriture à une autre, Gilles Visy interroge avec brio ces potentialités, cette plasticité et cette malléabilité, autant que l'effort d'adaptation que l'adaptation cinématographique d'une œuvre littéraire à caractère historique demande à son spectateur. Cet effort appelle une pédagogie ici prise en compte, à laquelle l'auteur contribue de façon marquante au moyen de réflexions neuves et originales.

Mort à cinquante et un ans, en 1850, Balzac ne pouvait évidemment prévoir les immenses virtualités du cinéma dont Marcel Proust a pu recueillir les premiers échos. Mais Balzac fut toujours passionné par les jeux d'illusion et les lanternes magiques, par les kaléidoscopes, par les panoramas de Fulton qui représentaient sur d'immenses toiles peintes, circulaires et transparentes, des paysages, des scènes historiques ou légendaires, des sites ou des monuments célèbres. Tout jeune homme encore, il avait couru, derrière le Château d'Eau, rue Samson, à l'inauguration du diorama de Daguerre qui avait su animer ces grands tableaux, devant lesquels la salle tournait, par de spectaculaires jeux d'éclairages. « C'est la merveille du siècle, une *conquête de l'homme*, à laquelle je ne m'attendais nullement », écrivit-il aussitôt à sa sœur dans un bel élan d'enthousiasme. L'écrivain Balzac, l'auteur du *Chef-d'œuvre inconnu* et de *Sarrasine*, l'architecte de *La Comédie humaine* devaient fort bien découvrir que, pour tout créateur, la nature n'est pas simplement un modèle : elle est aussi une matière à pétrir et à fabriquer.

La littérature, l'écriture et la lecture, s'inscrivent nécessairement dans la durée ; le cinéma met le mouvement dans l'image – telle est « la merveille du siècle ». Aussi entretiennent-ils, à l'écart des autres arts, d'étroites relations. Enchaînant des actions et des perceptions, ces voyages immobiles conduisent aussi, comme celui auquel nous invite ici Gilles Visy, vers d'autres mots, d'autres images, d'autres désirs. Tout voyage est conquête mais tout départ est ambigu car il n'est jamais rupture absolue, il est toujours aussi vérification ou besoin d'un inexprimable.

Stéphane Vachon

Introduction

L'œuvre d'art existe non seulement en fonction des académismes institutionnels mais aussi par rapport à la subjectivité analytique d'un moment donné. Un tableau du Titien ne fera pas l'objet des même critiques au XVI è siècle et au XX è siècle pour la bonne raison que les normes culturelles ne sont plus les mêmes et que les outils d'analyse subissent eux aussi des changements. D'ailleurs « tout système se manifeste nécessairement comme évolution, et que d'autre part l'évolution présente avec nécessité les caractéristiques d'un système. » [2] Celle-ci est donc souhaitable, afin que le système acquière de nouvelles valeurs reconnues socialement parlant, et auxquelles l'artiste tentera de se substituer. Il y a peut-être de la part du créateur une volonté d'échapper à une structure, à une école, dans la mesure où celle-ci impose des codes affirmés comme étant les seuls à justifier, à prouver l'authenticité d'un réel. Delacroix disait que : « ce qu'il y a de plus réel pour moi, ce sont les illusions que je crée avec ma peinture. » [3] La véritable force de l'artiste, devant cette notion hypothétique et discutable du réel, consiste à transmettre un « langage affectif » que le spectateur contemplatif sera à même de décoder selon son désir, sa capacité à être fasciné par l'objet et sa motivation culturelle : ce que l'on appellerait « le syndrome de Stendhal ».[4]

---

[2]. – JAKOBSON (R.) et TYNIANOV (I.). – *Probleme der literatur und Sprachfor-schung* (*Problèmes de la recherche littéraire et linguistique*), in Kursbuch, 1966, p. 75, n°5.

[3]. – Cf. document vidéo *Palette, Delacroix : sous les pavés, l'image,* d'Alain Jaubert, prod. Arte, 1990.

[4]. – Voir le film de Dario Argento *Le syndrome de Stendhal* tourné en 1996. Le cinéaste travaille sur la fascination et l'émotion qu'exerce la beauté d'une œuvre d'art sur le public, et particulièrement sur l'héroïne Anna Manni. « Le syndrome de Stendhal » se définit par une sensibilité exacerbée qui permet de s'immerger totalement dans certaines œuvres d'art et de leur donner vie. Il s'agit d'une émotion incontrôlée qui unit le sujet à l'oeuvre et fait de son interprétation une assimilation. On parle même de « dilettantisme » : juger en fonction de son seul plaisir et de son émotion. Stendhal ressentit cette émotion lorsqu'il découvrit les oeuvres de la renaissance italienne, cf. STENDHAL. – *Histoire de la peinture en Italie*, Paris, 1996. L'esthétique est la sensibilité sous toutes formes, depuis le plaisir des sens jusqu'au bouleversement presque sacré du sublime (« le syndrome de Stendhal » est presque le cas pathologique du « dilettantisme »).

Le cinéma est un foisonnement inépuisable de problèmes sémiotiques, puisque le film est aussi bien « trace, signe, symboles ».[5] Mais le Septième Art est également une émotion, un spectacle. La puissance de l'image réside dans un mélange de subjectivités confrontées qui crée l'illusion du monde au sens large : « l'imaginaire ensorcelle l'image parce que celle-ci est déjà sorcière en puissance. »[6] Qu'en est-il de la littérature ? Les images littéraires ne sont pas matérialisées, elles ne reflètent que des pensées dont la représentation reste une abstraction. Comment le lecteur ou le spectateur percevra t-il une image confirmée sur l'écran et une image virtuelle à reconstruire mentalement devant la page écrite ?

C'est peut-être ce contraste qui fait toute la richesse de la confrontation entre deux formes différentes d'expression artistique. Dans une société où l'image et le texte cohabitent, il est nécessaire de comprendre cette notion d'intertextualité qui pose non seulement le problème de la « confrontation », mais aussi celui de la « réinterprétation », de la « traduction », de la « transposition » (à condition de considérer toute œuvre d'art comme un texte capable de légitimer un langage). Ces problèmes sont à l'ordre du jour.

En effet, aujourd'hui, la nouveauté de la recherche universitaire repose sur l'interaction disciplinaire qui offre la possibilité de décloisonner les arts. Celle-ci ne permet peut-être pas une comparaison absolue ; mais elle peut établir des systèmes analogues, des outils d'analyse qui permettront cette confrontation, et aussi un échange fructueux capable de définir les ressemblances et les divergences. Kandinsky disait que : « l'art moderne ne peut naître que lorsque des signes deviennent des symboles. »[7] Ne serait-ce pas là le dénominateur commun qui pourrait permettre d'établir des relations entre les arts ? Par exemple : qu'est-ce qui peut unir la musique et la peinture ? Quels traits caractérisent l'image littéraire et le signe filmique ? Certains artistes ont déjà tenté quelques réponses grâce à leurs productions. Ces questions, même si elles suscitent le plus vif intérêt à l'heure actuelle, ne sont pas nouvelles pour autant.

Kandinsky avait ainsi fait plusieurs compositions scéniques alliant peinture, musique, chorégraphie et lumière. Les couleurs y étaient parfois comme de véritables acteurs. Ce rêve d'une synthèse des arts, qui est d'ailleurs l'aboutissement plus ou moins conscient de cette confrontation, enthousiasma le peintre, puisqu'en 1922 Kandinsky composa une pein-

---

[5]. – MORIN (E.). – *Le cinéma ou L'homme imaginaire*, Paris, 1995, préface p. XIII.

[6]. – *Ibid.*, p.83.

[7]. – Cf. document vidéo *Palette, Kandinsky : figures de l' invisible*, d'Alain Jaubert, prod. Arte, 1994.

ture murale pour l'exposition de la *Juryfreie* à Berlin : projet pour un hall de musée. Les murs d'une grande pièce octogonale avaient été couverts de toiles noires sur lesquelles se détachaient des motifs clairs et contrastés. Le visiteur était immergé dans l'illusion d'un espace pictural : une véritable chorégraphie théâtrale. Un peu plus tard en 1928, il créa des décors et des costumes pour les *Tableaux d'une exposition* [8] du musicien Moussorgsky : parfaite représentation théâtrale des formes de sa peinture. Ce fut l'occasion pour le peintre de témoigner à nouveau son aspiration à cette synthèse des arts. De même, le pianiste Skriabine, un peu plus tôt en 1906, avait tenté de créer un clavier à lumière ou des teintes précises correspondaient à des tonalités définies, le but étant « d'accroître l'effet du ton musical par l'effet du ton coloré correspondant. »[9] Ceci rappelle étrangement le « pianocktail »[10] surréaliste que Boris Vian décrit dans *L'écume des jours,* ou bien les symphonies de liqueurs colorées de « l'orgue à bouche » [11] dans *A rebours* de Joris-Karl Huysmans.

Le cinéma peut être lui-même considéré comme une synthèse des arts, une accumulation de talents et de créations, une œuvre collective : pour faire un scénario, il faut être écrivain ; pour être décorateur, il faut être architecte, et l'éclairage relève de connaissance en art pictural ; pour trouver la musique idéale du film, il faut être musicien, voire compositeur ; et, enfin pour être cameraman, il faut maîtriser la photographie. Ainsi, on appelle le cinéma le Septième Art.

L'approche qui nous intéresse est cette micro synthèse entre littérature et cinéma. Nous ne nous placerons pas pour l'instant du point de vue de l'artiste qui a besoin d'écrire pour faire un film ; mais plutôt du côté du critique qui tentera d'évoquer les différents rapports entre texte et image, et en particulier la transformation du mot en image. Mais avant d'en arriver à ce point crucial, il serait intéressant de présenter justement les multiples façons d'approcher le cinéma, sachant que ce dernier est bien souvent l'aboutissement d'une production écrite (adaptation de roman ou scénario original).

Le but de cette approche des différentes théories cinématographiques n'est pas un simple catalogue ou remplissage introductif, il permet de comprendre l'évolution des analyses, en particulier depuis 1945. Notre position serait une sorte d'héritage de toutes ces approches dans la perspective de « formater » une sémiologie ou une sémiotique (distinction qui

[8]. – Suite pour piano.

[9]. – KANDINSKY (V.). – *Du Spirituel dans l'art, et dans la peinture en particulier*, Paris, 1989, p. 189.

[10]. – VIAN (B.). – *L'écume des jours*. – Paris, 1979, p.15.

[11]. – HUYSMANS (J-K.). – *A rebours*. – Paris, 1996, p.133.

restera à faire). Elle ne cherchera pas forcément la théorie du sens, mais une approche du sens. Celle-ci n'a pas forcément pour mission l'exactitude parfaite puisque nous nous plaçons du côté des sciences humaines, donc des sciences dites « inexactes ». Elles remettent en cause justement cette approche du sens. Il importe d'étudier le cinéma et la littérature avec une démarche ouverte et souple, car il est difficile d'avoir une emprise sur un ensemble d'éléments, aux paramètres bien réglés, comme dans les sciences dites « exactes ». Notre engagement fait preuve par nécessité d'un certain éclectisme puisque le mécanisme de la transformation d'écriture est déjà par essence éclectique. Nous jonglons entre les mots d'écrivains et les images cinématographiques : domaines qui n'ont pas systématiquement de liens de parenté.

En ce qui concerne la théorie du cinéma, nous nous inspirons du travail de Francesco Casetti[12] qui a été le premier à identifier, à compartimenter, et, en même temps, à jouer l'interaction entre les différentes approches du film.

Les théories un peu moins pertinente pour notre travail sont celles qui relèvent de l'anecdotique ou du factuel, et que l'on retrouve sous forme de petites histoires dans les magazines de cinéma à grande diffusion. Certains articles nous ont été pourtant d'une aide précieuse.[13] Comme l'affirme Casetti la véritable théorie « est plutôt pensée comme une conjecture qui permet de saisir la signification ou le fonctionnement de certains phénomènes [...], ou mieux encore comme une façon de voir, partagée par une communauté de scientifiques considérée efficace. »[14] C'est à ce titre que ces phénomènes récurrents construisent une cohérence, un certain modèle, et une grille méthodologique capable de faire la « bonne recette ». Cependant, il existe parfois un décalage entre théorie et pratique, que l'on cherchera à masquer par toutes les astuces pour ne pas mettre à défaut la théorie si bien construite.

Casetti distingue trois types de théories. D'abord les théories ontologiques, ensuite les théories méthodologiques et enfin les théories de spécialités. Les premières s'orientent vers la connaissance globale du cinéma et définissent une vérité, une philosophie généralisante. Nous avons d'abord le thème « cinéma et réalité » qui caractérise essentiellement les écrits d'André Bazin[15] qui sont fondés sur la conquête du réel. Cette théo-

---

12. – CASETTI (F.). – *Les théories du cinéma depuis 1945*, Paris, 1999.
13. – Cf. bibliographie, rubrique *Articles.*
14. – *Ibid.*, p.6.
15. – BAZIN (A.). – *Qu'est-ce que le cinéma ?*, Paris, 1994. Cf. bibliographie pour les autres ouvrages d'un même auteur ; ceci est valable pour toutes les références de l'introduction.

rie influença la pensée cinématographique dans les années 50. Nous n'avons pas la prétention de mentionner toutes les tendances ; il y a évidemment les écoles allemandes, américaines et italiennes que nous n'évoquerons pas, par crainte de digressions inutiles.

La deuxième tendance de la théorie ontologique est « cinéma et imaginaire » avec les travaux d'Edgar Morin[16] vers 1960. Le cinéma devient une affaire de subjectivité. Grâce à lui, la participation du spectateur est prise en compte et nous découvrons certaines structures de l'imaginaire auxquelles nous ajoutons les écrits de Gilbert Durand[17] qui peuvent parfaitement s'adapter au cinéma. Déjà, nous nous rapprochons des théories méthodologiques.

A cet effet, Casetti distingue le fait que les théories méthodologiques ne s'intéressent guère à ce qu'est le cinéma en tant que tel. En réalité, il faut se poser les question suivantes : de quels points de vue doit-on l'observer ? Comment apparaît-il pris sous cet angle ? Quelles sont les informations données ? Casetti affirme que : « la méthode sur laquelle s'effectue le recueil des informations et la rédaction a justement pour résultat de valoriser la composante systématique de la théorie ».[18] Il s'agit toujours de mettre en évidence certains faits dont le critère de sélection sera le point pertinent plutôt que l'aspect essentiel auquel cas nous revenons aux méthodes ontologiques.

Dans les approches méthodologiques, nous avons une tendance sociologique souvent associée à la psychologie, voire à la filmologie,[19] qui a pour vocation de définir un cadre de recherche ayant pour objectif la « totalisation de l'expérience » dont les postulats de base reposent sur une vision ordonnée. La sociologie tiendra compte de cette totalisation de l'expérience en s'appuyant, par exemple, sur les problèmes économiques du cinéma. Ceux-ci peuvent se décliner de la façon suivante : fréquentation des salles, représentation du social[20] – institution cinématographique – nous citerons encore sur ce sujet le travail d'Edgar Morin.[21] Quant à la psychologie du cinéma, elle se focalisera sur la com-

---

[16]. – *Le cinéma ou l'homme imaginaire…op. cit.*

[17]. – DURAND (G.). – *Les structures anthropologiques de l'imaginaire*, Paris, 1992.

[18]. – *Les théories du cinéma depuis 1945…op. cit.*, p. 19.

[19]. – La filmologie étudie le cinéma dans ses aspects esthétiques et culturels. Elle analyse aussi bien un extrait, une œuvre complète ou un courant esthétique.

[20]. – BURCH (N.) et SELLIER (G.). – *La drôle de guerre des sexes du cinéma français : 1936-1956*, Paris, 1996.

[21]. – MORIN (E.). – *Les Stars*, Paris, 1957. Il analyse la stéréotypie des acteurs et le culte des vedettes.

préhension et la mémorisation (Zazzo : fin des années 40)[22], la participation (Michotte : années 50),[23] la perception (Romano : années 60)[24], et enfin l'approche cognitive (Bordwell : années 90)[25] qui va au-delà même de tout principe filmologique comme la sémiotique.

Parmi les théories méthodologiques, il y a donc, l'importance de la sémiotique qui dépasse le simple fait « comment apparaît le cinéma ? », « à quoi ressemble-t-il ? », pour étudier les codes et les significations du signe. Nous avons la grande syntagmatique de Christian Metz, avec une typologie des séquences[26] qui privilégie la bande-image au détriment de la bande-son. Comme l'affirme Casetti, le grand tournant en sémiotique est l'analyse textuelle dans les années 60 qui se révèle être une description minutieuse de l'œuvre. Il s'agit en fait non seulement d'un exercice d'application, mais aussi d'un terrain d'exploitation théorique ou l'on abandonne la position taxinomique et statique (structuralisme). On laisse donc de côté l'idée d'un système clos pour l'idée d'un processus qui implique forcément une stratégie évolutive. L'analyse textuelle consiste à prendre des catégories déjà utilisées, notamment en narratologie, mais aussi à en fonder de nouvelles.

On parle même de sémio-linguistique, de sémio-pragmatique avec les travaux de Roger Odin,[27] sans oublier la sémio-psychanalyse pour en revenir à Metz.[28] La dernière tendance étant la sémio-cognitive que François Casetti nomme la post-sémiotique, et qui semble encore être un domaine à explorer. Nous ne mentionnons pas au sein de la sémiotique du film tout ce qui concerne la construction du point de vue héritée de Genette[29], le rôle de l'énonciation abordé par Jost[30], et les modèles de la

---

22. – ZAZZO (R.) et ZAZZO (B.). – *Une expérience sur la compréhension du film*, in Revue Internationale de Filmologie, 1949, n°5. Leur objectif se fonde sur le rapport spectateur-film afin de trouver une corrélation entre les différents degrés de développement mental et les nombreuses difficultés du langage cinématographique.

23. – MICHOTTE (A.). – *La participation émotionnelle du spectateur à l'action représentée à l'écran*, in Revue Internationale de Filmologie, 1953, n°13. Il explore le caractère de « réalité » que nous attribuons aux objets sur l'écran.

24. – ROMANO (D.). – *L'esperienza cinématografica*, Florence, 1965. Il reprend les travaux de Michotte et travaille sur la restitution du mouvement de l'action entre les plans.

25. – BORDWELL (D.). – *Making meaning : Inference and Rethoric in the Interpretation of cinema*, Cambridge, 1989. Ses travaux, construits sur la recherche de la psychologie cognitive, rejettent l'action « linguistique » du spectateur. Il se sert du cognitivisme pour analyser les images et les sons sans passer par la sémiotique.

26. – METZ (C.). – *Essais sur la signification au cinéma*, Paris, 1994, 2 tomes.

27. – ODIN (R.). – *Cinéma et production de sens*, Paris, 1990.

28. – METZ (C.). – *Le signifiant imaginaire*, Paris, 1993.

29. – GENETTE (G.). – *Figures III*, Paris, 1972.

30. – JOST (F.). – *L'œil – caméra : entre film et roman*, Lyon, 1987.

grammaire générative qui, à partir d'une linguistique générativo-transformationnelle du cinéma, considère la représentation audiovisuelle comme une phrase verbale.[31] Dès lors, on en arrive presque à des rapprochements forcés entre deux modes d'expression différente que sont la littérature et le cinéma. Paradoxalement, cette confrontation reste très pratique et demeure souvent nécessaire.

Revenons à cette post-sémiotique, que Casetti définit comme un élargissement et une confrontation des nombreuses recherches. Notre travail s'orienterait vers cette direction, soit une sorte d'interaction entre toutes ces tendances. D'ailleurs, l'héritage méthodologique et ontologique des unes et des autres permettrait de créer une sorte de nouvelle sémiologie qui non seulement aurait la particularité d'être éclectique ou un peu désinvolte pour les puristes, mais elle serait aussi capable de mieux saisir l'ensemble des processus de transformation d'écriture. D'ailleurs, afin d'expliciter cette confrontation des différentes recherches, Jacques Fontanille écrit à propos des sciences du langage au sens large que : « les structures sont devenues « dynamiques », les systèmes « s'auto-organisent », les formes s'inscrivent dans des « topologies », et le champ des recherches cognitives a pris [...] la place du structuralisme. »[32]

N'oublions pas la troisième catégorie importante que sont les théories de spécialités, telles que : art, pensée et philosophie[33], représentation[34], culture et esthétique[35] dont nous devrons tenir compte dans notre travail, afin d'élaborer justement une méthode de transformation d'écriture. Procédé qui pourrait se borner pour l'instant à la question suivante : quels sont les problèmes que soulèvent le cinéma et la littérature ?

[31]. – COLIN (M.). – *Langue, film, discours*, Paris, 1985.
[32]. – FONTANILLE (J.). – *Sémiotique du discours*, Limoges, 1999, p.10.
[33]. – MERLEAU-PONTY (M.). – *Sens et non-sens*, Paris, 1996.
[34]. – *La drôle de guerre des deux sexe du cinéma...op. cit.*
[35]. – HAROUEL (J.L.). – *Cultures et contre-cultures*, Paris, 1998.

1°) Adapter, transformer pour le cinéma : premières réflexions.

Cela nous amène à évoquer l'amorce d'une théorie de la confrontation entre littérature et cinéma, et surtout à souligner l'ambiguïté d'une telle approche. En effet, le langage verbal du texte littéraire et le langage filmique expriment et signifient des intentions de sens en utilisant des éléments différents, selon des systèmes organiques non similaires. Comme le souligne Jean Mitry, en reprenant les propos de Georges Cohen-Séat : « le cinéma est un langage poétique, un langage au second degré »[36] contrairement à l'écriture littéraire. Celle-ci a une grammaire concrète, un ensemble de règles applicables à toutes les constructions propres au langage dit et explicite, même s'il lui arrive parfois d'être implicite dans le fond avec ses présupposés et sous-entendus. Cependant, il faut nuancer les propos de Jean Mitry, le cinéma n'est pas qu'un langage poétique et abstrait, il a aussi sa concrétisation dans la technique cinématographique et dans la construction du scénario qui n'est lui-même qu'une matérialisation de l'écriture littéraire. Littérature et cinéma sont déjà en interaction constante.

2°) Le choix de Balzac.

Il est vrai que la littérature reste une mine d'or pour le cinéma. Elle offre une quantité d'histoires, de mythes et en particulier la littérature française du XIX è siècle, tant par sa richesse, sa diversité, son imaginaire, que par sa possibilité d'impliquer un public qui recherche les sources de sa culture traditionnelle et populaire, conditionnée par ce siècle. Ainsi, notre étude sera consacrée à Balzac et à ses multiples adaptations cinématographiques et télévisées. Néanmoins, nous y apporterons une restriction nécessaire : pourquoi avoir choisi Balzac sachant qu'il existe beaucoup de critiques sur son œuvre, sa vie et ses correspondances ?

C'est une dimension mythique qui a déjà épuisé beaucoup d'encre et de pellicule ; mais le rapprochement entre Balzac et le cinéma a été peu abordé hormis, les articles ponctuels que l'on trouve dans *L'Année balza-*

---

[36]. – MITRY (J.). – *La sémiologie en question*, Paris, 1987, p.35. Cf. également COHEN-SEAT (G.). – *Esthétique et psychologie du cinéma*, Paris, 1963, p.54.

cienne, quelques maîtrises[37] et D.E.A.[38] et surtout les travaux d'Anne-Marie Baron[39] qui ont démontré que Balzac était l'inventeur de l'écriture cinématographique. Nous ne choisissons pas cet écrivain uniquement pour une question de mode en raison du récent bicentenaire (médiatisation, téléfilm, biographie, colloque, émission de radio, presse, etc.)[40] Balzac est avant tout ancré dans la tradition du roman populaire, il a séduit et continue à séduire un large public, même si l'auteur est moins lu qu'hier.

Le cinéma est à même de reproduire ces mentalités populaires étant donné que le grand écran est par essence l'un des principaux facteurs de la culture de masse. Il détient une force émotionnelle considérable due, d'une part, à l'illusion que procurent les images défilant sous nos yeux, et d'autre part, à son pouvoir de vulgariser la science, l'histoire, et les œuvres littéraires. Le Septième Art a la possibilité de mettre à nu les mille et une facettes de *La Comédie humaine*. Le cinéma rend plus accessible l'univers bouillonnant d'un écrivain, certes, mis un peu de côté aujourd'hui, en raison de ses longues descriptions considérées souvent comment ennuyeuses.

Pourtant, celles-ci furent le fleuron et la tradition du roman feuilleton. Balzac avec Dumas, Hugo et Zola ont été les auteurs les plus adaptés au cinéma. On recense 95 films, y compris les adaptations télévisées sur l'œuvre de Balzac, et nous laisserons de côté les adaptations pour le théâtre qui utilisent une autre « sémiosis » transformationnelle, bien qu'il existe des points communs avec les précédentes. Pour des raisons pratiques et pour la recherche de critères pertinents, nous nous limiterons à l'étude d'une seule œuvre de Balzac, en particulier *Le Colonel Chabert,* et nous justifierons notre choix sans tarder. Cependant, par comparaison et par extension nous ferons appel effectivement à l'ensemble des adaptations cinématographiques et télévisées, du moins celles qui sont disponibles sur le marché de la vidéo. Nous évoquerons donc l'ensemble de *La Comédie humaine* et d'autres œuvres littéraires et cinématographiques lorsque cela sera nécessaire.

Le Colonel Chabert est un cas pratique intéressant. D'abord, il est considéré à la fois comme une nouvelle et un roman, ou plutôt comme

---

[37]. – LEMERIGE (F.). – *Introduction à l'analyse des œuvres de Balzac adaptées au cinéma sous l'Occupation*, Paris III, 1994. et MONTEILHET (V.). – *Les scènes d'exposition dans les oeuvres romanesques de Balzac et leurs adaptations filmiques*, Clermont-Ferrand, 1998.
[38]. – ID. – *Les personnages dans les romans balzaciens et leurs adaptations filmiques*, Clermont-Ferrand, 1999.
[39]. – BARON (A.M.). – *Balzac cinéaste*, Paris, 1990.
[40]. – Cf. bibliographie.

une grande nouvelle et un petit roman. Comme le signale Daniel Grojnowsky : « la nouvelle limite le nombre de personnages, des événements, des données spatiaux temporelles : un ou deux lieux, par exemple, considérés dans la logique d'une seule séquence temporelle. »[41] Selon ce principe, même s'il n'y a pas beaucoup de personnages dans *Le Colonel Chabert*, les rebondissements de l'intrigue sont considérables. Il existe un certain nombre de lieux où se joue justement toute la richesse de la tension dramatique. De plus, plusieurs séquences temporelles relancent sans cesse la dynamique de l'action : « En suivant ses personnages jusqu'aux limites de leur vie, en se donnant la faculté d'agrandir les horizons de sa nouvelle au moyen des résonances infinies de la durée, le conteur s'arroge un des pouvoirs propres au romancier. Les nouvelles de 1832 ne sont déjà plus à ce point des contes : on y sent déjà la transition vers le roman. »[42] *A priori*, *Le Colonel Chabert* serait plutôt un roman car les personnages ont un développement psychologique considérable, alors que la nouvelle fait preuve d'une constance psychologique dans ses personnages.

La diversité des pistes de lecture, la portée philosophique et morale de l'œuvre et les liens étroits, tissés par Balzac lui-même, avec plusieurs romans de *La Comédie humaine*, conduisent à le ranger parmi les romans. D'un autre côté, le resserrement de l'action, dû au nombre de pages limitées, conduit Balzac à privilégier un personnage en le plaçant au centre d'une constellation dramatique. Si bien que l'ensemble des personnages que nous rencontrons sont satellisés par un héros (Chabert) qui impose à tous les valeurs qu'il incarne (argent, perte d'identité, renoncement). Autour de ces thèmes se construit donc l'intrigue.

Grâce à cet effet de satellisation, d'absorption, *Le Colonel Chabert* s'apparenterait à la nouvelle. D'un autre côté, la multiplicité des centres d'intérêt de l'intrigue (extérieurs à Chabert) en fait un véritable roman. L'adaptation cinématographique est un ensemble de phénomènes transformationnels à expliquer et une succession de questions difficiles, dont les réponses le sont tout autant. Adapte-t-on de la même manière une nouvelle et un roman pour le cinéma ? Nous verrons que la transformation d'écriture pose un ensemble de faux problèmes, toutefois nécessaires à la compréhension de notre développement.

Qu'il s'agisse d'une nouvelle ou d'un roman, l'écriture cinématographique transpose. Que cela soit au départ un roman A ou une nouvelle A', il faudra créer un produit cinématographique B (quelque

[41]. – GROJNOWSKI (D.). – *Lire la nouvelle*, Paris, 1993, p.11.
[42]. – BARDECHE (M.). – *Balzac, romancier*, Paris, 1967, p. 397.

chose que l'on puisse regarder, moins long qu'un roman et moins frustrant qu'une nouvelle). Sachant que *Le Colonel Chabert* est un texte difficile à caractériser, nous prendrons le terme « roman », comme une sorte de mot générique, qui supprimera toute dichotomie forcément conflictuelle. Cela sera d'autant plus simple, qu'il existe un bon nombre d'adaptations cinématographiques de Balzac issues de nouvelles qui, une fois de plus, pourraient être considérées comme des romans.

L'intérêt du *Colonel Chabert* provient du fait qu'il contient tous les ingrédients de *La Comédie humaine*. Il s'agit d'une « tragédie moderne »[43] de par l'actualité des thèmes qu'elle développe. C'est « un roman de la vie privée, une affaire judiciaire, une scène parisienne, une histoire militaire, une étude de femmes. »[44] Dans ce roman, l'auteur révèle les passions cachées, les manipulations les plus sordides, il exhibe les secrets du cœur, il nous dévoile un personnage opprimé, vaincu ; comportements qui trahissent bien les méandres de *La Comédie humaine*. *Le Colonel Chabert* est d'autant plus intéressant qu'il se rapproche des grandes œuvres de cette comédie ne serait-ce que par les thèmes. Chabert est victime de captation de fortune (cf. *La Rabouilleuse* ou *Ursule Mirouët*) de dépossession (cf. *César Birotteau*) de rejet (cf. *Le Curé de Tours*) de manipulations féminines (cf. *Le contrat de mariage*). Dans la Comtesse Ferraud, il y a du Vautrin. Dans le pauvre Chabert, il y a la naïveté d'un Lucien de Rubempré : ce sont des personnages un peu trop idéalistes pour lutter contre les usurpations en tout genre, les manipulations issues d'« affaires ténébreuses ».

Balzac publia *Le Colonel Chabert* pour la première fois dans *L'artiste, journal de littérature et des beaux-arts* au printemps 1832. Ce roman eut quatre titres successifs : *La transaction* (1832), *Le Comte Chabert* apparut dans un recueil collectif *Le Salmigondis* (1832), *La Comtesse à deux maris* chez Madame Charles-Béchet dans la série *Etudes de mœurs au XIXè siècle* (1835) et enfin *Le Colonel Chabert* (1844) qui se situe au départ dans « Les scènes de la vie parisienne ». Balzac modifia en plus la place de cette œuvre dans les nombreux sous-ensembles de *La Comédie humaine*. Il faudra attendre le catalogue de 1845 [45] pour le trouver à sa place actuelle dans « Les scènes de la vie privée », rattachées aux

---

43. – BALZAC (H.). – *Le Colonel Chabert*, Paris, 1994, introduction de Stéphane Vachon, p.8.

44. – *Ibid.*, p.8.

45. – Il s'agit d'un nouveau classement des oeuvres de *La Comédie humaine*. En ce qui concerne les différents titres du *Colonel Chabert* et leurs parutions voir l'édition « Garnier Frères » de 1964 préfacée par Maurice Allem, p. XIII.

« *Etudes de mœurs* »[46]. Comme l'évoque Stéphane Vachon : « ses hésitations témoignent de son embarras devant le thème principal et la valeur architecturale de son roman. Nous y voyons pour notre part, le meilleur signe de la richesse de ce tableau, de la puissance de cette épure qui unit les traits constitutifs et les constantes de l'univers balzacien, « l'explosibilité » de ce concentré qui brille aussi, comme une escarboucle dans les ténèbres, par ses qualités propres. »[47] *Le Colonel Chabert* serait donc une sorte de condensé de *La Comédie humaine* où la cruauté féminine triomphe, c'est du moins ce que Balzac laisse sous-entendre en décrivant une femme prête à tout pour conserver ses intérêts. L'image de la domination féminine intéressa le cinéma : « La figure de la femme fatale, inséparable de l'émergence de l'industrie du spectacle et de l'image industrielle, est en effet portée à son paroxysme dans l'illusion cinématographique. »[48] Il s'agit d'un thème fréquent que l'on retrouve par exemple condensé dans le titre du film de Jacques de Baroncelli : *La femme et le Pantin.*[49] Il est possible qu'un certain cinéma ait pu avoir peur de l'image de la femme et de ses comportements que l'homme ne maîtrise pas toujours, tout comme l'attitude parfois fuyante de Chabert devant son épouse.

En ce qui concerne les adaptations des œuvres de Balzac, nous avons choisi la version de 1943 de René Le Hénaff et celle de 1994 d'Yves Angelo. Il existe trois autres adaptations du *Colonel Chabert* mais elles ont disparu ou sont en très mauvais état. En dehors de ces raisons pratiques, nous conserverons la version de 1943 car il s'agit du cinéma de l'Occupation ; il faudra donc tenir compte des présupposés du contexte historique dans lequel le film a été tourné (financé par la Continentale Films)[50]. C'est également l'image du couple sordide qui caractérise le roman réaliste.

---

46. – *La Comédie humaine* comporte trois grands ensembles : « *Etudes analytiques* », « *Etudes philosophiques* » et « *Etudes de moeurs* ». Cette dernière se décline en six sous-ensembles : « Scènes de la vie privée » dont *Le Colonel Chabert* fait partie « Scènes de la vie de province », « Scènes de la vie parisienne », « Scènes de la vie politique », « Scènes de la vie militaire » et « Scènes de la vie de campagne ».

47. – *Le Colonel Chabert…op. cit.*, introduction de Stéphane Vachon, p.8.

48. – MAINGUENEAU (D.). – *Féminin fatal*, Paris, 1999, p. 17.

49. – Voir également la version de Julien Duvivier en 1958 ainsi que le film de Marcel L'Herbier : *L'inhumaine* de 1923, et celui de Georg Wihelm Pabst : *Loulou* en 1928. N'oublions pas *L'Ange Bleu* de Josef Von Sternberg tourné en 1930.

50. – Firme cinématographique, créée par Joseph Paul Goebbles sous le régime de Vichy, qui dirigeait de manière corporatiste la survie industrielle du cinéma français. On refusait tous les professionnels juifs du cinéma, selon les lois raciales instaurées par Vichy avec la création du C.O.I.C (Comité de l'Organisation de l'Industrie du Cinéma).

Nous gardons également celle de 1994, tout simplement parce qu'elle est la plus récente et nous la confronterons avec l'ancienne : notre démarche sera forcément comparatiste. Grâce à Angelo, nous redécouvrons Balzac sous l'angle du roman de la compétition et de l'arrivisme où l'histoire prend plus de place.

Globalement, *Le Colonel Chabert* caractérise le roman de la victime : « Ce type de roman implique une fable dont les péripéties se déroulent à l'écart de la vie publique et dont les enjeux appartiennent à l'existence individuelle. Le roman de la victime est le roman de la vie privée. »[51] Frustré par un manque d'affection vitale et d'une estime sociale, traité comme un déclassé et un marginal, le vieux soldat devient le symbole d'un malheur inqualifiable : n'être plus rien pour personne dans un monde absurde et sans pitié. Or, Chabert est un enfant trouvé et Balzac fut refoulé par sa mère ; le Colonel sans argent fait aussi écho aux faillites de Balzac. L'investissement autobiographique de l'auteur dans ce récit semble justifier les choix thématiques.

Le Colonel Chabert est ainsi une œuvre à facettes.[52] Sa thématique romanesque est : celle de la folie dans laquelle le protagoniste n'a pas d'issue, celle de la femme calculatrice et celle du revenant à l'image d'Edmond Dantès. Cependant, le vieux soldat restera une victime jusqu'à la fin de ses jours sans changer son destin. *Le Colonel Chabert* demeure le roman pessimiste par définition, car son personnage illustre cette humanité rongée par le remords incarné de l'espèce humaine « qui refuse de l'admettre, essaie de le repousser dans le passé auquel il appartient et qu'il prolonge indûment, par sa survie artificielle. »[53] Dans le roman de la victime, le méfait initial est bien souvent réparé : le héros retrouve plus ou moins ce qu'il a perdu. *A contrario*, le vieux Colonel, loin de représenter la justice divine et réparatrice, incarne la réalité sociale la plus pessimiste.

Quant au texte du *Colonel Chabert*, nous utiliserons l'édition de la Pléiade,[54] non seulement parce qu'elle fait autorité, mais aussi parce qu'elle comporte un historique des textes avec ses repentirs, des critiques, des commentaires, des lexiques, des notes et variantes, ainsi que des indications bibliographiques très importantes pour notre recherche. Nous ne manquerons pas de consulter d'autres éditions lorsque cela sera nécessaire.

---

51. – CONSTANS (E.). – *Le peuple sans mémoire du roman de la victime*, in *Problèmes de l'écriture populaire au XIX è siècle*, (ouvrage collectif) Limoges, 1997, p. 100.

52. – Voir bibliographie et filmographie thématique et sélective.

53. – Cf. l'édition « Folio » de 1974 du *Colonel Chabert* préfacée par Pierre Gascar, p.13.

54. – Voir bibliographie.

3°) Résumé du Colonel Chabert.

L'action du *Colonel Chabert* se déroule quelque années après la chute de l'Empire napoléonien, donc sous la Restauration. Un soir, en plein hiver maître Derville reçoit la visite d'un vieil homme vêtu misérablement qui prétend être le Colonel Chabert, passé pour mort douze ans auparavant à la bataille d' Eylau sur le front russe en 1807. Il avait contribué à la victoire en conduisant une charge de cavalerie sous le commandement de Murat, général d'Empire. Le vieillard raconte comment, se réveillant dans un fossé entre des cadavres, avec une profonde blessure au crâne, et recueilli par des paysans, il put réussir à recouvrer la santé et à retourner en France, après de multiples péripéties : vagabondage, famine et internement. Personne ne voulut le reconnaître et sa femme, se croyant veuve et héritière de sa fortune, épousa le Comte Ferraud appartenant à la noblesse de la Restauration ; tandis que le Colonel, réduit à une grande misère, passe pour un fou auprès des personnes auxquelles il demande de l'aide. Maître Derville, touché par ce récit tumultueux et incroyable, décide de plaider la cause du Colonel Chabert. La Comtesse Ferraud apprend la résurrection de Chabert et craignant de ce fait le scandale, se trouve convaicue par maître Derville de parvenir à une transaction. Celle-ci stipule que le Colonel rentrera en possession d'une partie de sa fortune et tentera une double action en justice, aboutissant non seulement à l'annulation de l'acte de décès mais aussi à celui de son mariage. Cette transaction ne convenant pas à la Comtesse, et misant sur l'amour que le Colonel Chabert éprouve toujours pour elle, et sur la noblesse et la fragilité des sentiments du vieux soldat, elle le persuade de continuer à faire le mort et à disparaître, pour ne pas détruire son bonheur. Un acte notarié stipule que Chabert recevra une petite rente annuelle (bien au-dessous de ce qu'il aurait pu obtenir) s'il renonce à son identité dite usurpée. La maladresse de la Comtesse, provoque une réaction de violence et d'abnégation chez le vieux soldat. Il comprend que, dans son égoïsme aveugle, la Comtesse le déteste, tout en simulant pour lui la plus vive affection et reconnaissance. Cette infamie éveille dans l'âme simple et loyale de Chabert un sentiment profond de « dégoût de l'humanité ». Son renoncement à tout prend une telle dimension qu'il redevient mendiant. Une vingtaine d'années plus tard, en 1840, l'avoué le retrouve à l'hospice de la *Vieillesse* (Bicêtre)[55] ; Chabert, ayant l'aspect d'un vieil idiot, n'est plus qu'un matricule sans nom.

Le talent de Balzac consiste à créer des personnages d'un réalisme pointu mis en relief par un style minutieux, coloré, et énergique. De surcroît, La violence passionnelle qu'il apporte dans cette analyse du cœur humain, fait de ce roman un véritable chef-d'œuvre. Il n'est donc pas étonnant que *Le Colonel Chabert* fasse partie des œuvres de Balzac les plus adaptées[56].

Notre travail tiendra compte des rapports ambigus et constants que le cinéma entretient avec la littérature. Quelles sont les raisons, par exemple, qui poussent un réalisateur à puiser des thèmes, des histoires ou de simples inspirations dans la littérature ? Il s'agit d'une question de choix donc de subjectivité, mais elle n'en reste pas moins une étape déterminante pour la construction d'une analyse de la transformation d'écriture.

Pour Pierre André Boutang : « l'adaptation est une opération qui consiste à recomposer une œuvre dans un mode d'expression différent de l'original. »[57] Autrement dit, le texte littéraire subit une métamorphose à venir : « c'est la chrysalide qui devient le papillon »,[58] pour reprendre une expression de Jean-Claude Carrière. L'adaptation est le produit final de cette métamorphose ; elle se situe aux confins des formes d'expression artistique que sont la littérature et le cinéma.

Notre étude se focalisera donc sur une analyse si possible méthodologique et méthodique de cette transformation. Ce travail réfutera l'idée de prendre des séquences précises des deux films que nous aurions pu choisir en fonction de critères de ressemblance ou de divergence par rapport au roman, bien qu'elles eussent offert une certaine pertinence dans l'exemple précis et choisi. Or, celui-ci n'est peut-être pas probant pour l'ensemble de l'adaptation.

---

[55]. – « Bicêtre sert de retraite à ceux que la fortune ou l'imprévoyance ont trompés, et qui étaient forcés d'aller mendier le soutien de leur dure et pénible existence. C'est encore une maison de force, ou plutôt de tourments où l'on entasse ceux qui ont troublé la société. » Commentaires de Jeannine Guichardet dans « Les clés de l'oeuvre » de l'édition « Pocket » du *Colonel Chabert*, p. 106.

[56]. – Cf. filmographie générale à partir des œuvres de *La Comédie humaine*.

[57]. – BOUTANG (P.A.). – *Polansky par Polansky*, Paris, 1986, p.205.

[58]. – Cf. document vidéo *Histoire d'une histoire, le scénario : Jean-Claude Carrière,* propos recueillis par Marie-Claude Valla, prod. SF3,1989.

Aussi, notre approche portera sur l'ensemble de l'œuvre romanesque et filmique, tout en tenant compte d'exemples précis : mot, phrase ou paragraphe pour le roman ; photogramme, plan ou séquence pour le film. Au problème de la pertinence du fragment du plan ou de l'ensemble d'une séquence, se greffe un problème très concret : l'accès indirect au film. Afin de résoudre partiellement cette difficulté, nous constituerons un tableau chronologique des événements qui mettra en exergue un découpage technique des séquences et des plans, juxtaposé aux phases narratives du roman avec les pages correspondantes.[59]

L'adaptation est une mécanique sémiologique complexe fondée sur l'audio-vision dont la résultante est une géométrie variable, dans la mesure où le film reste plus ou moins fidèle au roman. Cette sémiologie de l'audio-vision se construit sur une approche plurielle, et les problèmes que pose l'adaptation demeurent considérables. Plusieurs grilles analytiques semblent nécessaires, non dans la perspective de faire un recensement de ces différentes approches, mais de voir qu'il existe des interactions entre elles. Cette sémiologie à géométrie variable sera d'autant plus difficile à cerner qu'elle tient compte des paramètres littéraires, filmiques, et des multiples approches analytiques (narratologie, sémiotique, esthétique, théorie de la réception, sociologie, psychanalyse, etc.), sans oublier la spécificité du roman balzacien à adapter. En effet, les mentalités balzaciennes sont à retranscrire dans la perspective de nous offrir un éclairage nouveau sur l'œuvre littéraire. Aussi, le point le plus important reste la transformation d'écriture : qu'est-ce qui produit la mise en spectacle filmique à partir d'une fiction verbale et romanesque ? Quels sont les facteurs et leurs interactions ? Comment passe-t-on des mots aux images, du symbole littéraire à l'icone cinématographique ? Créer un film à partir d'un livre consiste nécessairement à transformer, à modifier, à faire une résurrection de l'œuvre littéraire pour produire une œuvre cinématographique dite équivalente, ou plus exactement ressemblante. Il est vrai qu'il y a autant d'adaptations possibles qu'il existe de romans, de réalisateurs, de films, le tout couronné forcément par la subjectivité du traducteur ou du réalisateur, qu'il n'est pas toujours possible de mettre en équation. Toutefois, il faudra en tenir compte pour analyser « l'horizon d'attente » d'une œuvre, qu'elle soit littéraire ou cinématographique. L'adaptation s'annonce donc comme un défi presque impossible, et pourtant elle se réalise grâce à la renaissance de l'écriture littéraire pour le film. Bien que le titre de ce travail soit fondé sur le mot *transformation*, nous choisissons le terme *adaptation* pour caractériser

59. – Cf. *supra* deuxième chapitre.

tous les vecteurs de la transformation du texte au film ; et ce, par souci de commodité, pour éviter de se perdre dans une terminologie contradictoire et parfois nécessaire.

Notre approche de l'adaptation, à la fois théorisante et descriptive, s'insère dans une perspective didactique dont la réflexion se trouvera dans le dernier chapitre.

Dans cette étude, nous serons amenés à évoquer un certain nombre de notions classiques, mais indispensables à la compréhension du phénomène de l'adaptation. Quelques points seront peut-être abordés avec un parti pris, tout en sachant que ces notions littéraires ou cinématographiques pourraient être étudiées sous de nombreux angles. Si notre travail reste éclectique, en raison d'une interdisciplinarité évidente, et engagé par l'empirisme nécessaire qu'il développe, ce n'est que par souci de clarté que nous posons un certain nombre de réponses qui, à leur tour, entraîneront sans doute d'autres questions ou d'autres hypothèses.

Un premier chapitre sera consacré à la définition de la transformation d'écriture : il s'agit de réfléchir sur ce qu'est l'adaptation en tenant compte de quelques expériences d'écrivains réalisateurs, et surtout de considérer le cinéma comme un langage permettant de créer des correspondances linguistiques entre texte et film. Après ces considérations générales, nous analyserons de manière plus spécifique la métamorphose de l'écriture balzacienne pour le cinéma.

Un deuxième chapitre posera les jalons iconiques et le dispositif narratif de la transformation de l'écriture littéraire. A cet effet, à partir d'un inventaire général des scènes supprimées ou rajoutées, nous nous interrogerons sur le devenir de la description balzacienne mise en images, et nous réfléchirons sur le changement stylistique provenant de la métamorphose du signe littéraire. Enfin, apparaîtra la matérialisation progressive de l'icone.

Dans un troisième chapitre, la visualisation et la sonorisation du héros par le support filmique seront mises en évidence par les paramètres de la « monstration »[60] de Chabert, par un choix technique, esthétique et par la plastique et la « diégétisation » visuelle et sonore.

Un quatrième chapitre analysera la réorganisation spatiale du roman grâce à la précision du décor balzacien, à l'agencement de ce dernier pour le film, aux artifices précieux de *La Comédie humaine* que sont les objets et les préfigurations dramatiques.

---

[60]. – Terme défini par Alain Gaudreault : c'est la narration filmique qui montre quelque chose en situation de spectacle, cf. *Du littéraire au filmique*, Paris, 1988, p.23.

Dans l'avant-dernier chapitre, nous nous intéresserons au temps balzacien comme puissance narrative littéraire et cinématographique en passant par le découpage textuel au montage, par la transformation de la vitesse du récit et des conséquences sur la narration. Nous montrerons que le temps balzacien est une instance narrative et énonciative.

Enfin, le dernier chapitre sera donc une sorte de bilan afin d'établir des perspectives pour enseigner le cinéma avec Balzac et toute forme d'adaptation. Il sera nécessaire de faire une simplification de la théorie cinématographique, de comprendre que le cinéma est une stratégie de perception du roman balzacien et de montrer les perspectives didactiques, afin de parachever cet enseignement du cinéma. Celles-ci seront complétées à l'aide d'une adaptation cinématographique réalisée par nos propres moyens, à partir d'une nouvelle ayant les caractéristiques du récit biographique et documentaire. Nous avons choisi cette fois-ci le terme nouvelle par souci de simplicité étant donné la difficulté à cataloguer le texte littéraire. Ce récit, complété d'un scénario et d'un découpage technique, débouchera sur un documentaire filmique qui se servira des procédés de fiction de la nouvelle plus élaborés dans le scénario. Ce film se situe presque dans cette catégorie hybride du documentaire de fiction. Il s'agit *d'Eclectisme et composition*[61] : récit d'un artiste peintre du Limousin.

[61]. – Film disponible à la bibliothèque universitaire des Lettres de Limoges.

Chapitre I

Définition de la transformation d'ecriture : du symbole à l'icone

Ce travail a pour point de départ le roman et pour point d'arrivée le film. Il s'agit de comprendre dans ce chapitre et de manière générale les éléments constitutifs du roman et d'analyser ensuite les correspondances filmiques. Littérature et cinéma sont en apparence complémentaires et ont ainsi une compatibilité à ne pas remettre en cause. Cette notion de complémentarité se crée en fonction du marché du cinéma. Il y a donc un aspect financier à ne pas négliger. Littérature et cinéma ne sont pas véritablement complémentaires sur le plan artistique, car il s'agit de deux entités autonomes. Néanmoins, elles entretiennent une relation de compatibilité dans la mesure où le cinéma puise ses sources dans le prestigieux patrimoine littéraire. A cela s'ajoute une nuance : la littérature peut se suffire à elle-même tandis que le cinéma a besoin de la littérature pour exister, dans la mesure où la plus grande production du cinéma se construit sur des romans ou des nouvelles, des pièces de théâtre ou à partir de scénarios originaux. On remarque que l'élaboration d'un livre à partir d'un film est un mécanisme beaucoup plus rare.

Le cinéma inspira quelques fois la littérature mais cela se fit sur des thèmes très généraux : cette pratique à rebours s'appelle la « novélisation ». [62] Rares sont les cas où le cinéma reprend la trame narrative complète d'un roman. On constate que les rapports entre littérature et cinéma sont très ambigus dans la mesure où ils sont comme des « frères ennemis » avec des points communs et des points de grandes di-

[62]. – Charlie Chaplin inspira les surréalistes et Apollinaire eut un grand intérêt pour le cinéma : ses textes sont truffés d'allusions au Septième Art : « Et puis ce soir on s'en ira au cinéma. » (*Il y a*, 1917) voir KYROU (A.). – *Le surréalisme au cinéma*, La Flèche : 1985, p. 181. Jean-Loup Hubert écrivit un roman *Le grand chemin* publié chez Denoël en 1989 après la sortie de son film en 1987. Le succés d'un film adapté d'un roman pousse parfois l'écrivain à faire une suite littéraire qui, elle-même, sera portée à l'écran, cf. *supra* Thomas Harris, p. 292.

vergences. Lorsqu'on va au cinéma pour voir une adaptation, le spectateur accorde peu d'importance à l'œuvre littéraire, car il est difficile de confronter les deux en même temps. Le spectateur focalise son attention sur le film, car l'image, matérialisée sur l'écran, imprègne la mémoire de manière précise, tandis que le livre offre une impression plus floue, ce qui fait d'ailleurs le charme de la littérature. Au final, le lecteur-spectateur ne retient que l'histoire au sens large.

Il est difficile d'analyser les véritables transformations sans tomber dans le jugement axiologique : « j'ai aimé », « j'ai détesté ». Cependant, nous le comprenons fort bien car le cinéma est avant tout un spectacle, une émotion, une détente, et rarement un casse-tête intellectuel (cf. les films de Jean-Luc Godard ou de Raoul Ruiz), bien qu'il lui arrive souvent de faire réfléchir.

Afin que notre démarche soit claire, nous allons expliquer ce que nous entendons par « transformation » et le sens que nous donnons au symbole pour la littérature et à l'icone[63] pour le cinéma.

D'abord la transformation représente une idée de métamorphose d'écriture, de modification des structures du récit, d'un bouleversement des codes (*Du littéraire au filmique* pour reprendre le titre d'un ouvrage d'Alain Gaudreault) du langage écrit à une autre forme de langage (visuel) qui, tout en faisant appel à l'intellect, demande en apparence moins d'effort que le premier.

La transformation est au cœur du problème de l'adaptation, d'ailleurs Henri Lemaître la définit comme « une opération qui consiste à recomposer une œuvre dans un mode d'expression différent de celui de l'original. » [64]

Ensuite, le symbole, en nous nous rapprochant des théories de Peirce, est un signe avec un maximum d'abstraction : « un symbole est un representamen dont le caractère représentatif consiste précisément en ce qu'il est une règle qui déterminera son interprétant » [65] Les mots ont un tel pouvoir significatif et si arbitraire – il y a autant de signifié qu'il existe d'individus interprétant – le tout est de savoir comment on se représente l'objet, avec à la base un seul signifiant (le mot et son caractère typographique) : « Le mot est une résonnance intérieure. Cette résonnance intérieure est due en partie (sinon principalement) à l'objet que le mot

---

63. – Ne pas confondre avec « icône » : « Images peintes du Christ, de la Vierge Marie, des anges et des saints, elles font l'objet d'un culte privé et aussi liturgique dans les Eglises orientales. » Cf. définition, JOLY (M.). – *L'image et les signes*, Paris, 1994, p. 47. Icone est un terme linguistique qui provient de l'anglais *icon*.

64. – LEMAITRE (H.). – *Dictionnaire de Littérature Française*, Paris, 1985, p.10.

65. – PEIRCE (S. C.). – *Ecrits sur le signe*, Paris, 1978, p.141.

sert à dénommer. Mais si on ne voit pas l'objet lui-même, et qu'on l'entend simplement nommer, il se forme dans la tête de l'auditeur une représentation abstraite, un objet dématérialisé qui éveille immédiatement dans le cœur une vibration. »[66] Le symbole littéraire est non seulement une émotion, mais aussi un code ultra culturel car il devient créateur de sens et d'une forme de réalité. C'est aussi un signe de par son aspect conventionnel, reconnu, et déchiffré théoriquement par tous. Entre dans cette catégorie le symbole au sens usuel du terme telle que la balance pour représenter la justice ; mais ce qui nous intéresse c'est la catégorie du langage verbal donc du signe linguistique.

Qu'en est-il de l'icone ? Selon Peirce : « Une icone est un representamen dont la qualité représentative est la priméité du representamen en tant que premier. C'est à dire qu'une qualité qu'elle a en tant que chose la rend apte à être un representamen. »[67] L'icone est donc un signe analogiquement motivé, contrairement au symbole qui est un signe arbitraire extrêmement dépendant de l'imaginaire de celui qui le construit. Avec l'icone, le caractère abstrait disparaît ; car il y a dès lors un lien direct avec la représentation, celle-ci est en contiguïté avec l'objet : un seul signifiant au départ pour un seul signifié à l'arrivée. A la différence près que ce n'est plus le spectateur qui fait la transformation : l'image n'a pas besoin d'être pensée ou reconstruite, l'objet est présent avec un sens imposé et non à reconstruire. L'icone sert à désigner toute relation de signification fondée sur un rapport de ressemblance entre le signifiant et le signifié. On est dans le cadre d'une iconicité visuelle. En ce qui concerne le symbole, il existe bien un rapport entre signifiants, repérables physiquement, et signifiés informels qui ne demandent qu'à être reconstruits sous forme d'icones non visuelles. C'est un type d'image abstraite que le lecteur-spectateur doit fantasmer pour se la représenter virtuellement. Le réalisateur, de son côté, s'efforcera de la traduire concrètement pour la mise en spectacle filmique du texte littéraire. La bipartition symbole-icone ne résiste pas à une analyse rigoureuse, mais elle demeure très utile pour la compréhension de notre travail.

Il faut aussi signaler que le talent de certains réalisateurs nous amène à réfléchir sur l'image et son sens : il peut être au départ imposé par le cinéaste et recréé à la sortie par le spectateur. On comprend fort bien que la transformation d'écriture et son sens dépendent en amont du réalisateur qui modifie les structures du récit, et en aval du spectateur soumis à la réception créatrice de sens ; au milieu, il y a le texte et le critique. Mais ce

66. – *Du spirituel dans l'art et dans la peinture en particulier…op. cit.*, p. 82.
67. – *Ibid.*, p. 148.

dernier peut aussi bien se placer en amont qu'en aval, et ce déplacement est une des sources d'ambiguïté pour analyser le roman et le film.

De plus, la théorie de la transformation du symbole à l'icone s'explique aisément sur un mot, une image, mais que se passe-t-il lorsqu'il existe une multitude d'interactions entre symboles et icones étant donné que le roman ne se compose pas d'un seul mot, et le film d'une seule image ? Le dénominateur commun existant entre symbole et icone reste le suivant : ce sont tous les deux des signes linguistiques mais qui ne sont pas de la même famille. Aussi, comme nous l'avons précisé en introduction, notre démarche sera généralisante avec des cas pratiques. Dans ce chapitre consacré à la recherche de définitions, nous nous intéresserons à ce qu'est l'adaptation, à quelques expériences d'écrivains réalisateurs avant d'en arriver à Balzac et le cinéma à proprement parler. Ensuite, nous considérerons le film comme un langage afin d'établir des correspondances linguistiques entre le texte et le film. Ce principe est évident, sans cela, ce travail n'aurait aucune raison d'exister. Néanmoins, nous y apporterons quelques nuances nécessaires. Enfin, avant d'en arriver au cas pratique du *Colonel Chabert* dans le chapitre II et suivant, nous traiterons le problème de Balzac et la métamorphose de l'écriture littéraire pour confronter nos théories et nos définitions.

1°) Qu'est-ce que l'adaptation ?

En matière d'adaptation, nous comparons souvent le roman et le film et l'on juge l'un par rapport à l'autre en apportant nous-mêmes nos théories empiriques et parfois simplistes. Mais un certain nombre de points doivent être élucider avant que l'on trouve les outils qui permettront la comparaison. Quels sont d'abord les critères qui offrent la possibilité de confronter deux auteurs, l'écrivain et le cinéaste, ce dernier restant l'interprète du premier ? Il faudra voir dans un premier temps que l'adaptation est une traduction plus ou moins subjective, une « réinterprétation » plus ou moins fidèle, un engagement esthétique et narratif, sans oublier de traiter l'évolution diachronique des problèmes posés par l'adaptation afin de consolider notre approche. Enfin, nous verrons l'adaptation en tant que réception et travaillerons sur la « polarisation culturelle » du lecteur-spectateur. Comme nous l'avons vu, ce dernier est donc bien créateur de sens et la signification est l'une des clés de la définition. Entre les deux auteurs (le romancier et le cinéaste) se trouve effectivement le spectateur.

a) Une traduction plus ou moins subjective

Comment se pose le problème de l'adaptation ? D'un côté, elle serait une traduction avec les déformations que cela entraîne, car la traduction parfaite n'existe pas ; de l'autre, elle serait vue comme une reconstitution : c'est-à-dire un savoir (celui du réalisateur) constructeur de sens. Mais ce sens n'est qu'un présupposé subjectif et c'est d'ailleurs ce qui peut rendre difficile une traduction respectant l'œuvre originale. Il est vrai que le terme « traduction » recouvre maintes acceptions. Dans un sens plus restreint, traduire signifie souvent : « faire que ce qui était énoncé dans une langue le soit dans une autre, en tendant à l'équivalence sémantique et expressive des deux énoncés », pour reprendre la définition du *Petit Robert.* Le terme traduction peut aussi être utilisé dans une acception plus large : ainsi des gestes peuvent exprimer des sentiments, dès lors nous nous plaçons dans le domaine de la subjectivité.

L'adaptation n'existe donc que selon une lecture subjective du réalisateur et selon le type de roman. On n'adaptera pas de la même façon un roman médiéval et un roman balzacien, étant donné que les mentalités culturelles des auteurs ne sont pas les mêmes, chacun raisonne selon la norme de l'époque. De plus, le réalisateur ne s'y prendra pas de la même manière. Dès lors « le caractère novateur de l'écriture se trouve, d'une certaine manière, trahi par le film qui, en substituant des images au mot, banalise jusqu'à l'extrême ce qui relevait de l'effet de style chez le romancier. »[68]

Cette banalisation peut elle-même engendrer un autre style, celui du réalisateur, dont la subjectivité bannit la traduction mot à mot du texte littéraire. Au contraire, le cinéaste cherchera des équivalences à la signification générale du texte, au détriment du souci de fidélité littérale.

Ce n'est pas la traduction littérale qui compte mais une traduction littéraire pour le cinéma, avec tout le caractère subjectif que cela comporte. Selon les propos de Jacques Feyder, il faut « repenser l'œuvre sur un plan différent. »[69] Il est vrai que la lecture d'un roman est également subjective donc forcément individuelle. Néanmoins, le lecteur exigera de

---

[68]. – ELKAISSI (A.). – *Roman et cinéma : l'adaptation et ses problèmes*, thèse, Toulouse, 1993, p.41.

[69]. – CLERC (J. M.). – *Transposition visuelle*, in Les Cahiers du Mois, n° spécial cinéma, Paris, 1990, p.18.

l'adaptateur qu'il lui restitue non seulement cette réalité subjective que le roman suscite chez chaque lecteur, mais aussi la réalité du film. Ce paradoxe montre que cette réalité subjective n'est qu'un signe arbitraire qui varie en fonction, au départ, du romancier, modifié par le réalisateur, interprété et donc remodelé par le spectateur.

Le fonctionnement de la véritable traduction cinématographique est une confrontation de subjectivités, laissant de côté pour l'instant le problème des mentalités culturelles qui, elles aussi, sont à traduire et à transposer. Cette traduction est très complexe, car on change l'image littéraire ou le symbole arbitraire en une icone significative et concrète faisant référence à l'imaginaire du spectateur et à celui du romancier. A cela, s'ajoute le fait que l'adaptation doit tenir compte de trois paramètres importants.

D'une part, l'ensemble des choix subjectifs vulgarise la lecture que fait l'adaptateur du texte initial.

D'autre part, l'ensemble des éléments romanesques peuvent être traduits de multiples façons.

Et enfin, le spectateur pourra faire la jonction entre les deux paramètres précédents. Il ne faut pas oublier que l'adaptation est destinée au public. Nous nous plaçons toujours dans le contexte d'un spectateur averti qui sera également un lecteur attentif. A l'illusion ainsi créée par les images filmiques, à travers des icones concrètes, le spectateur apporte ses propres capacités créatrices pour reconstruire le sens d'une traduction. Elles sont donc subjectives.

Quant à ce même spectateur, lecteur au départ, à travers des signes arbitraires et des symboles, il recrée un sens au roman. Cette recomposition établit donc une jonction entre le romancier et le cinéaste en admettant que la subjectivité est une impression intérieure, personnelle qui, en aucun cas, ne peut être partagée par tous. Et pourtant, si l'adaptateur veut que son film soit un succès, il demandera au public, par la force des images qu'il impose, de rester fidèle à sa propre impression intérieure, sans douter un seul instant, que ce lecteur-spectateur sera déchiré entre la subjectivité du romancier et celle du cinéaste. L'adaptation devrait rester neutre par rapport à ce phénomène ; notons que le metteur en scène demeure plus objectif, un peu moins engagé que le romancier. Il ne faut pas oublier que l'écrivain est à la source de tout : sans romancier, l'adaptation est inexistante, même si le cinéaste reste totalement libre dans sa démarche créatrice. De plus, l'image imposée au spectateur crée l'objectivité : l'image est conçue d'une telle façon qu'elle ne demande pas à être reconstruite. Le metteur en scène ne flatte pas l'axiologie du spectateur, hormis la sienne, même s'il a paradoxalement ce souci d'objectivité.

Dans la littérature, l'image est à créer, elle sollicite implicitement la subjectivité puisque toute reconstitution mentale reste subjective. Balzac n'aspire pas d'ailleurs à l'objectivité. Le seul fait de désigner le Colonel Chabert et son action lui donne l'occasion, voire l'obligation de prendre parti : « le choix du mot dans le lexique est déjà un geste arbitraire qui engage la subjectivité de celui qui l'accomplit. »[70] Il est vrai que celle-ci est inhérente à l'acte sémantique et dénominatif. Sans axiologie attribuée à l'instance narratrice première, l'imaginaire du lecteur ne pourrait faire écho à celui du romancier. Eric Bordas pense que cette subjectivité est fondée sur la dénomination : « le choix d'un nom commun pour désigner un référent est déjà un facteur d'orientation du sens. »[71] Lorsque Balzac compare Chabert à l'autoportrait de Rembrandt,[72] le lecteur est conditionné par l'objet, mais il reste libre de choisir l'autoportrait.[73]

Si les cinéastes du *Colonel Chabert* avaient, supposons, montré une peinture, le spectateur serait encore plus influencé car il n'aurait plus le choix : c'est l'image objective et empirique du réalisateur. De plus, la subjectivité balzacienne, toujours selon Bordas, se manifeste également par la caractérisation qui consiste à « préciser les qualités ou les propriétés d'un objet. Son énonciation est l'indice d'un travail de la subjectivité du langage, en ce que la perception de ses qualités présuppose une interprétation du référent par le locuteur. »[74] Lorsque le cinéaste Angelo impose Depardieu en Chabert, le spectateur va-t-il forcément reconnaître l'acteur comme le Colonel qu'il s'était représenté dans le livre ?

Cela n'est pas certains, d'autant plus que le lecteur a la capacité inconsciente et innée de créer le physique de ses personnages. Il les caractérise tout seul. Ce choix arbitraire, que s'autorise le réalisateur, pourra être considéré comme une infidélité à l'œuvre romanesque. La subjectivité engendre toujours un aspect passionnel avec un engagement, un parti pris sur le principe de fidélité infidélité.

---

[70]. – BORDAS (E.). – *Balzac, discours et détours*, Toulouse, 1997, p.169.

[71]. – *Ibid.*, p. 169.

[72]. – Cf. Pléiade, tome III, p.321.

[73]. – De 20 à 63 ans le peintre fit une centaine d'autoportraits, voir document vidéo *Palette, Rembrandt : le miroir des paradoxes,* d'Alain Jaubert, prod. Arte, 1991. Balzac compare également Becker dans *Séraphîta* aux tableaux du peintre, cf. Pléiade, tome XI, p.758.

[74]. – *Balzac, discours et détours…op. cit.*, p.172.

b) Une « réinterprétation » plus ou moins fidèle

Il faut probablement commencer par réfuter quelques idées reçues, car bien souvent la question de l'adaptation est mal engagée. Lorsqu'on se propose d'analyser le jeu possible des équivalences entre les deux pratiques artistiques, on s'oriente inévitablement vers un principe de fidélité. Mais, si l'on considère que les équivalences entre cinéma et littérature n'existent pas, le réalisateur peut se permettre d'être complètement infidèle à l'œuvre d'origine. Aussi, comme le signale Antoine Gardies : « l'analyse comparée est nécessaire malgré tout »[75], en tenant compte de cette variation inévitable et utile reposant sur la fidélité et l'infidélité.

Dans les génériques des œuvres cinématographiques provenant de romans balzaciens, nous rencontrons différentes formules du type : « porté à l'écran », « adapté de... »[76], « d'après l'œuvre de... »[77], « d'après une situation de... »[78], « librement inspiré de... »[79], « sur le thème de... ». Ces multiples attitudes possibles à l'égard de l'œuvre originale, traduisent la grande souplesse avec laquelle les réalisateurs accueillent ces instructions. Fidélité et infidélité semblent donc être un faux problème : « il faut considérer le roman non comme une œuvre à caractère artistique, mais plutôt comme une sorte de banque de données. Le réalisateur puise dans le texte qu'il décide de porter à l'écran un ensemble d'instructions qu'il peut tout à loisir, sélectionner ou augmenter de ses propres ajouts. »[80] Lorsque Jacques Rivette réalise *La Belle Noiseuse* à partir du *Chef-d'œuvre inconnu* et qu'il change de lieux et d'époque, reste-t-il pour autant infidèle à l'esprit du roman ? Piccoli-Frenhofer tend vers cette recherche de l'œuvre d'art unique comme une sacralisation de la beauté inaccessible, Piccoli fait parfaitement écho au Frenhofer de Balzac. Tout dépend de ce que l'on entend par fidélité et infidélité.

Doit-on fonder uniquement cette dichotomie sur les conditions d'existence et les principes de fonctionnement de l'univers diégétique ? Ou bien doit-on tenir compte des constituants de cette diégèse que sont les personnages, le temps, et l'espace ? De même, doit-on prendre en compte « l'horizon d'attente » construit en partie sur une stratégie d'énonciation que le récit filmique sollicite pour toucher la participation affective et cognitive du spectateur ? Fidélité et infidélité sont des notions

---

75. – GARDIES (A.). – *Le récit filmique*, Paris, 1993, p.5.
76. – Cf. film de Rex Ingram, *The Conquering Power* (Eugènie Grandet), 1921.
77. – Voir le film de Pierre Billon, *Vautrin*, 1944.
78. – Cf. film de Pierre Blanchar, *Un seul amour*, 1943.
79. – Voir le film de Jacques Rivette, *La belle noiseuse*, 1991.
80. – *Le récit filmique...op. cit.*, p. 5.

qui varient en fonction de la singularité du récit filmique et peuvent être des moyens mis à la disposition du réalisateur.

A priori, le but recherché serait un minimum de respect de l'œuvre littéraire et en même temps, il faudrait une certaine distance par rapport à celle-ci. Cet éloignement permet d'avoir un film autonome qui considère avec égard le texte littéraire sans pour autant en faire un pâle plagiat. Alain Garcia confirme cette idée : « l'adaptateur est un traducteur dont l'objectif est double : traduire fidèlement tout en créant librement. »[81] Mais c'est aussi « un jeu merveilleusement subtil d'interférence et de contrepoint entre la fidélité et la trahison. »[82]

Alain Garcia distingue bien l'adaptation active et l'adaptation passive, cependant l'adaptation parfaite ne peut exister, même si le réalisateur est talentueux, un tant soit peu fidèle à l'esprit du roman, cela ne correspondra jamais trait pour trait au système d'équivalence du romancier.

Tout le monde convient que c'est la fidélité à l'esprit qu'il faut rechercher, plus que la fidélité à la lettre. Mais qu'est-ce que l'esprit d'un film, à supposer que celui d'une œuvre littéraire soit aisé à définir ? Notons que la sémiologie de l'image est un progrès pour résoudre un certain nombre de problèmes, mais bien souvent les théoriciens du Septième Art restreignent le champ de leur discipline au cinéma par pure crainte d'encourir les reproches de la bâtardise disciplinaire.

Cette notion de fidélité ou d'infidélité est un non-sens. *Le Colonel Chabert* d'Honoré de Balzac, de Le Hénaff ou d'Angelo doivent coexister (les puristes diront cohabiter…), mais la culture et l'intelligence consistent à appréhender les deux œuvres pour le plaisir d'être renvoyé l'une à l'autre, dans un contexte d'interrogations et de précieux dialogues. Edouard Bessière écrivait à propos du film d'Angelo : « il faut considérer le film comme une relecture innovante du roman fondée sur une infidélité raisonnée mais pas toujours assurée […] le film est donc infidèle, mais est-ce un crime ? »[83] Qu'il soit aimé ou non, le film suscite la curiosité et une réflexion, attendu qu'il n'est pas une redite du texte, mais une œuvre à part entière avec un nombre de partis pris tant sur le plan esthétique que dans l'histoire même. Ces engagements ne doivent pas soulever des réticences dans la pratique de l'adaptation ; au XIX è siècle, les romanciers tels que Balzac et Zola adaptaient leurs romans pour le théâtre, et les différentes mises en scène paraissaient légitimes.

Dans *La fausse maîtresse,* André Cayatte choisit non seulement de réactualiser la nouvelle, mais il décide aussi d'en faire une comédie

---

[81]. – GARCIA (A.). – *L'adaptation du roman au film*, Paris, 1990, p. 202.
[82]. – *Qu'est-ce que le cinéma ?... op. cit.*, p. 111.
[83]. – BESSIERE (E.). – *Deux : le Colonel Chabert*, C.D.D.P. d'Evreux, 1997, p. 305.

provinciale où prime une forme de marivaudage construit sur des quiproquos : amants et maîtresses badinent avec « le jeu de l'amour et du hasard », nous sommes loin de la société du XIX è siècle et pourtant les relations amoureuses sont montrées avec une telle prégnance que leurs caractères universels rendent hommage au « monument balzacien ».

Etre fidèle à l'esprit du roman consiste finalement à comprendre le ton, l'atmosphère, le style, l'esthétique qui en découle. Si l'ensemble des phrases fait référence à des notions en voie de concrétisation (images que structurent le lecteur), l'esprit, comme nous l'avons évoqué précédemment, sous-entend une donnée abstraite, impalpable mais fondamentale. L'esprit reste l'impact du roman sur l'imaginaire qui refléte l'univers psychologique du lecteur. La fidélité consisterait donc à mettre l'accent sur les thèmes et les sentiments qui déterminent cette structure interne et unique de l'œuvre.

Dans la mesure où les liens qui s'établissent naturellement entre les formes littéraires et cinématographiques sont des rapports de surface, dans la mesure où l'entente n'est qu'apparente car cinéma et littérature sont antagonistes, la fidélité à la lettre est la meilleure méthode pour parvenir à l'infidélité de l'esprit. L'adaptation montre ainsi les limites de la culture du texte. A cet effet, Alain Garcia affirme que : « les disparités existant entre la matière littéraire, le langage des mots et la matière visuelle, langage des images, interdisent presque à l'adaptateur ambitieux toute tentative de conformité. »[84]

On pourrait même ajouter en adaptant les propos de Geoffrey Wagner : « porter directement un roman à l'écran, c'est agir avec le minimum d'interférence apparente. »[85] L'adaptation étant une pratique intertextuelle, la transformation cinématographique procède d'un texte antérieur et existant. L'acte de transfert n'est pas pour autant une reprise littérale, ni une illustration totale des matériaux existants. Au contraire, relevant d'une création autonome et d'un procès de production de sens bien à lui, le Septième Art inscrit sa finalité dans la stratégie d'un nouveau texte et d'une nouvelle forme.

---

[84]. – *L'adaptation du roman au film...op. cit.*, p. 182.

[85]. – WAGNER (G.). – *The novel and the cinéma (le roman et le cinéma)*, New Jersey, 1975, p. 222.

c) Un engagement esthétique et narratif

Bien souvent, cet engagement s'oppose à l'adaptation passive qui cherche la conformité du texte filmique à l'œuvre originale, tandis que l'adaptation libre est beaucoup plus intéressante, dans la mesure où le cinéaste met en exergue son talent créatif pour aboutir à un récit de même ou de meilleure qualité que l'original. L'engagement esthétique n'est pas à dissocier de l'engagement narratif, étant donné que l'adaptateur doit réécrire. Ce travail se fait, non en détruisant complètement la cohérence du texte initial, mais en bouleversant la structure esthétique et narrative. Le romancier élabore son univers en exprimant les événements et en les montrant de temps en temps.

A l'inverse, l'adaptateur construit son univers en le montrant, et parfois, en le disant à travers la parole ou le commentaire (voix *off* ou intertitres lorsqu'il s'agit de films muets ou même sonores). Il est plus facile de signifier par le « dire » que par le « montrer », d'où la nécessité de modifier les structures esthétiques et narratives, afin que la signification filmique soit cohérente et pas un simple spectacle d'illusions optiques : « on peut violer l'histoire à condition de lui faire un bel enfant. »[86] Cette phrase célèbre montre finalement que le cinéma reste indépendant par rapport à la littérature, et que la liberté narrative et esthétique reste primordiale. D'ailleurs, Luis Buñuel va même jusqu'à dire : « je n'accepte une adaptation que si je pense pouvoir à un moment ou à un autre m'exprimer, dire, quelque chose de moi, me glisser entre deux images. »[87] L'adaptation n'est donc pas qu'une opération factuelle (traduction d'un langage à un autre qui placerait le cinéma dans la dépendance de la littérature et par laquelle il se situerait au rang d'illustration sans cachet esthétique), mais un faisceau de réalités subjectives, sémiotiques, narratives, et esthétiques.

Littérature et cinéma entretiennent une relation dynamique : « même si l'adaptation n'est pas un phénomène inédit dans l'histoire des arts, ce caractère plurivoque et cette relation dynamique demandent qu'on ne l'apprécie pas seulement en termes linguistiques. »[88] L'adaptation se juge également en terme d'esthétique et de narrativité. Pour l'instant, dans ce premier chapitre nous tenons des propos théoriques sur l'esthétique et le narratif, mais dans les chapitres suivants, nous ferons des applications

---

86. – *L'adaptation du roman au film...op. cit.*, p. 185. Propos de Luis Buñuel sur son film *Tristana* adapté du roman de Benito Pérez Galdos.

87. – FUZELIER (E.). – *Cinéma et littérature*, Paris, 1957, p. 60, tome II.

88. – SERCEAU (M.). – *L'adaptation cinématographique des textes littéraires*, Liège, 1999, p.9.

concrètes de nos théories après les postulats des définitions. En ce qui concerne les adaptations, Francis Vanoye distingue et regroupe l'engagement esthétique et narratif selon deux catégories[89] : récit classique et récit moderne pour le roman. Un roman classique peut aboutir à une production d'un film classique (par exemple, *Le Colonel Chabert* de René Le Hénaff) ou d'un film moderne (par exemple, *Cousine Bette* de Des Mcanuff).[90] Ici, la modernité réside justement dans le non-respect des mentalités balzaciennes. Il s'agit d'une comédie légère qui dédramatise la jalousie de Bette et qui, par conséquent, perd de son éclat. Le roman classique est déjoué par un américanisme qui s'éloigne d'une culture classique, traditionnelle et littéraire, bien que ce dernier s'en soit inspiré au départ.

La modernité repose dans ce film sur la thématique et non sur la question esthétique. Le film d'Angelo reste classique sur le plan narratif, bien que l'esthétique visuelle bénéficie de tout l'apanage technique moderne, voire maniériste, ce qui donne beaucoup de brio au film.

De même, un texte littéraire moderne peut engendrer, d'une part, un film classique et réussi, pensons à *L'insoutenable légèreté de l'être* de Philip Kaufman, adapté du roman de Milan Kundera ; d'autre part, un texte moderne peut aboutir à un film tout aussi moderne : prenons à titre d'exemple *Apocalypse now* inspiré de *Cœur des ténèbres* de Joseph Konrad ou bien encore *Brazil* adapté librement de *1984* de George Orwell. Il faut également analyser ce que l'on entend par récit classique et récit moderne. Le premier s'inscrit en schématisant dans la tradition réaliste (Balzac, Stendhal, Zola), alors que le second est issu d'expériences d'écriture cultivant la polyphonie, le décloisonnement, et le bouleversement des conventions romanesques traditionnelles : on pensera à Alain Robbe-Grillet, auteur de *La jalousie* et scénariste de *L'année dernière à Marienbad* (précisons cependant que l'auteur n'a jamais fait de travail d'adaptation).

Comme l'évoque Francis Vanoye à propos de cette dichotomie entre récit classique et récit moderne : « les alternatives sont certes très simplement posées, mais correspondent néanmoins, en gros, à des choix que producteurs, scénaristes, réalisateurs effectuent plus ou moins délibérément. »[91] A la fin de *The Conquering Power* (adaptation américaine *d'Eugènie Grandet*), le réalisateur termine le film par un « happy-end » : Eugènie se marie avec son cousin Charles et pour sauvegarder la bonne morale hollywoodienne, parfois puritaine, on apprend qu'Eugènie n'est

---

89. – VANOYE (F.). – *Scénarios modèles, modèles de scénarios*, Paris, 1991, p. 142.
90. – Version récente tournée en 1997, voir filmographie sélective.
91. – *Ibid.*, p. 142.

pas la fille du père Grandet. Elle peut ainsi se marier avec Charles sans connotation incestueuse. L'esthétique de la morale américaine est préservée grâce à ce changement narratif : choix délibéré de l'institution hollywoodienne qui finit par en faire un film classique.

Toutefois, il serait vain de reprocher aux adaptateurs de Balzac le paradoxe d'une servilité textuelle que l'esthétique et le narratif de la mise en scène viendraient démentir, puisque c'est à partir de cette contradiction que les adaptateurs tirent leurs effets. Tout dépend de l'époque où l'on filme : dans les années 20, les contraintes techniques de l'adaptation n'étaient pas les même que dans les années 90.[92] *The Conquering Power*, *L'Auberge rouge* ou *Le Père Goriot* (version de Baroncelli en 1921) sont des films muets ; il faut voir avec quel talent le pouvoir des mots balzaciens est traduit par celui des images. *Le Colonel Chabert* d'Yves Angelo ne s'est pas confronté au même problème technique, narratif et esthétique que celui de René le Hénaff. Ainsi, il nous paraît important de nous intéresser à l'évolution historique des problèmes de l'adaptation, toujours dans une perspective théorique.

d) Evolution diachronique des problèmes posés par l'adaptation

La confrontation raisonnée d'une œuvre littéraire et de son adaptation cinématographique reste un domaine flou, tabou et le lieu de polémiques de théoriciens de la littérature et du cinéma sur les vertus de leur art respectif. Les théoriciens du Septième Art se dessaisissent du problème de l'adaptation en l'englobant dans la théorie consistant à dire que tout film est une adaptation. C'est pourquoi les images proviennent d'un scénario, objet littéraire ou au moins linguistique, auquel celles-ci opposent leur irréductible altérité, que les images trahissent plus ou moins. L'objectif des auteurs comme Balasz[93], Mitry et Bazin, ne se contente pas de dresser des typologies, mais approuve ou désapprouve la pratique de l'adaptation.

Certes, relevant respectivement de comparaisons philosophiques, esthétiques et psychologiques, historiques ou sémiotiques voire psychanalytiques, leurs perspectives s'avèrent divergentes, mais leurs

[92]. – Les caméras sont devenues de plus en plus légères et maniables, permettant une plus grande moblité des plans.

[93]. – BALASZ (B.). – *L'esprit du cinéma*, Paris, 1977.

fondements théoriques sont presque identiques : principe et fidélité. C'est la grande tendance des années 60 et qui domine encore.

Dans les années 80, hormis les approches linguistiques de l'adaptation par les structuralistes (analyse textuelle), on voit apparaître des critiques de réalisateur qui se marginalisent des institutions universitaires pour avancer des théories, certes empiriques, mais qui ne sont pas à négliger : Bresson[94], Rohmer[95], et Carrière. Ce dernier estime que l'adaptation est un faux problème : « Je n'ai jamais très bien senti, compris, la différence qu'on fait entre histoire originale et adaptation. En réalité, au cinéma tout est adaptation. »[96] Cela fait écho au propos d'André Bazin, où rien n'est plus normal que l'influence et le commerce réciproques entre les arts : « l'adaptation en générale est d'ailleurs une constante de l'histoire de l'art.[...] Le film recréait les conditions d'un authentique et grand art populaire, il n'a pas dédaigné les formes humbles et méprisées du théâtre de foire et du roman feuilleton. » [97] La nouvelle tendance se focalise plus sur le phénomène de la « réinterprétation » : c'est une approche plus phénomènologique que le simple principe fidélité ou infidélité, qui n'est d'ailleurs plus un problème.

L'idée de « réinterprétation » était déjà illustrée lorsque Merleau-Ponty affirmait que : « l'artiste selon Balzac ou selon Cézanne ne se contente pas d'être un animal cultivé, il assume la culture depuis son début et la fonde à nouveau, il parle comme le premier homme a parlé et peint comme si l'on avait jamais peint. »[98] Le plus important est la primauté de l'œuvre cinématographique, son caractère original, indépendant de toute structure littéraire, même si le film s'en est inspiré. Nous ne sommes pas encore dans les théories de la réception, étant donné que le texte de Merleau-Ponty est un peu ancien ; cependant, il nous offre une nouvelle perspective pour aborder l'adaptation.

Alain Garcia brosse un horizon synthétique des différentes approches de l'adaptation[99] : comme nous l'avons signalé auparavant, Jean Mitry et André Bazin travaillent sur le problème fidélité-infidélité. Ensuite, des personnes comme Tudor Eliad[100] et Mickael Klein[101] établissent des

---

94. – BRESSON (R.). – *Note sur le cinématographe*, Paris, 1975.
95. – ROHMER (E.). – *L'organisation de l'espace dans Faust de Murnau*, Paris, 1978.
96. – CARRIERE (J.L.). – *Jean-Claude Carrière scénariste ou le voyage à Bruxelles,* in Revue Belge du cinéma, Hiver 1986, p. 48.
97. – *Qu'est-ce que le cinéma ?...op. cit.*, p. 85.
98. – MERLEAU-PONTY (M.). – *Sens et non-sens*, Paris, p.24.
99. – *L'adaptation du roman au film...op. cit.*, p. 20.
100. – ELIAD (T.). – *Les secrets de l'adaptation*, Paris, 1981.
101. – KLEIN (M.) et PARKER (W.). – *The english novel and the movies (Le roman anglais et le cinéma),* New-York, 1981.

nuances supplémentaires : en parlant de fidélité minimale ou de fidélité partielle, de fidélité maximale ou de fidélité présente ou absente. Georges Blueston[102] travaille sur la transposition et Wagner pense que l'adaptation repose sur un principe d'analogie.

N'oublions pas Étienne Fuzelier qui considère deux possibilités pour l'adaptation : faire prévaloir le temps (la longueur) du roman avant le style s'il s'agit de « petite littérature » ou bien donner la priorité au style avant le temps, si cela concerne la « grande littérature ». Cette dichotomie reste un peu simpliste et catégorique.

Puis, les propos de François Truffaut deviennent plus nuancés : « le cinéaste adaptateur n'a en tout que trois possibilités face à lui : soit il fait la même chose que le romancier ; soit il fait la même chose en mieux ; soit il fait autre chose de mieux. »[103] Il s'agit d'une série d'entrées qui, si elles ne suffisent pas à décrire les approches de l'adaptation (cette partie ne prétend nullement à l'exhaustivité), tentent de la saisir sous plusieurs angles. En fait, il existe une succession de jalons pour l'exploration du phénomène du symbole à l'icone, soit la transformation du texte en film.

Ces jalons permettent sans doute de saisir la complexité et l'ambiguïté de l'adaptation. Dans son ouvrage, Alain Garcia a omis d'évoquer le débat sur la « visualité » caractérisant les années 20. Cette lacune est comblée par le travail de Michel Serceau. Durant cette époque les films étaient muets, et nous sommes loin d'évoquer les termes « adaptation », « transposition », « traduction », « réinterprétation » ; c'est le terme « illustration » qui domine. Il a d'ailleurs plus une valeur métaphorique que conceptuelle : « la notion d'illustration servait dans les années 20 de repoussoir. Le débat sur la nature visuelle du cinéma, fort vif à ce moment, explique le refoulement de la notion d'adaptation chez les critiques, théoriciens et praticiens. »[104] Les futuristes comme Canudo[105] ou Delluc[106] considéraient que le Septième Art devait avoir son autonomie. On parlait très peu d'adaptation car ces théoriciens avaient pour souci de toucher l'œil, de mobiliser l'intellect. Nous sommes dans la pleine période Art Déco où triomphent les notions de « photogénie » et de « plasticité ». Cette prédominance des arts plastiques rejette toute inspiration littéraire.

Néanmoins, une grande partie des adaptations des romans balzaciens a été réalisée dans les années 10 et 20 (40 %). Par exemple, la démarche de

102. – BLUESTON (G.). – *Novels into films (Les romans en films),* Berkeley, 1968.
103. – *L'adaptation du roman au film...op. cit.*, p. 20.
104. – *L'adaptation cinématographique des textes littéraires...op. cit.*, p. 21.
105. – CANUDO (R.). – *L'usine aux images*, Genève, 1927.
106. – DELLUC (L.). – *Photogénie*, Paris, 1920.

Jean Epstein dans son film *L'Auberge rouge,* adapté de la nouvelle de Balzac, consiste à s'opposer à une représentation qui réduit le fonctionnement du texte à des schémas narratifs et « dramaturgiques ». Le cinéaste fait valoir la puissance suggestive de l'image avec une conception expressionniste où triomphent les contrastes des lumières pour mettre en valeur l'expression du sentiment. Le réalisateur met en exergue les capacités intrinsèques de représentation et de symbolisation, en intégrant donc la dimension poétique de la lumière, où tout au moins le niveau connotatif, vu que l'éclairage ou plus exactement le visuel doit exprimer le pouvoir des mots. Pour l'époque, ce fut un véritable défi.

En résumé, si l'on classe les tendances dans un souci de diachronie, les années 20 se fondent sur le débat de la « visualité », les années 50-60 se caractérisent par la dichotomie fidélité et infidélité. D'ailleurs, la Nouvelle Vague dénigrera tout principe d'adaptation. Elle était contre un cinéma classique de l'après guerre jugeant sévèrement, par exemple, les adaptations de Claude Autant-Lara, notamment *Le rouge et le noir*. Ensuite, les années 70-80 se concentrent sur l'analyse linguistique du texte littéraire et du film qui l'emporte, avec les tendances théoriques et personnelles des réalisateurs. Dans la période 1980-1990, se greffent les travaux de Francis Vanoye[107], d'André Gaudreault[108] et de Marie-Claire Ropars Wuilleumier[109] qui se sont intéressés à la problématique de l'écriture, venant ainsi compléter les théories de Christian Metz sur le langage. Nous sommes dans le prolongement du structuralisme.

Aujourd'hui, le concept des années 90-2000, qui nous intéresse, demeure un héritage de toutes les tendances, et en même temps il analyse le procédé de l'adaptation avec ses normes et ses contraintes (historiques, socioculturelles, sémiotiques, narratologiques et pragmatiques)[110].

Toutes ces pistes de recherches sont indispensables pour celui qui veut poser les bases méthodologiques d'une analyse de l'adaptation. Il s'agit donc bien d'une sémiologie à géométrie variable qui tient compte de toutes les théories, en s'orientant de plus en plus vers cette post-sémiotique, prenant en charge la théorie du signe pour dégager le sens. Il faut mentionner aussi le problème de la réception de la représentation, et d'une approche de l'histoire des idées et des applications concrètes qui en découlent. Quelles que soient les approches, l'adaptation existe que l'on soit pour ou contre ; elle relève d'une transformation globale. A vrai dire,

---

107. – VANOYE (F.). – *Récit écrit, récit filmique*, Paris, 1979.
108. – *Du littéraire au filmique…op. cit.*
109. – ROPARS-WUILLEUMIER (M.C.).-*Ecraniques : le film du texte*, Lille, 1990.
110. – Cf. CATTRYSSE (P.). – *Pour une théorie de l'adaptation filmique*, Berne, 1992 et COREMANS (L.). – *La transformation filmique*, Berne, 1990.

on en reste à une trans-sémiologie cinématographique qui dépasse le simple cadre linguistique, pour placer l'adaptation dans une stratégie de perception de l'œuvre littéraire.

Afin d'arriver à ce résultat, nous ferons des applications concrètes à l'aide d'une grille précise, méthodologique et analytique, sur *Le Colonel Chabert*. Toute la logique mise en jeu peut alors se caractériser de la façon suivante : de manière implicite et explicite le texte littéraire et le texte filmique proposent un ensemble de postulats narratifs, sémiotiques, esthétiques, et linguistiques sur la base desquels nous construisons un monde diégétique possible, avec ses lois et son fonctionnement propre. Dès lors, la position du lecteur-spectateur devient primordiale dans le mécanisme complexe de l'adaptation.

e) Adaptation et réception : le lecteur-spectateur et « la polarisation culturelle »

La nécessité de montrer des images contraint le réalisateur à trouver le moyen d'exhiber l'image à la fois pour ce qu'elle représente à l'écran, et pour la signification particulière qu'elle est censée apporter au spectateur. Ceci est valable parmi les différentes significations littéraires qu'elle peut avoir au départ avant transformation, avant tout principe d'adaptation. Les images sollicitent la perception, car le film se construit sur des éléments sensitifs faisant appel à l'ouïe, à la vue, au relief, au mouvement. L'ensemble favorise justement la formation de réseaux de relations complexes, grâce à l'intimité proprioceptive que crée le spectateur avec le film. L'intimité sera d'autant plus forte qu'il recherche plus ou moins consciemment une sorte de connivence entre l'image filmique et celle du texte littéraire. Tout dépend de la capacité du spectateur à mémoriser la trame narrative du roman pour faire justement cette comparaison intimiste.

Chaque image filmique isolée porte en elle des éléments de signification, chaque phrase d'un roman contient aussi un potentiel de sens. Les images du texte et du film se chevauchent, soit elles s'assemblent indépendamment, soit elles s'enchaînent dans une relation de cause à effet (montage). Cette dépendance n'est possible qu'à partir du moment où les images du texte littéraire correspondent à celles du film. Il ne s'agit pas d'un principe de reconnaissance filmique, construit sur une fidélité linéaire du roman. Les images filmées, les enchaînements d'actions sont déterminés sur le plan culturel et anthropologique à partir de l'univers sémiotique et de l'action du roman, faisant écho à la logique visuelle et sémiotique du film.

Cette trans-sémiotisation, certes schématique, ritualise la charge affective de la réception fondée sur une « polarisation culturelle » très forte. Sans cette dernière, la trans-sémiotisation du texte au film n'existerait pas. François Jost évoque « l'auteur construit »[111] par le spectateur, selon quatre masques d 'énonciation. Contrairement à ce que pense l'auteur de cette théorie des masques, il s'agit de codes culturels que le public est à même de reconnaître plutôt que de codes sémiotiques.

Dans un premier temps, il évoque le « supposé-réalisateur », identifié par la sensibilité du spectateur, grâce à l'énonciation cinématographique : ainsi, tel ou tel mouvement de caméra, telle ou telle utilisation de la musique de film, n'ayant pas de pertinence au niveau diégétique, sont renvoyés au style parce qu'ils ne produisent pas d'inférence narrative. On se souviendra des revolvers tenus latéralement dans *Reservoir dogs* ou *Pulp fiction*, caractéristiques stylistiques chères à Quentin Tarantino. Cependant, dans les adaptations des romans balzaciens, les touches personnelles des cinéastes renvoient très rarement au texte littéraire justement parce qu'elles sont propres aux réalisateurs : elles n'entrent pas en ligne de compte dans la diégèse et n'apportent rien à la compréhension de l'œuvre écrite, d'autant plus qu'aucune correspondance entre film et roman ne pourra être faite, en raison de cette caractéristique stylistique personnelle.

Ensuite, François Jost distingue « le narrateur implicite ». Tout plan, tout élément sonore, toutes combinaisons audiovisuelles sont nécessaires au spectateur pour comprendre le récit : « ni le film ni le roman ne sont des objets neutres que nous pouvons considérer avec autant de détachement que des bibelots (encore que cela dépende desquels !). Car nous n'oublions jamais que, par-delà les mots et les images, on veut nous dire quelque chose. Qui « on » ? A quel responsable de la communication narrative renvoie cet indéfini ? »[112] Il y a donc dans le film une intention narrative qui doit être prise en compte par la réception et la culture du spectateur, ce dernier est habitué à un certain type de narrativité.

Toutefois, il faut apporter une nuance, il s'agit plus de comprendre ce que signifie « voir un film », que de définir l'intentionnalité artistique, en sachant que le spectateur ne décode plus forcément un système énonciatif aussi sagement construit qu'on pourrait le croire.

---

111. – JOST (F.). – *L'auteur construit*, in La Licorne : *Littérature et cinéma*, (ouvrage collectif) Poitiers, 1993, p.19-24.
112. – *Ibid.*, p. 19.

Comme nous l'avons vu précédemment, le roman balzacien représente une narration classique. Comment le spectateur reconstruit-il un texte classique à partir d'un film qui ne l'est pas ? Comment par exemple, à partir de *La Belle Noiseuse,* que l'on qualifierait de film atypique vu le rythme très lent, le réalisateur recrée-t-il l'univers de la nouvelle ? Il le fera à partir de codes culturels romanesques mémorisés en les superposant à ceux du film. Peut-on dire que si les codes culturels se superposent bien, le spectateur sera satisfait du film ?

Inversement, peut-on affirmer que si les codes se superposent mal, le spectateur aura détesté le film ? Les choses ne sont pas aussi simples que cela. On ne peut pointer les incidences de la littérature sur l'interprétation narrative des images filmiques. Dans l'imaginaire du lecteur-spectateur, se construit une sorte d'archétype d'un Frenhofer qui prend à la fois les caractéristiques de celui du roman et de celui du film, comme une sorte de fusion naturelle. Il y a au départ du film l'intention du réalisateur de pénétrer les arcanes du cerveau du spectateur ; ce principe « d'auteurisation », pour reprendre la terminologie de Jost, est une autre étape primordiale dans la réception.

C'est peut-être aussi un moyen de faire du cinéaste un médium entre cinéma et littérature, afin d'aboutir selon Michel Serceau à : « une valorisation culturelle de l'adaptation qui remonte au temps où régnait l'idée d'une suprématie de la littérature et de l'œuvre littéraire. »[113]

La « polarisation culturelle » pourrait être simplifiée dans le schéma suivant comme étant une conjonction entre « auteurisation » et « réception ».

[113]. – *L'adaptation cinématographique des textes littéraires...op. cit.,* p. 27.

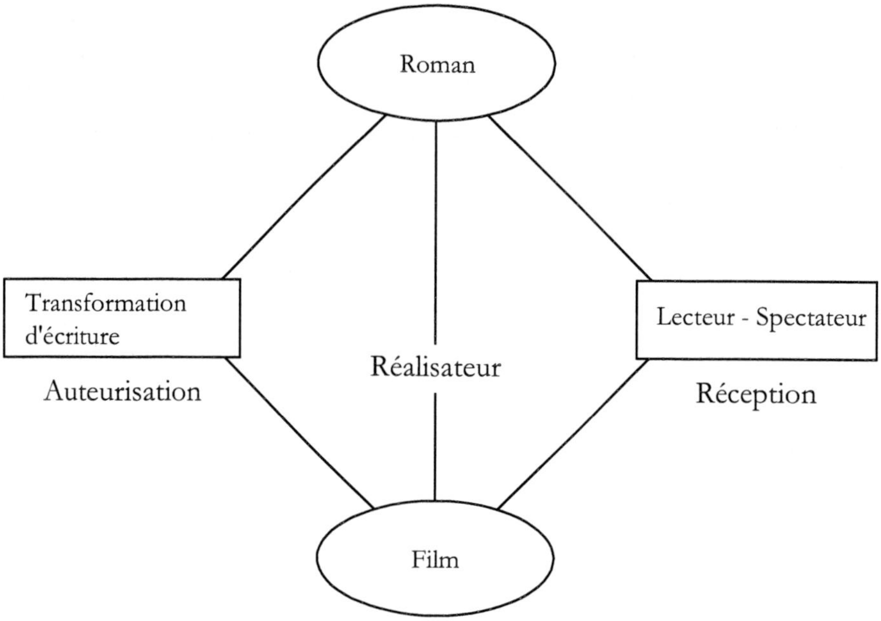

Le troisième point, que Jost évoque dans la réception, caractérise « le film empirique » qu'il définit comme tout élément visuel ou sonore qui n'est pas considéré comme intentionnel. Nous ne développerons pas cet aspect là car s'il peut être pertinent pour le film en tant qu'entité autonome, il ne l'est pas pour le mécanisme de l'adaptation. Celle-ci est toujours intentionnelle et rarement empirique.

Quant au quatrième point, il s'agit enfin « d'auteur construit ». Comment le spectateur renvoie-t-il les images et les sons aux trois masques énonciatifs que nous venons de voir ? Est-ce en fonction de l'idée qu'il se fait de l'auteur ? Cela devient d'autant plus complexe qu'il faut non seulement tenir compte de l'auteur mais aussi de la réception de l'œuvre littéraire confrontée à celle du film : « la littérature et l'art ne s'ordonnent en une histoire organisée que si la succession des œuvres n'est pas rapportée seulement au sujet producteur, mais aussi au sujet consommateur, à l'interaction de l'auteur et du public. »[114] Dès lors, on pourrait parler d'une sorte de méga-narrateur qui, dans l'imaginaire du lecteur-spectateur, prendrait en charge cette responsabilité narrative du roman et du film par le biais de la transformation, de la métamorphose du symbole à l'icone.

[114]. – JAUSS (H.R.). – *Pour une esthétique de la réception*, Paris, p. 43.

L'intentionnalité de ce méga-narrateur dépend, des motivations du romancier, du cinéaste et de la manière dont nous les construisons. Cet ensemble de questions complexes pourrait être élucidé en s'intéressant justement à des écrivains-réalisateurs et à la collaboration d'écrivains et de cinéastes, afin de comprendre les interactions suggérées implicitement par le schéma précédent.

2°) Quelques expériences d'écrivains réalisateurs

Certains écrivains comme Malraux, Giraudoux ou Giono ont transposé eux-mêmes leurs romans, ou des œuvres littéraires pour le cinéma, et ont accompli un cheminement complexe allant des mots aux images, par le biais de textes à mi-chemin entre les deux pratiques : scénario et découpage technique. Quelle modification cette réécriture fait-elle subir à l'œuvre initiale ? Jeanne Marie Clerc estime que la question n'a d'intérêt « scientifique » que si les deux types de texte émanent de la même plume, du même univers créatif. *A contrario*, l'adaptation pourrait être une lecture subjective d'un auteur par un autre, évoquons la collaboration de Pagnol et Giono pour la mise en scène de *Regain* : « Il est particulièrement intéressant d'analyser ces textes directement liés à la pratique que des auteurs ont pu avoir de l'image cinématographique, selon un double parcours opposé et complémentaire ».[115] Cependant, tout l'intérêt réside dans le fait que l'auteur écrivain soit différent du cinéaste, et cela ne peut être autrement pour Balzac. C'est dans la confrontation, dans le décloisonnement des œuvres et dans la richesse interprétative que nous construisons nos propos. Toutefois, il est pertinent d'interroger la lisibilité d'un texte littéraire porté à l'écran par un écrivain réalisateur, afin de mieux cerner toutes les facettes de l'adaptation.

a) Malraux

Cet auteur est d'autant plus intéressant qu'il a été critique : il y a là une richesse que nous sommes loin d'épuiser pour nos théories. Pour Malraux, l'organisation des images du réel, dans une œuvre d'art, ne cherche pas uniquement à refléter le réel, mais à le dépasser, voire à le nier,

[115]. – CLERC (J.M.). – *Littérature et cinéma*, Paris, 1993, p.75.

contrairement à ceux qui ont adapté Balzac en reproduisant le réalisme visionnaire de l'auteur.

Sur le pouvoir fascinant des images, Malraux suggère l'idée suivante : « la puissance convaincante des images ne nous trompe pas ! Elle ne tient nullement, vous le savez tous, à ce que le cinéma imite la réalité, mais à ce qu'il est le plus puissant interprète du monde irréel, de ce qui, depuis toujours, paraît ressembler au réel, mais à quoi le réel ne ressemble pas. »[116] C'est un pouvoir considérable qui est reconnu, ici, au cinéma. Le Septième Art est un outil permettant à l'homme de tenter d'actualiser l'imaginaire ou l'univers d'un roman. De ce point de vue, et selon Malraux, il est souhaitable que le cinéaste soit libre en transposant une œuvre littéraire à l'écran. Malraux tenta le défi de rendre l'irréel et le mythe de *L'Espoir*, dans son film *Sierra de Teruel*, au cœur du réel. L'originalité de l'adaptation vient du simple fait que c'est le même créateur qui se trouve derrière le roman et le film. Cela présente l'intérêt, non seulement d'éviter de voir dans l'adaptation une simple lecture subjective d'un auteur par un autre, mais aussi de vérifier – peut-être de manière sommaire – si le récit cinématographique n'oblige pas ce même auteur à voir son œuvre d'un autre œil. Déjà dans le roman, l'œil cinématographique de l'auteur manifeste son acuité, notamment au cours des scènes de combat : « Nation après nation, les compagnies passent dans la brume qui semble maintenant faite de la fumée des explosions, courbées, fusils en avant. Comme au cinéma, et pourtant si différentes ! »[117]

L'œuvre d'André Malraux reflète sa propre expérience de la guerre civile espagnole ; expérience qui est à l'origine du film et du roman. Il en tira des réflexions à partir de *Esquisse d'une psychologie*. Au-delà de tout aspect conventionnel, le film reprend la dialectique narrative du roman pour illustrer le passage de la révolution du rêve à la réalité et son caractère métaphysique. C'est « l'inscription des actions et de la mort des hommes dans l'indifférente altérité de l'univers. »[118] Malraux est convaincu que le Septième Art permet à l'homme d'avoir un rapport immédiat avec le monde contrairement au roman. Ce lien direct et intense a intéressé l'auteur de *l'Espoir* au plus haut point, car il est bien évident que la reproduction du réel au cinéma pose des problèmes de prise de vue et de point de vue. En général, pour le romancier, la solution est plus simple grâce aux associations métaphoriques et aux ellipses, qui sont d'ailleurs moins fréquentes dans les adaptations balzaciennes, du moins pour les toutes premières.

---

116. – MARION (D.). – *André Malraux*, Paris, 1970, p. 90-91.
117. – MALRAUX (A.). – *L'Espoir*, Paris, 1996, p.401.
118. – *Littérature et cinéma…op. cit.*, p.78-79.

Dans un autre texte, *Le musée de l'imaginaire*, il réfléchit à l'impact de l'adaptation sur « l'imaginaire collectif ». Malraux s'est interrogé sur la notion de « masse » inhérente au spectacle cinématographique ; dès lors, la réception n'est plus individuelle mais collective : le cinéma s'adresse à un large public qui affectionne le mythe (issu du roman et revu par le film). D'après Malraux, la perception du réel passe d'abord à travers des schèmes collectifs hérités. Ensuite, l'artiste élabore ceux qui lui sont spécifiques. Ces schèmes délivrent les formes du chaos, opérant ainsi l'interprétation du réel en une œuvre d'art. Dans l'adaptation, tout le problème consiste à faire d'un symbole une icone, alors que cette dernière est enracinée dans sa ressemblance avec le réel montré, qui peut être différent du réel suggéré dans le roman.

Partant de ce principe, le film *Sierra de Teruel* s'est inspiré des scories narratives du roman, à travers la psychologie obscure des personnages et de leur vie intense, parfois éphémère, alors que les films balzaciens reprennent en majorité la trame narrative des romans et reproduisent de manière fidèle la psychologie des personnages, même si leur densité est quelque peu diluée par l'écriture filmique. Malraux a construit un scénario qui constitue un tout en soi, organisé autour d'une trentaine de pages environ – chapitre III de la 3ème partie du roman – auxquelles l'auteur a ajouté des scènes empruntées à d'autres situations plus dispersées dans son livre. Globalement, le film s'inspire du raid sur le terrain d'aviation franquiste.

Ressenti comme fragmentaire et chaotique, le film représente l'image de la guerre telle qu'elle était vécue éternellement dans la chair des hommes avec ses traumatismes : durant la moitié du film, on entend de manière continue le bruit *off* des rafales d'armes à feu. L'adaptation de Malraux se fonde plus exactement sur l'intensité de l'expérience qui est plus privilégiée au cours du film que dans le texte littéraire, parce qu'elle est immédiate et expressive. En effet, durant la scène de panique à bord de l'avion dans lequel se trouve Pujol, les visages blessés et terrifiés expriment l'immédiateté de cette intensité avant que l'appareil ne s'écrase. De surcroît, à la fin du film, lorsque le cortège descend la Sierra, portant les pilotes morts, la musique de Darius Milhaud renforce cette expérience traumatisante que l'auteur a lui même vécue. D'après Malraux : « le lien [...] ne vient pas de l'influence du livre, mais de l'obsession, de la force du souvenir, dans les deux cas. »[119] Tout ce qui dans le roman était donc précisément situé dans l'espace et dans le temps est présenté de manière intemporelle dans le film. *A contrario*, les adaptations des œuvres de Bal-

[119]. – CLERC (J.M.). – *Ecrivains et cinéma*, Paris, 1985, p. 59.

zac reproduisent fidèlement les ancrages temporels du roman, dans une spatialité toute aussi littéraire, même dans le cas des adaptations libres. Plus précisément, les repères spatio-temporels filmiques restent précis, même si les décors et l'époque ne sont pas respectés.

Cette immatérialité issue de l'expérience de l'auteur, n'est donc pas valable pour l'adaptation du roman balzacien, car le cinéma de Malraux s'apparente plus à du reportage.[120] L'un des problèmes du Septième Art est d'arriver à transmettre, avec la puissance du concret apporté par l'écran et par les fragments en ce qui concerne Malraux, ce que le texte donne dans son ensemble (avec des moyens plus faibles techniquement et plus riches en ce qui concerne la fiction). De surcroît, il ne faut pas oublier le problème de l'espace et du temps, qui chez Balzac sont primordiaux pour une adaptation.[121]

b) Giraudoux : La Duchesse de Langeais

Jacques de Baroncelli et Jean Giraudoux ont apportés à l'œuvre de Balzac de nombreux aménagements. Ils ont en effet pris quelques libertés, mais qui sont loin d'être néfastes à la « réinterprétation » du roman. Afin de comprendre le cheminement de restructuration du texte au film, on pourra se demander si la nature du romanesque, présent dans le récit initial, a été restituée pour le cinéma. Il serait peut-être intéressant de voir ce qu'il est advenu de la tonalité tragique de l'ouvrage, enfin il faudra envisager le sort qui est fait à la misogynie incontestable et présente dans le roman : c'est d'ailleurs l'un des thèmes majeurs de *La Duchesse de Langeais*.

S'agissant de la nature du romanesque, on s'aperçoit que tous les ingrédients du roman noir, présents dans le récit, ont été occultés. En effet, la scène de l'enlèvement de la duchesse entraînée par une porte dérobée a disparu du film, alors que son cocher fut volontairement enivré. La pièce mystérieuse, au travers de laquelle on entrevoit les lueurs rouges d'une forge ou s'affairent des bourreaux, a été également supprimée. Le film fait disparaître également l'expédition aventureuse des « Treize » au couvent des Baléares. Il manque surtout l'époustouflante scène finale où l'on

120. – En raison de l'aspect inachevé du film et des scènes de bataille qui donnent l'impression d'être au coeur de la tourmente (vues aériennes tournées pour la première fois à l'intérieur d'un bombardier), cette adaptation se rapproche effectivement du reportage.
121. – Cf. *supra* quatrième et cinquième chapitre.

se prépare à jeter à l'eau celle qui fut l'obsession de plus de cinq années (scène que l'on retrouve dans l'adaptation de Verhaeghe en 1994). Tout ce qui relève en revanche du roman psychologique est bien conservé. En effet, Edwige Feuillière incarne magnifiquement la femme narcissique et manipulatrice, comme la Comtesse Feraud. Quant à Pierre-Richard Wilm, il représente fidèlement le soldat rigide et novice en amour, à l'image du Colonel Chabert. Il est évident que toutes ces modifications narratives peuvent s'expliquer en raison du climat de l'Occupation, avec ses restrictions financières, et qu'il aurait été difficile de reproduire convenablement l'assaut du couvent.

Quant à la tonalité tragique du roman, il semble qu'elle ait disparu de la version filmique pour deux raisons essentielles.

D'abord, l'élimination du caractère rétrospectif du récit – ce que Anne-Marie Baron nomme flash-back[122] – place davantage le spectateur devant un drame que devant une tragédie ; le sentiment du tragique naît implicitement du déroulement inéluctable de l'intrigue vers la catastrophe. Cet effet est produit chez Balzac par l'anticipation, à laquelle il se livre dès les premières pages où l'on découvre la duchesse cloîtrée dans le Carmel des Baléares. Dès lors, le lecteur dispose suffisamment d'informations pour pressentir le cheminement passionnel des protagonistes ; ce qui n'est pas sans rappeler la tragédie racinienne. L'atmosphère romanesque de l'œuvre originale accède donc à la tragédie : les phrases sont cinglantes et allégoriques.

Un deuxième paramètre confère au film une atmosphère différente de celle du roman : il s'agit de la présence du pathétique particulièrement prégnante dans la dernière séquence. Lorsque la duchesse abandonne son manteau après les huit coups fatidiques de l'horloge, il lui est rapporté *in extremis* par le marquis au moment où elle meurt. Nous sommes loin de l'esprit du roman qui s'inscrit davantage dans le romantisme noir, avec les plans rapprochés sur l'horloge. Ils symbolisent l'angoisse du « chronos dévorant » comme au début du film *Les fraises sauvages* de Bergman.[123] Les personnages sont libres et se détachent du texte en raison, comme nous l'avons évoqué précédemment, de l'oppression et du climat noir de l'Occupation. Henri Lemaître affirme d'ailleurs que : « le sens de cette oeuvre restera mystérieuse dans sa forme, comme le voulut son auteur, mais si clair et si apparent dans sa portée. Jean Giraudoux aura été de ceux qui, tout en ayant l'air de se jouer, relève les inquiétudes et

[122]. – BARON (A.M.). – *La technique du flash-back chez Balzac*, in L'Année balzacienne, Paris, 1987, p.363-377. Notons que, dès le début, l'adaptation de Verhaeghe est construit sur un retour en arrière.

[123]. – Film réalisé en 1957.

les hantises d'une époque. Il n'a cessé de nier la fatalité : non certes que ses personnages fussent désincarnés ou idéalisés, mais ils possèdent ce pouvoir de détachement que leur assume leur liberté intérieure. »[124] Celle-ci mettant en valeur le drame du film qui constitue implicitement une critique systématique du roman de Balzac. Il s'agit d'une condamnation de son aspect tragique « par une démarche très originale qui consiste à cliver le film, en deux systèmes textuels relativement autonomes : d'un côté, l'histoire telle que Balzac la raconte, du point de vue de Montriveau et telle surtout qu'en tant que romancier il la manipule ; de l'autre, l'aventure de la duchesse et du général telle que Giraudoux la voit du point de vue de la femme. »[125] Tout en suivant la trame de la nouvelle, Giraudoux adapte Balzac à sa manière et transforme la nouvelle misogyne en hymne à la femme, ce que l'on retrouve également dans la version de Verhaeghe. Le récit filmique bascule du côté des femmes ; la duchesse est peut-être moins intriguante que dans le roman, mais elle n'en demeure pas moins une femme forte et respectable que Balzac ne considère absolument pas dans son œuvre.

Si l'on observe enfin la question de l'image de la femme, on découvrira que l'élimination de l'épisode du fer rouge ne peut être due qu'à la volonté déterminée de purger l'histoire de toute misogynie. Au contraire, Balzac nous montre une duchesse « s'emparant d'un cigare et y dévorant ce que les lèvres d'Armand y avaient laissé »[126] ; en dehors du comportement passionnel, et de la métaphore sexuelle quelque peu grivoise, Balzac met tout de même la femme au rang d'objet : « ah ! Mon Armand, marque, marque vite ta créature comme une pauvre petite chose à toi. »[127] Les deux cinéastes Baroncelli et Giraudoux (scénariste), par le biais de la méprise organisée par Ronquerolles, donnent un rôle digne à la coquette repentie qui désormais affronte avec grandeur, spiritualité et indifférence l'outrage d'un public toujours en quête de ragots. Sans aucun doute, le scénariste a tenu à corriger tout ce que l'intrigue de *La Duchesse de Langeais* doit à une sévère humiliation vécue par Balzac dans ses rapports avec la duchesse de Castries. C'est ainsi qu'une histoire partiellement née d'un désir vengeur de compensation littéraire est devenu en film la manifestation d'un beau caractère féminin, avec une tendance féministe. On constate donc que la collaboration, entre un scénariste auteur de pièce de théâtre, un réalisateur fort connu, et un Balzac peut-être un peu lointain dans le temps et dans l'esprit de l'Occupation, a donné justement une re-

---

124. – LEMAITRE (H.). – *Jean Giraudoux,* in Positions, 12 février 1944, p.12.
125. – *La drôle de guerre des sexes du cinéma français...op., cit.*, p. 172.
126. – Cf. Pléiade, tome V, p. 1000.
127. – *Ibid.*, p. 998.

construction moderne de l'œuvre de Balzac, où les personnages se débattent admirablement sur la scène d'un théâtre de *La Comédie humaine*. Cela permet de se rendre compte une fois de plus que littérature et cinéma ne sont pas deux entités incompatibles. La correspondance entre Balzac et Giraudoux peut étonner au premier abord : tous deux ayant une écriture totalement différente ; cependant, on peut comprendre que l'idée soit venue à l'esprit de Jacques de Baroncelli : « ayant à filmer une œuvre dont certaines outrances romantiques avaient de quoi heurter son sens de la mesure ou provoquer son ironie, sans doute avait-il pensé trouver dans la manière de l'auteur de *Suzanne et le Pacifique* ce qui pouvait le mieux tempérer ces outrances. »[128] Cette analyse, certes un peu thématique, nous a permis de faire une approche large de ce film et de comprendre les mécanismes de l'adaptation, à l'aide d'une expérience supplémentaire d'écrivain et de réalisateur ; cela fait aussi partie de cette sémiologie à géométrie variable que nous avons évoquée en introduction. Nous n'en sommes pas encore à poser les bases d'un rapprochement linguistique entre texte littéraire et texte filmique, mais nous nous intéressons pour l'instant aux expériences personnelles, voyons ce qu'il en est du côté de Giono et de Pagnol.

c) Giono-Pagnol

Ce que nous venons de dire sur Malraux ou Giraudoux et ce que nous allons évoquer nous éloignent en apparence de nos théories sur l'adaptation. Or, la somme des problèmes et des réflexions des cas particuliers doit être analysée pour comprendre toutes les issues de la transformation d'écriture.

Bien souvent la collaboration de différentes personnalités entre en ligne de compte dans le processus créatif de l'adaptation. Il est intéressant de travailler sur le couple Giono-Pagnol d'autant plus qu'ils se connaissaient et exerçaient tous deux le métier d'écrivain, de cinéaste et de producteur. Il est pratiquement impossible d'imaginer en France une association d'auteurs aussi talentueuse et en même temps aussi conflictuelle. En effet, lorsque Giono confie à Pagnol l'adaptation de *Regain,* très vite les deux hommes seront en conflit. Il ne s'agit pas d'évoquer les querelles mais simplement de parler de cette riche collabo-

128. – FORD (C.) et JEANNE (R.). – *Balzac et le cinéma*, in L'Année balzacienne, Paris, 1961, p. 335-336.

ration et de ce mélange de subjectivités, aboutissant à des chefs-d'œuvre du cinéma français. Au départ, Giono comme Pagnol étaient amis des films intellectuels comme des films réalistes ; mais par la suite Giono changea d'orientation. Il porta de moins en moins d'intérêts aux adaptations que Marcel Pagnol lui fit de ses œuvres. Aussi, la dispute s'intensifia pour le tournage de *La femme du boulanger,* d'après un épisode de *Jean le bleu* (Giono), dispute déjà présente lorsque Pagnol termina *Angèle,* transposée d'*Un de Baumugnes.*

Bien que cette rencontre entre les deux hommes eût été inévitable, bien qu'ils eussent tous deux comme terrain de prédilection l'art de raconter les histoires de la Provence à la manière antique, pratiquant le même culte de la nature, leurs façons de filmer étaient totalement différentes. Ce qui a donné dans l'adaptation de *Regain* un héritage hybride entre le lyrisme de Pagnol et la vision épique de Giono : une vision du monde provençale plus concentrée. Giono reprocha à Pagnol d'étoffer le scénario de *Regain* d'événements superflus, alors qu'il est d'usage courant lorsqu'on adapte, d'amputer et de condenser les événements du livre.

L'attention de Giono se porte sur la création de personnages vivants, réels, moins symboliques comme il le faisait avant dans son écriture romanesque. La réorientation littéraire de Giono correspond à la brouille avec Pagnol. Giono voulait retranscrire toute l'objectivité du roman grâce au film comme une sorte de documentaire, ce à quoi s'opposait radicalement Pagnol. Giono bannit le lyrisme spatial et temporel au cinéma. Il préfère une caméra voilant tour à tour l'espace et le temps pour créer une sorte de réel dramatique, loin de tout lyrisme, afin d'associer le spectateur à l'exploration d'une vraie diégèse tout en lui donnant l'impression de s'identifier à son observation.

Le regard de Giono conjugué à la vision lyrique de Pagnol a donné paradoxalement dans *Regain* « cette même terre rude ou les mêmes dieux envoient toujours aux hommes qui y vivent les mêmes épreuves : le vent, le froid, la sécheresse, la canicule. Des hommes capables de haine, de révolte, de violence, pour défendre leurs valeurs fondamentales : l'honneur, la famille. »[129] La caméra de Pagnol annihile néanmoins le rêve fusionnel de l'homme et de la nature, auquel tenait tant Giono pour laisser place à l'optimisme métaphysique de Pagnol. Cette plénitude caractérisa le réalisme poétique de l'entre-deux guerre.

La relecture cinématographique de Pagnol réoriente la vision du monde de Giono conditionnée par des codes visuels et sonores propres à Pagnol, acculant ainsi Giono non seulement à dire autrement, mais à dire

---

[129]. – *L'adaptation du roman au film…op. cit.,* p. 35.

autre chose que dans le roman. Il faut admettre que la recherche de l'exacte transposition de l'œuvre littéraire d'un créateur, dans l'œuvre cinématographique d'un second créateur, est voué à l'échec. Cette approche n'est guère opératoire et les fait s'affronter au lieu de les confronter. Paradoxalement, l'affrontement en a fait un chef-d'œuvre : la conjonction de deux génies triomphe.

Par la suite, Giono avait fui toute collaboration avec Pagnol, en adaptant lui-même ses propres œuvres, notamment *Un roi sans divertissement* ; néanmoins comme l'affirme Jeanne-Marie Clerc : « l'écriture propre au scénario l'a contraint à une réflexion particulière sur l'agencement narratif du film qui, rejoignant sa nouvelle orientation romanesque, l'a amené à envisager de façon plus spécifique le travail de la caméra. »[130] Dans le scénario d'*Un roi sans divertissement*, il met en œuvre une organisation plus simple que dans le roman : enlevant l'incertitude du récit, il la remplace par une systématisation rigoureuse des impératifs esthétiques (la couleur notamment) et symboliques qui acquiert une valeur dramatique. Il exploite toutes les ressources de la lumière grâce aux mouvements de caméra. Il donne à la couleur une activité dynamique fascinante. C'est un aspect que nous analyserons d'ailleurs dans *Le Colonel Chabert* au troisième chapitre.

Le passage du roman au film, sur lequel ont travaillé Malraux, Giraudoux, Giono et Pagnol, démontre que le regard cinématographique sur la littérature est désormais incontournable. Toute œuvre est lue à travers le Septième Art.

La traduction des mots en image implique pour ces auteurs et réalisateurs, autre chose qu'une recherche de stricte équivalence sur le plan du fond. Il s'agit plutôt d'une nouvelle vision du monde. Mais paradoxalement pour étudier cette vision, il faut trouver un système d'équivalence sur le plan de la forme, car littérature et cinéma ont peut-être les mêmes bases d'un langage avec des formes différentes de l'esthétique de la représentation. Le roman et le film peuvent être admis comme des textes à part entière.

---

[130]. – *Littérature et cinéma…op., cit.*, p. 95.

3°) Considérer le film comme un langage afin d'établir des correspondances linguistiques entre le roman et le film

Sur le plan méthodologique, la critique structuraliste cinématographique (Metz) fait subir au film des divisions, des classifications, et des catégorisations qui doivent nous permettre de définir le niveau d'analyse et la démarche critique. Cependant, il faut reconnaître que le roman est une chose, le film une autre. Le langage verbal est régi par une codification abstraite. Il n'y a pas de ressemblance entre le signe et ce qu'il représente : le signe non motivé est arbitraire (symbole). Le langage filmique, au contraire, est régi par une codification analogique, fondée sur la ressemblance entre le signe et ce qu'il représente (icone).

Contrairement à la langue (présente dans le roman grâce aux mots), le langage cinématographique (qui n'est pas une langue) n'a en lui aucun étage sémiotique correspondant. Il s'agit d'un langage sans lexique : une liste non infinie d'éléments fixes, invariants contrairement à la littérature. Comme l'affirmait déjà Robert Bataille : « la grammaire cinématographique étudie les règles qui président à l'art de transmettre correctement des idées par la succession d'images animées, formant un film. »[131] Nous pourrions même ajouter que la grammaire du roman, au sens générique du terme (pour ne pas dire l'expression « langue française »), étudie les lois qui permettent la transmission correcte des idées par l'élaboration de phrases bien agencées sur le plan grammatical et syntaxique. Le tout permettant une interprétation cohérente. Le problème est de savoir si l'interprétation reste identique lorsqu'elle est transposée d'une grammaire à l'autre, et si les structures mises en place pour y parvenir sont les mêmes.

a) Sémiotique ou sémiologie : théorie du sens pour un non-sens théorique

Pour simplifier, la sémiologie est traditionnellement un terme d'origine européenne qui se situe dans la tradition structuraliste saussurienne, et la sémiotique est un terme d'origine américaine, relevant de la tradition de la pragmatique peircienne. En France, la sémiotique désigne la théorie du sens proposée par A. J. Greimas, et selon les propos de Ro-

[131]. – BATAILLE (R.). – *Grammaire cinématographique*, Paris, 1947, p.4.

ger Odin « la sémiotique ne vise pas systématiquement un objet particulier, mais la production du sens en général. Elle s'oppose [...] à la fois à la linguistique et la sémiologie qui s'intéressent l'une et l'autre à des objets plus spécifiques. »[132] D'un côté, la linguistique étudie les langues naturelles, de l'autre la sémiologie a tendance à s'intéresser aux langues non naturelles, mais cela n'est pas toujours vrai. En ce qui concerne le cinéma, nous avons vu qu'il ne s'agit pas d'une langue mais d'un langage non naturel.

Quant à Balzac, une fois la difficulté de la lecture du film levée, grâce au découpage plan par plan, et par séquences, au repérage des raccords et des éléments de ponctuation, ainsi qu'à la reconnaissance du mouvement d'appareils et des variations d'échelle, le spectateur se trouve dans la situation du lecteur de Balzac. Au-delà de la saisie structurelle de l'œuvre, il devient soucieux de la comprendre et d'en saisir les enjeux (il s'agit bien sûr d'un spectateur averti et d'un lecteur balzacien confirmé). Dès lors, il devient sémioticien ou sémiologue de l'image.

Reste qu'entre sémiotique et sémiologie, les différences sont à peine perceptibles. Ces dernières années, l'usage établit l'emploi du terme sémiotique dans les ouvrages savants, tandis qu'on parle plus de sémiologie dans les ouvrages de vulgarisation. Pourtant l'expression « sémiologie de l'image » a du succès car sous l'impulsion de nombreux théoriciens et de leurs alliances, elle finit par « signifier purement et simplement la théorie du cinéma ».[133] L'idée que le Septième Art reste un langage est reprise par la sémiotique et la sémiologie. Elles ne voient plus dans le langage un caractère intrinsèque du cinéma capable de résumer à lui seul le phénomène dans son ensemble, mais elles discernent plutôt les multiples aspects à mettre en lumière en partant d'un point de vue déterminé.

Comme l'affirme Casetti : « le résultat est qu'à une étude du fondement linguistique du film, élément qui imprègne le tout, se substitue alors l'étude des traits linguistiques du film, composante particulière d'un phénomène plus large ; et à une approche essentialiste, ontologique (« le cinéma est par nature... ») se substitue une approche méthodique disciplinaire (« pris sous cet angle le cinéma apparaît comme... »).[134]

Tout ceci est applicable à une analyse littéraire. Néanmoins, une approche trop sémiotique ou trop sémiologique de l'adaptation, qui veut tenir compte de façon programmée de l'ensemble du domaine des signes littéraires et de leurs transformations filmiques, peut apparaître herméti-

---

[132]. – *Cinéma et production de sens...op. cit.,* p. 16.

[133]. – CHATEAU (D.). – *La sémiologie du cinéma : un bilan,* in Degrés, Bruxelles, 1990, p. 1.

[134]. – *Les théories du cinéma depuis 1945...op. cit.*, p.62.

que voire erronée. Ce type d'analyse risquerait de faire des rapprochements linguistiques forcés entre deux modes d'expressions artistiques différents. Il s'agit, certes, d'une approche méthodique et c'est bien celle qui nous intéresse avec cependant quelques nuances. Le caractère scientifique de la sémiologie doit être un compromis entre la pertinence du cas particulier et un principe de généralisation, sans pour autant tomber dans un cloisonnement du raisonnement qui ferait du terrain d'investigation de la sémiotique une terre aride.

L'intérêt, que porte la sémiotique ou la sémiologie aux instruments plutôt qu'aux objets à analyser, est une forme de rigueur de la théorie du sens pour les uns, et une excuse pour s'éloigner de la réalité concrète du cinéma pour les autres. En réalité, on ne fait que cacher le non-sens théorique pour avoir un peu trop cherché une signification à ce même sens. D'ailleurs, Casetti évoque son indifférence pour le débat précédent qui « présente pour certains la preuve de son autonomie, pour d'autres un trait de pure présomption. »[135] Gilles Deleuze a parfaitement saisi la nuance entre ces deux points de vue et trouve un compromis en disant que : « l'image ne serait pas un énoncé mais un énoncable. »[136] Parce qu'elle montre mais ne dit pas, l'image contient, en effet virtuellement, une pluralité d'énoncés narratifs.

L'adaptation devient ainsi une lecture et un mode interprétatif des différents réseaux narratifs et sémiotiques, ce que Roland Barthes décrit comme l'opération herméneutique qui consiste à dégager en s'appuyant sur le texte restitué « son sens à la fois originel, univoque et définitif, déterminé par la correction des signes qui le véhicule. »[137] La sémiotique ou la sémiologie textuelle (à son apogée dans les années 70) est la production d'un sens, d'un procès, et d'un système (combinaisons et déplacements de codes) qui gouvernent les relations du signifiant et du signifié.

Il s'agirait d'élaborer un système polysémique ou se nie la clôture du texte littéraire et du texte filmique. Patrick Cattrysse parle même d'un concept polysystémique : « Supposer que la pratique littéraire ou filmique est déterminée par des normes, c'est accepter comme hypothèse la présence de cohérences systémiques, c'est à dire de systèmes. Par système, nous entendons tout phénomène représentant une certaine organisation plus ou moins spécifique permettant de le distinguer plus ou

135. – *Ibid.*, p. 149.
136. – DELEUZE (G.). – *L'image-temps*, Paris, 1985, p. 44.
137. – BARTHES (R.). – *Théorie du texte*, in CD-ROM Universalis, Paris, 1998, réf. article : 22-371.

moins des phénomènes environnants. »[138] La théorie du sens ne doit donc pas se réduire à un simple rapprochement linguistique, faute de quoi on tombe dans le non-sens théorique. La conséquence directe serait une aporie occultant délibérément la signification et le sens d'une œuvre.

Ce dernier est extrêmement difficile à cerner : « Le sens, c'est finalement la matière informe dont s'occupe la sémiotique, qu'elle s'efforce d'organiser et de rendre intelligible. »[139] Il faut donc tenir compte de la communication, de la représentation, de l'histoire, etc. (en bref, les nombreuses approches du cinéma) pour faire un procès signifiant-signifié de l'adaptation qui se construirait à la fois sur un axe syntagmatique (rapprochement linguistique des deux entités autonomes que sont littérature et cinéma) et un axe paradigmatique qui tient compte des multiples approches du texte et du film. Les deux axes sont gérés par un sujet pluriel qui serait à la fois l'auteur, le cinéaste et le spectateur averti ou non, selon qu'il se positionne dans la sphère passionnelle ou intellectuelle de la réception de l'adaptation.

La sphère passionnelle représente la littérature et le cinéma en tant qu'émotion et spectacle, tandis que la sphère intellectuelle est en quelque sorte le critique qui veut attribuer un sens à l'adaptation. Finalement, on ne cherche pas le sens, mais un sens possible.

---

[138]. – *Pour une théorie de l'adaptation filmique...op. cit.*, p. 27.
[139]. – *La sémiotique du discours...op. cit.*, p. 21.

Schéma de la sémiologie à géometrie variable pour l'adaptation

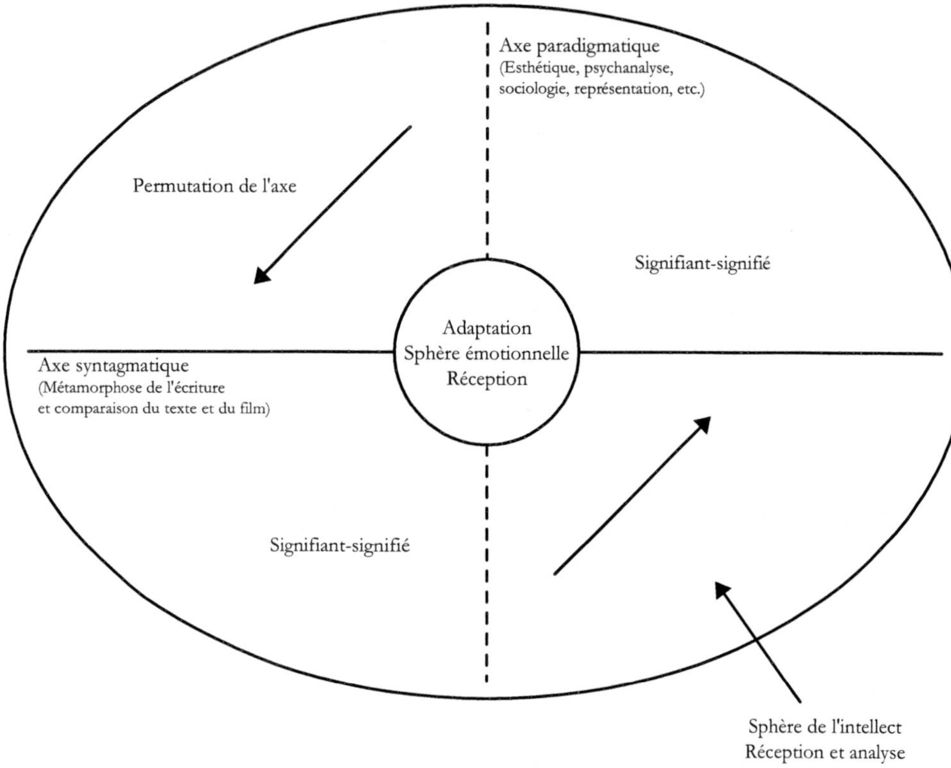

Remarque : les axes peuvent s'intervertir sachant qu'il est possible de faire une sémiologie de l'esthétique ou une esthétique de la sémiologie. Le rapport intertextuel entre littérature et cinéma n'est pas seulement syntagmatique, il est également paradigmatique en raison de la permutation des axes. Si le spectateur se situe dans la sphère émotionnelle de la réception, il n'en demeure pas moins interprétant, ce qui exige une pragmatique des effets de sens avec les phénomènes d'identification (cf. le troisième chapitre).

b) Les données de la sémio-linguistique, de la sémio-pragmatique et de la sémio-psychanalyse

D'une manière générale, la sémio-linguistique définie par Roger Odin est une approche structurale du cinéma qui limite son objet à celui constitué par l'ensemble des films. La sémio-linguistique ne s'intéresse qu'à la dimension langagière des faits filmiques, qui exclut tout fait extralinguistique : ce que l'on appelle « le principe d'immanence ».[140] C'est à partir de ces postulats théoriques que s'établit la sémio-linguistique du cinéma. Elle est en rupture totale avec l'approche esthétique, ce qui réduit le champ de recherche pour l'adaptation étant donné que l'esthétique joue un rôle structurant dans la réorganisation spatiale du cinéma pour le film.[141] Cette approche sémio-linguistique est purement structuraliste et consiste à montrer d'abord qu'il existe un certain type d'organisation à tous les films.

La notion de système n'est pas clairement définie dès qu'on applique à la base ces méthodes structuralistes, mais cela devient un objet de conquête. Il faut définir un programme : du symbole à l'icone pour notre étude. Comment le film utilise la mise en spectacle de la fiction verbale ? Roger Odin précise en reprenant les propos d'André Martinet l'idée suivante : « le but de la recherche en sémio-linguistique du cinéma est de construire un simulacre de l'objet cinéma, un simulacre structural (systématique) menant la construction interne et le fonctionnement de cet objet. »[142] Les théories du Septième Art telles que la sémio-pragmatique ou la sémio-psychanalyse cherchent à mettre en relief le fait que le cinéma ou le roman possèdent des unités significatives qui structurent l'objet en question. Quant à la sémio-pragmatique, elle se définit par un ensemble de discours, ayant des modes de représentation différents et complémentaires, qui génèrent une opération pragmatique que le film requiert pour avoir un sens.

Casetti, reprenant les théories de Roger Odin sur la sémio-pragmatique, explique les différents modes de représentation. Il existe le mode spectaculaire que l'on applique aux films d'évasion ; il ya le mode fictionnel que l'on met en œuvre dans les films qui font appel à la participation, aux aventures de leurs personnages ou bien encore le mode esthétique qui vise à créer un intérêt pour le travail des sons et des ima-

---

140. – *Cinéma et production de sens...op. cit.,* p. 20.

141. – Cf. *supra* troisième chapitre.

142. – *Cinéma et production de sens...op. cit.,* p. 28. Voir également : MARTINET (A.). – *Eléments de linguistique générale*, Paris, 1963.

ges. L'ensemble est reconnu et pratiqué par l'auteur ou le spectateur donnant ainsi un sens au film : « ces modes permettent de définir ou de redéfinir les images et les sons sur la pellicule, d'ordonner ou de « réordonner » les divers éléments, de tisser ou tisser à nouveau une trame, de confier ou de reconnaître un rôle de guide à un personnage de l'histoire, de se manifester en tant que « je » ou de se reconnaître en tant que « tu », etc. : ils donnent justement un sens à ce qu'on a devant les yeux. »[143] La totalité de ces formes crée « la compétence de communication » d'un sujet à partir du discours de ces modes de représentation.

L'approche sémio-linguistique nous intéresse pour la théorie de la transformation ; néanmoins, elle ne s'occupe que du film, bien nécessaire à notre analyse, mais elle laisse de côté ce qu'il y a en amont à savoir la littérature. En contre-partie, elle ouvre un champ de comparaisons entre le film et le roman. Quelquefois, ce n'est que par défaut que nous cernons notre sémiologie à géométrie variable. L'aspect parfois limité de la sémio-linguistique se retrouve également dans la sémio-psychanalyse qui, elle aussi, s'intéresse plutôt au film qu'à la littérature. La question essentielle est de connaître la place qu'occupent la sémio-pragmatique et la sémio-psychanalyse dans le transfert d'un récit à un autre.

Quels sont dans la littérature les objets de la sémio-linguistique, de la sémio-pragmatique et de la sémio-psychanalyse ? En fait, dans les textes, ces objets n'existent pas, ils ne sont que des modes d'appréhension de l'analyse filmique issus de la grande famille de la sémiologie visuelle, regroupant donc ces différentes approches. Néanmoins, ces objets sont utiles pour comprendre la métamorphose du littéraire au filmique. A partir du résultat final de l'objet sémiotique et de l'analyse constituée dessus, on remonte en amont pour reconstituer virtuellement tout le cheminement de la transformation pour l'adaptation.

En créant la sémio-psychanalyse, Metz a voulu construire un objet cinéma en tant qu'objet scientifique, et a provoqué ainsi un effet de rupture avec les autres approches, même littéraires.

L'apport de la psychanalyse à la linguistique saussurienne a permis de cerner davantage le champ sémiotico-cinématographique. Metz était convaincu que la linguistique et la psychanalyse pouvaient être deux sources principales de la sémiologie, les seules disciplines qui soient sémiotiques de part en part. Cependant, il faut nuancer ses propos : à trop vouloir comprendre le rapport spectateur-cinéma par la psychanalyse, à voir des complexes castrateurs dans les moindres replis de l'image, on risque fort de passer à côté de sa spécificité, bien que l'association de ces

[143]. – *Les théories du cinéma depuis 1945...op. cit.,* p. 283.

deux disciplines soit intéressante. L'analyse de l'image est bien trop complexe et profonde pour être réduite et formalisée uniquement par les codes de la psychanalyse.[144] Néanmoins, la sémio-psychanalyse reste pertinente quant à la théorie de la transformation pour tout ce qui touche aux phénomènes d'identification du spectateur avec son héros, qu'il soit littéraire ou cinématographique. C'est un aspect que nous aborderons au troisième chapitre.

Afin de mieux comprendre les enjeux de la sémio-psychanalyse pour l'adaptation, il semble nécessaire d'aborder les théories de Metz dans *Le signifiant imaginaire* et celles de Roland Barthes qui présentent également des éléments de sémiologie.[145] Ils ont tous deux témoigné de l'intérêt pour la psychanalyse, Metz s'est davantage intéressé à la connaissance du signifiant cinématographique, tandis que Barthes s'est focalisé sur la « signifiance » de la productivité littéraire. Mais entre les deux, il y a derrière et au-delà de l'image qu'elle soit littéraire ou cinématographique « le monde des ténèbres et le spectateur s'y enfonce inconsciemment à travers cette surface pure (le fantasme). Il est vrai que le fantasme ou l'image en soi ne signifie rien, mais il est aussi vrai que l'inconscience. »[146] Que l'image soit littéraire ou cinématographique, elle est donc génératrice de rêve, de « signifiant imaginaire » pour reprendre le terme de Metz. Mais entre ces deux types d'images, n'y a-t-il pas une certaine dualité, voire une incompatibilité qui empêcherait toute comparaison ? C'est pour cela, hormis peut-être la sémio-linguistique, que la sémio-pragmatique et la sémio-psychanalyse ne s'intéressent qu'à l'objet cinéma. Une comparaison nécessaire et pourtant forcée entre Septième Art et littérature ne remettrait-elle pas en cause tout fonctionnement sémiologique ?

144. – Fort heureusement, la psychanalyse nous a donné d'autres ouvertures qui ne se limitent pas qu'aux systèmes linguistiques et sémiologiques.

145. – BARTHES (R.). – *Système de la mode,* Paris, 1967. – *Le plaisir du texte*, Paris, 1973. – *Leçon*, Paris, 1978.

146. – ASANUMA (K.). – *Reproduction et expression : essai sur les méthodes sémiologiques et esthétiques de Christian Metz,* in Semiotica, 1996, n° 112-1/2, p. 31.

c) Pouvoir des mots, pouvoir des images : dualité et remise en question de la sémiologie

L'analyse filmique et en particulier celle de l'adaptation est une démarche traitant le film comme un texte, une unité de discours, de récit et d'action qui obéit à un système de codes plus ou moins spécifiques et repérables par le critique. Le film serait alors une organisation régulière (non chaotique et subjective de la part du réalisateur), descriptible comme un réseau autonome d'éléments se définissant les uns par rapport aux autres. La priorité serait accordée aux relations (structurées par le montage) plutôt qu'aux éléments eux-mêmes. Or, bien souvent l'analyse littéraire se focalise sur ces éléments. Elle ne tient pas systématiquement compte de leurs interactions, puisqu'elles ne sont pas matérialisées comme au cinéma.

Dès lors, la comparaison du film et d'un texte fait apparaître que l'écran se définit par l'iconicité et l'interaction nécessaire d'icones : la relation monde/image cinématographique est fondée sur un rapport de ressemblance entre le signifiant et le signifié. A l'inverse, la littérature, bien qu'elle génère également des images (mentales) structurées par le lecteur, offre des mots en tant que signes lexicaux, de qualités neutres ; alors que les images cinématographiques, forcément distinctes les unes des autres, ont toutes une valeur qui leur est propre, une qualité personnelle et subjective. Les mots n'ont de propriétés distinctes qu'au niveau phonologique ou phonétique. Comme le signale Roger Odin : « l'erreur de tous les sémiologues qui se sont penchés sur la question fut de partir de modèles linguistiques, de chercher des analogies entre des fonctions différentes au lieu de partir du message filmique et d'en étudier le fonctionnement en faisant table rase de toute idée de code, de grammaire ou de syntaxe. »[147] Cependant tous ces codes ont une signification iconique et imageante ne serait-ce que par la façon de percevoir la réalité : l'angle, le cadrage, et l'organisation spatiale du champ. En fait, il s'agit de la structure interne de l'image.

Tout le problème de l'adaptation serait un mécanisme centrifuge qui ferait de la sémiologie une dynamique allant du texte à l'image, soit un territoire ouvert avec un élargissement des intérêts. C'est une recherche de nouvelles sources d'inspiration, un désir de se confronter aux autres formes de recherche : texte et image. Le résultat serait une sorte de mutation génétique (d'où l'idée d'une sémiologie à géométrie variable) qui, en raison de la confrontation du pouvoir des mots à celui de l'image, remet-

147. – *La sémiologie en question...op. cit.,* p. 29-30.

trait en cause la sémiologie au sens large. Il est vrai que les limites de la discipline fondée sur l'éclectisme pourraient se relâcher en laissant place à une méthode ou à une attitude désinvolte, qui ferait de la sémiotique une anti-sémiotique ou une post-sémiotique (pour en revenir à Casetti).

Nous concevons l'idée d'une sémiologie, géométriquement variable comme une sorte de mal nécessaire pour confronter nos théories et pour montrer que le textuel ou le verbal suscitent le visible : « texte et visualité sont séquentiels dans un ordre de succession indifférent, et en tout cas, réversible... Deux systèmes de signes fonctionnant dans deux modalités particulières, le visuel et le verbal sont mis en contact entre eux par le truchement de l'Ecphrasis... Suspension implicite de la référence au réel. »[148] Comme le langage verbal appartient peu au domaine du visuel (hormis des champs lexicaux précis), il relève d'une certaine neutralité ; le discours imaginé s'engage dans une attitude esthétique de la représentation. L'image cinématographique est d'autant plus expressive qu'elle reproduit concrètement un morceau du monde réel, contrairement à la littérature qui reproduit abstraitement la totalité d'un monde irréel (parce qu'il faut le reconstruire mentalement, en cela il est artificiel).

Néanmoins, l'image cinématographique ne reproduit que la qualité visuelle des objets et toutes les autres propriétés sont anéanties. Ces objets perdent en un mot leur être concret, car l'image est imposée contrairement à la littérature qui demande un effort de reconstruction, afin que l'impression littéraire acquière son pouvoir de suggestion. On ne peut voir les objets sur l'écran à distance et de l'extérieur ; ils apparaissent à la conscience du spectateur comme n'appartenant qu'au système de signification.

La littérature dépasse ce système de signification, transcende et sublime l'objet pour en faire une chose naturelle, matérialisée dans l'esprit du lecteur, tandis que la reproduction cinématographique « est aussi la réduction de la fonction signe au signe pur. L'image n'est pas une chose naturelle mais un signe. »[149] S'il en est ainsi, serait-il possible de parler de langage cinématographique avec ces codes à la fois spécifiques et non spécifiques et de les confronter avec le langage littéraire ?

Mais comment peut-on faire apparaître à la conscience du spectateur la qualité visuelle d'un objet qui, au départ dans la littérature, n'a pas

---

[148]. – FRIEDMAN (R.M.). – *La spécularité diffractée : mise en abyme et début de film,* in Semiotica, 1996, n° 112-1/2, p. 59. L'auteur de l'article explique que l'Ecphrasis est une notion provenant du *Ut pictura poesis* d'Horace, qui signifie que l'art est toujours fait à propos de l'art, comme un faux miroir se réfléchissant lui-même.

[149]. – *Reproduction et expression : essai sur les méthodes sémiologiques et esthétiques de Christian Metz...op. cit.*, p. 27.

cette qualité de transparence ? Ne peut-on pas parler de rupture sémiotique ? Le cinéma a un potentiel considérable d'émotions, d'images, de symboles ; il élargit notre vision et par conséquent il ouvre le champ romanesque. Le Septième Art nous sensibilise à un univers miroitant de phénomènes que la sémiologie ne peut expliquer, car il existe « un langage plus secret encore que celui des images, et même que celui des mots souvent impurs et corrupteurs, cette participation muette « au fardeau de l'inexprimé » [...] cet accès à la zone de silence qui est au cœur de chaque art et qui se passe même de mots. »[150] Il est peut-être nécessaire d'apporter une distinction entre l'expressivité du monde (des mots aux images), définissable par la sémiologie et l'expressivité de l'art (qu'il soit littéraire ou cinématographique). Différence à laquelle la sémiologie ne peut répondre. On peut donc parler d'une rupture sémiotique qui traduit justement son insuffisance et son impossibilité à tout expliquer.

Néanmoins, elle permet de faire prendre conscience au spectateur averti de la qualité visuelle d'un objet. Cela implique d'ailleurs qu'il voie cet objet lui-même. Mais cette qualité visuelle ne peut pas pour autant être le signifiant de l'objet absent.

En résumé, l'image cinématographique est un objet qui manque totalement de substance concrète, n'étant pas signifié par d'autres que lui-même contrairement à la littérature : « aucune image, si indifférenciée soit-elle ne pourrait se réduire à l'abstraction d'un seul mot ; même si un réalisateur se contente de filmer une chaise, l'éclairage du plan ainsi constitué, son cadrage, le fond sur lequel l'objet se détache et l'apparence même de cet objet ajouterait toutes sortes de connotations à la pure notion de chaise. »[151] A la sémiotique dichotomique (signifiant-signifié) de Saussure, sera privilégiée dans notre étude la sémiotique trichotomique (médium-objet-interprétant) de Peirce, tout en sachant que notre approche n'est pas spécifiquement sémiotique.

En effet, un texte, qu'il soit littéraire ou filmique, est lié à l'acte de communication, par lequel sont mis en relation un émetteur (écrivain ou réalisateur) et un récepteur (lecteur ou spectateur) dans des conditions pragmatiques de communication autour de l'objet signifiant-signifié (objet littéraire ou cinématographique). Voyons maintenant ce qui se passe pendant la transformation de l'objet balzacien : le mot qui devient image.

---

150. – COLLECTF. – *Cinéma et roman*, in La revue des belles lettres, Paris-Caen, 1999, n° 36-38, p.146.

151. – ROPARS-WUILLEUMIER (M.C.). – *De la littérature au cinéma : genèse d'une écriture*, Paris, 1970, p.15.

4°) Balzac et la métamorphose de l'écriture littéraire

Chez Balzac le pouvoir des mots est par essence extrêmement « imageant », l'adaptation confronte l'image cinématographique avec l'image littéraire : toutes deux étant « génétiquement » proches.

Il s'agit d'un travail sur le repérage d'équivalence fondé sur l'analogie, soit la transformation.

Avec l'analogie, nous nous trouvons en plein cœur de la transposition et des théories sur l'adaptation que nous venons de développer. D'abord, il serait peut-être souhaitable de faire une différence entre « transposition » et « transformation ».

Le premier concepte désigne en quelque sorte une copie cinématographique de l'image littéraire sans qu'elle perde pour autant sa personnalité et son caractère unique.

Le second relève plus de la métamorphose et donnerait un produit cinématographique différent de l'image littéraire initiale, sans pour autant être diamétralement opposée au niveau de la signification littéraire.

A	<u>TRANSPOSITION</u>	A' :	image littéraire rendue fidèle par le cinéma sans pour autant être une copie conforme (signification cinématographique autonome).
A	<u>TRANSFORMATION</u>	B :	image non littéraire qui peut avoir un rapport plus ou moins lointain avec l'image initiale.

Qu'il s'agisse de transposition ou de transformation, l'adaptation reste toujours un acte interprétatif : « l'adaptation est un condensé de lecteur-auteur essayant, par des moyens audiovisuels, de faire passer dans l'esprit et presque dans le corps du spectateur des émotions et vibrations intérieures et semblables à celles que ressent le lecteur. Non seulement son action est subjective, mais il lui faut, de surcroît, plier le texte au langage plastique. »[152] Autrement dit, tout acte descriptif littéraire est supprimé à l'écran pour laisser place à des équivalences filmiques, qui rendent les raisonnements et les pensées intérieures de l'auteur.

[152]. – *Dictionnaire de la Littérature Française…op. cit.*, p. 174.

a) Les mots balzaciens correspondent-ils à des images balzaciennes au cinéma ?

A l'écran, les possibilités qui se présentent sur l'axe des choix sont pratiquement illimitées. Le nombre d'images susceptible d'apparaître à la place d'une autre, surtout quand il s'agit d'interpréter quelques mots en littérature, est infini dans la mesure où il suffit d'une infime variation de cadrage, de lumière ou de couleur pour obtenir une autre image avec une signification différente. Lorsqu'il s'agit de deux films adaptant le même roman, nous sommes certains de la différence des images : le texte littéraire subit une double réincarnation, une seconde naissance redoublée rendant chaque produit cinématographique unique, au point de faire en sorte que la grande littérature se trouve parfois magnifiée par le Septième Art. Cette sublimation réside dans le fait que l'image montre mais ne dit pas : « c'est pour l'opposer à la langue que le sémiologue s'efforce de montrer qu'aucun plan n'est équivalent à un simple mot et que, inversement dans toute image il y a au moins un énoncé. »[153] L'image du vieux soldat ne signifie pas « Colonel Chabert » dans le roman, mais dans les deux films voici « le Colonel Chabert ». « Présentifié »[154] et présenté sous l'angle de l'instantanéité, il n'a plus rien à voir avec celui du roman.

Néanmoins, qu'il s'agisse du film ou de l'œuvre littéraire, la fiction crée un monde de toutes pièces, même s'il peut ressembler au nôtre. Cette dernière représente un univers en partie mental qui possède ses propres lois (monde opposé au documentaire), de sorte que ce qui arrive dans tel roman ou tel film nous semble vraisemblable. Dès lors, s'agissant de la reproduction d'un réel, pourquoi ne pas comparer le réel du roman à celui du film ?

Il existe chez Balzac un intense pouvoir de visualisation pour évoquer avec un réalisme scrupuleux l'environnement de ses personnages, qu'il s'agisse de l'étude de Maître Derville, de la pension Vauquer ou de la maison de Grandet ou du voyage à pied de Félix de Vandenesse à travers la Touraine. Non seulement Balzac fait aussi la preuve que l'élément visuel appartenait de droit au roman bien avant la naissance du cinéma, mais on peut presque affirmer qu'aucun film ne peut se permettre une telle complaisance dans la présentation des objets, car les adaptations des

153. – GAUDREAULT (A.) et JOST (F.). – *le récit cinématographique*, Paris, 1990, p.22.

154. – C'est l'acte qui distingue : « le fait de raconter et la chose racontée. » Cf. RICOEUR (P.). – *Temps et récit, la configuration du temps dans le récit de fiction*, Paris, 1985, tome II, p. 115.

œuvres de Balzac ne recourent que très exceptionnellement à l'emploi du ralenti ou à un balayage très lent de la caméra : au début du film d'Angelo, on se souviendra toutefois des pano-travellings successifs qui présentent tour à tour les différents clercs, ainsi que les piles de dossiers décorant l'étude de Maître Derville. Hormis quelques rares exemples, et bien que l'image littéraire soit transformée ou transposée, l'image filmique dans l'absolu ne peut être balzacienne. Les mots créent des images balzaciennes dans le roman, mais dans le film les images s'apparentent au monde de Balzac.

Il ne faut pas voir la littérature comme un réservoir d'images à adapter mais un héritage de sujets, de thèmes, et d'événements. Le cinéma doit demander à la littérature autre chose que des œuvres à adapter directement. Il ne faut peut-être pas confondre image et événement. L'image reste unique, l'événement peut être répliqué autant de fois qu'il y a d'idées, de genres, de styles, de subjectivités, de choix esthétiques et techniques que le Septième Art peut fournir. L'approche de l'adaptation doit s'inscrire en faux contre une méthode essentialiste qui ne ferait pas le distinguo entre les éléments thématiques, événementiels et les éléments formels construits uniquement sur les images. On peut affirmer que l'événement peut être totalement fidèle ou infidèle au roman, mais l'image en tant qu'unité autonome est plus complexe à définir lorsqu'elle se métamorphose pour l'écran. A la fois elle lui ressemble et ne lui ressemble pas. En résumé, il existe une géométrie variable qui se construit sur le principe d'éloignement et de rapprochement entre l'image littéraire et celle du film. Cette variation offre un tel choix de combinaisons qu'il est impossible de parler de fidélité absolue ou partielle ou d'infidélité totale ou atténuée. C'est une fluctuation permanente.

L'œuvre cinématographique fait renaître la littérature tout en gardant son autonomie. On peut voir dans le Colonel Chabert de Balzac un peu de Raimu, un peu de Depardieu ou n'importe quel acteur susceptible d'interpréter ce rôle. L'image cinématographique n'est qu'une facette de l'image littéraire. En cela on peut nuancer nos propos et dire que l'image littéraire s'apparente à celle du film, mais elle détient une puissance « imageante » que n'a pas le cinéma.

La complexité pour définir l'image littéraire ou cinématographique rend presque impossible la comparaison et l'interaction des deux. Paradoxalement, il s'agit d'un cheminement obligatoire pour l'analyse, tout en sachant qu'elle mettra en évidence de solides analogies et des insuffisances qui ne seront que non-sens. Entre l'analogie évidente et l'insuffisance à expliquer le film par rapport au roman, il y a parfois une fluctuation. Par exemple, le dynamisme des récits filmiques se fonde sur la répétition différentielle de la bataille d'Eylau, mais l'écart créé par le mouvement itératif peut être considéré sur le plan narratif comme un simple retour en arrière plutôt qu'un réel éclaircissement de l'œuvre de Balzac. Ces flash-back ne sont ni les mots ni les phrases balzaciennes, mais ils élargissent la compréhension de l'esprit du roman : la souffrance de Chabert. Caroline Eades écrit à propos des scènes de la bataille sur le front russe, dans la version d'Angelo, que : « le caractère rémanent de la première scène est accentué par le fait qu'elle contamine fortement la seconde scène, malgré le décalage dans le temps et les différences instaurées par la narration et les codes visuels (échelle des plans, mouvements d'appareil ou de personnages, décors...). »[155] En effet, la scène suivante à Groslay montre le bonheur de Chabert avec son épouse du temps de l'Empire ; scène qui contraste avec sa position de mort vivant. De même, dans la version de Le Hénaff, la bataille d'Eylau montre le pouvoir et la force du Colonel symbolisés par tout l'apparat militaire de l'Empire. Celui-ci s'oppose à l'aspect pitoyable de Chabert, de retour devant Derville et demandant qu'on s'occupe de lui comme un orphelin, ce qu'il demeure d'ailleurs. L'aspect misérable de Raimu fait écho à d'autres rôles de l'acteur : on se souviendra de *La femme du boulanger* ou bien encore des *Inconnus dans la maison.*[156] Ce n'est pas le talent qui lui manque mais il n'a pas su, comme le fait remarquer un journaliste de l'époque : « briser sa chrysalide. »[157]

Le vedettariat nous éloigne peut-être de Balzac bien que l'analogie entre Raimu et Chabert se justifie, en raison des rôles de perdant que joue souvent l'acteur. Il n'y a rien de balzacien dans Raimu, aucune image du monde de *La Comédie humaine*. Nous sommes plus proches de l'univers de Pagnol à cause d'un phénomène de contamination dû à la vedette.

---

155. – EADES (C.). – *Le Colonel Chabert : récit romanesque et récits filmiques*, in L'Année balzacienne, Paris, 1995, p. 345.
156. – Film de Henri Decoin réalisé en 1941.
157. – ROY (J.L.). – *Le Colonel Chabert*, in Vedettes, 22 janvier 1943, p.12.

b) La transposition de l'œuvre balzacienne est-elle parasitée ou améliorée par la culture et la subjectivité du réalisateur ?

Chaque réalisateur élabore « sa petite mise en scène personnelle », chacun possède son Père Goriot, son Chabert, son Rastignac. Néanmoins, en faisant la part des faiblesses du cinéaste et des impératifs auxquels il a dû se soumettre (contraintes techniques et financières), nous pouvons nous poser la question suivante : est-ce que la quasi-déception collective éprouvée souvent devant l'adaptation d'un chef-d'oeuvre n'est pas provoquée essentiellement par la discordance d'une certaine représentation des choses avec l'idée que tout spectateur s'en est faite ? Il est difficile d'admettre que tous les lecteurs de Balzac aient véritablement une solide culture et un engouement pour la critique, qui leur permettraient d'élaborer une analyse complète capable de mettre en évidence les faiblesses de l'adaptation ou de l'adaptateur. Au spectateur qui ignore le roman, le film peut apporter une révélation ; mais celui qui l'a lu et relu ne pourrait en être pleinement satisfait, même si l'œuvre n'est ni déformée ni trahie. De même, le spectateur qui aurait visionné de multiples fois la version de Le Hénaff par habitude aurait dû mal à accepter sans doute celle d'Angelo. Peut-être que ces déceptions sont en partie liées au décalage culturel qui existe entre Balzac et les deux réalisateurs.

* Décalage culturel entre Balzac et le réalisateur

Avec une grande œuvre littéraire, l'enrichissement du lecteur est indiscutable. Celui-ci nourrira sa connaissance et affinera certainement sa sensibilité. Quant au cinéaste, il transpose sa vision intérieure du roman par la technique et donne ainsi au spectateur l'illusion absolue d'une réalité ou presque ; tandis que l'écrivain fait passer directement sa vision dans l'esprit du lecteur sans le détour d'aucun support matériel. Ce dernier formera lui-même, sur l'écran intérieur de son imagination, les « images mentales » suscitées par les mots.

Par exemple, la présentation de la masure Vergniaud[158] dans *Le Colonel Chabert*, nous apprend à interpréter un lieu, un édifice, un intérieur, à en analyser les composantes et à en définir l'atmosphère. Ces descriptions constituent une précieuse pédagogie et enseignent l'art de regarder, et surtout de ne pas se contenter de voir en restant à la surface des choses.

158. – Cf. Pléiade, tome III, p. 337.

Ainsi, le lecteur développe son imagination visuelle et son regard intérieur. Cela n'enlève rien aux décors admirables que peut offrir le cinéma, notamment lorsque la fluidité de la caméra d'Angelo nous montre cette masure en exhibant tour à tour les deux ours du camarade Boutin, la pauvreté du logement, et les soldats nostalgiques de l'empereur s'entraînant au sabre. Le Septième Art peut aussi enseigner mais les modes de perception ne sont pas les mêmes.

Le décalage culturel qui existe entre littérature et cinéma est dû à deux phénomènes.

Le premier est que nous sommes traditionnellement ancrés dans une civilisation de l'écrit, progressivement remplacée ou doublée par l'image. Sachant que toute nouveauté suscite souvent la crainte, on se méfie de l'aspect passif du spectacle cinématographique ; et par conservatisme on se retranche brutalement dans le passé, sans accepter l'évolution du moment par peur de voir apparaître des conséquences désastreuses qui ne se justifient même pas.

C'est ainsi que l'on voit se manifester des propos catégoriques sur la littérature et quelque peu méprisants pour le cinéma. Jean-Louis Harouel affirme que : « L'immense supériorité de la culture du livre sur l'image technicienne vient de ce qu'elle donne à voir tout ce que l'on veut sur le mode d'un spectacle séduisant et facile, tandis que l'écrivain, qui ne peut montrer au moyen d'images accompagnées de paroles et de sons est contraint de faire voir, entendre, comprendre et sentir au moyen des mots. »[159] Les affirmations de l'auteur, même si elles sont en partie vraies, relèguent le cinéma à une position d'art mineur tout comme l'était considéré, ou presque, le roman populaire au XIX è siècle, en l'occurrence celui de Balzac. Déjà dans les années 30, le mépris du Septième Art et surtout celui du spectateur était clairement explicité par la pensée de certains auteurs, qui allaient même jusqu'à dire que le cinéma étaient « un divertissement d'ilotes, un passe-temps d'illettrés, de créatures misérables, ahuries par leur besogne et leurs soucis. »[160] Anne-Marie Thiesse confirmera cette discrimination : « Les premiers développements du cinéma en France s'étaient faits en marge des institutions culturelles qui ne voyaient là qu'un divertissement mécanique et populaire. »[161]

Aujourd'hui, l'université réhabilite le roman populaire, le cinéma des premiers temps est vénéré, tant et si bien que la critique cinématographique en reste bien souvent aux exemples des films d'Eisenstein ou de Fritz

---

[159]. – *Culture et contre-cultures...op. cit.*, p. 107.

[160]. – DUHAMEL (G.). – *Scènes de la vie future*, Paris, 1930, p. 29.

[161]. – THIESSE (A.M.).- *Le roman du quotidien : Lecteurs et lectures populaires à la Belle Epoque*, Paris, 2000, p. 253.

Lang. La critique oublie parfois les chefs-d'œuvre contemporains qui ne seront reconnus comme tels que lorsque l'histoire et les institutions autorisées les auront légitimés.

Le deuxième phénomène concerne la confrontation des mentalités balzaciennes, celles du XIX è siècle, et celles d'aujourd'hui. Il est probable que tous les cinéastes du début du XX è siècle, qui se sont penchés sur les œuvres de Balzac, étaient plus proches des mentalités de la Restauration, du monde balzacien qu'un Yves Angelo, cinéaste des années 90. De même, à propos du cinéma de l'Occupation, nous assistons, en raison de la guerre, à une véritable coupure des mentalités entre les années 30 rattachées encore au XIX è siècle et les années 50, déjà bien ancrées dans les mentalités du XX è.[162] Cette rupture des mentalités s'est traduite dans *Le Colonel Chabert* de Le Hénaff qui a cru bon de renchérir sur Balzac en faisant de son antihéros un manchot.

Geneviève Sellier souligne à propos de Raimu-Chabert que : « rescapé des guerres napoléoniennes [...] de retour à la vie civile, il constate que les femmes ne lui obéissent plus. »[163] Tout le cinéma de l'Occupation, que ce soit *La Duchesse de Langeais*, *Le Père Goriot* ou *Vautrin*, traduit non seulement le pessimisme à l'égard de l'ordre social du régime de Vichy, mais également les prémices d'une révolution sociale. Dans *Le Colonel Chabert* ou *La fausse maîtresse,* la libération de la femme est déjà enclenchée, à tel point qu'on en arrive parfois avec l'héritage de l'après-guerre à un féminisme excessif, qu'incarne Fanny Ardant dans la version d'Angelo. Elle devient une intrigante redoutable méprisant aussi bien Chabert, le Comte Ferraud, que Maître Derville. Elle devient une catin plus redoutable que ne l'était la Rose Chapotel de Balzac.

Cette rupture des mentalités est volontairement entretenue par les réalisateurs qui, sur le plan historique, ont pris la sage décision de rester dans le flou mettant à profit l'ignorance probable du spectateur : leurs récits recevables en 1943 ou en 1994, ne l'eussent pas été en 1835. En effet, Max Andréoli, reprenant les propos d'Umberto Eco, dit que « l'encyclopédie » du lecteur « ou du spectateur des deux époques considérées diffère profondément, au moins dans ce domaine, et d'ailleurs dans bien d'autres : la lecture de l'oeuvre, sa réception et par conséquent

---

162. – L'enjeu historique de la coupure se fait entre deux types de cinéma. Le premier essaie de cadrer selon les techniques picturales du XIX è siècle en raison de l'absence du parlant, il se concentre sur le personnage. Le second s'affranchit de la « diction » romanesque et du naturalisme qui ont marqué le Septième Art français.

163. – *La drôle de guerre des sexes du cinéma français...op. cit.,* p. 95.

son élaboration, littéraire ou cinématographique, sont, on le voit, tributaires du public, qui en est ainsi partie prenante. »[164]

Balzac évoque la bataille d'Eylau dirigée par Murat et le commandement de cavalerie assumé par Chabert ; or, si l'on s'en tient au souci de réalisme qu'avait Balzac, le Colonel ne peut avoir été sous les ordres de Murat en faisant partie de la garde impériale. A Eylau, la cavalerie de la garde était commandée par Bessières[165]. Balzac a donc commis une erreur qui aurait attiré plus les foudres de la critique historienne en 1835 qu'en 1994, sachant que le front russe pour un spectateur contemporain demeure un peu lointain et qu'il y a de fortes chances pour que peu de spectateurs aillent vérifier l'exactitude des faits. Dès lors qu'on n'attache pas à la vérité historique et à la lettre de l'œuvre adaptée « un respect religieux » pour reprendre les termes de Max Andréoli, l'erreur a une portée minime dans la mesure où, en effet, passant inaperçue auprès du public actuel, elle ne nuit pas à l'intérêt du spectacle. Les scènes de bataille, aussi bien dans la version de 43 que dans celle de 94, restent saisissantes malgré les années qui les séparent.

* Décalage culturel entre Le Hénaff et Angelo

L'adaptateur qui désire entrer dans un texte doit créer un certain mimétisme avec l'auteur. Il convient de le comprendre moralement et presque physiquement. D'ailleurs, la forme influence le fond et lorsqu'on veut adapter Balzac, comme le dit si justement Pierre Moustiers, le réalisateur doit être en symbiose avec l'auteur : « il faut préalablement que je devienne Balzac. Que j'entre dans sa peau... »[166] Cette fusion plausible avec l'œuvre littéraire dépend du cinéaste et de l'époque dans laquelle il se trouve. Il y a certainement des points communs mais aussi des divergences entre Le Hénaff et Angélo. Chaque société, circonscrite dans une époque, interprète les textes à sa manière : elle y saisit uniquement certains aspects, elle y entrevoit certaines invitations à la réflexion et pas d'autres.

---

[164]. – ANDREOLI (M.). – *Lecture et cinéma : à propos du film « Le Colonel Chabert »*, in L'Année balzacienne, Paris, 1996, p. 20.

[165]. – *Le Colonel Chabert...op. cit.*, voir note n° 1 de Stéphane Vachon, p. 75.

[166]. – LENZINI (J.). – *L'adaptation des œuvres littéraires selon Pierre Moustier*, in Le Monde, 25 novembre 1991, p. 14.

Le grand écran récupère, au cours du temps, les mythes (celui du revenant avec Chabert) et les récits traditionnels : « si Balzac est si souvent adapté, c'est qu'il offrait une mine exceptionnelle de sujets forts et, de surcroît, décalés dans le temps. »[167] Cette reconquête continuelle de l'imaginaire collectif n'est pas une fin en soi : elle permet d'utiliser des formules expérimentées (*Le Colonel Chabert* ayant été adapté cinq fois au cinéma, le mythe du revenant est donc un thème porteur)[168] et de les charger d'un nouveau sens. Ainsi, durant l'Occupation le Septième Art tient une place particulière car il reste le seul loisir : « il devient grâce au détour par la fiction, un exutoire et un moyen d'expression privilégié pour cette société dont la presse et l'édition sont muselées, soumis à la double censure de Vichy et de l'occupant allemand. »[169] Quant au cinéma des années 90, il n'est plus le seul loisir, et lorsqu'on regarde le film d'Angelo, il peut être perçu comme « un instrument de culture » (moyen de redécouvrir Balzac) contrairement aux films de Spielberg qui restent au premier abord de purs divertissements. *A posteriori*, le film de Le Hénaff peut être considéré comme « un outil culturel », mais en 1943 il avait d'abord pour vocation de divertir les idées noires du spectateur.

L'ambiguïté et l'incertitude sémantique de l'image filmique sont d'autant plus grandes que les spectateurs restent attachés à des contextes sociaux et historiques différents de ceux pour lesquels l'œuvre initiale a été conçue et réalisée et auxquels elle était naturellement adressée.

L'esthétique de la réception permet d'une part de saisir le sens et la forme de l'œuvre cinématographique tels qu'ils ont été compris de manière évolutive à travers le temps. D'autre part, elle exige que chaque film soit remis dans son contexte historique afin que les différentes versions, dans leur comparaison, créent un processus où la réception passive du lecteur et du critique (interprétants) débouche sur la réception active et créative de l'auteur. Ce processus est donc une interaction de réception où l'œuvre suivante (version d'Angelo) peut résoudre des problèmes éthiques et formels, laissés sans réponse par l'œuvre précédente (version de Le Hénaff) et en poser à son tour de nouveau, si l'on refait un jour pour le Septième Art un *Colonel Chabert*.

Chaque adaptation détient son autonomie, et fort heureusement les films peuvent être regardés indépendamment l'un de l'autre. Toutefois, celui d'Angelo nous éclaire sur un aspect du roman que Le Hénaff a laissé de côté. Il s'agit de l'ambition du Comte Ferraud remarquablement

---

[167]. – TULARD (J.). – *Les adaptations cinématographiques des romans de Balzac entre 1940 et 1944*, in L'Année balzacienne, Paris, 1996, p.393.

[168]. – Cf. également le film *Le retour de Martin Guerre* de Daniel Vigne en 1981.

[169]. – *La drôle de guerre des sexes du cinéma français…op. cit., p.* 13.

mise en valeur par la séquence du concert, alors que cette scène est inexistante chez Balzac, et qui pourtant apporte un éclairage réaliste sur les mentalités sociales et politiques du XIX è siècle. Lorsque Chamblin (Claude Rich) dit à Ferraud : « l'ambition ou le traversin…, c'est comme on veut. » La réplique trahit bien les mœurs politiques de la Restauration : pour réussir, il ne faut pas hésiter à épouser la fille d'un Pair de France et à abandonner la noblesse d'Empire incarnée par la Comtesse Ferraud. La version de 1943 aborde très peu la vie politique, alors que Balzac, sans avoir été aussi loin qu'Angelo, suggère de manière efficace tout l'arrivisme corrompu de la Restauration ; parfois quelques phrases suffisent : c'est à la fin du roman que le lecteur apprend que le Comte Ferraud s'est remarié avec la fille d'un Pair de France, étant donné que la pairie est transmissible du beau-père au gendre par simple mariage.

Aujourd'hui, alors qu'on hésite moins à dénoncer les scandales sociaux et politiques, Angelo dépasse Balzac en donnant au film et au texte adapté tout son caractère moderne. Pendant l'Occupation, l'oppression était si forte que le régime de Vichy s'est contenté probablement de reprendre à son compte « la bonne morale balzacienne » pour véhiculer son idéologie, « euphémisant » tous les scandales politiques que l'écrivain dénonçait. Etait-ce un réflexe protecteur du gouvernement de Vichy afin que le public se détende sans réfléchir aux mœurs politiques de l'Occupation ? Le cinéma devient une sorte de témoignage comme mémorisation des faits et des mentalités politiques qui permettent, à des années de distance, de déduire des événements caractéristiques d'époques et de sociétés révolues.

Le décalage culturel entre Le Hénaff et Angelo est dû à plusieurs facteurs. D'abord il y a l'histoire, le contexte et les subjectivités des réalisateurs. Ensuite, il faut tenir compte de la réception du film sous l'Occupation : aucune comparaison avec celle d'aujourd'hui. De surcroît, cela fait peu de temps que nous nous intéressons au domaine de la réception. Considérées comme un fait ou comme un nœud de facteurs analysables, l'œuvre littéraire et les réalisations filmiques doivent être dépouillées de leur caractère événementiel. Ainsi, on décèle la fusion de plusieurs « horizons d'attente » : celui des auteurs (écrivain et cinéastes) qui ont donné forme et sens au récit, celui du public qui interprète sans cesse cette forme et ce sens en fonction de l'actualité. N'oublions pas celui du critique qui compare les deux « horizons d'attente » du lecteur-spectateur. Le tout est regroupé sous la forme d'un « méga-horizon d'attente ».

Pour schématiser, nous avons le film et le roman dont l'aboutissement global est une production esthétique qui engendre un acte de communication le jour de la projection, sollicitant le public dans l'attente de l'adaptation filmique. En mettant côte à côte les deux productions cinématographiques, il est clair que le critique tient une position prépondérante dans ce « méga-horizon d'attente ».

Colonel Chabert (roman)

1° production esthétique film de 1943	2° production esthétique film de 1994
1° communication durant la projection	2° communication idem
1° horizon d'attente du film par rapport au roman	2° horizon d'attente du film par rapport au roman

« Mega-horizon » d'attente du critique comparant les deux horizons d'attente précédents (1943 et 1994)

Comme le signal Jauss : « pour développer le projet d'une histoire de l'art qui intègre les trois activités esthétiques de la production, de la communication et de la réception et qui soit un facteur de médiation permanente entre l'art du passé et celui du présent, il faut prendre une distance critique à l'égard de deux positions antagonistes. »[170] La médiation représente donc ce « méga-horizon » d'attente qui analyse le caractère proprement artistique de l'œuvre (littéraire ou cinématographique) en mesurant l'écart esthétique qui sépare les deux films, soit l'attente du public ou des publics suivant l'époque.

Ainsi, de cette confrontation s'ensuit une nouvelle manière de voir, qui fait qu'une « une source de plaisir ou d'étonnement et de perplexité peut s'effacer pour les lecteurs ultérieurs à mesure que la négativité de l'œuvre s'est changée en évidence et, devenue objet familier de l'attente, s'est intégrée à son tour à l'horizon de l'expérience esthétique à venir. »[171] La confrontation des œuvres pose donc un problème multiple de l'esthétique de la réception de l'adaptation. Difficulté qui nous force à lire à rebours de nos habitudes (confrontation du premier horizon

170. – *Pour une esthétique de la réception…op. cit.*, p. 114.
171. – *Ibid.*, p. 59.

d'attente au second), afin de saisir le caractère artistique des adaptations : « chaque lecteur, en s'éloignant du sens lié au contexte et à la situation qui a vu naître l'œuvre, produit pour et par le lecteur d'une époque différente des significations inédites. »[172]

En résumé, la transposition de l'œuvre balzacienne est bien rendue par la subjectivité des cinéastes, mais on ne peut pas dire qu'elle soit améliorée car il est difficile de faire plus balzacien que Balzac lui-même. Le Septième Art créera toujours quelque chose de différent. Parfois, *La Comédie humaine* est parasitée par le contexte historique en particulier celui de l'Occupation. Les valeurs pétainistes ont souvent du mal à assimiler l'univers balzacien, en effaçant parfois la véritable subjectivité du réalisateur modifiée par tout un contexte culturel. La confrontation des lectures met en évidence la signification de l'adaptation et permet de dégager des éléments permanents susceptibles de rendre compte de la pérennité de l'œuvre. Dès lors, il n'est pas nécessaire de se préoccuper des déterminations circonstancielles, en l'occurrence l'histoire au sens large.

Nous avons donc posé les bases théoriques de la transformation cinématographique des œuvres de Balzac, mais que se passe-t-il lorsque les œuvres de *La Comédie humaine* sont soumises à cet autre facteur de la culture de masse que représente la télévision ?

c) Balzac à la télévision : mêmes contraintes transformationnelles qu'au cinéma ?

La télévision s'est répandue dans tous les foyers au cours des années 60. En quarante ans, elle a pris une place privilégiée dans les loisirs, faisant une sévère concurrence au cinéma. Il suffit de consulter la filmographie générale pour s'apercevoir qu'un certain nombre d'adaptations des œuvres de Balzac a été réalisé pour la télévision. Dès 1957, nous avons une première version de *Vautrin* ; mais la production la plus importante des « téléfilms balzaciens » a eu lieu toutefois dans les années 80. Encore plus que le cinéma, la télévision a pour vocation de distraire, d'apporter une convivialité au sein des genres clairement délimités que sont : l'information, le téléfilm, le sport, les jeux, les variétés et les documentaires. Dans les années 90, les frontières entre les genres disparaissent pour laisser place à un fonds

---

[172]. – ANDREOLI (M.). – *Littérature et cinéma : la troisième mort d'Hyacinthe Chabert*, in L'Année balzacienne, Paris, 1997, p. 326.

homogène : la distraction pour tous, sorte de magma de loisirs dans lequel sont parsemées, au sein des nombreuses chaînes, les adaptations télévisées de *La Comédie humaine.* Il est fort possible que la transformation télévisuelle n'obéisse pas aux mêmes règles que la transformation cinématographique. En effet, le budget demeure parfois plus faible pour la télévision, bien qu'en raison des progrès de l'audiovisuel et des fonds attribués à certaines productions, nous ne fassions plus trop la différence entre une production cinématographique et une production télévisuelle. Il faut évoquer le téléfilm *Balzac* de Josée Dayan pour se rendre compte que les moyens mis à la disposition de la réalisation étaient dignes d'un grand plateau de tournage cinématographique.[173] En dehors des contraintes budgétaires, une autre question reste très importante, dans la mesure où la télévision est venue remplacer le roman feuilleton (car elle touche toutes les couches sociales) : traduit-elle les mentalités populaires actuelles et rend-elle aussi bien les mentalités du XIXè siècle telles qu'à pu le faire le roman balzacien ? Cela nous amènera à confronter télévision et mentalités populaires au sens large.

---

173. – Il faut peut-être faire une distinction entre le téléfilm, la série et le feuilleton. Le premier est un film pour la télévision avec des moyens cinématographiques, il peut être découpé en plusieurs épisodes. La série, à chaque fois, entame une nouvelle histoire (*Les brigades du tigre* de Victor Vicas). Quand au feuilleton, il est généralement plus court que la série et fragmente la même histoire (*L'île aux trente cercueils* de Marcel Cravenne). Les budgets sont moins importants que dans les téléfilms et les films. Quelquefois, la distinction reste floue entre la série et le feuilleton. Si nous prenons *Dallas* de David Jacobs : cette saga est à la fois une série car les épisodes peuvent être vus séparément, et en même temps, il existe une suite logique dans la vie de la famille Ewing. Le retout en arrière est possible, notamment lors de la mort de Bobby Ewing. Cela confère également à la production télévisée un statut de feuilleton. De même, l'utilisation de la vidéo numérique devient une autre façon de filmer avec le tournage en condition naturelle : l'utilisation de la lumière réelle et le son en direct, comme la technique du reportage. Cette tendance est partie du Danemark avec la création du « Dogme 95 » grâce à Lars Von Trier avec le feuilleton télévisé *The Kingdom.*

* Histoire de budget ?

L'une des caractéristiques de la télévision est qu'elle ne peut intégrer beaucoup de mouvements d'appareil, de panoramiques ou de travellings en raison du format de l'écran. C'est probablement l'une des raisons pour laquelle les adaptations télévisées sont moins onéreuses qu'au cinéma.

Peu de moyens financiers ont été attribués à Guy Jorré pour réaliser *Le Père Goriot* ou *Le Cousin Pons*. D'ailleurs, le spectateur remarquera le statisme de la caméra dans ces deux téléfilms, qui ne sont qu'une suite de nombreux plans fixes. Il faut dire que l'intimité sclérosée du cousin Pons ou du Père Goriot ne se prête guère aux grands mouvements de caméra, contrairement au *Lys dans la vallée* de Marcel Cravenne. En effet, des travellings verticaux et des plans d'ensemble dévoilent les paysages ensoleillés de la Touraine. Néanmoins, dans tous ces téléfilms, les décors sont tournés en lumière naturelle, avec moins d'effets spéciaux, en particulier les adaptations d'avant 1980.

L'audiovisuel, ayant fait des progrès considérables après les années 80, offre par la suite des productions télévisées très proches de l'esthétique cinématographique, à tel point qu'il faut parfois attendre le générique de fin pour se rendre compte qu'il s'agit d'un téléfilm (cf. *Eugènie Grandet* de Jean Daniel Verhaeghe).

En dehors des contraintes budgétaires ou techniques, y-a-t-il une différence d'adaptation pour l'œuvre de Balzac ? Que ce soit à la télévision ou au cinéma, il existe toujours un acte de « monstration », une mutation du symbole à l'icone : une transformation obligatoire. Que ce soit la télévision ou le grand écran, la transposition ne nécessite pas les moyens hollywoodiens. Daniel Toscan Du Plantier ne manquait pas d'ironiser sur le cinéma américain en ventant la qualité du cinéma français avec le film d'Angelo : « *Le Colonel Chabert* déconcertera les amateurs exclusifs d'effets spéciaux et de terreur à la sauce électronique. »[174] Le Septième Art et la télévision peuvent se nourrir de Balzac et confirmer, notamment à travers *Le Colonel Chabert* ou *Eugènie Grandet,* leur capacité à mettre en valeur son admirable langue.

Plus que la technique d'écriture, ce sont tout de même les récessions budgétaires et les taux d'écoute qui posent des problèmes aux adaptations des romans de Balzac. Le récent téléfilm *Rastignac ou les Ambitieux*[175] d'Alain Tasma, produit par Serge Moati sur France 2, fut un échec. La chaîne fit 15 % d'audience alors qu'elle détient habituellement les 25 %

174. – TOSCAN DU PLANTIER (D.). – *Chabert revient, le classicisme aussi*, in Le Figaro magazine, 24 septembre 1994, p. 110.
175. – Téléfilm de quatre épisodes tournés en 2001.

dans ce type de téléfilm. Les chaînes publiques s'alignent sur les privées et ne cessent de faire acte de contrition devant le « Dieu Audimat ». Les spectateurs attendent de la télévision qu'elle les dépayse, qu'elle les fasse rêver comme le cinéma : « de la rencontre entre le monde du téléspectateur et le monde du programme va découler tout d'abord du plaisir. Ce plaisir est visé par le téléspectateur au travers de la reconduction de l'expérience de la réception, expérience qui relève d'un projet domestique axé sur la production des conditions du bien-être. »[176]

Néanmoins, une scène en costume ou en extérieur coûte toujours trop cher, aussi les producteurs se rabattent-ils sur les sitcoms ou les adaptations modernes. Mais celles-ci sont moins considérées par le public, au profit des émissions de variétés, et des reality shows qui rassemblent les plus gros budgets. Pierre Moustier, adaptateur de Balzac,[177] dénonce cette pénurie d'adaptations en critiquant amèrement le petit écran : « on en est arrivé à une culture qui se résume aux lessives et aux couches culottes. »[178] Du même coup, on peut se demander si les mentalités populaires, ayant tellement évolué, n'oublient pas Balzac (encore considéré par une certaine « élite culturelle ») et rejettent toutes les adaptations. Elles demandent pourtant moins d'efforts intellectuels pour découvrir Balzac que pour le lire, du moins en apparence. Nous reviendrons sur ce problème au cours du dernier chapitre.

* Télévision et mentalités populaires

Les mentalités populaires représentent un domaine très vaste que l'on peut aborder au départ comme une sorte de déité flottante, tant il existerait de paramètres à définir. Cependant, il est peut-être possible de faire des rapprochements entre deux univers de divertissement ayant pour point de rupture plus d'un siècle de différence. Que la télévision traduise bien les mentalités populaires actuelles reste probable ! Elle rythme la vie comme les saisons dont elle se fait l'écho, alors que le public intervient de plus en plus comme partie prenante sur les plateaux. Il est probable que le petit écran rende bien les mentalités populaires du XIX è siècle, à partir des téléfilms adaptés des grands romans classiques qui bénéficient de toute la technique efficace de l'audiovisuel. Ces productions télévisées

---

[176]. – CALBO (S.). – *Réception télévisuelle et affectivité*, Paris, 1998, p. 16.
[177]. – Il a réalisé notamment *L'interdiction* en 1991, voir filmographie générale à partir des œuvres de *La Comédie humaine*.
[178]. – *L'adaptation des œuvres littéraires selon Pierre Moustiers...op. cit.*, p. 15.

transposent et transforment ainsi les mentalités populaires des romans à notre culture contemporaine, en utilisant « des catégories de pensée les plus communes possibles à l'ensemble d'une population : des schèmes de raisonnements simples, [...] des savoirs largement partagés. »[179] Lorsqu'on adapte, il s'ensuit des modifications de mentalité. Le lecteur fait automatiquement cette transposition au cours de l'acte de lecture, car il les transforme à sa convenance, afin de bâtir ses propres points de repères.

En évoquant les mentalités populaires, nous nous soucions peu du lecteur de l'époque. Les mentalités du XIX è siècle sont justement plus attrayantes car elles sont transposées, actualisées, créant ainsi des points de convergence et de divergence, grâce à la confrontation des deux cultures : celle d'hier et celle aujourd'hui. Mais, paradoxalement, pour en arriver à ce principe : « La reconstitution de l'horizon d'attente tel qu'il se présentait au moment où jadis une oeuvre a été créée et reçue permet en outre de poser des questions auxquelles l'oeuvre répondait, et de découvrir ainsi comment le lecteur du temps peut l'avoir vue et comprise. »[180] Cette médiation permet de comprendre l'évolution de nos mentalités à condition que le spectateur puisse produire des inférences interprétatives, à travers un jeu de mise en relation entre ce qui est dit et son savoir (connaissances, croyances et appréciations).

L'adaptation obéit à un contexte « d'interprétabilité ». Ce facteur demeure plus important pour la télévision car le programme est en quelque sorte imposé, même si le téléspectateur a la possibilité de changer de chaîne. Au cinéma, le spectateur a choisi de voir un film, « l'affect du sujet cible », terme de Patrick Charaudeau, est déjà en quelque sorte « préconquis ». Le spectateur va voir un film en connaissance de cause, d'autant plus, si la veille, il s'est imprégné de quelques critiques cinématographiques. A l'inverse, la télévision doit captiver le potentiel « d'imprévisibilité » du téléspectateur, qui peut changer d'avis à tout moment avec la facilité de la télécommande. Les médias doivent donc saisir le contexte « d'interprétabilité » du téléspectateur, qui est conditionné par le filtre de son expérience culturelle. L'adaptation et son « interprètabilité » passe d'abord par un mécanisme de compréhension et de motivation en fonction des statuts sociaux des spectateurs dépendants de leurs besoins psychologiques. L'adaptation, dans un cadre médiatisé, comme la télévision, appartient aussi à la culture de l'éphémère parce

---

[179]. – CHARAUDEAU (P.). – *Le discours d'information médiatique : la construction du miroir social*, Paris, 1997, p. 63.

[180]. – *Pour une esthétique de la réception...op. cit.*, p. 63.

qu'elle ne peut jamais garantir que ce qui est montré porte la marque d'une pérennité quelconque.

Après 1836, les œuvres de Balzac furent découpées pour le roman feuilleton, d'où les descriptions assez longues permettant les reprises faciles de l'action d'un épisode à un autre.[181] De même, à la télévision, la diffusion des feuilletons raconte une histoire morcelée en épisodes qui se suivent de façon logique. La fin d'un épisode laisse le spectateur en suspens (cf. le téléfilm *Le Comte de Monte-Cristo* de Josée Dayan en 1998) : « à suivre » fait écho à « suite au prochain numéro » comme cela se pratiquait au XIX è siècle dans les romans feuilletons de la presse écrite. Cependant, très peu de téléfilms balzaciens ont été divisés en feuilletons, en cela les mentalités populaires du XIX è siècle ne sont pas respectées, du moins l'horizon d'attente de l'époque. Cela change-t-il quelque chose à la portée de l'œuvre de Balzac ? Certains de ses romans sont si courts, ayant une dynamique de l'action si condensée, qu'ils n'auraient pas supporté l'adaptation télévisée en plusieurs épisodes. On imagine mal un *Colonel Chabert* en dix épisodes. L'œuvre de Balzac se prête difficilement à une parcellisation hormis quelques rares exceptions.[182]

En résumé, la télévision semble très éloignée des mentalités populaires, notamment celles transmises par Balzac (au XIX è siècle les individus raisonnaient selon d'autres normes culturelles) et qui, une fois adaptées, voudraient toucher le spectateur. Mais il est difficile d'analyser les processus cognitifs et affectifs de réception en situation concrète, dans l'environnement ordinaire du téléspectateur. De surcroît, « ce n'est jamais la demande qui commande l'offre télévisuelle pour la bonne et simple raison que cette demande nous est, à ce jour, largement inconnue. C'est par rapport à l'offre que se positionne toujours le téléspectateur. »[183] Mai aucun œil, aujourd'hui, ne saurait avoir une vision identique à celle de Balzac, ainsi que les images qui surgissent de son récit, nul ne pourrait se les approprier sans qu'aussitôt elles tombent en poussière.

---

181. – Le premier roman-feuilleton de Balzac *La vieille Fille* a paru justement en octobre-novembre 1836 dans *La Presse* d'Emile Girardin. Et sur le fond, on pourrait s'interroger sur la place de la description dans l'esthétique du roman feuilleton : Balzac doit paradoxalement une bonne part de l'insuccès de la publication en feuilletons de ses romans au nombre et à la longueur de ses descriptions qui retardaient l'action qu'attendait l'amateur de « romanesque ».

182. – *La Duchesse de Langeais* de Jean-Paul Roux en 1983 a été tourné en dix épisodes et *Splendeurs et Misères des Courtisanes* de Maurice Cazeneuve comporte également neuf épisodes.

183. – JOST (F.) et LEBLANC (G.). – *La télévision française au jour le jour*, Paris, 1994, p. 116.

Pour adapter *La fille aux yeux d'or,*[184] Gabriel Albicoco a chercher les secrètes correspondances en abandonnant un décor envoûtant, notamment la célèbre description des bas quartiers de Paris et leurs personnages hauts en couleurs ainsi que leur mode de vie. Le réalisateur a fait fi du contexte pour remodeler le récit afin qu'à son tour le spectateur pût devenir le complice du réalisateur, comme le lecteur l'était du romancier. Les mentalités balzaciennes sont donc difficilement reproductibles en raison de leurs actualisations nécessaires pour l'écran – ce ne sont donc plus les mentalités balzaciennes – et il est possible que cela ne suffise pas à séduire une grande majorité des téléspectateurs. Cependant, la trame du roman classique, restant ancrée dans les mentalités populaires actuelles,[185] peut s'illustrer parfaitement au petit écran. Il suffit de revoir les adaptations du *Cousin Pons* et de *Pierrette* de Guy Jorré. Elles reproduisent parfaitement les œuvres littéraires, à tel point, qu'en revoyant ces films nous reconstruisons les livres en images. Devant le succès, dans les années 80, de ces deux téléfilms tout laisse à penser que le monde de Balzac n'est pas si différent du notre.

d) La tradition du roman populaire est-elle perpétuée à l'écran ?

Cette question est particulièrement vaste et pour la traiter de manière efficace, il faudrait exposer toute la question du roman populaire, question encore mal connue bien qu'elle fasse l'objet de multiples attentions.[186] Il est évident que le genre romanesque a subi des évolutions au cours de l'histoire. Le roman dit littéraire enrichit chronologiquement son héritage en passant par Mme De Lafayette, l'abbé Prévost, Marivaux, Voltaire, Rousseau, Mme De Staël, Chateaubriand, Benjamin Constant, pour en arriver enfin à Balzac, qui connaissait admirablement bien Walter Scott[187] sans oublier Laurence Sterne.

---

[184]. – Film réalisé en 1961.

[185]. – Notre société est encore imprégnée sur le plan culturel d'une littérature classique. Dans l'enseignement du français, du collège à l'université en passant par le lycée, on étudie les auteurs traditionnels et ils sont encore bien vendus, même si les jeunes générations s'y intéressent moins. Cf., *supra* dernier chapitre et sous-partie, *Du roman au film : apprendre à aimer le cinéma.*

[186]. – Cf. Le Centre de Recherches sur les Littératures Populaires et les Cultures Médiatiques de l'Université des Lettres de Limoges.

[187]. – Pierre Gascar souligne dans sa préface au *Colonel Chabert,* édition « Folio » déjà citée : « Encore impressionné par le romantisme noir anglais [...], Balzac se complaît à

En marge de ce roman littéraire et à partir de la Révolution française apparaît, grâce au foisonnement des cabinets de lecture, un roman populaire qui se décline, grâce à la presse, en roman feuilleton. On l'appellerait aujourd'hui de manière simpliste « la littérature de hall de gare ». Or, le roman populaire aura un statut de reconnaissance au XX è siècle bien que rien ne permette de dire que le roman populaire soit un sous genre au XIX è siècle, car on est plus préoccupé par la question du peuple qu'au XX è siècle. Cependant, Anne-Marie Thiesse constate que ces romans populaires « avaient pourtant été longtemps vilipendés par les lettrés comme lectures indignes, offenses à la littérature. »[188] Jacques Migozzi ajoute que : « peu de romans populaires du XIX è siècle ont été [...] jusqu'à présent retenus, seulement des classiques à l'efficacité éprouvée. »[189]

Balzac avoue avoir fait, dans certains détails, des concessions au goût du peuple. L'auteur a suivi les lois du roman populaire : « La psychologie des personnages est brossée à très larges traits, de façon à ne pas dérouter le lecteur par des subtilités. Les coups de théâtre sont monnaie courante : on les retrouve dans la construction du roman et aussi à l'intérieur des épisodes. »[190] Plaire au peuple est donc une constante du roman feuilleton et « autour de 1830 en pleine explosion du Romantisme naît le roman moderne avec Balzac [...] Les auteurs et les critiques de l'époque utilisent eux-mêmes l'épithète « moderne ». Il existe donc un déclassement des genres romanesques. » [191] A partir de ce moment-là, le roman populaire n'est plus un produit dégradé mais une perpétuation de la tradition romanesque. Comme l'évoque René Guise : « le roman littéraire, celui de Balzac, qui le représente le mieux à l'époque, est [...] le sur-produit du roman populaire. »[192] Il y a donc à cette période, et même encore grâce à la critique littéraire, une hiérarchie des genres romanesques que l'on tente plus ou moins bien de gommer ou de classer dans une uniformisation générale. Il ne faut pas oublier le souci des éditeurs qui veulent une rentabilité maximale, ce qui contribue à ce nivellement. Anne-Marie Thiesse soulignera, à propos des lectures populaires à la Belle Epoque,

---

imaginer des scènes hallucinantes, [...] si bien qu'ici la fantaisie du romancier et la fidélité de l'historien se confondent. Réunis en une même personne, ils se révèlent, l'un et l'autre, de parfaits artisans du cauchemar. » p. 11.

188. – *Le roman du quotidien ...op. cit.*, p. 257.

189. – MIGOZZI (J.). – *Le retour éditorial du refoulé ou la jubilation du secon degré*, in *Le Roman Populaire en Question(s)*, (ouvrage collectif) Limoges, 1997, p. 228.

190. – Cf. Pléiade, tome VI, p. 419, préface de *Splendeurs et Misères des Courtisanes.*

191. – CONSTANS (E.). – *Parlez-moi d'Amour*, Limoges, 1999, p. 169.

192. – GUISE (R.). – *Balzac*, Nancy, 1994, p. 198-199.

que : « le roman-feuilleton ne constitue nullement un genre littéraire : chaque quotidien, lui-même déterminé par son public et son image de marque, publie un type précis de roman dans la rubrique feuilleton. »[193]

Il est nécessaire d'apporter une classification au roman (ce qui n'enlève rien à la valeur respective de chaque auteur), mais lorsqu'on adapte au cinéma un roman populaire, le problème devient plus délicat. Peut-on classer ou hiérarchiser les films en fonction des critères romanesques et de la critique littéraire ? Doit-on tenir compte du film en tant qu'objet indépendant (dès lors la comparaison avec le livre s'avère vaine) sans oublier les critiques qu'il encourt ?

Une première réponse à peine dégrossie consisterait à dire que si l'on veut perpétuer la tradition du roman populaire, l'adaptateur doit vouer un souci de fidélité à l'œuvre littéraire. Or, nous avons vu que les principes de fidélité et d'infidélité sont des faux problèmes. Les deux réalisateurs n'ont pas modifié le titre de l'œuvre de Balzac comme il avait pu le faire lui-même pour une question de séduction populaire. L'un des titres, *La Comtesse à deux maris,* était construit sur une antithèse et reflétait les grandes dualités manichéennes propres au roman populaire. Ce titre annonce, sous forme synthétique, le conflit, longuement exposé dans le roman, qui déchire le héros. Au cinéma, *Le Colonel Chabert* a probablement et suffisamment imprégné l'imaginaire collectif, pour que le spectateur et même le lecteur d'aujourd'hui soient capables de reconnaître certains codes narratifs et stylistiques sous un titre moins racoleur. En cela, on pourrait dire que le grand écran, sur de tels présupposés culturels, traduit bien les mentalités populaires d'aujourd'hui. Le Septième Art a moins besoin d'emphase pour représenter la littérature que ne pouvait en avoir besoin le roman populaire. Les titres accrocheurs au cinéma ne sont pas un gage de qualité pour le film ni pour le roman adapté.

Mais la culture ne consiste pas toujours à reproduire ce qui de toute façon n'est plus directement accessible, si ce n'est par les traces des écrits ou de quelques films très vieux qui ont disparu ou qu'il faudrait restaurer. Pensons aux premières adaptations des œuvres de Balzac : « Les anciens films populaires, eux aussi, font désormais le bonheur des seuls cinéphiles, et c'est seulement au prix d'une réélaboration profonde, les inscrivant dans les codes du cinéma de masse contemporain, qu'ils peuvent à nouveau relever de la consommation populaire. »[194] Si celle-ci perpétue une forme de culture, elle peut également créer quelque chose de nouveau, car « ces romans populaires ne font plus du tout partie des lectures du

[193]. – *Le roman du quotidien...op.cit.,* p. 107.
[194]. – *Ibid.*, p. 257.

public populaire contemporain, pour lequel ils sont même devenus illisibles. »[195]

La vraie question est de savoir comment l'affect d'un texte du XIX è siècle est transmis au XX è et XXI è siècle par le cinéma. Est-ce que le récit du *Colonel Chabert*, hormis l'extraordinaire aventure du vieux soldat qui a sans doute séduit le lecteur, reste significatif pour un public du film de Le Hénaff ou d'Angelo ? Que le spectateur ait besoin de récit classique pour retrouver certaines sensations romanesques est probable ! Généralement, les adaptateurs de Balzac, comme nous l'avons vu précédemment, font des films traditionnels. Or, le roman populaire, bien souvent et bien plus évolué qu'on ne le pense, s'adresse à un public relativement cultivé et exigeant. Géneralement, il propose au cinéma des personnages complexes. Celui-ci se caractérise donc par une rigueur et une subtilité auxquelles l'écran n'est pas toujours habitué.

Cependant, il est absurde de s'indigner des « dites » dégradations que subissent à lécran les chefs-d'œuvre du roman populaire. Si approximatives que soient les adaptations, si éloignées de la substance intrinsèque du texte : « elles ne peuvent faire tort à l'original auprès de la minorité qui le connaît et l'apprécie ; quant aux ignorants, de deux choses l'une : ou bien ils se contenteront du film qui en vaut certainement un autre ou bien ils auront envie de connaître le modèle, et c'est autant de gagné pour la littérature. »[196] Ce constat est attesté par toutes les statistiques de l'édition témoignant d'un accroissement de la vente des œuvres de la littérature populaire après adaptation par le cinéma. Ce fut le cas pour *Le Comte de Monte-Christo* de Josée Dayan et pour *Le Colonel Chabert* d'Angelo. Ce n'est d'ailleurs pas pour rien que les couvertures des nouvelles éditions du Colonel *Chabert*[197] sont illustrées par un photogramme du film, généralement révélateur de la quintessence du récit.

Mais pour en revenir au problème de la transmission de l'affect défini schématiquement par une ambiance propre à ce type de roman, il s'agit toujours d'une question de séduction du spectateur (ou du téléspectateur). L'auteur de *La Comédie Humaine* est-il attrayant à l'écran bien que Jacques Rivette dise que : « Balzac est rigoureusement inadaptable au cinéma, à la télévision, ou que ce soit. Dans la littérature française, je crois que Balzac est le plus grand porteur d'idées. »[198] Paradoxalement, il devient intéressant de relever le défi pour transposer un roman à épisodes « qui consiste à fournir à dates fixes aux lecteurs leur ration d'aventure,

195. – *Ibid.*, p. 257.
196. – *Cinéma et roman…op. cit.*, p. 72, (La revue des Belles Lettres).
197. – Voir édition « Le livre de poche » de 1994 préfacée par Stéphane Vachon.
198. – Cité par MAGNY (J.). – *La Belle Noiseuse*, in Cahiers du cinéma, juin 1991, p. 34.

assez étranges pour les tenir en haleine et assez bien intégrés au découpage régulier de la vie normale pour leur paraître vraisemblables. »[199] Il semblerait que les adaptations balzaciennes soient aussi des rations d'aventures bien que Balzac pervertisse volontairement les stéréotypes du roman populaire.

En effet, le bien n'est pas la valeur idéale. Balzac détruit les émotions les plus louables au profit du matériel, et des sensations les plus basiques : l'argent et l'ambition triomphent dans *Le Colonel Chabert*. Dès lors, comment un lecteur s'identifie-t-il à une situation balzacienne ? Est-ce que cette subversion des codes ne procure pas le plaisir du lecteur ou du spectateur ? L'inscription affective dans le monde social de *La Comédie humaine*, retranscrite au cinéma, s'actualise grâce à un processus de production affective. Il reste fondé sur « l'atmosphère » et un discours de la passion, qui se traduit par des états, des réactions et des investissements personnels : confondre les mentalités populaires avec celles d'aujourd'hui. Paradoxalement, le lecteur et le spectateur peuvent s'identifier à Chabert, car il incarne le roman de la victime et un certain discours de la passion : « le romancier et le lecteur parcourent les multiples jeux de l'amour et de ses constituants : désir sexuel, sensualité, volonté de domination et de séduction, jalousie, pudeur, honneur etc. et les nuances infinies de chacun de ces effets, ses relations amicales ou hostiles avec d'autres sentiments. »[200]

Nous apporterons une restriction au cinéma américain, car le souci de traduire les mentalités populaires est inexistant. Lorsqu'on tourne *The Conquering Power* à Hollywood, si grande que soit la différence de niveau esthétique entre un film américain moyen et l'œuvre de Balzac, le résultat est une production américaine standard qui n'a, après tout que le tort d'imiter l'histoire d'*Eugènie Grandet.*[201] Il ne peut en être autrement si l'on confronte l'œuvre littéraire à l'énorme et puissante masse de l'industrie cinématographique américaine : c'est le cinéma qui nivelle tout. Tandis qu'en France, les films restent libres,[202] moins conventionnels, et rendent sans trop de difficultés l'esprit du roman balzacien. L'investissement du roman populaire dans le roman français conduit

---

199. – *Balzac cinéaste…op. cit.*, p. 53.
200. – *Parlez-moi d'Amour…op. cit.*, p. 84-85.
201. – Cf. *infra,* p. 44-45.
202. – Il faut apporter une nuance : un certain cinéma dit intellectuel reste peu conventionnel si l'on pense à Rohmer ou à Rivette, tandis que le film de divertissement pur, tel que le cinéma d'aventures, est extrêmement normatif (cf. *Le Pacte des Loups* réalisé par Christophe Gans en 2000) et ressemble aux institutions standard d'Hollywood.

l'œuvre cinématographique, paradoxalement, à une compatibilité avec une souveraine indépendance vis-à-vis de l'œuvre littéraire.

Dans le roman populaire et en particulier celui de Balzac, les écrivains ont souvent essayé de se donner une image de leur lecteur virtuel en l'introduisant dans un récit où il ait figure de personnage : « Cette production lui permet encore de figurer parmi les grands, ceux que l'on appelle les « maréchaux du feuilleton ». »[203] On se souviendra de cette narration omnisciente interpellant son lecteur lors de la description de la pension Vauquer dans *Le Père Goriot* : « pour expliquer combien ce mobilier est vieux, crevassé, pourri, tremblant, rongé, manchot, borgne, invalide, expirant, il faudrait en faire une description qui retarderait trop l'intérêt de cette histoire, et que les gens pressés ne pardonneraient pas. »[204] Ainsi, en disposant dans le même espace un conteur et son public, on dramatise la relation des acteurs littéraires. C'est ainsi que les objets de la pension Vauquer préfigurent les personnages sordides, grâce au procédé de personnification : « des chaises estropiées. »[205] Comme l'écrit Jean Rousset : « on est surpris, à la réflexion, de rencontrer tant de textes qui restituent le face-à-face oral d'un donateur et d'un récepteur, dans une littérature qui est pourtant le domaine de l'écrit. »[206] Ce procédé demeure fréquent chez Balzac et pourtant inexistant dans *Le Colonel Chabert*. Dans l'ensemble des adaptations filmiques, ces techniques d'interpellation n'existent pas. Il y a bien les voix *off* mais elles traduisent plutôt le regard omniscient du conteur populaire qu'une véritable parole adressée au spectateur.

Au cinéma, celui-ci est rarement pris à partie sans que l'identification ne coure le risque d'être brisée. Autrement, on pourrait penser que le grand écran ne respecte pas le roman populaire qui s'adresse justement et directement au lecteur populaire. La réponse à ce problème est assez difficile, et peut-être n'est-elle pas à soulever au risque de se répéter. Cinéma et littérature restent toujours deux formes d'expressions artistiques différentes. Certains rapprochements sont impossibles ou « tirés par les cheveux ». Mais il existe toujours une convergence et une divergence

---

203. – GUISE (R.). – *Balzac et le roman feuilleton*, in L'Année balzacienne, Paris, 1964, p. 299. Notons que Balzac n'a pas toujours eu du succès particulièrement lors de la première parution en feuilleton de *La Vieille Fille* : « L'histoire n'a pas obtenu du public de M. Balzac une faveur fort grande, les joyeusetés du livre ont semblé par trop grivoises. » Cf. les références de l'article précédemment cité, p. 292.

204. – Cf. Pléiade, tome III, p. 54.

205. – *Ibid.,* p. 54.

206. – ROUSSET (J.). – *Le lecteur intime, de Balzac au journal*, Paris, 1986, p.57.

qui caractérisent le principe de l'adaptation reposant sur une sémiologie à géométrie variable.

Synthèse :

L'adaptation cinématographique dans sa procédure générale nous fait passer d'un point de vue interprétatif à un autre, dont le « logiciel », si l'on peut dire, aboutit à une sorte de transcodage et de métamorphose de l'écriture littéraire. Véritable réajustement qui obéit à une définition de l'adaptation, aux expériences des écrivains réalisateurs et à une correspondance linguistique entre le texte et le film. Ce premier chapitre théorique nous a conduit progressivement vers une approche de l'écriture balzacienne transformée pour le cinéma. L'étude théorique se constitue donc des différents aspects de l'adaptation que nous retrouverons à la fois développés concrètement et parsemés dans les chapitres suivants avec *Le Colonel Chabert*, toujours dans la perspective de rapprocher littérature et cinéma. Pour l'instant nous nous sommes intéressés au fait que l'adaptation est un opérateur de réflexion théorique pour en arriver, en effet, à travers *Le Colonel Chabert*, à une connaissance méthodologique de l'objet « adaptation ». Il est aisé de constater que la transformation filmique est réputée trop variée et insaisissable pour établir des lois ou des règles générales strictes.

Jusqu'à présent, les travaux sur le phénomène de l'adaptation accomplis à la lumière du structuralisme français risqueraient d'ailleurs de s'arrêter à cette approche sémio-narratologique, éparpillée dans la sémio-linguistique, la sémio-pragmatique et la sémio-psychanalyse. Il faut souligner les incidences et les complications que la réception socio-culturelle entraîne dans l'acte de transformation structurelle et narrative. C'est pour cela que l'on parle toujours selon Casseti d'une sémio-cognitive proposant un système englobant de nombreux paramètres littéraires, scientifiques, techniques et sémiologiques. Toutefois, il ne faut pas oublier pour autant les choix subjectifs, les contraintes techniques cinématographiques et tout le problème de l'esthétique de la représentation.

La sémio-linguistique s'intéresse à la dimension langagière des films, ce sera donc également notre préoccupation. La sémio-pragmatique se focalise sur une catégorisation de codes fondée également sur cette dimension langagière, et qui s'attache à reconnaître les formes figuratives du roman à partir du film, ce que nous allons voir dans une partie du deuxième chapitre. Quant à la sémio-psychanalyse, elle gère les processus d'identification que nous analyserons au troisième chapitre. Globalement, il s'agit d'une analyse textuelle améliorée que Casetti définit comme la sémio-cognitive, centrée plus sur les problèmes de participation, et que nous nommons sémiologie à géométrie variable.

Pour éviter une analyse trop cohérente de la transformation filmique, de type « clefs en main », il faut faire l'hypothèse souvent fragile d'une « vectorisation ». Elle met sous tension certains types de signes de la mise en spectacle lorsqu'on en analyse d'autres. Cette possibilité pourrait offrir des parcours de sens, qui relieraient ces signes entre eux, et rendrait ainsi la dynamique de la transformation filmique plus pertinente. La mise en pratique de la théorie de l'adaptation navigue toujours entre une exigence totalisante, irréalisable et une individualisation empirique quelquefois discutable. Là aussi, il existe une variation sémiologique dont le mouvement n'a pas la volonté de se mettre en quête d'une sorte de chiffre secret de la transformation filmique.

Nous n'avons pas la prétention, grâce au *Colonel Chabert*, de montrer que « c'est l'arbre qui cache la forêt » et de faire de notre cas pratique une extension à tous les types d'adaptation bien qu'il y ait des mécanismes récurrents que nous analyserons dans le dernier chapitre pour notre court métrage *Electisme et composition*. Cependant, il faut bien faire un choix pour déduire, à partir d'un exemple précis, une sémiologie à géométrie variable, fondée sur des lois transformationnelles. Parmi ces lois, il nous paraît d'abord fondamental de focaliser notre intention sur la transposition du dispositif narratif de l'œuvre écrite vers le film.

Chapitre II

Jalons iconiques et dispositif narratif de la transposition de l'écriture littéraire

Le roman et le film subissent une transformation en passant d'un état initial à un état final. La comparaison entre le début et la fin du texte permet de dégager certains repères de sens de la transformation. Celle-ci est d'autant plus intéressante lorsqu'elle subit la transposition à l'écran. Il y a d'une part l'évolution narrative du roman, puis celle du film, et enfin la comparaison des deux. L'adaptation serait une véritable science comparatiste. Mais ce qui prévaut reste la technique, mieux encore une possibilité qui transcende tous les paramètres complexes pour parvenir à une « solution idéale ». Il faut savoir pertinemment que plus les qualités de l'œuvre littéraire sont importantes, plus le travail de l'adaptateur reste considérable,[207] et celui de l'analyse comparatiste ambigu.

L'adaptation exige du réalisateur une telle capacité créatrice qu'il doit pouvoir rivaliser, artistiquement parlant avec le romancier. Il faudrait parvenir non à une copie, mais à une véritable création au même niveau que l'original. Quant à l'analyse, grâce à la transposition, elle pourra constater que les efforts encourus, non dans un but évaluatif mais interprétatif, cherchent à comprendre comment pour le Septième Art, on a conservé le fond du roman tout en essayant de retrouver les équivalences de sa forme. Tout en reconnaissant qu'il y a également des différences dans la transposition et qu'elles n'auront aucune équivalence littéraire, les deux films adapté du *Colonel Chabert* n'ont pas vocation à bouleverser littéralement le roman. Louis Buñuel écrivait à propos de son film *Belle de jour,* tiré du livre de Joseph Kessel : « nous avons gardé la structure de base du livre, mais nous en avons complètement perverti le sens et le ton. »[208] Dans nos propos, il n'est nullement question d'établir une

---

[207]. – C'est probablement ce qu'avait senti Yves Angelo en adaptant *Le Colonel Chabert* : lire ses propos probablement ironiques dans la citation avant la table des matières.
[208]. – *L'adaptation du roman au film…op. cit.,* p.191.

relation de perversion entre le roman et le film, mais tout simplement d'interpréter l'habileté des cinéastes concernant la mise en valeur d'attitudes analogues ou contradictoires et la recherche de techniques rhétoriques équivalentes ou opposées.

Dans cette perspective narrative, il nous a paru nécessaire de réaliser d'abord un inventaire général des scènes supprimées ou rajoutées. Ensuite, nous constaterons que sans narration, la description n'a pas lieu d'exister à proprement parler ; il faut donc réfléchir sur le devenir de la description balzacienne pour l'écran. Enfin, ce devenir, ainsi que toute transformation narrative, nécessitera un changement stylistique : le nouveau ton du film modifie-t-il pour autant le sens du roman ?

1°) Inventaire général des scènes supprimées ou ajoutées

Il est difficile d'établir une comparaison des masses narratives des trois œuvres (roman et films) dans la mesure où la lecture et le visionnage ne sont pas la même chose ; néanmoins, nous proposons en premier lieu un tableau chronologique et simplifié des modifications de la trame narrative. Celui-ci est structuré par un plan événementiel et détaillé du roman (nombre de pages) et par un découpage technique et synoptique du film, séquence par séquence, incluant le nombre de plans. Il faudra, à partir de ce tableau, comprendre les conséquences de toutes les modifications car la définition concrète de l'adaptation est de retrancher des éléments narratifs, raccourcir certains passages : soit couper dans le texte. Il faut mettre l'accent sur le fait qu'un film ne peut pas traduire complètement et exactement un roman : l'adaptation, qui cherche à reproduire de manière condensée l'expérience romanesque, est synthétique, alors que le texte romanesque, expérience de la profondeur, selon Barthes, relève d'une approche analytique.

a) Tableau chronologique et simplifié des modifications de la trame narrative.

- **En gras** : scènes qui demeurent divergeantes par rapport au roman mais qui ne trahissent pas forcément son esprit.
- <u>En souligné</u> : scènes identiques au texte littéraire.
- *En italique* : scènes qui ressemblent au roman avec quelques variantes sur le plan thématique (changements chronologiques par rapport au récit écrit).

ROMAN	FILM 1943	FILM 1994
1°) Arrivée de Chabert à l'étude de Maître Derville : les clercs se moquent du Colonel (p.311-320). Mars 1819 a) Présentation de Simonin et des autres clercs (p.311-312) b) Description de l'étude de Maître Derville (p.313-315) c) Chabert révèle son identité (p.317) d) Le Colonel revient chez Derville vers une heure du matin (p.320) e) Derville reçoit les papiers d'Allemagne attestant l'identité de Chabert (p.335)	**1°) La Comtesse et le Comte Ferraud sont dans l'hôtel particulier où vécut Chabert (séq.n°1, 37 plans)** **a) Ils critiquent les goûts de Chabert (mobilier)** **b) Le Comte Ferraud se prépare pour un long voyage** **c) Apparition de Delbecq, celui-ci et la Comtesse évoquent les prétendues lettres du Colonel Chabert. Delbecq se veut le protecteur de la Comtesse**	*1°)Bataille d'Eylau (séq.n°1, 46 plans)* *a) Des cadavres de soldats se font dépouiller de leur uniforme* b) *Visualisation du carnage : carcasses de chevaux, fosses humaines*
2°) Arrivée de Derville, Chabert lui raconte ses péripéties (p.321-336) a) Le Colonel est grièvement blessé, enterré sous les morts (p.323). Bataille d'Eylau, février 1807. b) Sa vie de vagabond (p.327) c) Son internement (p.327) d) Derville propose d'aider Chabert à retrouver son nom et sa fortune (p.328-334)	**2°) Le Comte fait sans le savoir l'aumône au Colonel Chabert (séq.n°2, 23 plans)** **a) Chabert apprend par un tiers qu'il s'agit du Comte Ferraud** **b) Le Colonel rentre dans une auberge pour écrire une lettre à la Comtesse**	2°) <u>Idem 1°) roman (séq.n°2-3)</u> a) <u>Idem 1°) a) roman (séq.n°2, 44 plans)</u> b) <u>" " b) " "</u> c) <u>" " c) " "</u> d) <u>" " d) " "</u> *e) Chabert sortant de l'étude, revoit en pensée l'hôtel particulier où il fut heureux avec la Comtesse Ferraud (séq.n°3, 5 plans)*
3°) Derville se rend chez Chabert à la masure Vergniaud et lui annonce qu'il faut faire une transaction avec la Comtesse (p.336-346). Juin 1819.	**3°) Delbecq apporte à la Comtesse la lettre du Colonel, elle décide de le rencontrer (séq.n°3, 9 plans)**	**3°) Soirée de concert où l'on apprend que le Comte Ferraud souhaite devenir Pair de France, des personnalités lui font miroiter le succès d'une telle demande (séq.n°4, 56 plans)**

4°) Historique sur la vie du Comte et de la Comtesse Ferraud. Comment la Comtesse consolida son deuxième mariage afin de ruiner Chabert (p.346-350)	**4°) Rencontre du Colonel et de la Comtesse (séq.n°4, 22 plans)** **a) Chabert replonge dans le passé en écoutant le son d'une petite boite à musique** **b) La Comtesse reconnaît bien Chabert et demande à Delbecq d'agir** **c) Delbecq invite le Colonel vers une autre destination afin qu'il puisse voir son épouse**	**4°) Scène d'intimité conjugale entre le comte et la Comtesse après le concert (séq.n°5, 49 plans)** **a) Petits propos ambigus sur la Pairie** **b) La Comtesse use de ses charmes pour faire parler son mari sur la teneur de la soirée de concert**
5°) Derville rend visite à la Comtesse et lui avoue que son défunt mari est toujours vivant (p.350-353) a) La Comtesse pense au début qu'il s'agit d'une mauvaise plaisanterie (p.351) b) L'avoué apprend que la Comtesse avait bien reçu les lettres du Colonel (p.352) c) Derville propose également à la Comtesse de transiger (p.352-353)	**5°) Delbecq tente de faire interner le Colonel (séq.n°5, 55 plans)** **a) Chabert s'enfuit** **b) Tout l'asile se met à la recherche du Colonel, rien n'aboutit**	5°) Chabert retourne chez Derville pour lui confier le secret de sa situation (séq.n°6, 58 plans) a) Idem 2°) a) roman b) " " b) " c) " " c) " *d) Réflexions métaphysiques du Colonel sur la mort* *e) Prises de vues sur le lendemain de la bataille d'Eylau* f) Idem 2°) d) roman
6°) Affrontement entre Chabert et la Comtesse chez maître Derville (p.353-358) a) L'avoué annonce sous forme d'acte notarial l'annulation du décès du Colonel ainsi que la dissolution de son mariage (p.356) b) La Comtesse refuse l'acte et feint de ne pas reconnaître son ancien époux. Elle l'accuse d'imposture, Chabert lui rappelle ses origines de catin (p.357-358)	**6°) Delbecq avertit la Comtesse que son plan a échoué, celle-ci préfère désormais s'occuper de cette affaire (séq.n°6, 3 plans)**	**6°) Chabert rêve (séq.n°7, 4 plans)** **a) Scène de bataille** **b) " d'amour entre Chabert et la Comtesse**

7°) A la sortie de l'étude de maître Derville, la Comtesse amadoue le vieux soldat et lui propose de venir dans sa résidence secondaire à Groslay (p.358-367)	7°) Présentation de l'étude de maître Derville (séq.n°7, 35 plans)	*7°) Le vieux soldat revient chez son avoué afin d'évoquer sa fortune disparue ; le spectateur apprend que la Comtesse s'est emparée des richesses du Colonel (séq.n°8, 9 plans)*
a) Durant le séjour, la Comtesse reste aux petits soins du Colonel et tente de lui faire signer un autre acte notarial dans lequel Chabert reconnaît être un imposteur ; en échange, il recevra une rente (p.358-365) b) Chabert offusqué, blessé, quitte la Comtesse en la méprisant (p.365-367)	a) Idem 1°) a) roman et 2°) a) film 1994 b) " " b) " " " b) " 1994 *c) Arrivée de Chabert qui impose le respect* d) Les clercs parlent à demi-mots du Colonel, à la fois avec méfiance et moquerie	
8°) Le Colonel disparaît, Derville le retrouve six mois plus tard au tribunal correctionnel pour affaire de vagabondage (p.368-371). 1822.	8°) Chabert rencontre Derville et lui fait sa révélation (séq.n°8, 62 plans)	8°) Derville va chez Chabert à la masure Vergniaud (séq.n°9, 35 plans)
a) Chabert, par l'intermédiaire de la Comtesse dédommage Derville de toute la procédure juridique (p.370) b) L'ancien officier de l'Empire est atteint du dégoût de l'humanité (p.370-371)	a) Le Colonel révèle son identité et débute donc son récit b) Bataille d'Eylau visualisée c) Idem 2°) a) roman et 5°) a) film 1994 d) " " b) " " " b) " 1994 e) " " c) " " " c) " 1994 f) " " d) " " " f) " 1994	**a) Boutin, compagnon d'armes de Chabert, entraîne quelques soldats nostalgiques de l'Empire** b) Derville est choqué par la misère du lieu où vit le Colonel *c) L'avoué dit à Chabert qu'il a reçu les papiers d'Allemagne légitimant son identité* d) Derville annonce au Colonel qu'une transaction sera nécessaire avec la Comtesse
9°) En 1840, Derville et Godeschal retrouvent le vieux Colonel à l'hospice de la V*ieillesse* (p.371-373)	**9°) Chabert, bien habillé, se promène et retrouve le goût de vivre ; il achète quelques cigares et en offre à un jeune soldat qui s'incline devant l'ancien, lorsque ce dernier lui révèle qu'il fut à Eylau (séq.n°9, 3 plans)**	9°) Derville se rend chez la Comtesse Ferraud (séq.n°10, 35 plans)
a) Chabert rejette son identité (p.372) b) Derville avoue à Godeschal sa lassitude pour les affaires de justice (p.373)		a) Idem 5°) a) roman b) " " c) "

FIN DU ROMAN	10°) Derville rend visite à la Comtesse (séq. n°10, 23 plans) a) Idem 5°) a) roman et 9°) a) film 1994 b) " " b) c) " " c) " " " b) " 1994	**10°) Retour chez Vergniaud : le Colonel revoit en pensées le front russe avant et après la bataille (séq.n°11, 47 plans)** a) Deux officiers russes assènent des coups de sabre sur Chabert (caméra subjective) **b) Dialogue entre Boutin et le Colonel**
	11°) Rencontre de Chabert et de la Comtesse à l'étude de Derville (séq.n°11-12-13) **a) Le vieux Colonel refuse un fiacre que lui envoie Derville (séq.n°11, 15 plans)** **b) La Comtesse Ferraud demande à sa domestique de lui prêter la bague que son premier mari lui avait offerte (séq.n°12, 7 plans)** c) Idem 6°) a) roman et 12°) a) film 1994 (séq.n°13, 21 plans) d) " " b) " " " b) " 1994	**11°) Autre scène de la vie conjugale entre les époux Ferraud (séq.n°12, 9 plans)**
	12°) Idem 7°) roman (séq.n°14-15) a) Idem 7°) a) roman (séq.n°14, 58 plans) b) " " b) " (séq.n°15, 64 plans)	12°) Rencontre de Chabert et de la Comtesse chez Derville (séq.n°13, 66 plans) a) Idem 6°) a) roman et 11°) a) film 1943 b) " " b) " " " b) " 1943

	13°) Chabert se rend à nouveau chez Derville et lui avoue que sa femme lui a tendu un piège (séq.n°16, 6 plans) a) **Le Colonel attend les papiers d'Allemagne qui attestent son identité** b) **Repère chronologique visualisé : 3 avril 1818**	13°) Idem 7°) roman (séq.n°14, 140 plans) a) **Chabert tente d'abuser de la Comtesse** *b) Virulente discussion entre Chabert et la Comtesse* c) **La Comtesse est effrayée par le cynisme de son premier mari, elle demande conseil à Delbecq qui n'a ici qu'un rôle anecdotique** d) Le vieux soldat ne demande finalement à la Comtesse qu'une simple rente et il s'engage à disparaître afin de ne plus importuner sa femme e) Idem 7°) a) roman et 12°) a) film 1943 f) " " b) " " " b) " 1943
	14°) Chabert redevient mendiant (séq.n°17-18) a) **De jeunes voyous tentent de voler le vieil homme (séq.n°17, 18 plans)** b) Jugement de Chabert au tribunal Correctionnel pour vagabondage (séq.n°18, 11 plans)	**14°) Maître Derville reçoit une lettre de Chabert qui le remercie pour la procédure ; le Colonel renonce à tout (séq.n°15, 2 plans)**

	15°) Condamnation du vieil homme (séq.n°19, 13 plans) *a)* *Repère chronologique sonorisé : 16 juin 1824* b) Chabert est reconnu par un des clercs de Derville *c)* *Le spectateur apprend que les papiers d'Allemagne sont arrivés*	**15°) Derville va chez les Ferraud (séq.n°16, 27 plans)** **a) L'avoué dit au Comte que Chabert est toujours vivant** **b) La Comtesse reproche à son second mari son ambition démesurée pour la Pairie ; elle avait préféré cacher le retour de Chabert au Comte par crainte que son deuxième mariage soit annulé. La Comtesse Ferraud fait croire au Comte qu'elle avait menti pour préserver son ambition**
	16°) Derville et Godeschal retrouvent le Colonel à l'hospice de la V*ieillesse* (séq.n°20-21-22) *a)* *Derville donne au Colonel les papiers qui pourraient le réhabiliter mais il les déchire (séq.n°20, 2 plans)* *b)* *Chabert rejette son identité et demande à Derville de rendre au Comte Ferraud la pièce que celui-ci lui avait donnée séq. n°21, 11 plans)* **c) Images rapides en fondu enchaîné sur la bataille d'Eylau (séq.n°22, 4 plans)**	*16°) Derville rencontre Chabert à l'hospice de la Vieillesse (séq.n°17, 10 plans)* *a)* *Chabert refoule son nom* *b)* *.Le Comte Ferraud s'est remarié, toujours par ambition pour la Pairie*
	FIN DU FILM 1943	**17°) Vues sur le champ de bataille après le combat. Réflexions métaphysiques sur la mort (voix *off* de Depardieu-Chabert) (séq.n°18, 2 plans)**
		FIN DU FILM 1994

Ce tableau chronologique est une sorte de « scénaristique » comparée qui selon Alain Garcia obéit à cinq principes.

Il y a d'abord la coupure et l'élagage. Autant la coupure, comme son nom l'indique peut parfois ressembler à un acte regrettable car synonyme de suppression et d'amputation, autant l'élagage donne un sentiment d'utilité et de nécessité. Dans le tableau ci-dessus, il est difficile d'affirmer que les cinéastes ont effectué de franches coupures. En revanche, ils pratiquent un élagage qui leur permet de procéder à une reconstruction narrative cohérente du roman pour le film, évitant ainsi tout alourdissement. Les deux réalisateurs ont effacé à juste titre le passage dans lequel Balzac évoque rapidement l'ascension sociale de Delbecq,[209] qui devient président du tribunal de première instance. Bien que dans le film de 1943, Delbecq ait plus d'importance que dans la version de 1994, Le Hénaff n'évoque pas l'arrivisme de l'intendant de la Comtesse Ferraud, par crainte de parasiter le récit de Chabert : « l'adaptateur taille son livre comme un jardinier taille un buisson ; il élague les branchettes mais il ne coupe pas les branches-mères. »[210]

L'élagage s'avère indispensable tout comme le regroupement et la contraction : deuxième principe de cette « scénaristique » comparée.

Ce dernier repose sur la concentration. Le regroupement est le procédé qui consiste à rassembler tout un groupe de scènes romanesques en un autre groupe de scènes cinématographiques, moins importantes allant même jusqu'à une seule (contraction). Les adaptateurs du *Colonel Chabert*, œuvre courte, ont rarement pratiqué des regroupements concentrés, hormis la fin du film d'Angelo (séquence n° 21) où le vieux soldat renonce à son identité. Dans le roman, il existe deux événements importants : en 1822, Chabert est arrêté pour vagabondage et en 1840, Derville le retrouve à l'hospice de la V*ieillesse*. A la séquence n° 21, Angelo suggère le vagabondage de Chabert en le présentant avec des vêtements souillés, afin de faire éclater l'un des moments les plus importants du roman : le renoncement.

Le troisième principe observable dans ce tableau est l'invention et l'ajout. Ils élargissent considérablement l'univers romanesque et offrent plus de champ interprétatif au roman. Avec l'invention, le cinéaste crée, invente une séquence qui n'existe pas dans le roman initial ; c'est le cas de la séquence n° 1 du film de 1943, lorsque le compte Ferraud se prépare à partir en voyage et qu'il évoque avec sa femme les mauvais goûts de Chabert en matière de mobilier. Les propos ironiques montrent bel et

209. – Cf. Pléiade, tome III, p. 368.

210. – *L'adaptation du roman au film…op. cit.*, p.91.

bien que la Comtesse a oublié son premier mari. L'invention n'est donc pas inutile tout comme l'ajout.

L'invention est à la coupure ce que l'ajout est à l'élagage. Si l'invention représente quelque chose de conséquent, l'ajout peut lui aussi recouvrir un champ d'action assez large, soit l'adjonction d'une séquence filmique que le spectateur remarquera à peine. Dans la séquence n° 3 du film de 1994, Chabert, sortant de l'étude de l'avoué, revoit en pensées son hôtel particulier dans lequel il fut heureux avec son épouse. Dans la version de Raimu, Delbecq et la Comtesse tentent d'interner le vieux soldat (séquence n° 5). Il est tout à fait logique de concevoir qu'un homme qui n'a pas revu sa femme depuis longtemps puisse avoir quelques pensées nostalgiques. De même, en ajoutant la scène d'internement, le réalisateur de 1943 fait écho à la fin du roman, au souhait de la Comtesse de faire enfermer son ancien mari : « Il faudra donc finir par le mettre à Charenton, dit-elle, puisque nous le tenons. »[211] En définitive, ce qui caractérise l'ajout par rapport à l'invention, c'est qu'il demeure présent dans le roman, plus ou moins latent, et implicite, mais indéniablement apparent lors d'une lecture approfondie du texte.

L'avant-dernier point de cette « scénaristique » comparée est l'agrandissement. Si le regroupement et la contraction resserrent l'adaptation d'une scène romanesque au cinéma, l'agrandissement, *a contrario*, l'augmente, la développe. Par exemple, dans le roman, lorsque Chabert raconte ses péripéties à Derville, la scène est agrandie dans les deux films par des plans sur la bataille d'Eylau.[212] Nous aborderons ultérieurement, au cinquième chapitre, le problème de la variation de la vitesse du récit.

Enfin, le dernier paramètre de cette comparaison repose sur le déplacement et la substitution. Le déplacement est synonyme de modification ; il touche un nombre incalculable de points (vouloir en faire un inventaire complet relèverait plus de la gageure que de la pertinence). Notons, à titre d'exemple, que dans le film de 1943, Derville reçoit les papiers d'Allemagne qui attestent l'identité de Chabert à la séquence n° 20, donc à la fin du film ; tandis que dans le roman, l'avoué les reçoit au début.[213] Dans la version de 1994, les papiers arrivent à la séquence n° 9, soit au milieu du film. La substitution est une forme équivalente du déplacement, mais à un stade supérieur et plus éloigné.

---

211. – Cf. Pléiade, tome III, p. 366. Charenton est un hôpital d'aliénés fondé au XVII è siècle dans la banlieue est de Paris.

212. – Voir séquence n° 8 pour le film de 1943 et séquence n° 6 pour celui de 1994.

213. – Cf. Pléiade, tome III, p. 335.

Elle ne porterait que sur les scènes charnières du roman, de surcroît, le cinéaste conserverait l'idée de départ tout en empruntant un chemin différent pour parvenir malgré tout au même résultat. Ce n'est pas une permutation comme le déplacement mais un moyen d'enrichir le roman, un peu comme l'ajout, sans pour autant modifier la trame narrative du texte. Nous rencontrons un modèle de substitution, lorsque Balzac nous présente un historique de la vie du Comte et de la Comtesse Ferraud.[214] Celle-ci est remplacé dans le film d'Angelo par la soirée de concert, dans laquelle le spectateur découvre les ambitions du Comte (séquence n° 4).

En opérant un classement de ces cinq catégories en deux grands ensembles, on distingue, d'une part, « le restrictif » avec la coupure et l'élagage, ensuite, le regroupement et la contraction . D'autre part, on identifie « l'augmentatif » avec l'invention et l'ajout, sans oublier l'agrandissement, le déplacement et la substitution. Ces deux grands mouvements illustrent une fois de plus la sémiologie à géométrie variable et vont influencer considérablement la mise en scène du film par rapport au roman.

b) Les conséquences des modifications

Même s'il n'y a pas d'adaptation sans affinité littéraire, la lecture du tableau précédent laisse néanmoins au lecteur une impression d'ambiguïté, car le roman ressemble aux deux films et, en même temps, il ne leur ressemble pas. La transformation filmique soulève une certaine question : celle de l'intertextualité combinée à l'interdépendance des arts, dont l'aboutissement de la théorie à la pratique pose le problème du sens de l'adaptation. C'est donc un rapport entre le contenu narratif même et la matière signifiante. Il s'agit d'analyser l'analogie sur laquelle se construisent la dramaturgie et la structure dramatique.

[214]. – *Ibid.*, p. 346-350 (milieu du roman).

* Sur la dramaturgie : « petites leçons de mise en scène »

- Les événements du roman ne correspondent pas toujours aux scènes du film : les raisons

Les deux adaptations du *Colonel Chabert* s'inscrivent tout naturellement dans la tradition narrative que leur proposait le modèle de la littérature. Cependant, si le propre du récit littéraire est de fonder son existence sur la structuration des éléments qui le composent, les oeuvres cinématographiques, où le sens se constitue par l'addition de reproduction du réel grâce à la mise en scène, se trouvent par la même fort éloignées du récit. Il ne peut en être autrement car tout l'art de la mise en scène repose sur une fidélisation narrative du roman, en éliminant des signifiants qui viendraient encombrer le récit filmique, voire le tourner en dérision.

Les deux films se refusent à ridiculiser Chabert et en particulier la version de 1994 par le détail de la perruque collée au chapeau gras, dont Balzac nous fait part dans sa description.[215] Les deux adaptations n'optent pas pour le sensationnel qu'aurait provoqué la vision d'une cicatrice affreuse, et les films ne cherchent pas pour autant les effets d'atténuation. Avec Depardieu, la séquence liminaire sur les fosses communes du champ de bataille, le prouve, mais elle effectue sur le personnage de Chabert une transformation : il n'est ni laid, ni visuellement handicapé par sa blessure ; le colonel reste encore désirable pour la Comtesse Ferraud.

Quant à Raimu, passant de la tenue de mendiant à un habit décent correspondant à son statut de Colonel d'Empire, grand officier de la légion d'honneur, il acquiert un certain charisme. Il impose le respect autour de lui, contrairement au personnage lymphatique et bonasse du roman. Depardieu et Raimu paraissent moins humbles et moins soumis que le héros romanesque.

Les événements du texte littéraire ne correspondent donc pas systématiquement aux scènes du film, car le cinéaste a plus de liberté d'interprétation par le simple fait qu'il n'est qu'un traducteur, avec tous les élargissements que procure la traduction. Jean-Luc Godard n'écrivait-il pas : « le cinéma jouit de plus d'avantages, on peut se permettre infiniment plus. [...] On possède une matière avec l'image, la parole peut lui retirer si elle est trop riche, lui en apporter si elle est trop pauvre. [...] Un romancier aussi peut tout faire. Mais si je pense à [...] *Mobile*, je peux

[215]. – Cf. Pléiade, tome III, p. 322.

faire tellement plus. Je peux tout mettre sur mon écran. »[216] Les deux adaptations étudiées s'efforcent de rendre crédible le roman et de lui conférer un statut autonome : ce sont deux oeuvres artistiques à part entière qui, ayant subi des modifications dramaturgiques, n'altèrent pas le roman. L'œuvre littéraire reste tout aussi autonome et n'a pas besoin des films pour exister. Mais il arrive parfois que « les petites leçons de mise en scène » soient mal assimilées : en atténuant la portée du roman, elles ne donnent aucune dimension au film.

C'est le cas de l'adaptation du *Père Goriot* de Robert Vernay, du moins en ce qui concerne la séquence finale. Du bout des lèvres et d'un air pincé, Rastignac, dans un salon, dit à Paris son fameux « à nous deux maintenant ! » Dans Balzac, le protagoniste profère, des hauteurs du Père Lachaise,[217] ses mots dignes d'un mégalomane. Il n'est pas toujours aisé d'expliquer les raisons de telles modifications, surtout quand leur sens n'est pas apparent ou du moins pertinent, comme si le réalisateur n'osait pas s'approprier l'histoire de Balzac par crainte d'une fidélisation systématique.

Paradoxalement, à travers *Le Colonel Chabert,* l'écrivain ne semble pas vouloir accaparer définitivement l'histoire du vieux soldat : « la simplicité et l'apparente discrétion de la narration balzacienne pourraient aussi permettre la transmission de cette matière institutionnelle à une postérité de récits dramatiques et cinématographiques. »[218] En effet, les deux films reprennent le canevas du texte : celui de 1943 développe le comportement de Delbecq, tandis que celui de 1994 met plus en valeur le Comte Ferraud ; néanmoins, les films évitent de mettre en scène les événements racontés par Chabert de peur d'atténuer le duo primordial de la révélation entre le Colonel et Derville. Curieusement, et bien que le film recherche plus facilement le spectaculaire que le roman, c'est peut-être le passage le plus lent, le plus littéraire dans les deux films, reposant sur un jeu de champs et contrechamps entre l'avoué et l'ancien soldat.

---

[216]. – *Littérature et cinéma…op. cit.*, p. 122, (La Licorne).
[217]. – Cf. Pléiade, tome III, p. 290.
[218]. – *Le Colonel Chabert : récit romanesque et récits filmiques…op., cit.*, p. 333.

- Le film accroît la dimension spectaculaire : un pathos efficace pour le règne de l'argent

Balzac sait parfaitement manipuler les ressorts du mélodrame et connaît très bien ses effets sur le lecteur. Tout le pathos du *Colonel Chabert* se construit sur les rapports des personnages avec l'argent. Celui-ci devient la matière première du roman, non seulement dans le rapport social mais aussi dans le rapport amoureux. Derville ne propose à Chabert qu'une transaction financière et rien d'autre. L'auteur n'épargne aucun avatar financier à ses personnages ; nous sommes en pleine tragédie : « habile à atteindre les sentiments extrêmes qui provoquent la crainte et la pitié, Balzac utilise donc toutes les ressources du pathétique mélodramatique. Mais, s'il est parfaitement conscient du pouvoir émotionnel du spectacle de la cruauté et de la souffrance, il sait donner à cette esthétique de l'absolu une toute autre portée, car il propose les passions…[à la compassion d'un lecteur dont l'âme est assez élevée et généreuse pour accepter la contagion des grandes souffrances et cette douleur inconsolable qu'alimente la contemplation mystérieuse du mal.][219] »[220] Celui-ci triomphe grâce à la passion de l'argent et Angelo dépasse Balzac en faisant du monde des finances un véritable spectacle : la Comtesse Ferraud ne tient son mari que par sa fortune, l'argent devenant un lien presque incontournable entre tous les personnages.

Le Comte Ferraud quémandera même quatre-vingt mille francs en présence d'un domestique, et sa femme ne lui en accordera que quarante mille. L'argent est donc lié au chantage, car la Comtesse sait qu'elle doit lâcher de temps en temps la bride, si elle tient à conserver son mari[221] : ce dernier, extrêmement ambitieux, ne vise que la Pairie. De même, Chabert-Depardieu s'amusera à faire monter et descendre, de manière cynique, le marchandage financier durant la scène du dîner à Groslay.[222]

Cette dimension spectaculaire de la richesse est présente non seulement dans le dialogue en termes d'argent liquide, mais aussi mise en valeur visuellement par toute une kyrielle de plans généraux : sur les propriétés, les objets, les accessoires, les tableaux, les meubles, les réceptions et les domestiques etc… La version d'Angelo joue sur le fas-

---

[219]. – Anne-Marie Baron prolonge son développement avec une citation d'Arlette Michel, voir *Le pathétique balzacien dans La Peau de chagrin, Histoire des Treize et Le Père Goriot*, in L'Année balzacienne, Paris, 1985, p. 238.

[220]. – *Balzac cinéaste...op,.cit.*, p. 49.

[221]. – Voir séquence n° 12.

[222]. – *Ibid.,* séquence n° 14.

tueux, le clinquant, l'art du bibelot bien disposé, peut-être pour faire écho à une passion de Balzac.

Dans la version de Raimu, la présence de l'argent est également manifeste, mais elle a peut-être une portée plus symbolique, moins apparente, et moins flamboyante que dans la version de 1994. Cependant, elle reste pathétique et tout en ouvrant le spectacle filmique, elle le clôt : en effet au début du film, le Comte Ferraud fait l'aumône au Colonel Chabert sans le savoir et à la fin du film le vieux soldat remet par l'intermédiaire de Derville au Comte Ferraud, la pièce qu'il lui avait donnée jadis.[223] Le règne de l'argent s'achève sur une note emphatique, montrant plus que jamais le spectacle du drame humain dont le pathos révèle les abîmes de cruauté, d'horreur, sous le masque charmant de la société (beaux décors et beaux costumes).

Paradoxalement, les scènes de combat dans les deux versions sont les moins pathétiques, bien qu'elles soient rendues spectaculaires par le rythme du montage, avec les cascades et la bande-son parfois tonitruante (version de 1943). Elles sont sobres et efficaces. Elles ne sollicitent aucune émotion par la froideur du décor, on se souviendra de la caméra distante d'Angelo, relevée par la musique de Schubert illustrant la scène où l'on dénude les morts,[224] qui répond indirectement à la séquence pathétique du déshabillage dans les chambres respectives des époux Ferraud.[225] La caméra en gros plan, très intimiste, laisse place au jeu pitoyable et dérisoire du mari et de la femme : partie de cache-cache d'une chambre à l'autre où personne n'est vraiment dupe. On se rappellera également dans la version de 1943 la manière dont le Colonel Chabert et la Comtesse, dans leurs appartements respectifs avant l'entrevue chez Derville, donnent l'illusion pathétique d'une scène de séduction, grâce au montage en parallèle de deux séquences. D'une part, le Colonel se mire devant la glace[226] par espoir d'y retrouver quelques grâces avec en plus un membre en moins : symbolique pathétique de la castration. D'autre part, la Comtesse emprunte à sa domestique la bague qu'avait offerte le vieux soldat à sa femme :[227] symbole tout aussi émouvant de l'hypocrisie féminine. Séquence qui ne trompe personne car l'emphase étouffe à peine cette pantomime de l'argent trahissant le comportement des protagonistes.

---

[223]. – *Ibid.*, séquence n° 2 et n° 21.
[224]. – *Ibid.*, séquence n° 1.
[225]. – *Ibid.*, séquence n° 5.
[226]. – *Ibid.*, séquence n° 11.
[227]. – *Ibid.*, séquence n° 12.

Balzac ne va pas aussi loin dans le spectacle de l'exhibition que ces deux successeurs cinématographiques, mais il recherche la constante expression de la profonde complexité du paysage intérieur de ses personnages, soumis aux forces de l'argent et de l'ambition. Désiré Levrautl dans *Ursule Mirouët* « avait compris la puissance de l'argent, et vu dans la magistrature un moyen d'élévation. »[228] Les réalisateurs se contentent non seulement de montrer ce jeu social, ce jeu de masque cher à Balzac, mais il s'agit en plus de dévoiler l'amplitude de la pantomime sociale et du non-dit, car le récit fera dériver l'histoire entre la parabole qu'elle suscite et l'intrigue qu'elle provoque. Cela implique donc des conséquences sur le drame humain qui se joue lors de l'adaptation.

* Conséquences sur la structure dramatique : exhibition de la violence des mœurs de *La Comédie humaine*

- Le roman : description réaliste amplifiée, violence différée et atténuée

L'œuvre de Balzac est structurée, érigée en système cohérent, comparable aux « tableaux » scientifiques de certains naturalistes comme Zola. Elle apparaît bien comme la première grande tentative réaliste pour décrire avec précision et logique, et particulièrement dans *Le Colonel Chabert*, un monde avec sa société (la Restauration et la justice après l'Empire), ses décors (Paris, ses quartiers et ses environs) et ses figures dominantes (les ambitieux et les perdants).

D'une manière générale, le romancier ne cachait pas son ambition dans son *Avant-propos,* car ses romans voulaient la traduction littérale des faits : « La société française allait être l'historien, je ne devais être que le secrétaire. »[229] Notons que le cinéma n'est peut-être que la traduction littéraire des événements : une forme de représentation. Cependant, Balzac souhaitait également que ses textes se construisent sur la rigueur et la minutie : « Les détails seuls constitueront désormais le mérite des ouvrages improprement appelés "Romans" »[230], « et pour mériter les éloges que doit ambitionner tout artiste, ne devais-je pas étudier les raisons ou la raison de ces effets sociaux, surprendre le sens caché dans cet im-

---

228. – Cf. Pléiade, tome III, p. 773.
229. – Cf. Pléiade, tome I, p. 11.
230. – *Ibid.*, tome I, p. 1175 (Note de la première édition des *Scènes de la vie privée*, avril 1830).

mense assemblage de figures, de passions et d'événements. »[231] L'auteur fonda donc l'objectivité grâce à la description très présente, manifestant ainsi une violence des mœurs illustrée et parsemée dans le roman. Le cinéma vise plutôt la subjectivité, par conséquent l'interprétation littéraire accentue cette violence des mœurs, car elle devient immédiate et crédible aux yeux du spectateur. Dans *Le Colonel Chabert*, le « dramatique » proprement dit a un rapport direct avec l'action incertaine du héros qui progresse sans cesse dans le monde sans pitié de cette « comédie humaine », qui aurait pu très bien s'appeler « tragédie humaine ». Bien qu'il soit difficile d'opposer la comédie et la tragédie, l'œuvre de Balzac permet le drame historique et valorise le roman pessimiste.

Cette violence latente, moins exhibée dans les films, instaure le conflit entre la Comtesse et Chabert, elle est le moteur de l'action. L'intérêt vient du spectacle de la lutte, de la curiosité ou de l'inquiétude sur l'issue de cet affront et de ses conséquences. Le tableau cruel repose sur une alternance d'espoir et de crainte que nous éprouvons pour le héros.

Par exemple, la Comtesse est l'archétype même de la femme sans cœur, exerçant un pouvoir très sournois noyé par le flot de la description. Rose Chapotel est décrite comme la parvenue au passé doublement douteux, car Chabert l'a conquise dans un lieu de plaisir, « le Palais-Royal ». Sa fortune lui vient de la Chaussée d'Antin : son prénom rappelle la Rosine dans *Le mariage de Figaro*, qui reconquiert un mari volage. Elle est prête à tout pour conserver le monde de la Restauration chèrement conquis. Rose incarne « cette soif d'or dont sont atteintes la plupart des parisiennes ».[232] Cet arrivisme au féminin révèle une frénésie cachée. Il n'y a pas de gestes inconsidérés ou de paroles injurieuses, les actions sont sournoises et la violence est implicite. Toujours différée, celle-ci est synonyme de manipulation constante tout au long du roman.

La Comtesse Ferraud est une femme intelligente et la description balzacienne met bien en valeur son expérience d'intriguante. Déjà, depuis « la maison de passe » Balzac sait merveilleusement la décrire quand elle cherche à obtenir satisfaction en bernant le pauvre Chabert : « la Comtesse sut imprimer un charme doux à ces souvenirs, et répandit dans la conversation une teinte de mélancolie nécessaire pour y maintenir la gravité. Elle faisait revivre l'amour sans exciter aucun désir, et laissait entrevoir à son premier époux toutes les richesses morales qu'elle avait acquises, en tachant de l'accoutumer à l'idée de restreindre son bonheur aux seules jouissances que goûte un père près d'une fille chérie. »[233]

[231]. – *Ibid.*, p. 11.
[232]. – *Ibid.*, tome III, p. 349.
[233]. – *Ibid.*, p. 361.

C'est donc une habile et diabolique comédienne, prête à se jouer de Chabert en feignant le jeu de l'amour mais sans hasard, car elle sait parfaitement ce qu'elle fait. Son talent machiavélique se décline en trois étapes nettement ressenties tout au long du passage précédent. Afin de séduire pour mieux reprendre : « elle sut imprimer », et réutiliser le passé comme arme absolue : « elle faisait revivre ». Enfin, la Comtesse sait donner l'impression que les choses vont revenir comme avant : « laisser entrevoir ».

Dans sa description abondante, Balzac ourdit la véritable machination de la Comtesse : « toilette simple, mais habilement calculée ».[234] Toutes les émotions sont feintes par le biais de fausses déclarations : « sans mes pauvres enfants, je me serais déjà enfuie avec vous au bout du monde. »[235] Dans le film d'Angelo, la violence éclate instantanément avec une lexie menaçante, Gérard Depardieu dit à Fanny Ardant : « Sans vos enfants vous seriez déjà morte. »[236]

La description balzacienne signale sa capacité manipulatrice, car tout au long du récit, est diffracté et différé ce spectacle hideux et pessimiste de femmes, qui, selon Balzac, dans *Physiologie du mariage* « savent vendre cher ce qu'elles n'ont pas pour compenser la vulgarité de ce qu'elles donnent. »[237] Cette vulgarité est à l'image d'un tableau immonde des mœurs de *La Comédie humaine* représenté par une haine latente reposant sur le non-dit, le subi, puisque tout est manipulation : « L'air de vérité qu'elle sut mettre dans cette réponse dissipa les légers soupçons que le Colonel eut honte d'avoir conçus. »[238] Balzac a su créer le type de la femme sans cœur à l'image de cette société de la Restauration corrompue par l'argent et le plaisir. C'est la représentation réaliste d'une société amorale, aux mœurs douteuses, réalisme d'une société sans pitié par laquelle « l'argent ne devient quelque chose qu'au moment où le sentiment n'est plus. »[239] (*Le Père Goriot*).

Il y a dans *Le Colonel Chabert* une double transfiguration de cette violence contenue dans les mots, atténuée mais présente : l'art de la description ordonne le sens, et la narration transforme le fait divers en destinée incontrôlable. A l'inverse, les films ont élaboré des descriptions à la fois complexes et euphémiques par la technique de l'image. Elles ont pour but d'expliciter la violence du roman. Nous établissons donc une

---

234. – *Ibid.*, p. 355.
235. – *Ibid.*, p. 368.
236. – Voir séquence n° 14.
237. – *Ibid.*, tome XI, p. 934.
238. – *Ibid.*, tome III, p. 362.
239. – *Ibid.*, p. 173.

opposition très nette entre la narration scripturale du roman et la « monstration » scénique des deux films : l'adaptation est donc bien une modification et une transformation du texte en film.

- Le film : description atténuée, violence immédiate et accrue

Dans ce jeu de l'amour, de l'argent et du pouvoir, où chacun voit son destin partir en lambeaux, Angelo et Le Hénaff ont construit des films d'une noirceur pure et vertigineuse tant la violence filmique se substitue à la description littéraire. Les deux réalisateurs ont su restituer l'âpreté cruelle de l'univers balzacien. Ils lui ont aussi donné la modernité suffisante pour que le spectateur soit emporté dans le cœur de la tourmente. Il faut se rappeler la séquence n° 13 du film de 1994 dans laquelle la Comtesse, voyant que Chabert refuse de perdre son identité et de signer l'acte notarié savamment calculé, le traite d'assisté et d'attardé mental.

Lorsque Roland Barthes et Robbe-Grillet prophétisent une littérature objective visant à fonder le roman en surface (il s'agit donc du nouveau roman), il n'y a pas loin de cette surface-là à l'écran, qui ne reste qu'une surface pour le spectacle, elle-même vectrice de cette violence exhibée. Le plus frappant dans un film est qu'il « nous tire hors de notre confort intérieur, vers ce monde offert avec une violence qu'on chercherait en vain dans le texte écrit correspondant, roman ou scénario. »[240] La précision visuelle de la technique cinématographique et de la mise en scène rendent cette brutalité immédiate, inévitable, nécessaire et obsédante, comme une sorte de fureur incontrôlable.

Autant chez Balzac les relations sont ambiguës à l'instar des rapports humains et de leur richesse, autant les deux cinéastes ont compartimenté les relations, ce qui détruit la subtilité de la description au détriment ou au profit (cela dépend de la façon dont on voit les choses) d'une « monstration » nécessaire. Celle-ci fait éclater la méchanceté de la nature humaine.

La Comtesse du roman n'est pas aussi diabolique que dans les films, parfois le narrateur laisse percer quelques sentiments qui la rendent sympathique, voire sensible. Lorsqu'elle revoit Chabert, l'auteur nous fait comprendre qu'elle éprouve une certaine nostalgie en revoyant son ancien mari à Groslay : « quoique les deux époux revinssent souvent à leur situation bizarre, soit par des allusions, soit sérieusement, ils firent un

[240]. – *Cinéma et roman…op. cit.*, p. 124, (La revue des Belles Lettres).

charmant voyage, se rappelant les événements de leur union passée et les choses de l'Empire. »[241]

Notons que dans le roman, Chabert a moins de volonté, ses répliques sont sans rebondissement, alors que dans les films, le vieux soldat est plus charismatique en Raimu et plus cynique et ironique en Depardieu. Ce dernier n'hésite pas à insulter la Comtesse : « Avec Ferraud vous riez ? Non ! Je suis sûr que non, même au lit ! ».[242] Les personnages cinématographiques sont donc plus agressifs, plus incisifs : il y a peu de différence entre le regard glacé et direct de Chamblin demandant froidement, cyniquement et sans précaution oratoire au Comte Ferraud de quitter sa femme pour en épouser une autre[243], et celui de Chabert regardant son ex-femme pleurer, le sourire aux lèvres et s'essuyant la bouche avec une serviette de table[244].

Dans ces deux adaptations, les héros et les méchants n'existent pas, bien que les comportements soient tranchés ; les êtres humains se dévorent dans les sables mouvants des sentiments et des intérêts.

L'une des visions les plus violentes se trouve dans le film d'Angelo, durant la scène de bataille au moment où les combats cessent : véritable anthologie manifestement inspirée de Goya pour l'horreur, et de Delacroix pour le flamboyant. Lumière glauque, neige sale, uniformes souillés, cadavres de chevaux, étendards déchirés, et sans transition le silence angoissant, la nuit dévorante, l'agonie insupportable et les prédateurs avides qui dépouillent les morts : spectacle de destruction et de désolation.[245]

Cette violence immédiate se fait également sentir dans d'autres adaptations de Balzac notamment à propos de *L'interdiction* : adaptateur et dialoguiste du téléfilm, Pierre Moustiers, un intime de l'œuvre de Balzac, en a tout à fait respecté l'esprit et la lettre. Mais il était nécessaire, pour une meilleure compréhension de l'intrigue de renforcer tel ou tel personnage signalé simplement en quelques mots par l'auteur. Le réalisateur rend mieux, ainsi, la fougue verbale trahissant l'hypocrisie et le maniérisme des mœurs balzaciennes. Ainsi en est-il du garde des sceaux : il s'agissait du Comte Joseph-Marie Portalis, natif d'Aix-en-Provence comme le souligne le réalisateur. Ce détail, apparemment anodin, aura son importance dans la narration filmique car la marquise D'Espard usera de cette information afin de flatter le ministre qu'elle a invité en lui fai-

241. – Cf. Pléiade, tome III, p. 361.
242. – Voir séquence n° 14.
243. – *Ibid.*, séquence n° 4.
244. – *Ibid.*, séquence n° 14.
245. – *Ibid.*, séquence N° 1.

sant compliment sur sa ville natale, que Rastignac lui a décrite comme étant si belle. Il s'agit évidemment de manipulation mais aussi d'une violence sournoise et efficace qui permet de conduire la marquise à ses fins.

Ce constat froid des mœurs de *La Comédie humaine* est illustré également par nos deux réalisateurs qui reprennent la tirade de l'avoué : « si je suis volé, je ne regretterai rien, j'aurai vu le plus habile comédien de notre époque. »[246] Le Hénaff et Angelo surexploitent le texte de Balzac jusqu'au moment où la conviction de Derville authentifie le récit du personnage. D'ailleurs, l'image ajoute un sarcasme à peine contenu tout en dévoilant une caméra distante, glaciale et ironique. Dans la version de 1994, cela se traduit par une plongée de trois-quarts arrière sur Derville qui regarde par la fenêtre partir le vieux Colonel (contre-plongée trois-quarts avant pour celle de 1943). Cette distance volontaire est à l'image d'un narrateur omniscient qui constate les faits avec une froide cruauté.

L'exhibition des mœurs se fait particulièrement sentir avec le thème de la justice, dans la version de 1943. La séquence n° 1, consacrée au départ du Comte Ferraud, commence par un plan moyen sur une statue emprisonnée symboliquement par des barreaux de lumière, qui disparaissent avec l'ouverture des volets lors d'un panoramique vers les fenêtres. La dernière partie du film et du roman illustre la chute morale de Chabert pouvant être rapprochée de ces premières images du film avec la fermeture progressive des portes du palais de justice[247] : métaphore de l'enfermement du Colonel, puisqu'il doit être conduit au dépôt de mendicité (première étape de la destruction du protagoniste).

Comme l'évoque Caroline Eades, une jonction symbolique se manifeste entre l'objet et le personnage « tout comme la représentation du personnage se constitue à partir de la figure de l'acteur, la représentation de l'objet appelle l'interprétation du symbole. »[248] En utilisant les ressources métaphoriques et symboliques de l'image, l'écriture narrative des deux réalisateurs semble se détacher du référent balzacien : le langage cinématographique permet de narrer l'histoire tout en montrant autre chose, réduisant ou élargissant la description vers une métamorphose incontournable.

246. – Cf. Pléiade, tome III, p.334 et séquence n° 8 (1943) et séquence n° 6 (1994).

247. – Voir séquence n° 18.

248. – *Le Colonel Chabert : récit romanesques et récit filmiques…op. cit.*, p.341.

2°) Le devenir de la description balzacienne mise en image

La description romanesque a une fonction essentielle : elle est par excellence l'instrument de l'illusion référentielle. Elle donne au récit sa cohérence, des informations indispensables qui interrompent ou ralentissent la dynamique de l'action. Particulièrement chez Balzac, la description est génératrice d'images qui vont imposer un ordre au récit. Dans *Le Colonel Chabert*, que cela soit les personnages ou les lieux, ils sont d'abord nommés, puis décrits, enfin utilisés, tandis que dans les deux adaptations, l'image cinématographique désigne, décrit et raconte en même temps. Pour Balzac, il s'agira donc de fondre au mieux la description dans la trame narrative, de la justifier, sinon de la dissimuler d'autant plus que *Le Colonel Chabert* reste un petit roman.

A l'inverse, les deux réalisateurs seront confrontés à une nouvelle narration reposant sur une polyphonie informationnelle mais identifiable par codes. Il s'agit de voir que l'image balzacienne, passant du symbole à l'icone, crée la description filmique. Elle se reconstitue en étapes dépassant largement le stade : désigner, décrire et raconter. Pour analyser ces niveaux, l'image filmique seule ne suffit pas : il y a aussi tout le support technique et cinématographique qui permet une description équivalente à celle de la littérature. Mais offre-t-elle pour autant un enrichissement personnel plus important ?

a) L'image balzacienne revisitée par l'iconisme : reconnaissance filmique de la description écrite en différentes étapes

Les deux questions essentielles que l'on peut se poser lorsqu'on transforme le symbole en icone, en matière de description, sont les suivantes. D'abord, comment passons-nous d'une réalité qui n'est pas physique (le mot, la phrase et son image contenue) à un « continuum matériel » pour reprendre les termes de Roger Odin ? Il s'agit d'une autre réalité montrant une image qui n'est pas à décoder en tant que telle, mais qui pourtant n'y échappera pas si l'on veut y retrouver le modèle littéraire.

Ensuite, comment peut-on cataloguer ces types de transformations en tenant compte des degrés conventionnels de types de contenus et de sa complexité toposensitive ? Disons que l'élément crucial dans la transformation filmique de la narration est la présence d'une série de « cartes cognitives » : le spectateur possède des schémas mentaux qui investissent la description (figures, événements canoniques) lui permettant de supposer et de vérifier ce qu'il voit. Les stimuli provenant de l'écran sont interprétés suivant une certaine configuration non décodée. La poursuite de la vision confirmera un modèle perceptif cinématographique afin de reconstruire dans l'esprit du public ce que le film ne peut que suggérer : soit la reconnaissance d'un modèle sémantique littéraire.

* Stimuli visuels : reproduction d'une réalité littéraire non décodée

Afin de reproduire cette réalité romanesque non décodée, intervient ici la nécessité théorique d'affronter le problème de la définition de l'iconisme, pour comprendre le processus qui a conduit à attribuer hâtivement cette catégorie à quelques phénomènes sémiotiques. La reconnaissance des objets littéraires se fait dans l'image grâce à l'intermédiaire d'un sémème construit à partir de la sélection de sèmes pertinents. Selon Roger Odin, il s'agit de « cette étape du sémème construit qui permet de comprendre que le processus de reconnaissance des objets fonctionne même lorsque l'objet nous est donné à voir à travers des signifiants différents comme cela se produit, dans le monde ou dans le film, lorsque l'objet, le sujet regardant, où la caméra se déplace, nous donnant à voir l'objet tantôt de face, tantôt de profil, tantôt de dos. »[249] Il y a donc une véritable émulation visuelle, car le sème cinématographique dans l'esprit du spectateur se superposera au sème littéraire pour former une sorte de symbiose. Celle-ci permettra la reconnaissance progressive de l'objet littéraire pour en arriver à son identification précise et stable.

Si nous prenons la description cinématographique de l'étude de Maître Derville, on remarque que la succession des plans, aussi bien dans la version de 1943 que de 1994, ne traduit jamais exactement le même ensemble de sèmes. Ces derniers assurent la reconnaissance de l'étude lorsqu'on passe d'une image à l'autre ; mais pour chaque image, il existe un sémème construit regroupant un certain nombre de sèmes pertinents de l'objet « étude ». En effet, un ensemble de plans moyens avec des pano-travellings dévoilent tour à tour l'atmosphère du lieu à peu près identique dans les deux films, puisqu'elle est censée reproduire celle du roman, et chaque plan représente un sème dont l'ensemble (la séquence) reproduit donc le sémème. Les mouvements de caméra combinés avec ces plans d'ensemble présentent les objets vus de face, de profil ou de dos mais aussi en plongée ou contre-plongée : on se souviendra de la ca-

[249]. – *Cinéma et production de sens...op. cit.*, p. 188-189.

méra qui balaie les étagères, les clercs et les tables. De surcroît, les incidences de lumière glauque trahissent l'ambiance sombre de cette étude.

Tous ces sémèmes cinématographiques sont construits sur un signifiant pour un seul signifié, tandis qu'en littérature l'objet à reconstruire mentalement provient de plusieurs signifiés pour un seul signifiant. Lorsque les caméras décrivent l'étude de l'avoué, le public ignorant le roman de Balzac reconnaîtra l'endroit tel que l'auteur le représente dans le texte en fonction d'une convention purement cinématographique et codée. En contre-partie, le spectateur ayant lu *Le Colonel Chabert* identifiera l'étude en fonction d'un glissement analogique d'un signifié cinématographique à un signifié littéraire. Ce glissement se fait grâce à un stimulus visuel : soit le désir qu'a le spectateur de confondre tous les signifiés littéraires et cinématographiques pour créer l'identification parfaite d'un objet virtuel. Ce dernier est à la fois confortée par l'image concrète (cinéma) et sublimée par l'image abstraite (littérature).

A la base, l'image littéraire n'est pas codée comme l'image cinématographique car la matérialisation de celle-ci nécessite une reconnaissance codée de la perception. En littérature, l'étude de maître Derville peut être identifiée librement par le lecteur. Il n' existe donc pas de règle, ni de code puisque nous sommes dans le symbole et non dans l'icone. L'image cinématographique est forcément imposée au spectateur opérant comme une loi fondée sur une reconnaissance codée. A l'inverse, la littérature nous demande un effort de reconstruction et celle-ci n'a pas de codification, si ce n'est le propre système de valeur du lecteur. Dès lors, nous sommes totalement dans la subjectivité.

A partir du moment où l'objet littéraire est reconnu par le biais de l'objet cinématographique, l'identification de ce dernier passe par une succession de codes que nous allons analyser maintenant.

* Création d'un modèle perceptif cinématographique pour la reconnaissance du modèle sémantique littéraire : codification

Au lieu de parler de codes en littérature, il faut remarquer que nous avons plus affaire à un système textuel correspondant d'ailleurs à l'analyse textuelle, qu'à l'analyse d'un langage. La littérature est bien évidemment un langage et « tout langage ne peut être décrit que comme une combinatoire de codes. »[250] Or, ces codes ne préexistent pas à

[250]. – *Cinéma et production de sens…op. cit.*, p. 147.

l'analyse, ce sont des unités reconstruites artificiellement : soient des valeurs idiolectales. Comme le fait remarquer à nouveau Roger Odin : « la construction des codes doit être adaptée à l'axe de pertinence de la recherche. »[251] On ne construit donc des codes qu'en fonction d'une nécessité ; les codes cinématographiques et leur degré de spécificité permettent d'identifier le modèle sémantique littéraire.

Ainsi, il s'agit parfois d'inverser l'un des axes de notre problématique de la transformation : de l'icone au symbole pour mieux comprendre le passage du symbole à l'icone. La réversiblité du problème est aussi une constante de cette sémiologie à géométrie variable. Il faut démonter les mécanismes de production de l'illusion cinématographique ; Roger Odin souhaite rendre compte « des intuitions de spectateurs » pour retrouver le modèle littéraire, toujours sublimé par la mémoire du lecteur-spectateur. Nous constatons différents degrés de spécificité des codes, afin de retrouver les traits pertinents du langage de la métamorphose d'écriture. Tout objet est reconnu par convention et le langage de la métamorphose d'écriture (symbole à l'icone ou icone au symbole : réversibilité nécessaire) se fonde sur des codes spécifiques (propres au cinéma) et de codes non spécifiques (ce que l'on retrouve dans toute forme de langage). En parlant de codes, on fait malgré tout allusion à des notions assez informelles en voix à une « aspiration à la formalisation »[252] d'où une reconnaissance arbitraire mais nécessaire.

- Les codes sub-filmiques : reconnaissance des formes figuratives du roman

Alors que le symbole est un signe linguistique et littéraire se définissant par son arbitraire, l'icone cinématographique révèle plutôt un ensemble de codes permettant de juger et de jauger cette étendue virtuelle qu'a un réalisateur pour recomposer « l'étiquette » littéraire.

Les codes sub-filmiques relèvent du perceptif car ils régissent la reconnaissance des formes littéraires. Dire qu'un signe littéraire ou cinématographique est similaire à son objet n'est pas la même chose que de dire qu'il a les mêmes propriétés. Il existe une similitude entre le signe littéraire et le signe filmique, facilitant ce principe de reconnaissance,

[251]. – *Ibid.*, p. 150.
[252]. – *La transformation filmique...op. cit.*, p. 19. Linda Coremans reprend les propos de Christian Metz tirés de *Revues Esthétiques*, n° 1-2-3-4, spécial « Cinéma, théories, lectures », 1973, p. 129-143.

dont l'aboutissement est un raisonnement scientifique plus précis que la notion « avoir les mêmes propriétés que. »

Lors de la lecture du *Colonel Chabert* ou du visionnage des films, l'interprète (lecteur et spectateur) actualise un certain nombre de sèmes qui permettent de lever les ambiguïtés au niveau discursif et narratif pour les ramener ensuite à des catégories sémantiques récurrentes : les isotopies. Etant donné l'importance de l'intertextualité dans l'identification des parcours sémantiques (roman et films), la transformation filmique opère nécessairement des changements pour mettre en place un réseau sémantique qui lui est propre (composé de nouvelles formes figuratives), tout en dispersant dans le film des sèmes, exprimés en un seul sème dans le roman.

Cette dispersion et répétition du sème permet la reconnaissance des formes figuratives du texte littéraire. Par exemple, dans le récit écrit nous lisons : « derrière le maître clerc était un énorme casier qui garnissait le mur de haut en bas, et dont chaque compartiment était bourré de liasses d'où pendaient un nombre infini d'étiquettes et de bouts de fil rouge qui donnent une physionomie spéciale aux dossiers de procédure. Les rangs inférieurs du casier étaient pleins de cartons jaunis par l'usage, bordés de papiers bleus sur lesquels se lisaient les noms des gros clients dont les affaires juteuses se cuisinaient en ce moment ».[253]

Hormis la couleur, qui manque dans le film de 1943, le spectateur retrouve dans les deux adaptations ce champ lexical du chaos ordonné à travers les séquences où l'on pénètre dans l'étude de Maître Derville.[254] Autant la description littéraire attire l'attention car elle demeure précise, ponctuelle et localisable dans le texte, autant la description filmique est étendue et répétée par la force des choses puisque le spectateur voit le même décor, lorsque les séquences se déroulent dans l'étude.

Le public ne fait peut-être pas attention à cette répétition car l'univers diégétique, dans lequel il se promène, coule de source. Son attention n'est pas systématiquement attirée par un objet particulier, excepté l'insert et le gros plan qui pourraient avoir une répercussion dans la narration (nous l'avons déjà vu lors des scènes de bataille insérées durant la révélation que fait Chabert à Derville).

L'interprétation des codes filmiques, dits sub-filmiques, selon une catégorisation de Roger Odin,[255] marche efficacement lorsque nous confrontons les films et le texte, soit la compétence intertextuelle du spectateur. La reconnaissance de ces formes littéraires se réalise au

---

[253]. – Cf. Pléiade, tome III, p. 314.

[254]. – Voir séquence n° 7 pour le film de 1943 et séquence n° 2 pour le film de 1994.

[255]. – *Cinéma et production de sens…op. cit.*, p. 155.

moyen d'indices fondés sur l'organisation de l'espace, sur des paramètres techniques tels que la lumière, la couleur (fidélisation filmique de la couleur du roman avec par exemple : « les cartons jaunis » que l'on voit parfaitement dans le film d'Angelo), le cadrage, l'échelle des plans et les effets de montage que nous verrons dans une autre partie.[256]

Comme l'affirme Linda Coreman : « la linéarité des structures narratives se trouve aussi débordée par une thématique qui oblige le lecteur à faire subir aux phrases du texte une transformation sémantique : c'est-à-dire à travers un terme générique qui lui permette de synthétiser des sens disposés à travers plusieurs lexèmes. »[257] Les éléments du roman sont dispersés tout au long des deux films et le spectateur doit retrouver d'une certaine manière la logique du signifié littéraire.

Ainsi, on peut approfondir la définition de l'iconisme comme un système sémantique littéraire qui correspond à un système d'images forcément animées et mises en mouvements par les paramètres techniques. Le tout résulte d'une codification préalable de l'expérience perceptive : « les signes iconiques reproduisent certaines conditions de perception de l'objet, mais après les avoir sélectionnés sur la base de codes de reconnaissance. »[258] Une des jubilations du spectateur consiste à rapprocher, grâce au stimulus visuel, les objets filmiques des objets littéraires, mais cette satisfaction est ponctuelle contrairement à celui qui cherche à reconnaître la cohérence du récit filmique par rapport au texte. Ce plaisir se manifeste tout au long de la projection car la cohérence d'un récit, qu'il soit littéraire ou filmique, ne se juge que dans sa totalité.

- Les codes supra-filmiques : reconnaissance de la cohérence du récit par rapport au roman

Il n'est pas question de recenser tous les codes et les sous codes pour fonder une typologie des signes qui serait une recherche erronée, ce qui a conduit parfois à autant d'inconséquences et de systématisations hermétiques.[259] Néanmoins, l'appellation code supra-filmique, toujours selon

---

256. – Cf. *supra* cinquième chapitre.
257. – *La transformation filmique... op. cit.*, p. 50.
258. – CONSTANTINI (M.). – *Sur un paradoxe de l'iconique*, in Visio, volume 3, n° 1, p. 56. L'auteur évoque les propos d'Umberto Eco extrait de *La struttura assente*, Bologne, p.42.
259. – Cf. *supra* sixième chapitre et sous-partie, *Contre la sémiologie saucisson : Christian Metz*.

Roger Odin,[260] reste une taxinomie nécessaire qui permet de réunir des fonctions sémiotiques indépendantes et des unités textuelles littéraires. Ce regroupement dans sa globalité joue le rôle de fonction sémiotique avec une codification qui produit un processus de signification (du symbole à l'icone), mais il est cependant difficile d'identifier des unités grammaticales stables. Celles-ci varient forcément en fonction du type de transformation filmique.

Les codes supra-filmiques sont ceux « qui structurent le film dans son ensemble ; ils interviennent, en quelque sorte, par-dessus le film pour lui donner la forme d'un discours. »[261] Ce sont essentiellement les codes de la narrativité qui permettent de reconstruire le récit littéraire et de retrouver sa logique à travers le récit filmique. Les codes supra-filmiques représentent en quelque sorte les jalons iconiques qui garantissent la structure du *Colonel Chabert*, mais ils ne sont pas forcément repérables de manière linéaire. Plusieurs codes supra-filmiques s'entrecroisent et font parfaitement écho au roman.

Le premier identifiable dans les deux films, structurant le roman, se manifeste par le mécanisme de la lutte de Chabert contre une bureaucratie de la justice routinière et pesante. En effet, la première difficulté que rencontre le viel homme dans la narration des films et du roman est : se faire reconnaître comme le vrai Colonel Chabert auprès des institutions autorisées.

Le deuxième code serait la lutte de Chabert contre les forces de l'argent qui lèsent les intérêts de l'individu, ce que nous avons vu précédemment. Aussi bien dans le roman que dans les deux films, le vieux soldat se fait non seulement déposséder de ses biens avant sa mort supposée, mais aussi après sa résurrection.

Le troisième code important est la lutte du vieux Colonel pour la promotion d'un homme du peuple méritant : Hyacinthe est un enfant trouvé, parti de rien, grâce à son courage et sa volonté, il se fait un nom dans l'armée napoléonienne, sans aucune entraide politique contrairement au Comte Ferraud. Chabert est devenu Colonel et Comte sous l'Empire et tient à récupérer son titre et son grade sous la Restauration. C'est un code social où s'opposent les modalités du « pouvoir » et de « l'impouvoir ». En effet, il existe un décalage entre le désir de Chabert, limité par « l'impouvoir » de Derville,[262] et le pouvoir menaçant de la Comtesse. L'ensemble se résume par le « non-pouvoir » trahissant l'impuissance du

[260]. – *Cinéma et production de sens...op. cit.*, p. 156.
[261]. – *Ibid.*, p. 156.
[262]. – Cf. *supra* troisième chapitre et sous-partie, *Programme d'information du héros : le savoir transmis par Chabert.*

vieux soldat. Il s'agit d'un code social lié aux lois de l'argent qui sert de ressort à *La Comédie humaine*.

Le quatrième code est le combat de Chabert contre la manipulation féminine (sorte de miroir de la misogynie affective de l'auteur), car la Comtesse est l'expression humaine de la socialité pervertie et corruptrice. Dans le film de 1994, s'ajoute à ce code de la manipulation une dimension complexe de la psychologie de la Comtesse qui n'est pas décelable dans le roman. Il arrive donc que certains codes ne permettent pas la reconnaissance parfaite du modèle sémantique littéraire. En effet, la moralité des deux films atténue le contenu social du roman pour faire l'éloge de l'attentisme de la lutte pour l'avènement de soi, du refus de tout changement.

Cette morale glorifie la sincérité plus comme une vertu chrétienne que comme une position métaphysique ; alors que le roman est plus une réflexion philosophique sur le devenir pessimiste de l'humanité, réduite à l'image de Chabert. Cette moralité chrétienne se retrouve essentiellement dans les adaptations sous l'Occupation. Dans *L'éternel retour* [263] d'après l'œuvre de *Tristan et Yseut*, Jean Delanoy construit un film sans repères socioculturels et socio-historiques pour laisser place à des valeurs chrétiennes atemporelles. Elles caractérisent aussi bien la rudesse de l'Occupation que le monde semi-archaïque des mentalités médiévales variant entre barbarie et raffinement.

Il semblerait que ce type de morale soit un vecteur sous-jacent aux codes sub-filmiques (morale moins présente dans le film d'Angelo bien qu'il soit de conception tout aussi classique que le roman) : « il s'agit de constantes idéologiques présentes majoritairement dans le cinéma français à ce moment-là. »[264] Même si les icones filmiques ne sont pas les répliques identiques des symboles littéraires, d'une manière globale, les codes sub-filmiques aident à la reconnaissance de la description romanesque.

L'acte sémiotique de la transformation filmique s'intéresse avant tout au rapport entre le visible (le film) et le lisible[265] (le livre), en particulier

---

263. – Film de Jean Delannoy réalisé en 1943.

264. – DEMOUGIN (F.). – *Adaptations cinématographiques d'œuvres littéraires*, C.R.D.P. Midi-Pyrénées, p. 96.

265. – Le cinéma n'est pas que du visible et le lisible reste complexe : structuration d'un espace avec les mouvements dans le plan, mimiques associées au rôle des acteurs et à l'enchaînement des plans. A cela s'ajoute l'audible avec les sons, la musique et les dialogues (cf. les chapitres et parties concernés). Il existe une lisibilité de l'image cinématographique donc un certain cognitivisme.

« au discours verbal lexicalisant le déjà-là iconique. »[266] Le processus iconique de l'image audiovisuelle, à travers le modèle littéraire, reconstitue des mondes possibles (ceux des films), mais il instaure également des univers parallèles de virtualités pour tous ceux qui reliront Balzac après avoir vu les films.

Il s'agit donc d'une imbrication entre mot et image par l'intermédiaire de codes construits sur une anthropologie culturelle.

- Les codes intra-filmiques : reconnaissance anthropologique et culturelle (identification et connotation symbolique véhiculées par l'ensemble des ingrédients narratifs du roman)

Il s'agit en majorité de codes anthropologiques et culturels qui créent des « significations secondes » : des connotations symboliques mises en valeur par le décor, les costumes, les gestes, les personnages et les actions. Ils ont une valeur symbolique car ils peuvent s'appliquer à la littérature ou du moins rappeler directement le modèle sémantique littéraire. Nous soutenons toujours l'idée que la littérature n'est pas aussi codée que l'image cinématographique, ce qui donne à cette dernière ce pouvoir concret (icone).

En adaptant les propos d'Umberto Eco, on peut dire que la similarité entre l'image littéraire et l'image filmique, surtout si elle est codée anthropologiquement et culturellement « exige une perception exercée pour être reconnue. La similarité est un produit et nécessite donc un apprentissage ».[267] Ces codes filmiques étant anthropologiques, la sphère passionnelle entre en ligne de compte dans le processus sémiotique de la transformation du texte au film. Umberto Eco explique qu'il ne faut pas considérer comme iconique « ce que l'on appelle des signes « expressifs », c'est-à-dire ces artifices dans lesquels le signal en lui-même semble pouvoir provoquer une impression déterminée de ressemblance entre son expression et une émotion donnée. Beaucoup d'artistes ont théorisé sur le fait qu'une certaine ligne puisse exprimer un sentiment de force ou de faiblesse, d'équilibre ou de déséquilibre et ainsi de suite. La psychologie de l'empathie a étudié ces phénomènes qui sans aucun doute ont leur place dans notre vie perceptive et concernent un grand nombre de phénomènes sémiotiques ainsi que d'autres phénomènes de

[266]. – CARANI (M.). – *L'hypoiconicité comme paradigme des arts visuels*, in Visio, volume 3, n°1, p. 65.
[267]. – ECO (U.). – *La production des signes,* Indiana, 1992 p. 47.

perception naturelle. »[268] La sémiologie à géométrie variable que nous avons définie doit prendre en considération ces phénomènes d'empathie (codes intra-filmiques) lorsque l'effet précis, que provoque une forme donnée, est enregistré par la culture.

Les codes intra-filmiques héritent directement des codes précédemment utilisés. Ils sont à la fois localisables, dans le récit filmique de manière ponctuelle comme les codes sub-filmiques, et présents dans tout le système narratif comme les codes supra-filmiques.

Les deux versions du *Colonel Chabert* sont d'autant plus intéressantes à examiner qu'il existe, comme dans le roman, un certain nombre de codes intra-filmiques construits sur la reproduction assez fidèle du réel socialisé de la Restauration : « Balzac nous rappelle toujours que, au centre de toutes les intrigues, de notre existence, il y a les rapports sociaux. »[269] Nous avons affaire, sur le plan social et historique, à une transposition réussie du roman grâce à des repères socioculturels et sociohistoriques bien établis sur le plan narratif. Dans les deux films, l'ensemble des références sociologiques et historiques décrites par Balzac ne perd absolument pas de son épaisseur ; hormis la version de 1943 quelque peu parasitée par les contraintes politiques de l'Occupation. Les représentations culturelles que suppose l'ensemble de ces références, et à partir desquelles devraient se construire les jalons iconiques et narratifs, sont parfaitement reproduites. Les images ou groupes d'images (isotopie) de l'original littéraire illustrent bien le monde de la Restauration et les vestiges de l'Empire. La projection qu'effectue le spectateur traduit l'expression d'une rencontre entre les codes culturels et anthropologiques de la Restauration et la matière littéraire que ce même spectateur identifie.

Ce n'est donc pas par hasard que les identifications culturelles, qui fascinent le public, débouchent sur des modes vestimentaires.[270] En effet, les toilettes luxueuses de la Comtesse Ferraud caractérisent l'emblème de la supériorité sociale de la Restauration et le vieux carrick usé et huileux de Chabert symbolise l'Empire décadent. L'aura et le type physique des acteurs n'y sont évidemment pas étrangers,[271] sans oublier les décors et la

---

268. – *Ibid.*, p. 52-53.

269. – Voir document sonore : *Débat sur Balzac avec des écrivains, des universitaires et des photographes*, propos de Benoît Dutartre, émission de radio diffusée sur France Culture, samedi 8 mai 1999, 14 h.-18h.30.

270. – Cf. *supra* quatrième chapitre et sous-partie, *Vêtement pou le film : démystification de la théâtralité balzacienne.*

271. – *Ibid.*, *Choix des personnages et physiognomonie : un casting balzacien.*

lumière.[272] L'ensemble succinct de ces codes intra-filmiques a été, en tant que réalités pragmatiques et modes de sémiotisation, un des paramètres de l'articulation du monde de référence littéraire et de celui des fictions filmiques. Il s'agit donc d'une dimension socio-mythique de l'adaptation qu'introduit l'exemple du *Colonel Chabert.*

Chaque interprétation constitue un acte particulier, différent de tous les autres, pour lequel cette règle un peu systématique constituerait une finalité ou ce que Peirce appelle « l'interprétant final. » Grâce à l'ensemble des codes que nous venons de voir, il y aurait une sorte de résultat interprétatif « auquel aboutirait l'interprète si le signe était suffisamment considéré, c'est-à-dire si tous les éléments du texte étaient pris en considération dans leur solidarité textuelle ou si tous les éléments signifiants du texte étaient interreliés à tous les niveaux. »[273] Or, cette jonction paraît arbitraire et difficilement réalisable ; la question est de savoir si ce lecteur-spectateur n'en ressent pas une certaine frustration.

b) Le lecteur obtient-il un gain culturel avec la technique cinématographique mise au service de la description ?

Grâce aux images, le spectacle filmique sollicite plus la perception du spectateur que son imagination. Néanmoins, le film introduit, comme le roman, plusieurs degrés d'attraction et d'interprétation. Chaque spectateur trouve son compte à tel ou tel niveau de ce qu'il perçoit, même s'il ne connaît pas l'œuvre littéraire qui est à l'origine du film. A cela, s'ajoute le fait que les images sont perçues sur le mode du présent, dès lors le public les reçoit comme si elles étaient à lui. La réalité se trouve donc sur l'écran, et ce, qu'elle soit représentation de la réalité ou réalité de la représentation. On pourrait ajouter que « ce n'est pas l'objet qui motive l'organisation de l'expression, mais le contenu culturel qui correspond à un objet donné. »[274] Cette structure expressive et culturelle, qu'est le cinéma, éclipse néanmoins la distance psychique et esthétique entre le spectateur et l'expérience visuelle.

Au contraire, la littérature peut faire pénétrer le lecteur beaucoup plus en avant dans la compréhension des personnages. L'auteur a les moyens d'aller plus loin que la représentation de leurs comportements ou de leurs

[272]. – *Ibid.,* troisième et quatrième chapitre.

[273]. – *La transformation filmique...op. cit.,* p. 87.

[274]. – *La production des signes...op, cit.*, p. 54.

paroles : c'est là-dessus que repose l'apprentissage du lecteur à la description. Au cinéma, ce qui est montré serait plus objet de spectacle qu'objet d'analyse, mais il faudrait là encore nuancer. Disons que le Septième Art ne peut vraiment enrichir culturellement le spectateur que dans la mesure où celui-ci possède déjà un important acquis, qu'il utilise consciemment ou non, dans sa perception filmique : c'est le cas du spectateur qui aura lu le livre avant d'avoir vu le film. Cependant, le cinéma construit fort heureusement une « culture personnelle » avec des images montrées et imposées, mais elles nécessitent un décodage.

* Le roman ou l'apprentissage de la description : images mentales

L'adaptation pourrait consister, si le réalisateur le souhaitait, à métamorphoser les images du livre en image filmique, bien que cela soit matériellement presque impossible. Mais ce pari absurde permet de poser le problème du passage de l'imaginaire au figuratif.[275] Si le livre nous propose un personnage, Chabert, un lieu, Paris, etc., à partir des mots, de la description et de la narration, le lecteur a plus de liberté d'imaginer un univers en s'y investissant, alors qu'avec les images filmiques, l'univers nous est donné d'emblée : « l'écrit est et restera le véhicule obligé de la pensée profonde, de la réflexion [...] de l'autonomie mentale. »[276] Cependant, le cinéma devient un excellent complément de la culture écrite, il en élargit les possibilités tout en imposant au spectateur un imaginaire créé artificiellement, mais qui l'instruira tout aussi bien.

A partir de ce constat, il est possible de dire que le film d'une manière générale impose au public une façon et une seule de voir et d'interpréter, réduisant en apparence les axes de réflexion. Il s'agit donc bien de cette vision individuelle et subjective du réalisateur dans laquelle le spectateur pourra rechercher une signification en fonction, d'une part de la vie du cinéaste, et d'autre part suivant la manière de filmer : la « griffe » du metteur en scène. Pensons à Kubrick qui conçut différents types de film avec des sujets différents, mais il y a toujours le style de l'auteur, une esthétique propre que l'on retrouve d'ailleurs chez les écrivains.

Cependant, adapter pour le cinéma est un acte qui consiste à découper un texte littéraire qui est déjà un certain découpage mental du monde. C'est du moins ce que l'on ressent dans la majorité des adaptations des

---

[275]. – C'est ce qu'a tenté de faire Peter Jackson en adapatant *Le Seigneur des anneaux* de John Ronald Reuel Tolkien.
[276]. – FOURASTIER (J.). – *Le grand espoir du XX è siècle*, Paris : Gallimard, 1989, p. 417.

œuvres de Balzac qui ont des difficultés à s'affranchir du modèle littéraire.

Ainsi, la lecture du roman est une somme d'opérations intellectuelles. Chaque lecteur s'investit dans le texte avec son imaginaire, ses expériences et son esprit ; quant à l'adaptateur, il ne fera que retransmettre à l'écran les facultés perceptives de sa lecture du récit littéraire. Ainsi, Le Hénaff et Angelo, tous deux lecteurs avant d'être cinéastes, jouissent d'une certaine liberté et richesse de retranscription de leurs propres images littéraires. Il semble que cela soit la volonté globale de tous ceux qui ont mis Balzac au grand écran.

Adapter un film consiste aussi à « maîtriser » les images mentales du texte écrit, du moins pour celui qui a la capacité de visualiser ce qu'il lit. Le romancier dispose pour schématiser de deux formes expressives qui créent ces images. Celles-ci peuvent être conditionnées par les multiples façons de rapporter le discours d'autrui comme une sorte d'ancrage énonciatif, qui lors de la transformation filmique, n'a pas d'équivalent. C'est une spécificité du roman et non du cinéma. Par exemple, les discours directs et indirects, pour simplifier, créent des images différentes. Il y a le dialogue,[277] correspondant globalement au style direct que l'on retrouve à l'écran. Ensuite, la description s'associe souvent au discours indirect qui se concrétise dans la construction du plan.

D'abord, le style direct permet de cerner les personnages, de les découvrir par ce qu'ils disent. Lorsque Derville s'adresse à Chabert, sa sincérité ne peut être mise en doute : « Votre cause sera ma cause. Vous vous apercevrez bientôt de l'intérêt que je prends à votre situation, presque sans exemple dans les fastes judiciaires. »[278] Le style direct matérialise l'engagement et la détermination de l'avoué. L'action devient donc immédiate aux yeux du lecteur, bien qu'il doive encore anticiper inconsciemment sur tout ce que Derville fera pour le Colonel.

Ensuite, le style indirect offre la possibilité à l'auteur de décrire les comportements ou encore de se mettre à l'intérieur de ses héros et d'analyser par le dedans leurs pensées les plus secrètes. Derville est aussi un habile praticien prêt à déjouer les manigances de la Comtesse : « Un sourire malicieux et mordant exprima les idées moitié philosophiques, moitié railleuses qui devaient venir à un homme si bien placé pour connaître le fond des choses, malgré les mensonges sous lesquels la plupart des familles parisiennes cachent leur existence. »[279] Ces procédés

---

277. – Cf. *supra* troisième chapitre et sous-partie, *Les dialogues du film contribuent à la visualisation du roman.*

278. – Cf. Pléiade, tome III, p. 334.

279. – *Ibid.*, p. 351.

d'intériorisation se trouvent en l'occurrence dans les travaux de Gérard Genette avec la notion de focalisation dans *Figures III.*

En passant du style direct au style indirect, nous sommes toujours dans le cadre du « dit », de ce qui est suggéré par ce pouvoir abstrait du mot (le symbole). Pour le lecteur, il s'agit toujours de restructurer mentalement ce qui lui est donné dans le roman. Il doit imaginer des situations dont la perception indirecte est d'autant plus saisissante qu'elle demande donc cet effort de reconstruction. Si l'on tient compte de la propriété selon laquelle l'image littéraire décrit une chose par l'entremise de signes abstraits, elle propose à notre regard une perception analogique de la chose (reconstruction virtuelle). Il convient alors de dissocier l'aspect symbolique de l'image et la représentation concrète et imposée d'un objet.

Avec l'image filmique, l'apprentissage de l'univers diégétique est immédiat tandis qu'avec l'image littéraire, il devient plus lent : « l'art romanesque se rapproche bien plus de ce qui se passe dans l'expérience phénoménologique : il faut du temps, des expériences répétées, pour que nous arrivions à nous faire une idée d'un personnage qui, s'il n'est pas stéréotypé, est précisément toujours propre à nous surprendre. »[280] Cette surprise est lente tandis que dans l'icone cinématographique la transmission du savoir est immédiate surtout si elle est héritée directement du roman, car l'icone se caractérise par sa faculté de communiquer directement une idée : « c'est-à-dire en reproduisant un percept qui évoque immédiatement la chose représentée à partir de ses seules qualités. »[281]

* Le film : images « forcées » mais qui restent à décoder

Il est vrai que les limites de la culture et du langage cinématographique, par rapport au langage écrit, ne sont jamais plus manifestes que lorsqu'une œuvre est portée à l'écran. Au spectateur qui ignore le livre, le film peut apporter une révélation mais celui qui l'a lu et relu ne saurait en être pleinement satisfait. Il y aura toujours un décalage entre l'attente personnelle que l'on crée sur le film et le visionnage de ce même film. Pour celui qui a aimé un livre, qui en a fait jouer tous les

280. – RICHIR (M.). – *Le cinéma : artefact et simulacre*, in Protée, Chicoutimi, printemps 1997, p. 85.

281. – CHATEAU (D.). – *Qu'est-ce qu'un film triste ? Représentation et expression dans l'œuvre d'Eisenstein*, in La Licorne : *L'expression du sentiment au cinéma,* (ouvrage collectif) Poitiers, p. 33.

ressorts et qui en sublime le contenu, l'adaptation cinématographique sera perçue comme une démarche appauvrissante, voire mutilante.[282]

On peut d'ailleurs affirmer la même chose pour un spectateur qui porte aux nues un film et qui serait déçu en découvrant par la suite le livre d'où est extrait « son histoire » tant idéalisée. Ce fut en partie le cas pour *Le silence des agneaux* de Jonathan Demme, tiré du livre de Thomas Harris. Le spectateur n'a pas toujours retrouvé le charisme du docteur Lector, alias Anthony Hopkins, dans le roman malgré la possibilité et la liberté du lecteur d'imaginer ou plutôt de revoir Anthony Hopkins dans le personnage littéraire. A l'inverse, lors de la sortie en salle du *Sixième sens* de Michael Mann, adapté du *Dragon rouge* de Thomas Harris, les spectateurs ont préféré le docteur Lector du roman, celui du film étant peu crédible, de plus son rôle est secondaire. Dans cette perspective, l'adaptation serait plutôt considérée comme un affadissement, voire un plagiat de la narration romanesque. Disons que l'adaptation est une « réaccentuation » de l'œuvre littéraire et Gérard Genette dans *Palimpsestes* montre qu'en littérature la transtextualité inclut le plagiat. Néanmoins, même si les images sont imposées au cours de la transformation filmique, le spectateur doit exercer un certain apprentissage pour décoder l'image : ce que nous avons analysé précédemment en fonction d'une typologie des codes.

Toutefois, ce qu'il y a sur l'écran ressemble à la vie : les caractères et les sentiments de Chabert ne sont saisissables qu'à travers des manifestations extérieures : regards, expressions de physionomie, gestes, actions, et paroles prononcées, mais surtout des silences. Ceux de Chabert-Depardieu durant la scène de révélation sont parfois plus expressifs que les paroles ; or, le livre rend difficilement ces non-dits.[283] Les passions sont omniprésentes alors que dans un roman, elles sont imaginaires : le lecteur peut refuser de s'y soumettre et d'y participer. Le livre donne plus de liberté et ce sont aussi des lacunes à combler ou plutôt des images à « fantasmer », tandis que le film, à plus forte raison s'il s'agit d'une adaptation, demeure une sorte de renoncement à soi-même. Catégorie de substitution du moi qui, paradoxalement, conduit bien à des phénomènes d'identification, car le film joue un peu plus sur l'affect (le passionnel) que le roman.

A propos des adaptations des œuvres littéraires de Balzac, José Luzini suggère que : « l'image est là. Tout ce qui peut être exprimé par elle n'a

---

282. – Cette hypothèse se confirmera pour le spectateur qui désire reconnaître le livre à travers le film, mais il peut très bien le voir sans chercher autre chose dans le spectacle cinématographique, si ce n'est le pur plaisir.

283. – Voir séquence n° 2.

plus besoin d'être décrit. »[284] Et pourtant, la majorité des cinéastes qui ont essayé d'adapter Balzac ne voulaient pas dissiper ce halo irrationnel et poétique qui préside à toute forme d'écriture, tout comme un écrivain d'aujourd'hui qui refuserait de prêter son texte au regard indiscret et vétilleux d'un adaptateur.

La critique contemporaine du film de 1943 vilipende l'œuvre du cinéaste car elle est perçue comme une copie grotesque : « Monsieur René Le Hénaff qui, malgré le concours de la cavalerie de la garde de Paris, n'a rien pu tirer de la charge d'Eylau. Je vous recommande, comme modèle de fausseté lourde et puérile, la reconstitution des relais de poste et des rues de Paris sous la Restauration [...] A ce moment-là, c'est presque drôle. »[285] La critique de 1994 n'épargne pas non plus la version d'Angelo : « le Colonel Chabert est un film « aesthetically correct » comme d'autres sont « politically correct ». Il manque de toute écriture cinématographique qui puisse à quelque titre rivaliser avec la littérature, *a fortiori* celle de Balzac. »[286] Il est vrai que les cinéastes ont du mal à rendre, plus d'un siècle et demi après la rédaction du *Colonel Chabert*, la chaleur historique d'un passé récent et brûlant tel que l'éprouve et le fait partager l'écrivain. Mais cette reconstitution est-elle une nécessité ?

Il est évident qu'une adaptation fait toujours perdre un peu de relief au livre ; pourtant, la souplesse de la structure cinématographique, que n'a pas le livre, permet d'exprimer un nouveau rapport entre le texte et le film qui confère une certaine autonomie stylistique à la fois au livre et au roman.

3°) Changement stylistique par la métamorphose du signe littéraire

La recherche du style repose sur une similitude de l'identité du mot à l'image, soit la transcription par les mots d'une évolution iconique saisie le plus souvent dans ses rapports avec l'écriture. Les comparaisons, les parallélismes, les recherches d'influence deviennent l'axe moyen autour duquel s'organise la recherche du style. Celle-ci est une conjonction entre l'art de la caméra et celui de la parole à l'écran, afin d'oublier le livre et

---

284. – *L'adaptation des œuvres littéraires selon Pierre Moustiers...op. cit.*, p. 15.
285. – GERARD (H.). – *Le Colonel Chabert*, in Présent, 20 décembre 1943, p.3.
286. – FRODON (J.M.). – *Cinéma : le Colonel Chabert d'Yves Angelo, le fantôme déshérité*, in Le Monde, 22 septembre 1994, p. 23.

le style de l'auteur. Le cinéma doit avoir son propre style, ainsi Bazin disait : « tout ce qui, depuis dix ans, compte réellement dans la production mondiale de *La règle du jeu* à *Citizen Kane* et à *Païsa,* n'est-ce pas du roman ou des nouvelles qui ont préféré être des films ? »[287] De même, Volker Schlondorff déclarait : « pour l'adaptation tout n'est qu'une question de style ! »[288] Styliser comme l'affirme Alain Garcia est : « le fait de représenter à l'écran avec une volonté de style ce que le romancier a écrit dans son livre. »[289] La question est de savoir ce que devient le style de Balzac lorsqu'il passe à l'écran ? Cette interrogation soulève un paradoxe : c'est une vraie et fausse question. Elle reste vraie si l'on déplace la question du style pour la faire sortir de la grammaire de phrase. Il s'agit plutôt d'une lexicalisation tributaire du romancier, déformée et repensée pour le cinéma et pour un lecteur devenu spectateur.

Il existe une composante intellectuelle dans l'image filmique qui se superpose parfaitement à son caractère iconique et qui la conduit à être assimilée à un signe. Cette structure de l'image comporte quelques corollaires avec le symbole littéraire, autre type de signe. Nous verrons que la production du signe littéraire avant de devenir un signe cinématographique obéit à une transformation et à une matérialisation en différentes étapes.

a) Stylistique balzacienne déformée et modifiée

Lorsque Balzac écrit : « à chaque œuvre sa forme ».[290] Il devait sans doute élargir ses réflexions à l'ensemble des arts, l'auteur de *La Comédie humaine* aurait probablement pensé la même chose du Septième Art. Marcel Proust rebondissait en quelque sorte sur les propos de Balzac lorsqu'il affirmait : « le style est une question non de technique, mais de vision. L'artiste n'a pas un style, il est son style. »[291] Il doit y avoir une différence entre une stylistique littéraire et une stylistique cinéma-

---

[287]. – *Littérature et cinéma...op. cit.,* p. 55-56.
[288]. – Propos du réalisateur recueillis durant le tournage d'*Un amour de Swann* : *L'adaptation du roman au film...op.cit.,* p. 203.
[289]. – *Ibid.,* p. 203.
[290]. – ROUSSET (J.). – *Forme et signification. Essais sur les structures littéraires de Corneille à Claudel,* Paris, 1989, p. XVIII (Introduction, l'auteur reprend les paroles de Proust).
[291]. – *Ibid.,* p. XII (Introduction).

tographique car « tout sujet dicte à son auteur sa forme idéale. »[292] Néanmoins, celle-ci varie non seulement en fonction des sujets, mais aussi grâce aux modes de production artistique (peinture, musique, cinéma, etc.). Est-il donc toujours judicieux de comparer le style d'un livre et le style d'un film bien qu'ils aient tous deux le même sujet ?

* Le roman : une stylistique imaginée et pensée

La littérature du XIX è siècle nous a habitués à une sorte d'idolâtrie de la forme, comme une convention faisant passer au même plan, voire au plan inférieur, l'essentiel de la création, soit l'invention des personnages et des situations. Paradoxalement, cette même littérature revendique le fait que leurs héros deviennent des enfants terribles qu'elle ne maîtrise plus. Toutefois, la véritable réalité esthétique, d'un roman psychologique ou social tel que le texte balzacien, est construite sur le protagoniste ou le milieu, bien que ces derniers soient des constantes stylistiques de cette littérature.

Rastignac n'existerait pas sans les fastes de la vie parisienne, Chabert n'aurait aucun relief sans les rouages de la justice. Eugènie Grandet n'aurait pas renoncé aux hommes si son père avait été moins possessif et tyrannique. Il existe indéniablement une association du fond et de la forme. Le style est au service du récit : « il en est, si l'on veut une image, le corps, mais non point l'âme, et il n'est pas exclu que celle-ci puisse se manifester dans une autre incarnation. »[293] Les adaptations cinématographiques ont également des implications stylistiques avec toutes leurs contraintes, afin de montrer cette intériorité des personnages que les cinéastes gouvernent parfaitement pour nous dévoiler l'intuition de leur existence et de leurs sentiments. Nous parlons d'intuition car le cinéma ne dit pas tout pour autant, même s'il a cette capacité de représenter le monde comme un spectacle totalisant. Parfois, le spectateur comblera luimême cette lacune.

L'intériorité du roman est différente car le langage dispose des mots qui mettent en valeur des concepts purement psychologiques. Cela offre la possibilité de sonder et de découvrir les arcanes de la vie intérieure que

[292]. – DOMARCHI (J.). – *J. W. Goethe*, in Cahiers du cinéma, n° 185, décembre 1966, p. 16.
[293]. – *Cinéma et roman…op. cit.,* p. 76, (La revue des Belles Lettres).

« les arts de l'apparence » se bornent à suggérer.[294] Le texte littéraire est donc une stylistique imaginée et pensée. Celui-ci est une sorte de magie verbale. Le style romanesque explore ce qui reste inaccessible à la caméra : le non-visuel. L'œil de la caméra, sans pour autant rivaliser artistiquement avec le roman, peut enrichir et compléter, dans une relation de complicité, cet inaccessible « littéraire » : ces mots qui ne peuvent être montrés. En effet, lorsque la caméra dévoile l'univers sordide de la pension Vauquer (*Le Père Goriot*[295]), elle renvoie parfaitement au champ lexical du visuel et de la couleur dans le texte ; elle l'élargit, puisque le grand écran nous fait observer ce que la littérature ne peut montrer. Mais d'un autre côté comment rendre exactement au cinéma le fait que : « cette première pièce exhale une odeur sans nom [qui] sent le renfermé, le moisi, le rance ; [qui] donne froid, [qui] est humide au nez, [et qui] pénètre les vêtements. » ?[296] Comment représenter ces « buffets gluants » ?[297] Il y a certaines sensations physiques que le Septième Art ne peut transmettre : le toucher et l'odorat par exemple.[298] Cependant, il pourra le suggérer grâce à la dimension optique.

De plus, la version de 1945 de Robert Vernay se trouve dépourvue de couleur en raison de l'époque affadissant par la force des choses les « gravures exécrables qui ôtent l'appétit, toutes encadrées en bois noir verni à filets dorés »[299] et les « piles d'assiettes en porcelaine épaisse, à bords bleus, fabriquées à Tournai ».[300] Le Septième Art ne peut reproduire totalement l'univers du roman car un cinéaste n'a jamais imaginé d'adapter un roman phrase à phrase. Certaines d'ailleurs ne pourraient être traduites fidèlement si elles faisaient l'objet d'une adaptation, car elles sont exclusivement littéraires et paradoxalement très visuelles. Il y a donc du visuel littéraire intraduisible au cinéma. Comment exprimer avec la caméra cette phrase extraite de *La muse du département* : « d'autres tracassent un piano inamovible qui sonne comme un chaudron au bout de

[294]. – Tout laisse à penser que cette liberté du lecteur, imaginant ce que le cinéma montre et impose, reste préservée par le texte. Cependant, la lecture s'apprend et elle devient socialisation car la lecture est déjà conditionnée par le choix des autres.

[295]. – Voir le film de Robert Vernay (1945) et l'adaptation télévisée de Guy Jorré (1976).

[296]. – Cf. Pléiade, tome III, p. 53.

[297]. – *Ibid.*, p. 53.

[298]. – Dans les années 80, le procédé de l'odorama permit aux spectateurs d'ouvrir des pochettes odorantes durant certaines séquences. L'expérience ne fut pas convaincante malgré les qualités du film : voir *Polyester* de John Waters (1981). Stanley Kubrick tenta également d'adapter *Le parfum* de Patrick Süskind et devant la multitude des odeurs à retranscrire, il y renonça.

[299]. – Cf. Pléiade, tome III, p. 54.

[300]. – *Ibid.*, p. 53.

la septième année et qui finit ses jours, asthmatique, au château d'Anzy. » ? [301] Il s'agit d'une stylistique intraduisible car elle est structurée par des effets de personnifications, procédé de rhétorique propre à la littérature : « finit ses jours », « asthmatique ». L'imagination du romancier est en quelque sorte transcendée, pensée par le style. Cette sublimation ne peut être toujours rendue par un autre style (cinématographique) qui relève essentiellement du perceptif.

* Le film : une stylistique perçue

Autant un roman se pense et s'imagine autant un film ne se pense pas mais se perçoit, nous nous plaçons bien évidemment du côté de la réception et non de la création. L'image à la fois objective et stylisée possède une force libératrice que n'a pas le mot. Comme l'affirme Jean Mitry, l'image « nous délivre du réel en nous l'offrant ou, du moins nous délivre du soin de l'imaginer en nous priant toutefois de lui découvrir un sens. »[302]

Au contraire, l'imaginaire romanesque nous enferme dans un réel fictif tandis que le cinéma, grâce au style de la caméra, nous montre une réalité perçue qui peut nous engager au-delà. Le Septième Art peut donc nous faire réfléchir mais cela concerne plus le fond que la forme. Cependant, la forme, le style permettent au spectateur d'interpréter, de sonder les intentions du metteur en scène, de combler cet espace qui sépare ce que le spectateur voit et ce que le cinéaste a voulu dire. Bien que le cinéma ne dévoile que l'apparence, cet art de l'illusion facile exige du spectateur paradoxalement une certaine concentration d'esprit : « car il l'oblige continuellement à aller au-delà de l'image qui fuit, au-delà de l'apparence en mouvement. »[303] Grâce à la forme et au style, le spectateur capte la « substantifique moelle » du film, car ce qui constitue la stylistique cinématographique, repose sur cette facilité et faculté qu'à la caméra de communiquer par le mouvement et la direction des apparences.

Dans le film d'Angelo à la séquence n° 3, une caméra à l'épaule extrêmement fluide, nous fait visiter l'intérieur luxueux de l'hôtel particulier de la Comtesse et du Comte Ferraud. Elle invite le spectateur à aller au-delà des apparences, à réfléchir sur le monde fastueux que vient de perdre le Colonel. Cette fluidité stylistique est à l'image d'un temps

---

301. – *Ibid.*, tome IV, p. 669.
302. – *La sémiologie en question...op. cit.*, p. 173.
303. – *Cinéma et roman...op.cit.*, p.34, (La revue des Belles Lettres).

qu'on ne peut retrouver : l'envie de Chabert de reconquérir ce monde perdu, cet éden originel. Il y aurait donc une sorte de désaccord entre « un temps » et « l'envie ».

L'intériorité cinématographique repose sur le style du réalisateur car la scène comporte une tension psychologique vécue, authentique et non analysée. Le film est perçu confusément et synthétiquement dans une intuition, il n'est pas réellement appréhendé en tant qu'acte intellectuel et discursif, du moins en ce qui concerne cette séquence. Le problème du style est donc délicat à traiter, bien qu'il provoque une certaine jouissance esthétique construite sur le paraître.

Dès lors, nous pouvons nous poser les questions suivantes : Est-ce que le public décide de s'enfermer dans une salle noire pour chercher une seconde jouissance littéraire ? Désire-t-il reconstruire un style de personnages et d'intrigues romanesques ? Ou bien, veut-il scruter la naissance d'une apparence, un jeu de forme purement virtuel pour satisfaire un désir fugace le temps d'une projection ?

* Les comparaisons stylistiques entre le film et le roman sont-elles judicieuses ?

Si l'on compare le style d'un roman et celui d'un film c'est que l'on recherche dans l'analyse une part minimale de ressemblance. Or, il ne saurait être question d'une fidélité au style, les deux langages ne pouvant donner lieu qu'à d'approximatives transpositions. Il est difficile de concevoir une similitude stylistique car un texte littéraire ne doit avoir d'autres fonctions aux yeux du réalisateur que celui d'un matériau de base pour l'élaboration d'un scénario. L'écrivain ne fait qu'être au cœur du langage tandis que le cinéaste module, selon les angles de prise de vue, l'éclairage, le son, et la musique, le visage et les gestes de l'acteur.

Finalement, au cinéma tout est stylistique. Paradoxalement et pour exprimer un poncif, le style est si important qu'il doit passer inaperçu : « c'est par le style que l'artiste fond les multiples détails en un mot, par le style qu'il fait voir aux autres son sujet avec ses propres yeux. Le style n'est pas quelque chose qu'on peut dégager de l'œuvre d'art terminée. Il la pénètre et l'imprègne tout en demeurant invisible et indémontrable. »[304] Il faut reconnaître malgré tout qu'il existe un style cinématographique en partant du prédicat suivant : le Septième Art est un

[304]. – PERRIN (C.). – *Carl Th. Dreyer*, Paris, 1969, p. 131.

langage. Il existe une syntaxe du grand écran à travers laquelle on a cherché à définir des éléments du langage filmique par référence quasi systématique à l'expression littéraire. Mais ces éléments analogiques sont bien souvent arbitraires : un fondu enchaîné peut tout aussi bien exprimer des points de suspension ou tout procédé de ressemblance (comparaisons, métaphores, hyperboles, métonymies, etc.). Il faut donc faire sortir le style de la grammaire de phrase comme nous l'avons signalé auparavant.

Mais il y a cependant un autre style, l'en deçà de l'œuvre d'art, le style qui la rend belle, c'est-à-dire le talent. Ce dernier ne peut s'expliquer de manière rationnelle. La forme et le style, selon Jean Rousset, est un principe actif et imprévu de révélation et d'apparition. La forme « déborde les règles et les artifices, elle ne saurait se réduire ni à un plan ou à un schéma, ni à un corps de procédés et de moyens. Toute œuvre est forme dans la mesure où elle est œuvre. »[305] Il existe malgré tout et parfois une telle différence entre le style de l'écrivain et celui du réalisateur que toute comparaison semble vaine et superflue. Les gestes et les mimiques de Chabert (style lié à l'acteur) ne peuvent ressembler aux mots du romancier, même savamment et artistiquement pesés.

Les gestes de l'homme visualisés traduisent des expériences profondes, des émotions irrationnelles qui ne peuvent être exprimées par l'écrivain. Ce sera au lecteur de les saisir ou de les reconstruire. Lorsque Chabert dit dans le roman : « Madame, je ne vous maudis pas, je vous méprise. »[306] Cela correspond au moment où le vieux soldat s'aperçoit que la Comtesse lui joue un mauvais tour en lui demandant de renoncer à son identité. L'expression de Depardieu ou celle de Raimu est unique. Le cinéma est à la fois explicite et implicite, il tire de cette dichotomie ses plus grandes vertus en matière de style qui sont incomparables avec celles de la littérature. Le Septième Art va jusqu'au bout de ses limites. Le style littéraire lui, est peut-être illimité, mais ne peut tout juste rendre compte de l'expérience passionnelle dans toute sa complexité. Celle-ci est trop virtuelle pour être exprimée dans sa totalité.

L'interprète, qu'il soit lecteur ou spectateur, ne peut donc réduire le texte à une fonction référentielle et doit intégrer cette manipulation du signifiant : soit la fonction poétique, les tonalités stylistiques, et les figures de rhétorique qui doivent être prises en compte pour la compréhension du récit. Il existe à tous ces niveaux évoqués un jeu de solidarité contextuelle, non intertextuelle, car la stylistique romanesque est une chose, celle du cinéma en est une autre. En relisant Marcel Proust et en particu-

---

305. – *Forme et signification...op. cit.*, p. XI (Introduction).
306. – Cf. Pléiade, tome III, p. 367.

lier *Le temps retrouvé*, on s'aperçoit que le grand écran, même avec son style et sa magie, tend à exclure tout cet accès à la véritable réalité qu'évoque l'écrivain, plus exactement il la retranscrit différemment.

Comment reproduire ce rapport construit entre les sensations et le souvenir, cette réalité dont la reconstruction relève du seul langage et du style de l'écriture ? Même Raoul Ruyz, dans son adaptation cinématographique[307] restituée de l'œuvre globale de Marcel Proust, n'a pas réussi totalement à recréer ce rapport. Pourtant, le film bénéficie d'une technique cinématographique renouant avec la tradition du souvenir sur des variations d'espace et des distorsions de distances entre le premier plan et l'arrière plan (voir la séquence se déroulant dans le salon des Verdurin).

Le style de Balzac est déjà une notion importante et difficile à cerner si tant est qu'on puisse l'expliquer. Il ne peut transparaître à l'écran ; comme le texte, il subit une métamorphose. La stylistique du symbole, devient une stylistique de l'icone sans véritablement comparer les deux, car leur rapprochement par défaut serait inopportun. Pourtant, il est possible d'analyser les étapes de cette transformation.

b) La matérialisation stylistique et progressive de l'icone

La figure de rhétorique en littérature est une manifestation concrète de la forme, en apparence objective, puisqu'elle se délimite par un objet. Que ce dernier soit métaphore, personnification ou autre, il reste fortement connoté selon la subjectivité et l'expérience perceptive de l'écrivain. A partir du moment où le texte littéraire devient récit filmique, tout le système de connotation gravitant autour de l'objet figure de style se métamorphose car il tend à disparaître. Une figure de rhétorique littéraire ne donnera pas forcément une figure de style cinématographique. Cependant, certaines similitudes demeurent, si l'objet littéraire s'apparente à celui du cinéma, toute la connotation autour de lui se modifie. Au départ, nous avons une connotation symbolique, abstraite de l'objet qui devient concrète, iconique. C'est la matérialisation de la subjectivité du ou des créateurs.

En effet, lorsque le texte littéraire passe par le scénario, le storyboard, le tournage et le montage, nous avons une pluralité de subjectivités surtout si chaque étape de la transformation filmique est prise en charge par des sujets différents. L'écrivain est une personne à part entière dès le

307. – Voir le film *Le temps retrouvé* (1999).

moment où il signe, le scénariste peut en être une autre, le storyboarder représente une autre entité, le réalisateur reste le dernier maillon de la chaîne, voire l'avant dernier si le monteur est encore une autre personne.[308]

* Du texte littéraire au scénario : première déformation stylistique

Il n'est pas toujours facile de travailler sur les deux films du *Colonel Chabert* étant donné qu'il est impossible matériellement parlant d'obtenir les scénarios. On les retrouve reconstitués artificiellement dans des ouvrages de vulgarisation sous une forme extrêmement simpliste, mentionnant les types de plan, les dialogues, éventuellement l'action. La plupart du temps les véritables indications scéniques, les contraintes techniques et esthétiques tels que l'éclairage, les bruitages, la musique, les angles et les mouvements de caméra sont éliminés dans la perspective de rendre la lecture plus agréable. Néanmoins, le véritable scénario, bien qu'il puisse revêtir plusieurs formes, est non seulement une continuité dialoguée mais aussi un découpage technique. Or, il est important de connaître l'ensemble de ces paramètres techniques pour comprendre les différentes étapes de la transformation d'écriture. Nos propos resteront théoriques mais présenteront l'avantage de saisir l'ensemble détaillé de cette transformation.

En ce qui concerne le scénariste, il lui est nécessaire de prendre un engagement pour tel ou tel aspect du roman, soit en le privilégiant, soit en le dénigrant par défaut. Un chroniqueur dans un journal de l'Occupation semble approuver le fait qu'un scénariste puisse rejeter en bloc la structure narrative du *Colonel Chabert* « qui supporte les descriptions, les considérations, la pénétrante analyse du remarquable auteur de la *Comédie humaine*, mais ne renferme pas la profusion des faits indispensables à toute œuvre cinématographique. »[309]

---

[308]. – Certains réalisateurs adaptent leur propre roman et contrôlent intégralement ou partiellement le processus de la transposition. Cf. *infra* André Malraux dans le premier chapitre. Alain Robbe-Grillet fut à la fois scénariste, dialoguiste et réalisateur de *L'immortelle* (1962) et de *La belle captive* (1983). John Carpenter, ayant réalisé *La nuit des masques* (1978), est scénariste, compositeur de la bande-musicale, producteur, et il devient même monteur dans *New York 1997* (1980).

[309]. – MALESTROIT (Y.). – *Le Colonel Chabert*, in Les Nouvelles Continentales, le 11 décembre 1943, p. 14.

Le texte littéraire laissera progressivement la place à un texte filmique dans lequel préfigurent la future bande-image et la bande-son. Le scénariste tentera d'axer son adaptation plus sur une situation qu'une histoire en déplaçant tout le système narratif avec de nouveaux jalons. Il mettra aussi en évidence « la théorie qui consiste à dire qu'il n'existe de meilleurs moyens pour se pencher sur la forme d'un récit que d'en étudier le fond, puisque ces deux notions sont paradoxalement, à la fois très distinctes et indissociables. »[310]

Dans le scénario, la première déformation stylistique tend vers un degré zéro du style car son écriture se caractérise essentiellement par l'emploi fréquent de l'infinitif, la répétition de propositions elliptiques et la suppression des marques de l'énonciation. Prenons à titre d'exemple, la description du premier plan du scénario d'Yves Angelo : « Extérieur, fin du jour à Eylau. Gros plan légèrement plongeant sur des mains. Elles déboutonnent le vêtement d'un personnage allongé. Musique lente, lancinante, du type sonnerie aux morts. *CUT.* »[311] Plutôt que de parler d'un degré zéro, l'écriture du scénario est un style qui s'oriente vers la neutralité et qui reste bien souvent dépourvu de termes « évaluatifs » et métaphoriques.

Néanmoins, sous une apparence très simple, le scénario demeure une forme mixte, complexe « se situant entre le signe abstrait (au sens peircien), le mot, et le signe iconique, l'image, il constitue une forme qu'intériorise une altérité, génère des figures hybrides. »[312] Le scénario est paradoxalement une virtualité concrète du film en élaborant un programme médiatique du roman : « il constitue donc un lieu de traces et mémoires qui, réfractant la littérature, réfléchit le cinéma. Une matrice relevant les frontières entre la littérature et le cinéma. »[313] Le caractère à double focale du scénario traduit à la fois la dynamique des traces romanesques et la matérialisation future d'une icone programmée. Toute la production de sens du scénario repose sur une première interprétation subjective du texte littéraire qui « transporte avec lui les traces d'un objet qui font signe à un lecteur second, devenu lecteur-spectateur. »[314]

Dans les adaptations cinématographiques des œuvres de Balzac, il arrive au scénariste de retranscrire les scènes d'exposition littéraires, afin de présenter une sorte d'introduction primordiale pour la compréhension

---

310. – *L'adaptation du roman au film…op. cit.,* p. 121.
311. – *Deux : le Colonel Chabert…op. cit.,* p. 97.
312. – LAROUCHE (M.). – *L'adaptation filmique*, in Protée, Chicoutimi, printemps 1997, p. 31.
313. – *Ibid.*, p. 31.
314. – *Ibid.*, p. 32.

du récit filmique. La longueur de ces scènes est telle qu'elle nécessite une recomposition du roman, qui diffère du travail demandé pour adapter le reste de l'œuvre. Or, l'une des composantes stylistiques de Balzac repose sur la longueur descriptive des scènes d'ouverture.

Certains scénaristes procèdent à des découpages différents. Alexandre Astruc reste assez fidèle à Balzac en fixant le début *d'Albert Savarus* (téléfilm) à partir du deuxième chapitre intitulé « L'ambitieux par amour ».[315] Il a donc supprimé le premier chapitre consacré aux descriptions physiques et psychologiques, ainsi que l'histoire familiale des Watteville. Cependant, il ne s'agit pas véritablement de suppression puisque ces descriptions s'intègrent au photogramme filmique. Celui-ci présente les personnages d'Albert et de Rosalie dans leurs dimensions physiques, grâce à la combinaison des bandes visuelles et sonores (taille, voix, gestuelle, etc.).

Le nouveau style visuel succède à celui de la phrase bien que cette correspondance ne soit pas une symétrie absolue : il s'agit tout simplement d'un transfert de compétence esthétique. Tout ce qui compose le monde extérieur, décors, gestes des personnages et expressions des visages, relève de la compétence esthétique, stylistique et exclusive du cinéaste.

Le texte littéraire du *Colonel Chabert* commence par une scène d'exposition très théâtrale : les clercs de l'étude de maître Derville sont présentés de manière pittoresque. Le style de Balzac repose sur un jargon de termes juridiques, d'allusions douteuses mélangées à la leçon de morale du maître clerc au « saute-ruisseau ». Dans le film d'Angelo, on retrouve ce passage à la séquence n° 2, tandis que chez Le Hénaff on le rencontre dans la séquence n° 7 ; l'ambiance est à la fois bon enfant, pervertie et goguenarde. Elle est similaire au roman où « tout marchait à la fois, la requête, la causerie et la conspiration. »[316] Bien que les scènes d'exposition filmique de l'étude ne soient pas chronologiquement au même endroit dans le roman, il n'y a pas eu trop de déformation stylistique au cours des dialogues. Angelo et surtout Le Hénaff reproduisent parfaitement cette théâtralité en conservant les expressions de l'époque, notamment lorsque l'un des clercs médit sur le dos du pauvre Chabert : « Il pourrait être noble et avoir tiré le cordon. »[317] Le metteur en scène de 1943 reproduit également en partie les interjections

---

315. – Cf. Pléiade, tome I, p. 938.
316. – Cf. Pléiade, tome III, p. 312.
317. – *Ibid.,* p. 317 et la séquence n° 7 du film de 1943.

traduisant les fous-rires débilitants des clercs : « Chouit ! [...] Puff ! [...] Bâoum ! »[318]

Pour en arriver à ces transformations filmiques, qu'elles soient divergentes ou convergentes au roman, il a bien fallu remodeler le style au cours du scénario avant de le matérialiser ou de l'éclater dans l'élaboration du storyboard, du tournage et du montage.

* Du scénario au montage : visualisation d'un nouveau style

Si les marques stylistiques du scénario sont atténuées en raison d'une volonté de rendre le film transparent, il s'agit d'établir le scénario dans une « perspective médiatique ». Elle limite le style d'une écriture à son caractère visuel avec en plus les dialogues pour la future bande-son. L'adaptation consiste bien à traduire un langage de mots en un langage d'images : deux systèmes de communication qui n'ont pas de points communs, *a priori,* mais qui trouvent leur entendement dans un autre langage de mots : le scénario.

Ce dernier préfigure un langage d'images grâce au storyboard. Le scénario pourra aisément sortir de sa chrysalide pour se transformer en une sorte de bande dessinée. Le scénario est un texte visuel et virtuel tandis que le storyboard représente un texte visuel concret. Il n'est pas encore animé, il reste privé des facilités de la narration littéraire et du scénario. Il n'a pas non plus la fluidité cinématographique où les événements coulent de source. Le storyboard ne peut pas énoncer, ni expliquer comme le font l'écrivain par la seule vertu des mots ainsi que le cinéaste avec sa caméra. Le scénarimage peut également prendre plusieurs formes entre de simples schémas indiquant l'angle de la caméra,[319] la position des personnages et le dessin extrêmement élaboré dans lequel le plan du film est déjà conçu dans toute sa dimension esthétique.[320]

Dans ce cas, le storyboard devient une orientation d'écriture qui indique précisément le découpage visuel du film. Il n'est pas uniquement un découpage technique, il s'agit également de la création d'un nouveau style, celui du film. Cette esthétique n'apparaît pas seulement au moment

---

318. – *Ibid.*, p. 317 et la séquence n° 7.

319. – Le scénarimage peut se rapprocher du découpage technique.

320. – Voir les dessins quasi photographiques de Maurice Zubarano pour *Citizen Kane* d'Orson Welles (1941) et les véritables peintures d'Akira Kurozawa pour son film *Dreams* (1990) dignes des tableaux de Van Gogh. PEETERS (B.) et collab. – *Storyboard : le cinéma dessiné*, Paris, 1992, p. 162 à 165.

du tournage mais également lors de la création du scénario et du story-board. Ils authentifient la réflexion sur la forme cinématographique de chaque plan, de chaque raccord : « L'auteur de bande-dessinée n'approfondit jamais tant la spécificité de son art qu'en instaurant entre deux ou plusieurs vignettes, contiguës ou distantes, un surcroît de relation (sous l'espèce, par exemple, de motifs qui riment, de compositions symétriques ou de couleurs complémentaires). »[321] La force et la profondeur d'un cinéaste n'est rien d'autre que la capacité créatrice de son découpage stylistique (et non pas technique) au service de l'expression et de la production du sens. Celles-ci sont clairement définies lors du montage.

Nous reviendrons en détail sur le montage dans le cinquième chapitre pour tout ce qui concerne les questions de rythme et de temps. Le montage est bien évidemment une question de style et on peut établir ainsi de nouveaux rapports entre les objets, les personnages et les péripéties du film. Le vecteur commun à l'ensemble de ces paramètres reste la forme. D'une part, elle organise le sens, investit les structures narratives du texte filmique et, d'autre part, elle les dépassent et les transcendent : « le style est une question non de technique, mais de vision. »[322] Cette dernière confirme le statut d'œuvre d'art au film : « l'art réside dans cette solidarité d'un univers mental et d'une construction sensible d'une vision et d'une forme. »[323] Le montage est une perception globale de la forme du film indispensable à la compréhension narrative des images enchaînées car « le plan n'a pas, par lui-même, de signification propre déterminée par sa morphologie. »[324] Il reste la pièce d'un puzzle complexe qui prend son essor et construit son sens lorsque le film devient ce produit fini, prêt à être distribué.

Synthèse :

Etant donné que la fonction première, tant des films que des romans, consiste à raconter des histoires, ce chapitre fut consacré aux normes opérationnelles, aux jalons iconiques grâce à une comparaison des narrations littéraires et filmiques du *Colonel Chabert*. Le dispositif de la trame narrative permet de constater que la recherche des équivalences entre film et

321. – *Ibid.*, p. 182.
322. – *Forme et signification...op. cit.,* p. XVIII.
323. – *Ibid.*, p. I.
324. – *De la littérature au cinéma : genèse d'une écriture...op., cit.*, p.16-17.

texte dissocie les normes d'adéquations, les valeurs sûres et les normes d'acceptabilité ainsi que les hypothèses. L'adaptation sur le plan narratif reste un compromis entre l'adéquation et l'acceptabilité. L'issue est un processus créateur de sens fondé sur des effets semblables et différents ; chaque œuvre obéit à des codes ou des règles d'ordre général tout en les dépassant dans un réajustement permanent. Cela permet à la narration romanesque de resserrer celle du film sur le ou les personnages, car leurs visualisations et sonorisations reposent sur des rapports techniques et esthétiques.

Chapitre III

Visualisation et sonorisation du héros par le support filmique

Le personnage filmique est un signe plein à la différence de celui du roman qui, dès son entrée, reste un morphème vide, que la suite du texte étoffera. Ce personnage cinématographique est un signifiant visuel changeant tandis que le nom propre du roman demeure au contraire stable. Le visage du comédien ondoyant, multiple, divers, ne cesse de se transformer tout en signifiant l'unité du protagoniste. Mais celle-ci se construit autour d'une sémiologie de l'audio-vision, soit un type de perception liée au cinéma.

Cette sémiologie à géométrie variable, combinant aussi bien l'image et le son dans des proportions différentes, est souvent appréhendée par le spectateur *in situ*, car l'image est le foyer conscient de l'attention. A cela, s'ajoute le son qui apporte à tout moment une série d'effets, de sensations, de significations qui, par un phénomène de projection, sont portés au compte de l'image et semblent se dégager naturellement de celle-ci : « Cette prévalence ne doit pas, cependant, faire oublier que le son agit souvent de façon inconsciente, ce qui fait que la même scène tournée sur deux musiques différentes peut avoir un impact différent et être même interprétée de manière contradictoire par le spectateur. »[325]

En lisant Balzac et particulièrement *Le Colonel Chabert*, il peut nous arriver d'être bouleversé par le comportement imprévu du vieux soldat. Il devient tout à coup sublime dans le renoncement final. Il s'élève à une grandeur d'âme qui le fait paraître supérieur au narrateur à tel point que le lecteur oublie qu'il est inventé par Balzac. Au cours des films, Chabert procure également une telle émotion que le spectateur pensera que le personnage est un pur produit balzacien.

[325]. – DUCCINI (H.). – *La télévision et ses mises en scène*, Paris : Nathan, 1998, p. 9.

Afin de vérifier ces hypothèses nous analyserons pour reprendre un terme d'Alain Gaudreault « le monstrateur »[326], cette instance fondamentale responsable de la modulation des différentes manifestations du langage scénique : soit l'ensemble des paramètres de « la monstration » de Chabert. Toute cette volonté scénographique de matérialiser le personnage romanesque est une décision technique et esthétique dont le résultat relève d'une plastique et d'une diégétisation visuelle et sonore.

1°) Les paramètres de la « monstration » de Chabert

Les contraintes du mode de la narration littéraire et celles de la « monstration » filmique sont très différentes. Ainsi, le récit littéraire le plus scénique possible ne peut livrer simultanément les informations sur le physique du personnage (l'être) et son action (le faire). A l'opposé, la richesse irréductible du matériau filmique impartie au « monstrateur » lui posera des difficultés. Quels que soient les effets pour sélectionner, réduire ou modifier le personnage littéraire, ce qu'il décidera d'exposer échappera toujours en partie à sa volonté omnisciente.

Le monde « montré » sera toujours plus ambigu que le monde narré, d'autant plus que se greffe sur le personnage filmique cette notion de comédien-interprète. En effet, il participe et s'ancre dans l'imaginaire social et collectif. Lorsque Depardieu et Raimu entrent dans le rôle de Chabert, ils sont à la fois ce personnage et tous les autres qu'ils ont interprétés antérieurement voire postérieurement.[327]

Nous distinguerons donc dans un premier temps la qualification différentielle du personnage[328], l'apparence, le physique et l'aspect social, qui

---

[326]. – *Du littéraire au filmique...op. cit.*, p. 81

[327]. – L'acteur est le vecteur d'une forte activité intertextuelle, Depardieu est à la fois « Christophe Colomb » (*1492, Cristophe Colon* film de Ridley Scott, 1992), « Cyrano de Bergerac » (film de Jean-Paul Rappeneau, 1990), Jean-Claude dans *Les Valseuses* de Bertrand Blier tourné en 1974, « Le comte de Monte-Cristo » (téléfilm de Josée Dayan, 1998) sans oublier « Balzac » de la même réalisatrice, tourné en 1999. Il interprète également Jean Valjean dans *Les Misérables,* réalisé toujours par Josée Dayan en 2000, et plus récemment, il joue le personnage de « Vidocq » tiré du film de Pitof en 2001.
Quant à Raimu, c'est « César » (cf. *César* de Marcel Pagnol, 1936 ; *Fanny* de Marc Allégret, 1932 et *Marius* d'Alexandre Korda, 1931), *L'étrange Monsieur Victor* (film de Jean Grémillon, 1937) et Aimable Castanier dans *La femme du boulanger* de Marcel Pagnol réalisé en 1938, etc.

[328]. – Que cela soit la qualification différentielle ou la fonctionnalité différentielle, le personnage filmique est considéré comme un système textuel, voir GARDIES (A.). – *Le récit*

configure le personnage dans une « monstration externe ». Le rôle du comédien-interprète ne pourra donc être négligé. Tandis que, dans un deuxième temps, la « monstration interne » laissera de côté les apparences, le matériel pour analyser « le faire », l'action du personnage, et l'affect qui dirige sa vie comme un drame inexorable : il s'agit de la fonctionnalité différentielle. Cela nous rappelle indirectement le « paradoxe sur le comédien » de Diderot.

a) Qualification différentielle, « monstration externe » : l'être

Le signe iconique se définit par les traits de ressemblance qu'il entretient avec l'objet qu'il désigne : l'image du Colonel ressemble plus à Chabert que le mot Chabert dans le roman. Sous l'emblème de l'iconicité, nous pouvons faire une symbiose entre l'image mouvante et le son. En dépit de ce que pourrait laisser imaginer un regard rapide, l'icone n'est pas seulement visuelle car la parole de Chabert contribue à illustrer son image. Il existe donc une iconicité pour l'oreille qu'il n'y a pas dans le roman. Cette sémiologie de l'audio-vision nous présentera le protagoniste Chabert sous son aspect physique puis social. Voici d'abord la présentation romanesque des protagonistes.

Présentation romanesque des protagonistes

Les Hommes de justice

Page 313 : « Cinq clercs bien endentés, aux yeux vifs et railleurs, aux têtes crépues, levèrent le nez vers la porte, après avoir tous crié d'une voix de chantre. »

Page 369-370 : « En ce moment, le Colonel Chabert s'assit au milieu de ces hommes à faces énergiques, vêtus des horribles livrées de la misère, silencieux par intervalles, ou causant à voix basse, car trois gendarmes de faction se promenaient en faisant retentir leurs sabres sur le plancher. »

---

filmique, Paris : Hachette, 1993, p.56-58. L'auteur s'inspire d'ailleurs des propositions méthodologiques de Philippe Hamon tirées de *Statut sémiologique du personnage*, Cf. COLLECTIF. – *Poétique du récit*, Paris, 1977, p. 115-180.

Maître Derville

Page 320 : « Sa prodigieuse intelligence est plus libre en ce moment, le seul où il obtienne le silence et la tranquillité nécessaire à la conception des bonnes idées. » *Description faite par le Principal Boucard.*

Page 351 : « Un sourire malicieux et mordant exprima les idées moitié philosophiques, moitié railleuses qui devaient venir à un homme si bien placé pour connaître le fond des choses, malgré les mensonges sous lesquels la plupart des familles parisiennes cachent leur existence. »

Le Colonel Chabert.

Page 321-322 : « Le vieux soldat était sec et maigre. Son front, volontairement caché sous les cheveux de sa perruque lisse, lui donnait quelque chose de mystérieux. Ses yeux paraissaient couverts d'une taie transparente : vous eussiez dit de la nacre sale dont les reflets bleuâtres chatoyaient à la lueur des bougies. Le visage, pâle, livide et en lame de couteau, s'il est permis d'emprunter cette expression vulgaire, semblait mort.

Le cou était serré par une mauvaise cravate de soie noire. L'ombre cachait si bien le corps à partir de la ligne brune que décrivait ce haillon, qu'un homme d'imagination aurait pu prendre cette vieille tête pour quelque silhouette due au hasard ou pour un portrait de Rembrandt, sans cadre. Les bords du chapeau qui couvraient le front du vieillard projetaient un sillon noir sur le haut du visage. Cet effet bizarre, quoique naturel, faisait ressortir, par la brusquerie du contraste, les rides blanches, les sinuosités froides, le sentiment décoloré de cette physionomie cadavéreuse. Enfin, l'absence de tout mouvement dans le corps, de toute chaleur dans le regard, s'accordait avec une certaine expression de démence triste, avec les dégradants symptômes par lesquels se caractérise l'idiotisme, pour faire de cette figure je ne sais quoi de funeste qu'aucune parole humaine ne pourrait exprimer.

Mais un observateur, et surtout un avoué, aurait trouvé de plus en cet homme foudroyé de signes d'une douleur profonde, les indices d'une misère qui avait dégradé ce visage, comme les gouttes d'eau tombées du ciel sur un beau marbre l'ont à la longue défiguré ».

Page 322 : « Le vieillard se découvrit promptement et se leva pour saluer le jeune homme ; le cuir qui garnissait l'intérieur de son chapeau était sans doute fort gras, sa perruque y resta collée sans qu'il s'en aperçût et laissa voir à nu son crâne horriblement mutilé par une cicatrice transversale qui prenait à l'occiput et venait mourir à l'oeil droit, en formant partout une grosse couture saillante. L'enlèvement soudain de cette perruque sale, que le pauvre homme portait pour cacher sa blessure, ne donna nulle envie de rire aux deux gens de loi, tant ce crâne fendu était épouvantable à voir. »

Page 330 : « Comment aurais-je pu intéresser une femme ? j'avais une face de *requiem*, j'étais vêtu comme un sans-culotte, je ressemblais plutôt à un Esquimau qu'à un français, moi qui jadis passais pour le plus joli des muscadins, en 1799 ! moi Chabert, comte de l'Empire ! »

Page 331 : « Quoique mes yeux, ma voix fussent, me dit-il, singulièrement altérés, que je n'eusse plus ni cheveux, ni dents, ni sourcils, que je fusse blanc comme un albinos, il finit par retrouver son Colonel dans le mendiant, après mille interrogations auxquelles je répondis victorieusement. »

Page 334 : « Puis il (*Chabert*) prit son chapeau d'une main, regarda Derville, lui tendit l'autre main, une main calleuse, et lui dit d'une voie simple… »

Page 339 : « Sa visite chez Derville semblait avoir changé le caractère de ses traits, où l'avoué trouva les traces d'une pensée heureuse, une lueur particulière qu'y avait jetée l'espérance. »

Page 343 : « De grosses larmes tombèrent des yeux flétris du pauvre soldat et roulèrent sur ses joues ridées. »

Page 343-344 : « Ses souffrances physiques et morales lui avaient déjà vicié le corps dans quelques-uns des organes les plus importants. »

Page 345 : « Sa figure grave et mystérieuse, où se peignaient le bonheur et toutes ses espérances, paraissait être rajeunie et plus grasse, pour emprunter à la peinture une de ses expressions les plus pittoresques. »

Page 367 : « Il lui prit un si grand dégoût de la vie, que s'il y avait eu de l'eau près de lui il s'y serait jeté, que s'il avait eu des pistolets, il se serait brûlé la cervelle. »

La Comtesse Ferraud.

Page 329 : « – Toujours ravissante. » (*dit Derville en répondant à Chabert.*)

Page 350-351 : « La Comtesse était enveloppée dans un élégant peignoir ; les boucles de ses cheveux, négligemment rattachés, s'échappaient d'un bonnet qui lui donnait un air mutin. »

Page 355 : « Elle avait une jolie capote doublée de rose qui encadrait parfaitement sa figure, en dissimulant les contours, et la ravivait. »

Page 367 : « Néanmoins, malgré son assurance apparente, elle ne peut s'empêcher de frissonner en voyant devant elle son vénérable bienfaiteur, debout, les bras croisés, la figure pâle, le front sévère. »

Monsieur le comte Ferraud

Page 347 : « Monsieur le comte Ferraud était le fils d'un ancien conseiller au Parlement de Paris, qui avait émigré pendant le temps de la Terreur, et qui, s'il sauva sa tête, perdit sa fortune. Il rentra sous le Consulat et resta constamment fidèle aux intérêts de Louis XVIII, dans les entours duquel était son père avant la révolution. Il appartenait donc à cette partie du faubourg Saint-Germain qui résista noblement aux séductions de Napoléon. La réputation de capacité que se fit le jeune comte, alors simplement appelé M. Ferraud, le rendit l'objet des coquetteries de l'empereur, qui souvent était aussi heureux de ses conquêtes sur l'aristocratie que du gain d'une bataille. On promit au comte la restitution de son titre, celle de ses biens non vendus, on lui montra dans le lointain un ministère, une sénatorerie. L'empereur échoua. M. Ferraud était, lors de la mort du comte Chabert, un jeune homme de vingt-six ans, sans fortune, doué de formes agréables, qui avait des succès et que le faubourg Saint-Germain avait adopté comme une de ses gloires… »

Delbecq

Page 348 : « Le rusé praticien avait assez bien compris sa position chez le comte pour y être probe par spéculation. »

Louis Vergniaud

Page 345 : « Sa figure était brune, creusée, ridée, mais rougie sur les pommettes par l'excès du travail et hâlée par le grand air. »

Page 346 : « Et la figure tannée du nourrisseur sembla s'épanouir. »

Boutin

Page 330 : « Là, quand je me nommai, la bouche de Boutin se fendit en éclats de rire, comme un mortier qui crève. »

* Aspect physique : axe de la beauté, du sexe et de l'âge

La description des personnages a chez Balzac une valeur d'investigation : révéler la face visible du monde afin de mieux faire comprendre et ressentir la réalité profonde, Facino Cane dit à cet effet : « chez moi, l'observation était devenue intuition, elle pénétrait l'âme sans négliger le corps ; ou plutôt, elle saisissait si bien les détails extérieurs, qu'elle allait sur-le-champ au-delà. »[329] La volonté de création repose chez Balzac sur un type de personnage et sur la description romanesque, qui a pour fin de donner une apparence de vie individuelle à ces types généraux. Est-il possible d'affirmer dans les films ce que François Mauriac disait à propos de ses personnages : « les héros de roman naissent du mariage que le romancier contracte avec la réalité. »[330] Les personnages filmiques des adaptations balzaciennes sont-ils cette conjonction entre la réalité et le type qui caricature toujours la réalité ?

Sur le plan physique, au cinéma, comme dans un roman, tout personnage est nécessairement construit par l'auteur, le lecteur ou le spectateur, entre lesquels le truchement du film instaure une interaction permanente. Il est vrai que la construction du personnage physique (et même morale) reste infléchie grâce à ce que l'auteur sait du lecteur ou du spectateur. Ces derniers représentent l'espace d'un désir qui sera satisfait ou déçu par l'œuvre littéraire ou cinématographique : « si la grande différence, conditionnant la perception du personnage, entre le film et son modèle littéraire, réside dans le caractère synthétique du plan, et le caractère analytique du texte écrit, le choix, au cinéma, de l'acteur qui incarne un

---

329. – Cf. Pléiade, tome VI, p. 1019.

330. – MAURIAC (F.). – *Le romancier et ses personnages*, Paris : Buchet-Chastel, 1970, p. 96.

personnage littéraire revêt une importance capitale : au lieu d'un être de papier que l'imagination doit reconstruire pièce à pièce, le film le donne à voir globalement dès sa première image, et le plus souvent cet acteur doit répondre aux exigences du public. »[331] Depardieu et Raimu sont sans aucun doute de véritables acteurs balzaciens, mais leur physique ne correspondra peut-être pas aux attentes d'un public puriste.

Tous deux ont une constitution physique très forte tandis que le Colonel Chabert du récit littéraire est totalement différent : « le vieux soldat était sec et maigre. »[332] Nous lisons un peu avant, lorsque le vieux Colonel rentre dans l'étude de Derville : « l'inconnu resta impassible. Il se mit à regarder modestement autour de lui, comme un chien qui, en se glissant dans une cuisine étrangère, craint d'y recevoir des coups. »[333] Rien, dans les deux films, montre Chabert comme une bête craintive ; au contraire, son visage exprime la détermination aussi bien par l'expression volontaire du visage que par la parole tonitruante.

Depardieu et Raimu conservent un élan de jeunesse à la fois physique et morale tandis que le personnage littéraire est constamment associé à : « vieil homme », « vieux soldat », « vieux bonhomme ». Il n'en reste pas moins charismatique et son habit lui donne parfois de la prestance et une certaine aura : « le Colonel, qui l'entendit, sortit d'une petite chambre située près de la laiterie et apparut sur le seuil de sa porte avec un flegme militaire inexprimable. »[334] Flegme particulièrement bien rendu, lorsque Depardieu se retrouve en habit militaire durant la séquence du souvenir du passé glorieux, ou bien lorsque Raimu revêt un habit neuf pour aller voir la Comtesse. Raimu caricature sur le plan physique le Colonel Chabert, même s'il reste réaliste. Le Hénaff s'est évertué à l'habiller très exactement non seulement pour rendre et exprimer le personnage littéraire mais aussi pour mettre en valeur l'acteur : « comme dans tous ses films, Raimu est la vedette au sens exclusif qu'on veut accorder à ce mot. »[335] L'acteur joue ici un rôle à sa mesure, qui lui était familier et comblait les vœux de son public de l'époque. C'était le bourru au grand cœur qui cachait ses émotions derrière une écorce piquante : « Plus qu'une maîtrise intérieure des émotions, ce qui compte en dernier ressort pour l'acteur, c'est la lisibilité des émotions. »[336]

---

331. – *Littérature et cinéma : la troisième mort d'hyacinthe Chabert...op., cit.,* p. 347.
332. – Cf. *infra* Présentation romanesque des personnages.
333. – *Ibid.*
334. – *Ibid.*
335. – AUTEUR SANS NOM. – *Le Colonel Chabert ou la réincarnation de Raimu,* in Atelier, 11 décembre 1943, p. 13.
336. – PAVIS (P.). – *L'analyse des spectacles*, Paris, 1996, p. 58.

Quant à Depardieu, prêtant au Colonel Chabert une dimension, une carrure que ne lui attribuait pas le roman de Balzac, il se voit doté d'un prestige extérieur à la fois physique et moral sans aucune commune mesure avec ce que laisse entrevoir le texte.

Il reste aux auteurs des films à suggérer maintenant ce qui peut conduire un militaire si ferme, si résolu comme Raimu-Depardieu, si perspicace et si rempli d'ardeur amoureuse, à renoncer sans combat, sans force à sa classe sociale et à son pouvoir de Colonel et de comte, grand officier de la légion d'honneur.

* Aspect social : axe de la force et du pouvoir

La « monstration externe » se caractérise aussi par le social. Le statut du personnage obéit à sa force (plutôt mentale dans ce cas là) et au pouvoir qui en découle. Plusieurs adaptations des œuvres de Balzac présentent un endurcissement des personnages littéraires. Généralement, les protagonistes romanesques de *La Comédie humaine* vivent dans un monde opprimé, noir et ils se retrouvent dans un état désespéré, pensons à Pierrette, à Etienne dans *L'enfant maudit* ou à Louis Lambert. Le manque d'expérience et de ressources et le caractère délaissé des personnages romanesques illustrent souvent une narration littéraire introvertie. Néanmoins, dans les adaptations filmiques, le rythme narratif accéléré ne permet pas aux protagonistes de disposer du temps, et la narration omnisciente balzacienne n'offre pas toujours la possibilité au lecteur de sonder les angoisses et les incertitudes des personnages romanesques.

Les protagonistes filmiques ont l'air aussi plus déterminés. Lorsqu'ils se trouvent en difficultés, ils se débrouillent généralement plus vite et le dénouement social s'accélère. Depardieu-Chabert incarne admirablement cette chute sociale : l'homme au bord du désespoir, tour à tour blessé au plus profond de son être. Il est pathétique mais jamais pitoyable comme l'est parfois son double littéraire : « Il lui prit un si grand dégoût de la vie, que s'il y avait eu de l'eau près de lui il s'y serait jeté, que s'il avait eu des pistolets, il se serait brûlé la cervelle. »[337] Le personnage littéraire est d'entrée de jeu socialement démoli non seulement aux yeux du lecteur mais aussi aux yeux des autres personnages : « Mais un observateur, et surtout un avoué, aurait trouvé de plus en cet homme foudroyé les signes d'une douleur profonde, les indices d'une misère qui avait dégradé ce vi-

---

[337]. – Cf. *infra* Présentation romanesque des personnages.

sage, comme les gouttes d'eau tombées du ciel sur un beau marbre l'ont à la longue défiguré. »[338] *A contrario*, Depardieu offre à Chabert le plus précieux des cadeaux, cette lutte acharnée contre l'oubli social en fait toute sa force morale : « Ce Colonel ne se bat pas seulement pour son bonheur, mais pour quelque chose de bien plus beau, de bien plus grand : la condition humaine. »[339]

Aussi bien dans le roman que dans les films, nous sommes frappés par l'omniprésence de la remise en question de l'identité sociale :

> « — Il a couché sous les ponts [...].
> — Non, reprit Boucard au milieu des rires, je soutiens qu'il a été brasseur en 1789 et Colonel sous la République.
> — Ah ! Je parie un spectacle pour tout le monde qu'il n'a pas été soldat, dit Godeschal. »[340]

Dans les films, cette « monstration externe » est mise en valeur par des dialogues similaires au roman. De plus, le rôle du son permet la visualisation du personnage d'autant plus que la bande-son, reprenant quasiment mot pour mot les dialogues romanesques, fait presque redondance avec la bande-image. Placé dans le contexte de l'époque, ce que supputent les clercs n'a rien de surprenant. Il y a donc bien dans les films et dans le roman cette dévalorisation sociale et cette déconsidération du personnage qui vont de pair. Notons que l'analyse sociale reste complexe et paradoxale : d'une part, un brasseur peut devenir Comte-Colonel comme un ancien bagnard peut se transformer en chef de la sûreté (Cf. Vidocq et Vautrin). D'autre part, nous avons affaire à une société de la Restauration qui, dans ses cadres légaux, demeure complètement figée.

Revenons à cette dévalorisation du personnage, on remarque également que Raimu se laisse moins abattre que le héros romanesque. Chabert-Raimu ne disparaît pas brusquement (ce qu'il fait dans le roman) après la découverte accidentelle du guet-apens dressé par la Comtesse ; il retourne chez Derville s'enquérir des pièces légales tant attendues. A ce moment précis, il abandonne la partie. Max Andreoli se demande si c'est : « parce qu'il désespère de voir triompher sa cause ? Est-ce par un mouvement de dégoût devant l'ignominie de la Comtesse ? Ou pour ces

---

[338]. – *Ibid.*
[339]. – D'YVOIR (Ch.). – *Colonel Chabert : un premier film ambitieux. Depardieu éblouissant,* in Studio, septembre 1994, p. 90.
[340]. – Cf. Pléiade, tome III, p. 317

deux raisons ? »[341] Il n'est pas évident de répondre à ces questions. On y trouvera peut-être une réponse lors de la dernière séquence. En effet, Chabert coupé du monde social par les murs de l'hospice et par sa solitude volontaire, déchire sous les yeux inquiets de Derville et de Godeschal, les documents d'Allemagne enfin arrivés. Il est vrai que les différences morales du personnage filmique attirent plus l'attention du spectateur-lecteur que les comportements similaires au roman.

Celles-ci renvoient à un sens plein et fixe du protagoniste, immobilisé par une tradition littéraire et une culture cinématographique récente. La lisibilité de ce personnage dépend directement du degré de participation à cette tradition et culture. Intégrés à un énoncé filmique ou littéraire, les protagonistes servent essentiellement d'ancrage référentiel en renvoyant à ce qu'appelle Philippe Hamon : « le grand Texte de l'idéologie, des clichés ou de la culture ; ils assureront donc ce que Roland Barthes appelle ailleurs « un effet de réel » et, très souvent, participeront à la désignation automatique du héros. »[342] Quoi qu'il fasse, le Colonel Chabert sera toujours un personnage balzacien.

Tout ce monde des apparences se fissure au contact de ce récit de quête d'identité, de quête sociale que doivent jouer le vieux soldat et la Comtesse Ferraud par le biais de l'avoué. Il s'agit de trouver la bonne mesure entre l'être, le paraître (la monstration externe) et le faire et l'action (la monstration interne). Cette dernière crée le référent de la différence entre le Chabert romanesque et les Chabert filmiques.

b) Fonctionnalité différentielle : « monstration interne : le faire »

Montrer au cinéma, caractérise d'abord un acte qui donne à voir des images et des sons, c'est-à-dire des signes iconiques, susceptibles de s'organiser en discours qui racontent une histoire comprenant une action et au moins un personnage. Cette action que le protagoniste réalise sur le monde qui l'entoure, sur les autres personnages du roman ou du film, sur lui-même, crée ainsi l'évolution personnelle et psychologique du personnage.

L'action ne constitue donc pas « l'être » mais « le faire » du héros bien que ces deux notions soient corrélativement jointes. L'adaptateur

341. – *Littérature et cinéma : la troisième mort d'hyacinthe Chabert...op, cit.,* p. 349.
342. – Cf. COLLECTIF. – *Poétique du récit*, propos de Philippe Hamon tirées de *Statut sémiologique du personnage* Paris, 1977, p.122.

balzacien doit se soucier de la vie intérieure des protagonistes. Le roman à adapter est un réservoir d'informations indiquant qu'un personnage pense ou ressent quelque chose. A partir de ce constat, comme l'affirme Stanley Kubrick : « l'adaptateur peut inventer des actions qui seront le corrélatif objectif du contenu psychologique du film et qui lui donneront une forme dramatique sans manquer de fidélité. »[343] Que cela soit la « monstration » externe ou interne, elles s'inscrivent dans une longue tradition « iconoclaste » qui exclut la représentation du virtuel inhérente à la littérature.

Même si les adaptations ne cherchent pas systématiquement à faire coïncider le livre avec les images du film, il existe pourtant certaines similitudes entre le « montrer » et le « dire ». La fonction différentielle du protagoniste repose sur un programme d'informations du héros. Son action, aussi bien dans le roman ou dans les films, est gérée par un savoir transmis. L'expérience de Chabert, cette connaissance intuitive alimentée par ce savoir légué, est organisée par une perception axiologique et épistémique : l'une étant indissociable de l'autre.

* Programme d'information du héros : le savoir transmis par Derville et l'action de Chabert

Toute analyse d'un récit littéraire ou filmique doit donc distinguer tôt ou tard « l'être » et « le faire » du personnage, entre qualification et fonction. Dans *Le Colonel Chabert*, tout le programme d'information du protagoniste est transmis ou plus exactement canalisé par Maître Derville. Il s'agit d'un programme cognitif dans lequel le Colonel doit se faire reconnaître. Toute son action dépend de l'avoué : le subtil metteur en scène aide à reconstruire le passé de Chabert pour mieux le diriger et l'informer. « Le faire » du vieux soldat et de l'avoué ne font qu'un, une seule entité. Fasciné par l'immondice du cœur humain, Derville vit par procuration les malheurs du vieux soldat : « Votre cause sera ma cause. Vous vous apercevrez bientôt de l'intérêt que je prends à votre situation, presque sans exemple dans les fastes judiciaires. »[344] Que cela soit dans le roman ou dans les films, l'avoué ordonne les confrontations, les réunions et les séparations avec la Comtesse : « il organise ces mystères qui

343. – FRODON (J.M.). – *Stanley Kubrick, un humain au-delà des étoiles*, in Le Monde, 10 mars 1999, p. 30.
344. – Cf. Pléiade, tome III, p.334.

le dépassent avec un efficace effacement. »[345] La fusion entre Chabert et Derville crée l'archétype des grands personnages classiques, que les deux réalisateurs n'ont pu réduire à une simple psychologie.

Au contraire, il s'agit de rendre cette attitude complexe et énigmatique qui a sans doute obligé les deux cinéastes à revenir constamment au texte. Même si Derville louvoie constamment entre les intérêts du « revenant » et l'ambition démesurée de la Comtesse (ceci est peut-être mieux rendu dans la version d'Angelo), l'avoué reste fidèle à Chabert jusqu'à sa déchéance finale. Dès le départ, le programme d'information du héros est déduit d'une virtualité unique d'action dont Derville, seul, est le détenteur.

Une visée prospective de l'action du Colonel dépend d'une modalisation aléthique, relevant de l'incertain, de l'hypothèse avec l'emploi du conditionnel : « je crois qu'une transaction serait, et pour vous et pour elle, le meilleur dénouement du procès. »[346] Le vieux soldat agit en fonction d'un programme déterminé dont l'efficacité de l'action n'est pas soumise uniquement au bon vouloir de l'avoué. Chabert, trop faible pour lutter, se laissera influencer par un autre programme, plus redoutable, instigué par la Comtesse. Celui-ci ne relève pas d'une visée prospective : elle serait plutôt radicale et imminente.

Le discours de la Comtesse relève d'une modalisation factuelle qui repose sur la certitude et l'efficacité de l'action surtout lorsque l'avoué veut lui démontrer que le vieux soldat est encore vivant : « Cela est faux ! dit-elle avec toute la violence d'une petite maîtresse. Je n'ai jamais reçu de lettres du Comte Chabert ; et si quelqu'un se dit être le Colonel Chabert, ce ne peut être qu'un intrigant, quelque forçat libéré... »[347] L'avoué ne peut diriger son action qu'en fonction des attitudes de la Comtesse qui a décelé en Chabert une faiblesse. Cette dernière le fera aisément consentir à tout arrangement conformes aux volontés de son ex-femme.

De plus, la perte de la mémoire du Colonel vient parasiter ce programme d'information que lui propose Derville. En effet, l'avoué doit posséder les moindres détails des aventures de son client. Le Colonel Chabert est un peu à l'image du *Voyageur sans bagage* de Jean Anouilh et du *Siegfried* de Jean Giraudoux : « Quoique la mémoire de ces moments soit bien ténébreuse, quoique mes souvenirs soient bien confus, malgré les impressions de souffrances encore plus profondes que je devais éprouver et qui ont brouillé mes idées, il y a des nuits où je crois

---

345. – TRANCHANT (M.N.). – *Luchini, cascadeur de l'âme,* in Le Figaro (périodique), 22 septembre 1994, p. 19.

346. – Cf. Pléiade, tome III, p. 342.

347. – *Ibid.*, p. 352.

encore entendre ces soupirs étouffés. »[348] Tous ces héros subissent l'absence de mémoire et l'incapacité d'agir en raison de troubles cognitifs alternant entre la lucidité et le profond abattement.

Dans le film d'Angelo, ce personnage arachnéen et mystérieux incarné par Fabrice Luchini sera à la fois l'arbitre, le trublion et le soutien du vieux soldat. Le Derville romanesque ne ressemble pas à celui d'Angelo. Il n'est plus que l'égoutier qui répertorie dans son étude les nauséabondes affaires des hommes. Cela fait malgré tout écho aux dernières phrases du roman : « Mais, nous autres avoués, nous voyons se répéter les mêmes sentiments mauvais, rien ne les corrige, nos études sont des égouts que l'on ne peut pas récurer. »[349] De surcroît, Luchini a un sourire énigmatique, il semble en savoir plus que le personnage romanesque.

L'acteur représente ce Derville qui observe tout, il organise les paramètres de la bataille. Lorsque celle-ci lui échappe et que Chabert préfère renoncer à faire valoir ses intérêts, Derville-Luchini n'hésite pas à dévoiler tous les secrets de cette affaire au Comte Ferraud afin de venger Chabert. Il s'offre le plaisir de déjouer les intentions pernicieuses de l'intrigante.[350] Camille Taboulay, dans un article des *Cahiers du cinéma,* voit même en Derville le mot anglais *devil* qui signifie le diable : « car cet obscur voyeur dont on peut présumer l'impitoyable lucidité, mais qui peut être tour à tour justicier et miséricordieux, ne joue-t-il pas le rôle de l'avocat du diable qui est en l'homme ? ».[351]

L'adaptation d'Angelo dépasse une fois de plus l'univers sombre et cruel de Balzac en amplifiant la complexité et l'ambiguïté de l'avoué. Au contraire, la version de Le Hénaff affadit peut-être le rôle de Derville qui ne devient qu'un simple intermédiaire dans les affaires de Chabert. Mais dans tous les cas de figures, l'action du Colonel est limitée en fonction de la perspicacité de l'avoué et des manigances de la Comtesse.

Toutefois, Chabert ressent les événements, il n'est pas dupe. « La monstration interne » repose aussi sur l'expérience cognitive du vieux soldat.

---

[348]. – *Ibid.*, p. 325.

[349]. – *Ibid.*, p. 373.

[350]. – Voir séquence n° 16.

[351]. – TABOULAY (C.). – *On ne meurt que deux fois*, in Cahiers du cinéma, octobre 1994, p. 65. Il existe une science que l'on appelle la cognomonie (du latin *cognomen* qui signifie le surnom) à travers laquelle le nom serait révélateur du comportement psychologique du personnage. Cf. *supra* quatrième chapitre et sous-partie, *Choix des personnages et physiognomonie : un casting balzacien.*

* Perception axiologique et épistémique du héros : l'expérience de Chabert ou la connaissance intuitive

Contrairement à l'écrivain, l'adaptateur doit montrer ses personnages sans les décrire ou les expliquer. Pour les caractériser, en dehors des traits physiques particuliers, le metteur en scène doit imaginer un comportement et les sentiments d'un protagoniste. En littérature, cette perception des choses peut être décrite ou suggérée, mais au cinéma elle doit être extériorisée, visualisée : « Et si l'écrivain peut, lui, entrer dans la tête du personnage, dans son cœur ou dans son âme, l'adaptateur n'aura pas d'autre solution que de montrer le personnage agir. »[352]

Cependant, le cinéma est aussi une recherche du sentiment, de l'expression intérieure des protagonistes. Derrière le masque et le jeu de Chabert, les cinéastes ont eu l'obligation de son paraître pour faire éclater la vérité intérieure où se cache cette perception axiologique et épistémique du héros. Chabert perçoit le monde en fonction de sa subjectivité, certes blessée, qui trahit des sens sur le qui-vive, bien que les apparences nous montre un être absent. Ce n'est pas pour rien qu'on le qualifie de « mort vivant ».

Le Colonel est à la fois le centre du drame et le point d'orgue. Dans ce maelström, il est l'œil du cyclone et devient un centre de perception émotive très puissant. Les deux films présentent Chabert comme une personne qui manque de confiance en elle, tandis que la littérature pousse la modalisation axiologique du héros jusqu'à la peur : « En voyant l'avoué, l'inconnu tressaillit par un mouvement convulsif semblable à celui qui échappe aux poètes quand un bruit inattendu vient les détourner d'une féconde rêverie, au milieu du silence de la nuit. »[353]

Chabert craint ce qu'il entend et devient coléreux, parfois, en fonction de ce qu'il voit. Cela est visible notamment lorsqu'il parle de son ex-femme : « Mon regard plongeait dans cette voiture qui passait devant mes yeux avec la rapidité de l'éclair, et où j'entrevoyais à peine cette femme qui est mienne et qui n'est plus à moi ! Oh ! dès ce jour j'ai vécu pour la vengeance, s'écria le vieillard d'une voix sourde en se dressant tout à coup devant Derville. »[354] Tout le savoir et l'expérience du vieux soldat alternent entre l'effondrement et l'excitation. Cette cyclothymie du comportement est bien rendue dans les deux films, car les visages de Raimu et de Depardieu reflètent bien successivement la mélancolie, la résigna-

352. – *Les secrets de l'adaptation…op. cit.,* p. 43.
353. – Cf. Pléiade, tome III, p. 322.
354. – *Ibid.,* p. 333.

tion ou bien l'exaltation incontrôlée, le plaisir inassouvi de retrouver ce qu'ils ont perdu.

La réception de Chabert est une résolution du voir et du penser, mais il ne s'agit plus de situer le contour des formes, ni de reconnaître les représentations du monde qu'il redécouvre, ni de lier les contenus de penser. Toutefois, grâce à son expérience intuitive, il appréhende directement le monde et les objets dans sa constitution brute : « Le monde social et judiciaire lui pesait sur la poitrine comme un cauchemar. »[355] Les Chabert filmiques ressentent aussi cette oppression judiciaire ne serait-ce que par l'expression abattue des visages et particulièrement celui de Raimu. C'est une véritable souffrance « qu'il faudrait nommer le spleen du malheur. »[356] Quelquefois dans le roman, l'émotion du protagoniste est si intense que sa faculté perceptive se bloque : « le vieillard resta silencieux, et sa figure bizarre prit une expression si dépourvue d'intelligence que le clerc après l'avoir regardé ne s'occupa plus de lui. »[357] Les deux adaptations ne vont pas jusqu'à rendre l'abrutissement de Chabert, mais elles focalisent notre attention sur les longs moments d'absence du Colonel durant la scène de l'aveu chez l'avoué. Les deux cinéastes ont respecté ce silence, comme le fait d'ailleurs Maître Derville aussi bien dans les films que dans le roman : « A cette phrase inachevée, le Colonel Chabert tomba dans une profonde rêverie que Derville respecta. »[358]

Toute la modalisation épistémique, qui caractérise en partie le vieux soldat, découle de la crise du fondement de son existence le conduisant au rejet du « moi », ce que Jacques Fontanille appellerait, en détournant légèrement ses propos, le schéma de la décadence : « Ce scénario conduit d'un accent d'intensité, d'un choc émotionnel à la détente procurée par un développement, une explication, voire une reformulation en extension. »[359] Ce choc émotionnel conduit Chabert à une forme de suicide déguisé qui se traduit par la dégradation volontaire du « moi » : « mon nom m'est désagréable. Je voudrais n'être pas moi. »[360] La littérature et le cinéma nous introduisent donc dans la dimension esthétique de l'existence dramatique du héros. Elle s'accompagne d'un choix technique, car une question devient problématique : qui, dans la pénombre de la salle s'adresse au spectateur, qui lui parle et qui le fascine ?

---

355. – *Ibid.,* p. 343.
356. – *Ibid.*, p. 344.
357. – *Ibid.*, p. 321.
358. – *Ibid.*, p. 327.
359. – *Sémiotique du discours...op. cit.*, p. 105.
360. – Cf. Pléiade, tome III, p. 327.

2°) Un choix esthétique et technique

L'image cinématographique comporte, outre des valeurs représentatives « iconiques », une dimension plastique liée à la matière des supports techniques imposés directement à la réception du spectateur. Celui-ci est impliqué dans une dynamique de groupe car il n'est pas le seul dans une salle. Même si les images projetées provoquent des réactions différentes, le spectateur est en quelque sorte intégré dans la diégèse (l'histoire du film) par la compétence manipulatrice du réalisateur.

L'image filmique a ce pouvoir de nous déconnecter de la réalité pour nous introduire dans un réel reconstruit artificiellement : « Peut-être l'audiovisuel seul est-il capable de nous lier à une œuvre en nous séparant « du reste » [ce reste s'appelait-il le monde] avec une puissance fascinante aussi forte que celle de l'admiration. »[361] Pour créer cette admiration, afin que l'événement littéraire devienne une aventure cinématographique, il suffit de savoir comment le raconter et le visualiser.

La première mise au point, et de loin la plus importante, est de considérer l'adaptation comme un travail technique. Cette opération consiste à réécrire une œuvre littéraire de manière à ce qu'elle engendre une nouvelle esthétique, prête à être filmée. Comme le disait Romain Gary : « Donner à voir, c'est la mystique secrète de toute œuvre d'imagination. »[362] Celle-ci traduit la capacité du réalisateur à fabriquer d'abord un processus d'identification du spectateur avec le film. La fascination de l'image, la « pulsion scopique » est également alimentée par la bande-son et en particulier la musique, car celle-ci agit sur l'esprit du spectateur en lui transmettant un certain type de messages. Messages subtils qui s'adressent plus à l'émotion qu'à l'intellect, comme peut le faire également l'image. Musique et image sont la corrélation de l'esthétique et de la technique cinématographique.

---

[361]. – MALRAUX (A.). – *L'Intemporel*, Paris, 1976, p. 385.

[362]. – Propos recueillis par FLESCHI (A.) et OLLIER (C.). – *Questions aux romanciers*, in Cahiers du cinéma, décembre 1966, p. 92.

a) Création du processus d'identification

Contrairement à une certaine idée toute faite selon laquelle le spectateur de film reste un sujet passif, il ne faudrait pas confondre l'état de sous-motricité induite par le spectacle filmique avec un état de passivité globale dans lequel le public ne retiendrait rien de ce qu'il perçoit. Or, comme le signal André Gardies : « le spectateur de cinéma à l'égal de celui du théâtre ou encore du lecteur d'oeuvres littéraires, se livre à une intense activité cognitive bien qu'émotionnelle. »[363]

Le public devient une sorte de voyeur tout comme le lecteur qui voyage entre deux mondes de l'imaginaire : celui de l'auteur et celui du réalisateur. La lecture des œuvres de Balzac se fait sur le mode d'une participation intellectuelle à l'œuvre narrée. Chez Balzac, le texte du *Colonel Chabert* porte souvent l'inscription de son acte de lecture. S'il existe une stratégie de manipulation narrative en littérature, il en existe une autre avec le film dans laquelle le spectateur-héros devient spectateur-partenaire, totalement impliqué dans la diégèse. Il s'agit d'identifier la technique cinématographique qui convoque le monde du roman avec celui du film. Dans *Le Colonel Chabert*, le lecteur ou le spectateur participe à cette double quête du vieux soldat qui consiste donc à retrouver d'une part son identité, sa fortune et d'autre part sa femme.

* Spectateur-héros/spectateur-partenaire

Le spectateur-héros est en quelque sorte le complice, le double du protagoniste autour duquel s'organise le récit qui construit une activité d'identification importante. La dialectique du texte transforme le lecteur-spectateur en sujet actif qui construit ses propres parcours de sens à travers les multiples interprétations textuelles mises en place par le sujet-énonciateur, plus globalement l'auteur ou le réalisateur.

Dans le roman, l'identification est moins forte car le protagoniste n'apparaît que sous une forme typographique ; il n'est qu'un « être de papier » pour reprendre l'expression de Philippe Hamon. Dans le film, le héros existe sous une forme analogique, visuelle et sonore, c'est un « être iconique » qui a le pouvoir, grâce à l'œil de la caméra, d'incorporer le spectateur dans l'environnement filmique : « L'œuvre de fiction est une

---

363. – *Le récit filmique…op. cit.*, p. 48.

pile radioactive de projections-identifications. »[364] Le public intègre la fiction avec affectivité : « L'œil est un appareil à filmer, dont l'écran est dans l'instrument et la pellicule formant spectateur ; le spectateur étant à même la pellicule et étant la pellicule. »[365]

Cette sensation d'appropriation du monde s'établit progressivement dès le début du film d'Angelo à la fin de la bataille d'Eylau, avec le mouvement de la lenteur. Outre les plans d'ensemble extrêmement statiques, figés ou bien encore les gros plans en insert où l'on dépouille et où l'on traîne les cadavres,[366] l'objectif de la caméra exerce un pouvoir fascinant, grâce aux lents panoramiques latéraux de cette séquence digne de Kubrick. Afin d'intégrer le spectateur au sein de la fiction et d'obtenir son adhésion au film, le réalisateur de *2001 l'Odyssée de l'espace* évoquait l'idée suivante : « J'aime un départ en lenteur, ce départ qui pénètre le spectateur dans sa chair et qui l'engage tellement qu'il peut apprécier les notations délicates et les passages empreints de retenues au lieu qu'il faille lui taper sur la tête par des paroxysmes dramatiques et un suspense raccrocheur. »[367] Ces panoramiques correspondent non seulement au mouvement naturel de la tête, mais ils permettent d'attirer le spectateur dans l'univers dramatique de Chabert. L'esthétique glaciale des images introductives nous fascine car elle obéit à cette dichotomie « fascination-répulsion ».

Il s'agirait en fait d'une fascination « voyeuriste » qui trahit l'état de manque du spectateur comme si le réalisateur n'en montrait pas assez. L'identification se crée grâce à un écart entre un sujet désirant et son objet de désir : « On a déjà relevé que l'identification, comme régression, s'instaure le plus souvent sur un état de manque. »[368] A la fin de *Passion in the desert,* adaptée de la nouvelle de Balzac, Lavinia Currier termine le film par un travelling vertical. Celui-ci dévoile la beauté d'un paysage désertique d'Egypte. Le soldat provençal vient de tuer la panthère, il s'éloigne dans le désert en plan général, et ce dernier rend le texte de Balzac plus labyrinthique dans ses interprétations : va-t-il regagner son armée ou va-t-il mourir de soif dans le désert ? Dans la nouvelle, le narrateur Martin raconte à une femme le récit du provençal que Martin, lui-même, avait rencontré.[369] Cela implique donc que le soldat soit resté en

364. – *Le cinéma ou l'homme imaginaire...op. cit.*, p. 103.
365. – DE CHAZAL (M.). – *Sens plastique*, Paris, 1985, p. 66.
366. – Voir séquence n° 1.
367. – *Stanley Kubrick, un humain au-delà des étoiles...op. cit.,* p. 30.
368. – AUMONT (J.) et collab. – *Esthétique du film*, Paris, 1993, p. 188.
369. – Cf. Pléiade, tome VIII, p. 1232.

vie lorsqu'il abandonna le fauve après l'avoir tué. Le spectateur est ainsi conduit à s'impliquer dans l'interprétation filmique du texte littéraire.

Hormis le type de plan ou de mouvement de caméra, il existe aussi une technique cinématographique très efficace pour créer l'identification : c'est le procédé de la caméra subjective. Soit le spectateur est à la place de celui qui voit ce qui l'implique en tant que partenaire, soit il suit de près le personnage, généralement vu de dos : le spectateur devient pour quelques instants le héros.

Dans le film d'Angelo, lorsque nous voyons l'intérieur fastueux de l'hôtel particulier du Comte et de la Comtesse Ferraud, le spectateur, grâce au long pano-travelling,[370] découvre l'intérieur en même temps que l'énonciateur. Le spectateur reste le partenaire idéal d'un regard omniscient qui pénètre dans l'intimité des lieux. Dans la version de 1943, la caméra accompagne Chabert dans les ruelles de Paris où il vient de se faire traiter de voleur et de mendiant. Cet accompagnement a presque une vertu cathartique car il veut peut-être nous libérer de l'emprise misérabiliste et sordide à laquelle Chabert est soumis. Nous retrouvons ces travellings ou pano-travellings dans *Le Curé de Tours* avec Jean Carmet. L'objectif suit de dos l'abbé Birotteau qui marche dans les ruelles, penché en avant, absorbé par son malheur : il vient de perdre la bibliothèque de son protecteur, l'abbé Chapelou. Lorsque le personnage est vu de dos, il attire non seulement la pitié mais aussi la sympathie, car même si le spectateur est à la place du héros, il peut s'offrir le luxe d'un regard critique, vu de derrière et confortablement assis, il ne s'identifie justement qu'en raison du fait qu'il n'est pas non plus véritablement le personnage.

Il existe un certain confort dans l'identification cinématographique tout aussi semblable à celui du lecteur. Au cours de l'acte de lecture, le personnage exerce un pouvoir hypnotique et fascinant. Il est aspiré en nous et s'incarne dans notre subconscient. L'identification peut être si étrange que le lecteur « peut même en vouloir au livre de prendre sa place, de dire ce qu'il n'a pas su dire et qu'il se dit qu'il dirait mieux. »[371] Cela peut se traduire techniquement par l'emploi du pronom déictique « je » qui, non seulement authentifie et actualise l'énonciation, mais donne un caractère autobiographique si prégnant, (comme le « je » célinien de *Voyage au bout de la nuit)* que le lecteur est impliqué dans l'existence concrète du personnage. Le « je » est répété plusieurs fois, ce qui contribue à l'accélération du processus d'identification : « j'entendis,

---

[370]. – Voir séquence n° 3.

[371]. – Citation de Jean Cocteau : *Cinéma et roman...op. cit.*, p. 59, (La revue des Belles Lettres).

ou je crus entendre, je ne veux rien affirmer, des gémissements poussés par le monde des cadavres au milieu duquel je gisais. »[372]

De même, les nombreux appels indirects ou directs provoquent la fascination du lecteur. Lorsque Derville s'adresse à Chabert : « Savez-vous, monsieur, lui dit-il en l'interrompant, que je suis l'avoué de la Comtesse Ferraud, veuve du Colonel Chabert ? », il donne l'impression de nous interpeller indirectement. L'instance narratrice « je-Chabert » s'adresse au « tu-Derville », instance interlocutrice, qui est aussi un substitut habile du lecteur. Comment ne pourrait-il pas être touché par le récit troublant du viel homme ? En effet, le lecteur peut se mettre à la place du destinataire du message car « l'image séduit d'emblée l'observateur, parce qu'elle offre un foisonnement de signes clairement et immédiatement déchiffrable. »[373] Le lecteur évite tout contact direct avec le protagoniste ce qui lui permet de rester dans une position confortable, puisqu'on ne l'interpelle pas. Cependant, il peut s'identifier au personnage librement et directement comme il le souhaite. A lui de choisir la fonction conative idéale qui pourrait lui être adressée.

Mais il arrive donc que les appels soient directs comme dans la description de la pension Vauquer. Il s'agit d'une fonction conative fondée sur le « vous » lecteur, comme si Balzac nous invitait à entrer ou plus exactement à réfléchir sur la fiction : « Eh bien, malgré ces plates horreurs, si vous le compariez à la salle à manger, qui lui est contiguë, vous trouveriez ce salon élégant et parfumé comme doit l'être un boudoir. »[374]

Aucune adaptation cinématographique de *La Comédie humaine* n'utilise cet appel direct au spectateur. Par exemple, le regard vers la caméra est évité soigneusement par le cinéma traditionnel par crainte d'y perdre ses vertus d'identification « car aussitôt qu'un personnage regarde dans la caméra, bien sûr, il dénonce la machine et, à travers elle, la place ambiguë du spectateur. »[375] La technique et le sens plastique de l'image y contribuent déjà largement et nous invitent souvent non seulement à découvrir le protagoniste, mais aussi à participer plus ou moins de façon active à son action, à ses désirs.

---

[372]. – Cf. Pléiade, tome III, p. 325.

[373]. – GOULEMOT (J.M.) et MASSEAU (D.). – *Images, récits, images,* in La Licorne : *L'image génératrice de textes de fiction,* (ouvrage collectif) Poitiers, 1996, p ; 43.

[374]. – *Ibid.,* p. 53.

[375]. – SMOLDERS (O.). – *Eloge de la pornographie,* Paris, 1992, p. 26.

* Participation du spectateur à la double quête de Chabert

Le début du récit, qu'il soit littéraire ou filmique, est placé sous le signe de l'énigme. Le Colonel Chabert sera-t-il écouté et l'identité qu'il prétend avoir, lui sera-t-elle concédée ? Ensuite, pourra-t-il reconquérir l'indésirable Comtesse Ferraud ?

- Retrouver son identité et sa fortune

La spoliation d'identité la plus frappante de toute *La Comédie humaine* est sans doute celle subie par Chabert. Il est un peu à l'image d'Ulysse qui revient à Ithaque[376] ou de Martin Guerre de retour en Ariège pour faire éclater la vérité.[377] Le Colonel a perdu non seulement ses biens mais aussi son nom. La perte d'identité n'est pas traitée de la même façon dans les deux adaptations.

Le film de René Le Hénaff et le roman dévoilent que la société n'est pas tout à fait prête à reconnaître l'identité du vieux soldat au travers de l'homme de bonne foi qu'est Derville ; tandis que celui-ci adhère immédiatement au récit de Chabert dans la version d'Yves Angelo. Tout laisse envisager qu'une partie de la société, symbolisée par Derville-Luchini, serait prête à restituer au Colonel son identité sur sa seule bonne foi : il suffit de voir la confiance spontanée que se font les visages au cours d'un jeu très intense de champs et contrechamps tant par sa longueur que par l'expression des sentiments.[378] Celle-ci est si forte que le spectateur ne peut que s'y confondre.

En ce qui concerne la version de 1943, rien ne laisse supposer que Derville croit en l'identité du vieux soldat, ce même jeu de champs et contre-champs repose cette fois-ci sur la méfiance et l'intensité du regard qui trahit à la fois la curiosité et le doute de Derville.[379] Celui-ci sera véritablement convaincu lors de la réception des papiers d'Allemagne, et c'est à ce moment précis qu'aux yeux du spectateur Chabert retrouve son rang. La société représentée en 1943 refuse au Colonel son identité, n'oublions pas le contexte de l'Occupation. Lorsque Raimu s'écrie à propos de l'empereur : « Notre soleil s'est couché, nous avons tous

376. – Cf. *Iliade-Odyssée* d'Homère.
377. – Voir le film de Daniel Vigne *Le retour de Martin Guerre*, tourné en 1981.
378. – Voir séquence n° 6.
379. – Voir séquence n° 8.

froid. »,[380] ce n'est plus au vieux soldat que l'on refuse de rendre sont identité, mais à la France ; ce n'est plus à Chabert de faire disparaître toute trace de sa véritable identité, mais aux juifs.

Le contexte reste différent pour l'adaptation de 1994. La quête d'identité est moindre et la perte des biens demeure plus grande. Cette déchéance trahit la société matérialiste de la fin du XX è siècle : nous l'avons déjà signalé, une partie de l'esthétique du film repose sur les apparences et le luxe de la Restauration.

Pour en revenir à la technique cinématographique, l'utilisation d'un certain type de plan met en valeur cette idée du roman de la compétition où les deux protagonistes s'affrontent. Le spectateur se souviendra de ce plan général où Depardieu, vu de profil droit, et Fanny Ardant, vue de profil gauche, sont l'un en face de l'autre pour une négociation financière.[381] Il s'agit d'une lutte acharnée pour la reconquête des biens dans laquelle Chabert est présenté comme un ambitieux ; d'ailleurs, la Comtesse le lui fera remarquer habilement avec une magnifique périphrase, durant la séquence du dîner à Groslay :

> « — **Chabert** : Rien de plus que ma part, et encore pas toute, pas toute ma part, tu étais dedans...Je t'ai perdue.
> — **La Comtesse** : Mais enfin, vous savez bien ce qu'il en est de la vie, la fortune change, les malheurs arrivent, les maisons brûlent, les maladies surviennent, les gens meurent. C'est l'aventure de tous. »

L'ambition est l'un des moteurs de la quête du Colonel ou du moins ce contre quoi il lutte. En effet, les héros de *La Comédie humaine*, souvent abandonnés de tous au début ou en fin de roman, ont l'ardent désir de reconquérir ce qu'ils ont perdu : « Les personnages balzaciens sont-ils souvent orphelins ; bonne condition romanesque pour être ambitieux [...] Final dramatique propre à émouvoir, mort exemplaire où le romancier devient moraliste et tire ses leçons, elle est aussi condensation de la perte qu'est le roman balzacien [...] Soit après la disparition du sujet ou de l'objectif vital, l'être s'absente dans un coma lucide où il s'animalise : [...] comme l'ex-Colonel Chabert, hors du monde privé d'âme et de vo-

---

[380]. – Voir séquence n° 8. Cette phrase est d'ailleurs reprise mot pour mot par Pontcarral devant son valet Austerlitz, dans le film de Jean Delannoy *Pontcarral, Colonel d'Empire*, tourné sous l'Occupation en 1942.

[381]. – Voir film de 1994, séquence n° 14.

lonté. »[382] Dans le récit littéraire comme dans l'adaptation de Le Hénaff, le vieil homme mène avant tout une quête d'identité ; ne la menant pas à bout, il se trouve privé de son être et finit sa vie dans un hospice, dans le renoncement absolu : « Il n'y a plus de Chabert, vous le savez bien. Il n'y a plus non plus de Hyacinthe, il n'en reste que le numéro 107 de la quatrième salle. »[383]

Néanmoins, dans le film d'Angelo, le viel homme a terminé sa quête d'identité puisqu'il est reconnu par la majorité des gens comme le vrai Colonel. Chabert-Depardieu considère plus sa vie à l'hospice comme une retraite plutôt qu'un renoncement à son identité. Que cela soit le roman ou les films, la reconquête par Chabert de son existence sociale échoue parce que son épouse ne veut plus reconnaître en lui ce qu'il a été. L'autorité qu'il a pu autrefois exercer sur sa femme s'est effondrée, c'est la disparition d'un mythe unitaire ; ce mythe de l'autorité, de la possession « est un signe romanesque par ce qu'il ébauche et fait vivre, sur le mode de quelque chose qui n'est jamais ni perdu d'avance ni mensongèrement gagné. »[384] Si le Colonel souhaite retrouver son rang, il doit aussi être reconnu par sa femme. La quête est donc double : faire revivre le passé amoureux afin que l'identité du vieux soldat renaisse.

- Reprendre sa femme

L'amour ardent de Chabert, évoqué dès le début du roman, est le détonateur du drame que vivra le vieux soldat lorsqu'il sera peu à peu séparé de « l'objet » de son désir. C'est la même chose pour la cousine Bette et pour l'ensemble des protagonistes qui veulent ardemment obtenir quelque chose. « L'objet » convoité leur échappe dès les scènes d'expositions filmiques ou littéraires, et la suite du récit racontera la difficile tentative de récupération. Pensons, à titre d'exemple, aux Minoret-Levrault qui concentreront toute leur énergie pour voler l'héritage d'Ursule Mirouët, à Goriot qui est prêt à tout pour ses deux filles ou à Rosalie Watteville utilisant plus d'un subterfuge pour attirer l'attention d'Albert Savarus. On se souviendra de la délicieuse séquence, magnifiquement représentée dans le film d'Alexandre Astruc, où Rosalie demande à son père de lui construire un belvédère afin qu'elle puisse épier jalousement le charismatique Albert Savarus.

[382]. – ROSA (A.) et TOURNIER (I.). – *Balzac,* Paris, 1992, p. 152.
[383]. – Voir séquence n° 21.
[384]. – BARBERIS (P.). – *Mythes balzaciens*, Paris, 1972, p. 234.

Il en est de même pour Chabert qui, d'une part, écrit de nombreuses lettres à son épouse pour reconquérir son amour, et qui, d'autre part, se rend devant son hôtel particulier sans pouvoir obtenir quoique ce soit. Le Colonel apparaît de ce fait comme une victime de la Comtesse et de la société. C'est un être noble et l'amour qu'il éprouve pour son ex-femme aurait pu lui faire céder la fortune qu'elle lui avait volée. Chabert, enfant trouvé, naïf, trop loyal et généreux, ne pourra jamais reconquérir la Rose Chapotel, l'ancienne prostituée qui « au claquement de mains de la sous-maîtresse, descend l'escalier. »[385] La Comtesse Ferraud n'est qu'une variation de la duchesse de Garigliano : fille au passé douteux, enrichie sous l'Empire et triomphant sous la Restauration.

Autant la quête de Chabert est fondée sur le vouloir : « je vous veux maintenant vous et votre fortune. »,[386] autant la Comtesse situe sa quête dans la dimension et sur l'isotopie du pouvoir. Ce dernier est en quelque sorte l'anti-sujet et le vouloir reste le sujet : « La relation est particulièrement violente si chacun des sujets revendique une identité et une position spécifique : on parle alors d'antagonisme, dont la tension ne peut se résoudre que par la domination d'une identité au détriment d'une autre. »[387] Le programme de l'anti-sujet consiste donc à faire échouer le programme du sujet. La quête du Colonel deviendra d'autant plus difficile qu'un deuxième anti-sujet ainsi qu'un troisième se mettent en place. D'abord, Delbecq, dans le film de 1943, propose à la Comtesse de faire enfermer Chabert dans un asile. Ensuite, n'oublions pas le Comte Ferraud, car Rose Chapotel aime avant tout son deuxième mari qu'elle ne veut pas perdre pour des raisons d'intérêts déjà connus.

Dans le film de 1994, le rôle de Delbecq est quasi inexistant ; néanmoins, dans les deux versions filmiques, le programme de l'anti-sujet inhérent à la Comtesse reste particulièrement efficace. Effectivement l'ex-femme de Chabert connaît bien la sensibilité et les vertus de son premier mari, ainsi que les ruses de la coquetterie féminine dans ce qu'il y a de plus indolent. Félicien Marceau dira à propos du film de Le Hénaff de manière empirique comme une sorte de croyance référentielle[388] : « Marie Bell y était Rose et elle en avait très bien saisi tous les traits. Ce sourire morose, cette lourdeur de la pensionnaire de la maison à qui tout,

---

385. – MARCEAU (F.). – *Balzac et son monde*, Paris : Gallimard, 1986, p. 167.

386. – Cf. Pléiade, tomme III, p. 357.

387. – *Sémiotique du discours…op. cit.*, p. 120.

388. – « Ce sont les savoirs résultant de l'activité humaine qui s'emploie à commenter le monde, c'est à dire à faire que celui-ci n'existe plus pour lui-même mais existe à travers le regard subjectif que le sujet porte sur lui. » in *Le discours d'information médiatique…op.cit.*, p. 45.

sauf l'argent, est indifférent, c'était Rose Chapotel tout entière. »[389] Chabert, n'ayant pu obtenir ce qu'il voulait, a été pris subitement par une maladie : « le dégoût de l'humanité. » Le vieux Colonel tombe dans la dénégation de « soi » et dans un processus de dépersonnalisation. Enorme déception précédée par deux étapes importantes : l'attente et la frustration. Dans ce drame, l'identification du spectateur et du lecteur au héros est difficile à maintenir jusqu'au bout sans tomber dans cette sensation de la déperdition de « soi ». Le spectateur, vers la fin du drame, serait peut-être à l'image de Derville, une sorte de sujet zéro qui constate que la quête n'est pas réalisable.

Le public participe à la première phase de la quête, il s'identifie à l'attente. Cependant, durant la phase de frustration que ressent Chabert lorsque les événements ne tournent pas à son avantage, le spectateur se retranche désespérément sur Derville qui ne peut faire qu'un constat amer des événements. Angelo a su très bien gérer ce changement d'identification vers le spectateur par une sorte de relais sonore transitionnel. Lorsque Derville reçoit la dernière lettre de Chabert le remerciant de tous ses bienfaits, on entend en voix *off*, grâce à la voix du Colonel, ce que lit Derville. Un lent travelling, qui démarre du fond de l'étude, se dirige inexorablement vers l'avoué comme si la voix de Chabert nous obligeait à pénétrer les sentiments de Derville.[390] Ce travelling horizontal nous conduit dans les pensées secrètes de l'avoué qui, immédiatement après avoir lu la lettre, se précipite chez la Comtesse pour révéler au Comte Ferraud que le vieux soldat est toujours vivant. Le relais sonore permet une nouvelle identification portée vers Derville et qui encourage le spectateur à croire que le vieux Colonel sera sauvé.

Dans la version de 1943, nous sombrons avec le vieux soldat dans la chute vertigineuse de l'enfermement, traduite métaphoriquement à la fin du film par le son des cloches,[391] comme si Chabert rentrait définitivement dans les ordres, dans le sacrifice de soi pour les autres. Quant au roman, la fin du Colonel est commentée par l'avoué : « Quelle destinée ! s'écria Derville. Sorti de l'hospice des *Enfants trouvés*, il revient mourir à l'hospice de la *Vieillesse*, après avoir, dans l'intervalle, aidé Napoléon à conquérir l'Egypte et l'Europe. »[392] Le regard du lecteur passe par les yeux de Derville, comme dans le film d'Angelo.

---

389. – *Balzac et son monde...op. cit.*, p. 167. Dans une première version du *Colonel Chabert, La Transaction,* Rose Chapotel n'est pas une prostituée mais une femme de chambre.
390. – Voir séquence n° 15.
391. – Voir séquence n° 21.
392. – Cf. Pléiade, tome III, p. 373.

L'identification du public à la situation et au personnage se réalise grâce aux contraintes techniques et esthétiques qui relèvent non seulement du visuel, de la voix, mais aussi de la musique. Celle-ci contribue à l'adhésion de la salle au sein de la fiction car la musique interagit constamment avec l'image.

Schéma de la quête :
Transformation et déperdition de Chabert, processus de dépersonnalisation

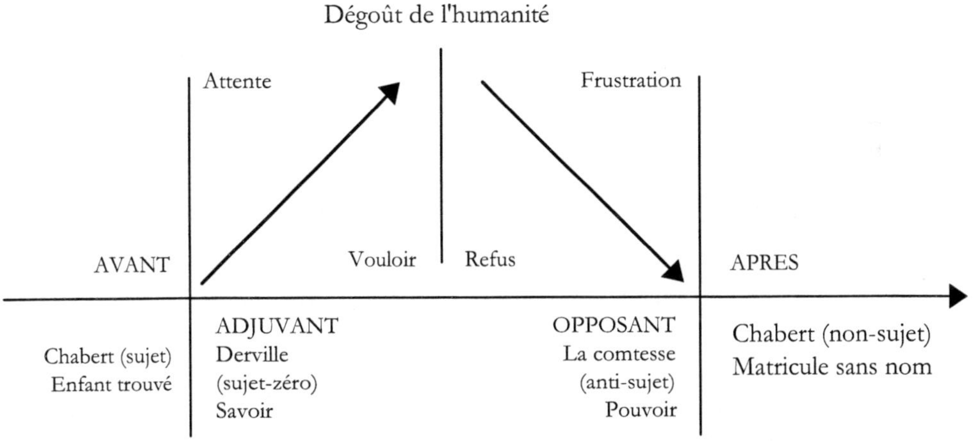

Remarque : La vie du Colonel correspond à un trajet circulaire car au début et à la fin il se retrouve sans nom. Ce récit caractérise non seulement le roman de la victime mais aussi le roman de l'échec au sens large.

b) La musique au service de l'image héroïque

Contrairement à l'icone ou au symbole, « le musical » affiche, d'une part, une très faible épaisseur sémantique car, dans l'absolu, il ne signifie rien ; d'autre part, il se sert uniquement du canal sonore. Cependant, configuré dans le film, « le musical » prendra toute sa signification par le jeu relationnel qu'il entretiendra avec l'ensemble des composantes textuelles. De plus, il est en prise directe sur l'investissement émotionnel et affectif du spectateur. La musique, au sens large, reste l'un des moteurs de la stratégie narrative pour l'adaptation du roman, d'autant plus que Balzac fournit déjà dans son œuvre beaucoup d'informations concernant la musique. *La Duchesse de Langeais* parle de Frantz Liszt, *César Birroteau* évoque *La Cinquième Symphonie* de Beethoven. Quant à *Gambara*, il s'agit d'une réflexion plus théorique sur la musique et nos exemples sont loin d'être exhaustifs. Dans les adaptations du *Colonel Chabert* et d'une manière générale dans tous les films tirés de *La Comédie humaine*, une musique d'atmosphère dirige l'attention du spectateur. Elle a un rôle esthétique et technique suppléant la narration visuelle de l'intrigue. Comme le signale Guy Mousset et ce qui pourrait tout à fait être appliqué aux adaptations étudiées : « La musique peut relayer ce que l'image ou la parole dit bien. »[393] D'une manière générale, la musique reflète les sentiments de Chabert et met en valeur les épreuves du vieux soldat.

* La musique traduit les sentiments du héros

Fort heureusement les partitions musicales des films adaptés de *La Comédie humaine* ne sont pas que des simples catalogues d'états d'âme. *A contrario*, la musique du cinéma muet exprime un sentiment intérieur et propre à l'image avec une grande simplicité. On imagine aisément le genre de musique qui pouvait illustrer *L'Auberge rouge* de Jean Epstein ou *Le Père Goriot* de Jacques de Baroncelli. La plupart du temps, la partition musicale imbibait la scène d'émotion : amour, désespoir et gaieté. Il était donc très facile le soir d'une projection de trouver un pianiste ou un orchestre interprétant la musique idéale plaquée sur les images. Les musiciens n'avaient plus qu'à lire les codes rythmiques sur l'écran se matérialisant par des traits ou des points blancs durant les intertitres. Il arrivait que d'une séance à l'autre la musique ne soit pas la même, mais le plus important était d'exprimer le même sentiment. Une improvisation intéressante était donc élaborée à partir d'une musique d'ambiance.

De nombreux films furent sonorisés bien après leur sortie en salle. Prenons à titre d'exemple *Nosferatu le Vampire*[394] avec une illustration musicale du groupe Art Zoyd en 1989 ou bien *Tire au flanc*[395] d'après une musique de Marc Perronne interprétée avec un accordéon diatonique en 1995. Quelquefois les films font l'objet d'une deuxième sonorisation,

393. – Cf. document vidéo *Le son au cinéma*, de Guy Mousset, prod. Arcadia Films, 1993.
394. – Film muet de Frédéric Wilhem Murnau de 1922.
395. – Film muet de Jean Renoir tourné en 1928.

pensons à la version de *Métropolis*[396] par Georgio Moroder en 1984 : esthétique disco new wave qui contraste avec l'univers expressionniste allemand, d'autant plus que le film a été teinté pour cette nouvelle version. De même dans *The Conquering Power*, la bande musicale fut rajoutée récemment pour une diffusion télévisée sur T.C.M.[397] : il s'agit d'un accompagnement piano qui illustre de manière monocorde aussi bien la joie d'Eugènie qui retrouve Charles revenant des Indes, que la frayeur du père Grandet mourant étouffé par son or.

Dans les adaptations récentes, le rôle de la musique est plus complexe. Il traduit également le sentiment et il s'agit « d'un complexe descriptif-affectif »[398] qui régit le son et l'image en interaction constante. L'analyse de la musique de film se fait toujours d'ailleurs, en relation avec l'effet recherché par la narration, donc dans l'image. Dans le film d'Angelo, il existe une sorte de double mouvement par lequel l'image donne sa coloration émotionnelle à la musique qui semble en retour imprégner l'image. Par exemple, la musique de Frantz Schubert en fond fait revivre à Chabert et en même temps au spectateur, les scènes de la bataille d'Eylau.[399] De même, la musique de Robert Schumann durant la séquence à Groslay, traduit la tentation de l'amour lorsque Chabert et la Comtesse sont respectivement dans leur chambre.[400] Il s'agirait d'une sorte de jeu sémantique fortement conventionnel qui relèverait plus, dans cet exemple précis, de la compétence de l'illustrateur sonore que du musicien. Ce jeu conventionnel est codifié par l'usage social aussi bien que cinématographique : « Yves Angelo a étudié le piano et en joue volontiers à l'occasion. Il a d'ailleurs admirablement choisi les morceaux de Mozart, Scarlatti, Beethoven, Schumann et Schubert qui constituent la bande originale. »[401] Peut-être est-ce une façon indirecte de faire écho au souhait de Balzac : « La musique pour moi ce sont des souvenirs, entendre de la musique, c'est mieux aimer ce qu'on aime. »[402]

Pour Chabert, le souvenir lui permet de chérir à nouveau son épouse et son ancienne vie en se plongeant dans une douce nostalgie rêveuse. Prenons à titre d'exemple, le film de 1943 avec la séquence de la boîte à

---

396. – Film de Fritz Lang de 1927 avec une musique jazz de Godfried Huppertz.
397. – Le générique du film ne mentionne pas le compositeur de la bande-musicale.
398. – *Le cinéma ou l'homme imaginaire…op. cit.*, p. 88.
399. – Voir séquence n° 7, *Sonate pour piano en La M., D 959.*
400. – *Ibid.*, séquence n° 14, *Op. n° 17 Davidsbundlertänze.*
401. – NERSON (J.). – *Depardieu porte ce chef-d'œuvre à bout de bras*, in Le Figaro Magazine, 17 septembre 1994, p.44.
402. – Propos cités par Roger Pierrot extraits du document vidéo : *Honoré de Balzac : Lettres à Madame Hanska* de Hervé Baslé, prod. I.N.A., A2, 1981.

musique que le Colonel découvre dans le salon de la Comtesse. Petite musique aux sonorités limpides qui fait chavirer Chabert en enfance.[403] Dans ce cas présent, la musique exploite toutes ses ressources dramatiques, elle est loin de se cantonner à une simple fonction d'ameublement sonore. Mario Litwin évoquerait une musique ayant « un facteur de présence » : « un paramètre qui indique la capacité d'un passage musical en contexte dramatique à se faire remarquer. »[404] Le son de la boîte à musique exprime non seulement le sentiment nostalgique du vieux soldat, mais il permet au spectateur de pénétrer encore mieux dans l'affect de Chabert : on pourrait parler de musique intra-diégétique qui s'oppose donc à la musique extra-diégétique.

Cette dernière reste fréquente dans les génériques de fin, elle pousse le spectateur à sortir de l'univers fictionnel. Evoquons à titre d'exemple la chanson *Love song for a Vampire* d'Annie Lennox à la fin du film *Dracula* de Coppola[405] qui contraste avec la musique de Diamanda Galàs. Celle-ci, avec le morceau *Exelum,* illustre bien le roman néo-gothique de Bram Stocker. La musique moderne d'Annie Lennox invite donc le public à revenir à la réalité et à quitter agréablement la salle.

Dans les adaptations des œuvres de Balzac, la musique a rarement un rôle extra-diégétique, sauf si elle entre en ligne de compte dans l'esthétique temporelle du montage.[406] Le sentiment en général est un état affectif que le protagoniste balzacien éprouve tantôt comme une disposition plus ou moins permanente de son affect, tantôt comme l'effet d'un paramètre extérieur sur son affectivité, à tel point que la musique anticipe sur l'image et, par conséquent, les deux font redondance. La musique et le personnage construisent parfois une telle symbiose qu'ils créent une identité sonore relevant non seulement du sentiment mais aussi de l'action.

---

[403]. – Voir séquence n° 4.

[404]. – LITWIN (M.). – *Le film et sa musique*, Paris, 1992, p.32.

[405]. – Film tourné en 1993. Il est possible que Bram Stocker se soit inspiré de la nouvelle de Balzac *La Centenaire* pour écrire *Dracula.*

[406]. – Cf. *supra* cinquième chapitre et sous-partie, *Enonciation impersonnelle qui crée le temps : accès indirect à la connaissance du temps diégétique (rôle du partiteur musical).*

* La musique souligne les épreuves de Chabert

La musique, quelles que soient ses fonctions originelles, devient en s'associant avec l'image, emblème d'un lieu, d'un personnage, d'une sensation, d'un sentiment et surtout d'une action. Il est très rare que la bande-image fasse totalement redondance avec la bande-son sans établir un contrepoint audiovisuel. Par conséquent, son et image sont deux types d'énonciation qui n'ont en apparence aucun point commun et qui pourtant se font écho : « L'image infléchit la perception du son, le son commente l'image et en influence la lecture. »[407]

Dans le film de 1994, la musique n'est pas pour autant démonstrative contrairement à la bande-image ; mais elle révèle une tension intérieure d'une comédie sociale à laquelle est soumis Chabert. Le Colonel vit intensément chaque action et à toutes les épreuves, par le biais d'un narrateur musical omniscient, est transmis ce que ressent le vieux soldat. Ainsi, le spectateur se souviendra de l'ironie du clavecin de Scarlatti qui illustre les deux scènes intimes des époux Ferraud.[408] On évoquera également le caractère serein et apaisé du trio de Beethoven sur le champ des morts.[409] Sérénité qui correspond à l'abandon de Chabert, au poids des épreuves accumulées, tout comme la musique pour piano de Schumann, si intime et secrète, lors de la séquence dans le jardin de Groslay avec les enfants de la Comtesse.[410]

La musique reste toujours liée aux épreuves psychologiques du vieux soldat qui se renferme dans une douloureuse mélancolie résignée. Cette musique, à la fois distante des événements et proche de l'émotion du spectateur, nous donne à lire de manière contrapuntique l'action dramatique. La musique établit un pont direct, un lien entre le spectateur et Chabert grâce à ce contrepoint. Comme l'affirme Claude Filteau la musique : « prend part à ce que j'appellerai plus loin l'organisation « dialogale » du scénario (action-réaction). Elle peut même devenir à certains moments l'un des protagonistes de l'intrigue, quand on tient compte, cette fois, de ce que l'on appelle la « musique d'écran », c'est-à-dire celle qu'entendent les personnages dans la fiction. »[411] Prenons à titre d'exemple, la musique finale du *Curé de Tours* de Gabriel Axel dont

---

407. – CAMPAN (V.). – *L'Ecoute filmique*, Paris, 1999, p. 54-55.
408. – Voir séquence n° 5 et 12, *Sonate K 322* et *Sonate K 280.*
409. – *Ibid.*, séquence n° 18, *Trio op. n° 1 Ghost.*
410. – Voir séquence n° 14, *Etudes Symphoniques op. 13, Variation n° 11.*
411. – FILTEAU (C.). – *Les rapports musique/image/action dans l'adaptation d'Orgueil et préjugés de Jane Austen par Simon Langton*, in *De l'écrit à l'écran*, (ouvrage collectif) Limoges, 2000, p. 563.

le caractère empathique est bifocalisé sur deux types d'actions différentes. *La messe en ut mineur* de Mozart est à la fois triste et gaie, elle peut exprimer la victoire ou la défaite, tout dépend de l'image qui l'accompagne. La musique structure donc le visuel, elle prend une valeur ajoutée « en fonction des codes culturels de la tristesse, de la gaieté, de l'émotion et du mouvement. Nous pouvons alors parler de musique empathique (du mot empathie : faculté de ressentir les sentiments des autres). »[412] Celle-ci exprime dans ce cas bien plus qu'une émotion, soulignant l'action, elle relève d'une certaine dynamique qui devient mouvement et qui établit un véritable contrat audiovisuel : « Les perceptions sonores et visuelles [...] s'influencent mutuellement, et se prêtent l'une à l'autre, par contamination et projection, leurs propriétés respectives. »[413] *La messe en ut mineur* met en relief la réussite et la vengeance de Troubert chantée par les chœurs. On se souviendra de l'avant-dernier plan du film où Troubert, devenu évêque, franchit le pont de Tours en voiture à cheval aussi fier que Napoléon revenant d'Austerlitz. Cette même musique, au moment où les chœurs s'arrêtent, où le rythme musical ralentit, traduit l'échec de Birotteau abandonné sur un banc, rejeté par tous. La transition musicale se fait progressivement au moment où la voiture de l'évêque passe devant Birotteau, qui ne conservera de l'héritage de l'abbé Chapeloud qu'un souvenir à la fois doucereux et amer.

Toute musique travaille simultanément plusieurs sources d'informations. Ce potentiel d'expressivité, à la fois riche et complexe, autorise des stratégies esthétiques combinant le son, l'image, mais aussi le mouvement de l'image et dans l'image.

3°) Plastique et diégétisation visuelle et sonore

Le contrat fictionnel du film se réalise avec la coprésence et l'interaction de deux partenaires.

D'une part, il y a le spectateur avec son activité réceptive et d'autre part, il y a le texte filmique.

Le monde diégétique, construit sur un postulat de sens et d'images, est un processus interprétatif complexe qui n'est pas un acquis, mais un monde à élaborer sur la base de multiples propositions filmiques. D'abord, le mouvement du champ constitue une stratégie de vision et un

---

412. – CHION (M.). – *L'audio-vision : son et image au cinéma*, Paris, 1990, p.11.
413. – *Ibid.*, p. 12-13.

centre perceptif d'émotions sonores. Loin d'être neutre, cette stratégie perceptive du son, en rapport avec une image, est organisée par des habitudes mentales qui nous incitent à oublier l'écart éventuel entre le son et l'image au profit de leur convergence.

Ensuite, il faudra tenir compte du mouvement dans le champ en tant que centre d'identification hypnotique renforcé par la lumière et la couleur. La perception de l'image n'est pas qu'une simple excitation rétinienne provoquée par les couleurs et leur intensité lumineuse, mais elle les organise de manière à établir l'homogénéité du champ.

Enfin, nous nous intéresserons au rôle du hors-champ, cette proposition filmique représente une traduction de la dynamique de l'intrigue balzacienne. L'image cinématographique est hantée par ce qui ne s'y trouve pas et le hors-champ est un lien d'incertitude, voire d'angoisse, qui est doté d'un pouvoir dramatique considérable.

a) Mouvement du champ : stratégie de vision et centre perceptif d'émotions sonores

En tant que signe iconique, le son, comme l'image, participe lui aussi à la figuration et à la structuration de l'univers diégétique. Sons et images s'entretiennent sans se confondre et si parfois l'ancrage de ce rapport ne scelle qu'un accord furtif entre son et image, le dialogue en revanche semble créer entre eux un lien plus étroit : au lieu d'assigner au sonore une origine ponctuelle, il en circonscrit la projection dans la plastique visuelle. Les dialogues contribuent aussi à la visualisation du roman d'autant plus s'ils restent fidèles aux écrits de Balzac. Afin que le son vienne compléter notre connaissance de l'espace balzacien, il faut le réduire à un acte qui se fait entendre en lui attribuant une place et un sens. Il nous a donc paru primordial d'analyser ce rapport son et image à l'origine d'une esthétique balzacienne.

* Les dialogues du film contribuent à la visualisation du roman

Dans un film, il est difficile d'isoler le dialogue des événements qui lui servent de cadre. Dans un roman, les répliques sont créés à l'aide de mots mais elles ne sont pas présentés simultanément au cadre. Autrement dit, la description du contexte se situe avant ou après la prise de parole des protagonistes. Le lecteur peut faire coexister simultanément dans son imaginaire le cadre et les dialogues. Au cinéma, la simultanéité est un acquis, les mots doivent sortir de la situation. Le dialogue visualise aussi le roman et en même temps il relève de la psychologie obligeant le spectateur à retrouver la saveur du texte littéraire : « Le son réaliste impose à l'image un parcours régulier, un dépassement vers l'instant suivant ; le spectateur est tiré vers le futur proche, le son prépare et conduit son attente, dirige son appréhension. »[414] Il ne faut pas oublier que le dialogue doit être réduit à sa plus simple expression, ce que d'ailleurs les adaptateurs des œuvres de Balzac ont pratiquement tous fait.

Il faut composer avec la réalité du dialogue littéraire et le transposer. Pierre Moustier évoquait à propos de l'adaptation de *L'Iinterdiction* : « Il faut prendre du recul par rapport à l'œuvre qui doit devenir une référence. Des mots, certaines expressions ou abstractions ne passeraient pas dans un dialogue. »[415] Certains réalisateurs décident même de supprimer les dialogues d'exposition romanesque qui ne sont pas toujours considérés au cinéma comme des faire-valoir du texte littéraire.

Des romans comme *La Cousine Bette* et *Le Colonel Chabert* ont un *incipit* atypique, construit sur un dialogue qui permet de faire connaissance avec les personnages et les situations, et non sur la description narrative habituelle. Ces répliques ont été supprimés par Hubert, Mcanuff et Le Hénaff, car ils ont justement renoué avec la tradition littéraire classique qui consiste à installer un cadre, une situation avant d'entamer des dialogues. Curieusement et bien que le film d'Angelo soit de conception classique, le réalisateur présente l'étude de maître Derville comme un dialogue de théâtre dont le but principal est de montrer, de sonoriser le type de conversation que l'on peut entendre dans un tel endroit.

Balzac et Angelo jouent sur la fonction référentielle. Chez l'écrivain, les dialogues sont entrecoupés par des interventions du narrateur tels que les commentaires et les descriptions au présent gnomique : « au mois de février, il existe à Paris très peu d'études où l'on puisse écrire sans le secours d'une lampe avant dix heures, car elles sont toutes l'objet d'une négligence assez concevable. »[416] A l'écran, ces mêmes dialogues sont rythmés par une succession de plans qui présentent crûment l'étude comme un huissier ferait un constat. Ces répliques, loin de faire redondance avec la bande-image, élargissent l'univers visuel du roman balzacien. Comme l'évoque Tudor Eliad : « le rôle du dialogue est à la fois de donner l'information, de caractériser le personnage et de faire

---

414. – *Le son au cinéma...op. cit.,* document vidéo.
415. – *L'adaptation des œuvres littéraires selon Pierre Moustiers...op. cit.,* p. 14.
416. – Cf. Pléiade, tome III, p. 314.

avancer l'histoire. »[417] L'arrivée du Colonel dans les deux films étudiés semble aussi mettre en valeur les informations sur le référent qu'est l'étude de l'avoué.[418] Les premières paroles du protagoniste présentent l'action, les gestes, la voix et l'intonation. L'ensemble remplace la description sociologique balzacienne : « En écoutant quelqu'un parler, vous pouvez vous rendre compte de ses origines, de son passé, de son expérience, de sa profession, de son caractère et de son éducation. »[419] Le dialogue évite au réalisateur tout un arsenal descriptif nécessaire au romancier, mais qui dans le film alourdirait considérablement le récit.

Balzac, grâce au dialogue « sait aussi créer des atmosphères sonores parfaitement en harmonie avec les intrigues qu'il noue, rendant aussi perceptible aux sens comme au cœur la tonalité même de son œuvre. »[420] Le Septième Art n'a plus qu'à rendre ces ambiances sonores et le film d'Angelo utilise à cet effet des procédés techniques qui, analysés rétrospectivement, sembles empruntés à la taxinomie de Michel Chion. Il y a d'abord la notion de « voco-centrisme » : « processus par lequel, dans un ensemble sonore, la voix attire et centre notre attention de la même façon que pour l'œil, dans un plan de cinéma, le visage humain. »[421] C'est ce que nous venons de voir avec l'arrivée du Colonel dans l'étude où le son concentre l'image sur le personnage. Il existe également le processus du « voco-décentrisme » : « cas paradoxal où les dialogues sont nombreux et importants mais où leur abondance n'est pas « dissimulée » ou « absorbée » par la mise en scène, et se donne à percevoir comme telle, faute que l'écoute en soit facilitée par le reste des éléments cinématographiques. »[422] C'est le cas lorsque les deux réalisateurs nous présentent un brouhaha de dialogue dont la seule vertu est de rendre visuel l'univers de l'étude, sans forcément attirer le spectateur sur un point précis de l'image, qui paradoxalement utilise le son dans le film.

Le dialogue est donc un indicateur sémantique important dans ces adaptations car il s'agit d'un code fortement homogénéisé : la langue verbale facilite le déchiffrement du texte visuel en donnant au spectateur un parcours de sens. Ce dernier se rapproche de l'univers balzacien et de sa plastique visuelle.

---

417. – *Les secrets de l'adaptation...op. cit.*, p. 69.
418. – Voir séquence n° 7 pour le film de 1943 et séquence n° 2 pour celui de 1994.
419. – *Les secrets de l'adaptation...op. cit.*, p. 67
420. – *Balzac cinéaste...op. cit.*, p. 74-75.
421. – CHION (M.). – *Le son*, Paris, 1998, p. 225.
422. – *Ibid.*, p. 226.

* Rapport sons et images : construction d'une esthétique balzacienne

Le mouvement du champ construit plusieurs types de rapport. Il y a l'image et le bruit (l'environnement sonore), l'image et le texte lu ou écrit, l'image et la musique ce que nous avons évoqué précédemment et enfin le rapport bruit et musique. L'ensemble repose sur l'exploration d'une nouvelle construction esthétique de l'univers de Balzac, grâce aux mouvements de caméra. Il est évident que ces relations existent lorsqu'il y a un mouvement dans le champ ; mais ce dernier permet de sonder mieux encore tous ces rapports en raison de la dynamique du mouvement. Celle-ci est moins importante lorsqu'on s'intéresse uniquement à l'étude du champ, donc à l'étude du plan seul.

Balzac rend l'atmosphère de l'étude comme s'il tenait en main une caméra, car l'auteur, comme le soutient Anne-Marie Baron, est l'inventeur de l'écriture cinématographique. Il faut se rappeler les procédés descriptifs au début du *Père Goriot* qui tendent du général au particulier, notamment lorsque l'auteur décrit la pension Vauquer : « Elle est située dans le bas de la rue Neuve-Sainte-Geneviève, à l'endroit où le terrain s'abaisse vers la rue de l'Arbalète par une pente brusque et si rude que les chevaux la montent ou la descendent si rarement ».[423] Sans le savoir, Balzac devient donc le créateur du zoom cinématographique. Le Hénaff et Angelo ont su, grâce à des pano-travellings, mettre en relation instantanée l'univers de l'étude de l'avoué et le spectateur. Ils associent l'image et le bruit avec ses exclamations, ses plaisanteries, ses bruits de papier et de mobilier crasseux craquant au moindre pas. A la différence de la musique et quoique celle-ci n'en soit qu'un aspect, le son est des plus réalistes. Les bruits se dédoublent et complètent l'exploration du champ de l'étude car ils pénètrent l'obscurité de la pièce : cet univers quasi organique dans lequel gisent encore des comestibles.

Le son, grâce aux mouvements de caméra sur l'étude, est spatialisé ; tout comme la musique, il élargit le champ perceptif du spectateur surtout lorsque le son devient *off* ce que nous verrons ultérieurement.[424] Dans l'image muette, c'est par un mouvement du champ que se manifeste en creux une émission acoustique. Par exemple, un rapide travelling ou un gros plan en insert sur l'objet sonore signifieront clairement que cet objet n'est pas qu'un simple élément du décor, mais le vecteur d'un effet sonore. Le gros plan, sur le berceau rempli d'or dans *The Conquering*

---

[423]. – Cf. Pléiade, tome III, p. 50.

[424]. – Voir *supra* sous-partie *Hors-champ : traduction de la dynamique de l'intrigue balzacienne.*

Power, montre à la fin du film la passion de Grandet pour ses pièces. Ce type de plan suggère implicitement le tintement fascinant des pièces les unes sur les autres, ce que Gérard Oury a magnifiquement caricaturé dans *La folie des grandeurs* avec l'utilisation outrancière du cliquetis des pièces d'or.[425]

L'esthétique balzacienne est également reconstruite par le rapport entre l'image et le texte écrit ou lu. Dans les films muets et mêmes sonorisés, les cartons sont des effets langagiers qui viennent compléter les mouvements du champ. Le mot apporte un certain nombre d'informations que l'image ne peut véhiculer. Comme l'affirment André Gaudreault et François Jost : « Le mot guide le spectateur parmi les différents signifiés possibles d'une action représentée visuellement. C'est sa fonction d'ancrage. »[426] A la fin de *Passion in the desert*, le film se termine par une citation reprise dans la nouvelle : « *She was white like the sands, tawny like the sands and burning like the sands* ».[427] Réduite à l'essentiel, cette phrase est emblématique de l'univers de la nouvelle et de la relation particulièrement sensuelle et poétique entre le soldat et la panthère. Cette citation donne un sens idéologique et élargit le champ de la nouvelle ainsi que celui du texte filmique. Après ce travelling de rapprochement où l'on voit le soldat s'effondrer, cette phrase permet un jugement sur ce que l'image ne peut présenter de manière affirmée. Ces informations scripturales finissent de construire le monde diégétique, la citation fait un clin d'œil final à toute cette volonté de rester fidèle au texte littéraire même si Lavinia Currier a pris la liberté, de modifier considérablement la trame narrative de la nouvelle et de ne pas reproduire fidèlement la citation de l'auteur. Cette dernière confère au spectateur une lisibilité spatio-temporelle globale de l'univers du film pour un public qui a besoin d'être guidé et d'être réconforté à la fin du récit, tout comme le fait Balzac en donnant une explication sur tout le dénouement.

Ainsi, certains films ont le souci de reproduire cette esthétique de *La Comédie humaine* en associant un son, une image et des mots pour visualiser et sonoriser l'environnement ambiant du protagoniste.

Il existe une autre alliance de l'image et du son notamment lorsqu'il se crée une sorte de symbiose entre le bruit et la musique. Celle-ci peut déjà

---

[425]. – Cf. la scène où Blaze réveille Don Salluste en brassant des pièces d'or dans une écuelle.

[426]. – *Le récit cinématographique...op. cit.*, p. 70.

[427]. – Le film est disponible en version originale non sous-titrée, voici le texte de Balzac qui s'apparente le plus à cette citation finale, celle-ci n'étant pas tout à fait une traduction : « Elle a une âme...dit-il en étudiant la tranquillité de cette reine des sables, dorée comme eux, solitaire et brûlante comme eux... ». Cf. Pléiade, tome VIII, p. 1231.

constituer une sorte de rytme musical. Pensons à *Star Wars* où les bruits sourds des vaisseaux combinés aux sons vibrants des sabre-lasers forment une sorte d'ondulation harmonique, un peu comme une symphonie fantastique au sens propre du terme.[428] On parle même de *Space Opera*. Dans le film de 1943, les scènes de la bataille d'Eylau utilisent à la fois la musique et le bruit ; musique de combat qui s'accorde parfaitement avec les cris et les entrechoquements des armes métalliques.[429] Cette alliance audiovisuelle fréquente dans les films est « liée-concrète car le contexte visuel du son inclut la représentation de la source *ad hoc*. »[430] Dans les adaptations balzaciennes, on ne recense pas de combinaison audiovisuelle « liée-musicale »,[431] ce qui impliquerait qu'un son musical soit substitué au bruit. Cette combinaison caractérise plus les comédies et les dessins animés. Il y a aussi l'utilisation du son *off*, à l'extérieur du cadre que nous garderons justement pour l'analyse du hors-champ.

L'étude du son implique forcément des articulations avec l'image qui vont au-delà d'une simple relation d'ancrage. Sonoriser le monde balzacien pour un adaptateur, c'est concrétiser le champ lexical du sonore en donnant corps à une diégétisation filmique qui, dans le roman, restait virtuelle. Elle se matérialise d'autant plus dans le film qu'elle contribue à visualiser les personnages romanesques, tout comme le font la lumière et la couleur en orientant la construction du champ.

b) Mouvement dans le champ : centre d'identification hypnotique renforcé par la lumière et la couleur

Ce qui se passe à l'intérieur de l'image crée une « dynamique communicative »[432] dans laquelle le message filmique organise la communication et l'information sur le personnage principal. La lumière et la couleur vont contribuer plus que jamais à la visualisation du héros et à la fascination du spectateur. On peut parler alors d'une fonction alarmante de la lumière, sorte de répondant à sa puissance hypnotique. Quant aux couleurs, elles forment des ensembles signifiants. Elles structurent la

---

428. – Voir le film de Georges Lucas *La guerre des étoiles* réalisé en 1977 sans oublier les épisodes suivants.
429. – Voir séquence n° 8.
430. – *L'oeil-caméra : entre film et roman…op. cit.*, p. 48.
431. – *Ibid.*, p. 49.
432. – COLIN (M.). – *La dislocation*, in *La théorie du film,* (colloque de Lyon), Paris, 1980, p. 74.

composition du plan, elles créent une activité rythmique convoquant et soumettant le public à une puissance ensorcelante. D'une manière générale, la couleur et le noir et blanc doivent être conçus « non comme une mosaïque mais comme un système de configuration. »[433]

* La lumière : puissance dramatique et esthétisante

Si le mouvement dans l'image est capital pour l'écrivain et pour le cinéaste, un autre élément demeure primordial : la lumière. Celle-ci est utilisée pour renforcer la vraisemblance dans la mesure où le cinéaste souhaite rester conforme au réel romanesque. La lumière peut être utilisée également dans le but de mettre en valeur le caractère irréel et artificiel de l'objet, car le romancier et le cinéaste peuvent s'en servir comme moyen d'isoler un élément et de le distinguer des autres, notamment lorsqu'il s'agit des personnages.

Le but est d'isoler le mouvement du protagoniste grâce à l'esthétique dramatique de la lumière. Le pouvoir hypnotique de celle-ci consiste à faire de ce qui est vu un spectacle. Le romancier peut lui aussi, grâce aux mots, comme le fait le cinéaste à l'aide de la caméra, isoler un élément en mouvement mettant le lecteur ou le spectateur dans une position d'un spectateur qui oublierait que quelqu'un filme ou raconte pour lui. Au cinéma, le public s'assimile à la caméra et l'éclairage lui permet de ne pas prêter attention au mouvement dans le champ, créant ainsi un centre d'identification hypnotique, rendant la technique cinématographique naturelle et inaperçue. Angelo disait d'ailleurs : « La lumière et l'ombre, l'éclat et le mystère d'un visage et d'une expression que la caméra doit saisir avec la sobriété et l'humilité qui convient, doivent être loin de toute complaisance technique que je regrette presque instinctivement. »[434] Celles-ci sont d'autant plus inutiles que le texte de Balzac fournit suffisamment d'indications sur la lumière[435] où le cinéaste n'a plus qu'à s'exécuter sans forcément reproduire au goût du jour les techniques cinématographiques du moment.

[433]. – *Sens et non-sens...op. cit.*, p. 61.

[434]. – COLLECTIF. – *Le Colonel Chabert*, C.R.D.P. du Limousin, 1994, p. 17.

[435]. – Lire le début de *La Vendetta* : « Au moment où commence cette histoire, le brillant soleil du mois de juillet illuminait l'atelier, et deux rayons le traversaient dans sa profondeur en y traçant de larges bandes d'or diaphanes où brillaient des grains de poussière. » Cf. Pléiade, tome I, p. 1042.

Dans le texte *L'Auberge rouge*, la lumière devient expressionniste avant l'heure, car Balzac n'hésite pas à rendre l'atmosphère mystérieuse et fantastique (un peu comme *Le cabinet du docteur Caligari*)[436] « par des éclairages qui annoncent les clairs-obscurs typiques du cinéma muet allemand. »[437] En effet, lorsque les deux voyageurs pénètrent dans l'auberge, l'auteur nous présente l'intérieur de manière contrastée et indistincte : « Les nuages épais et blanchâtres exhalés par une nombreuse assemblée de fumeurs ne leur permirent pas de distinguer d'abord les gens avec lesquels ils allaient se trouver ; mais lorsqu'ils se furent assis près d'une table, avec la patience pratique de ces voyageurs philosophiques qui ont reconnu l'inutilité du bruit, ils démêlèrent, à travers les vapeurs du tabac, les accessoires obligés d'une auberge allemande. »[438] Cette atmosphère d'ombres et de lumières, avec un mouvement dans le champ à peine distinct, est bien reproduite par Jean Epstein. Il nous dévoile l'auberge et ses personnages comme un drame mortel rappelant un peu l'univers de *Métropolis*. En effet, Fritz Lang nous montre une pyramide d'acier noir, masquée ou plutôt rendue floue par les jets de vapeurs blanches qui sortent des bielles anéantissant les humains. Epstein et Lang, sous le joug de l'expressionnisme, jouent donc sur les contrastes lumineux et leurs ressorts dramatiques.

Dès lors, la lumière détient cette capacité de subjuguer, elle éclaire la tragédie existentielle de Chabert en sollicitant le spectateur par une puissance d'éblouissement lumineux, notamment lorsque le vieux Colonel évoque avec force et passion la bataille sur le front russe. On se souviendra du passage dans lequel le visage de Raimu, éclairé par une lumière en contre plongé, rend le personnage fantasmagorique, d'autant plus que Le Hénaff fait varier le contraste des lumières. En effet, durant ce gros plan, le visage reste moins éclairé au profit des yeux qui deviennent translucides pour laisser en fondu enchaîné la place aux images violentes de la bataille d'Eylau. Cette séquence ressemble au face-à-face romanesque entre Chabert et Derville : « A cette phrase inachevée, le Colonel Chabert tomba dans une rêverie profonde que Derville respecta. »[439] Dans le film de 1943, le silence de l'avoué permet au spectateur de visionner toute la scène des combats. Le contraste de lumière sur le visage du vieux soldat montre que celui-ci est absorbé par les puissances obscures de « La Comédie humaine » : « Du côté de ce qui est regardé par l'image, enregistré en elle, c'est-à-dire des corps (êtres, lieux, objets), se manifeste une puis-

[436]. – Voir le film de Robert Wiene tourné en 1919.
[437]. – *Balzac cinéaste...op. cit.*, p. 119.
[438]. – Cf. Pléiade, tome XI, p. 96.
[439]. – *Ibid.*, tome III, p. 327.

sance native-létale : cette faculté qu'à la lumière d'engendrer et d'annihiler les corps, qu'ont clarté et obscurité de consumer ou dévorer les corps. »[440] On se souviendra également du plan général, dans *La Belle Noiseuse,* où Michel Piccoli essaye de peindre Emmanuelle Béart. En effet, une symétrie des lumières repose sur un contraste d'ombre et de lumière entre le premier plan et l'arrière-plan évoquant implicitement la difficulté de l'artiste à trouver la position, l'angle d'attaque et la lumière pour peindre « son chef-d'œuvre absolu ».

Difficulté que Godard a tentée d'évoquer dans son film *Passion* à propos de la lumière chez Rubens.[441] Dans *La Belle Noiseuse,* nous avons donc un plan moyen sur Marianne vue de face avec un éclairage de trois-quarts avant gauche au premier plan, tandis qu'à l'arrière-plan Frenhofer peint son modèle de dos. Piccoli est éclairé de trois-quarts avant droit. Cette symétrie et opposition des éclairages donnent une dynamique au champ et obéit à une démarche logique dans laquelle tout converge parfaitement vers le sens voulu et vers lui seul. Jacques Rivette nous donne à voir un monde organisé vers ce sens : celui du problème de la création. Le cinéaste, grâce à l'éclairage pictural, filme la distance, les fluides, les fluctuations entre Marianne et Frenhofer. La lumière possède cette puissance emblématique de pousser le paroxysme des tensions entre les protagonistes, rendant le faisceau du regard du peintre entre son modèle et sa peinture quasi-impossible en raison de ce contraste lumineux.

D'une manière générale, la description de Balzac, qu'elle soit littéraire ou mise en film, utilise non seulement la notion d'ombre et de clarté, mais elle la met en rapport avec certaines couleurs.

* Noir et blanc, couleurs : activité rythmique et fascinante

En ce qui concerne l'aspect chromatique du film et contrairement à la lumière, il est difficile d'identifier un véritable système cohérent du sens. Même si la couleur ne reproduit pas systématiquement la réalité (et ce n'est pas forcément ce qu'on lui demande), elle incarne des valeurs symboliques qui rythment et rendent esthétique le spectacle filmique. Même si la couleur, globalement dans les deux adaptations, n'a pas une signification précise, l'utilisation de celle-ci dans certaines séquences n'est pas

---

440. – REVAULT D'ALLONNES (F.). – *La lumière au cinéma*, Paris : Cahiers du cinéma, 1994, p.96.

441. – Film réalisé en 1982 : Jerzy, cinéaste polonais, tourne un film à partir de scènes des toiles de maîtres. Sa difficulté consiste à reconstruire l'éclairage idéal.

dépourvue de stratégie textuelle. Elle veut souvent organiser l'intrigue et mettre en relief le mouvement dans le champ. La couleur participe à la construction du plan.

Le Hénaff joue sur les contrastes du noir et du blanc au début du film lorsque le Comte et la Comtesse Ferraud évoquent les goûts douteux de Chabert concernant le mobilier : les fresques murales sont extrêmement chargées de motifs et de couleurs, ce que le noir et blanc arrivent justement à rendre.[442] Le cinéaste fait habilement écho au contraste balzacien entre le goût populaire pour la couleur accompagnée de l'obscurité, et la discrétion aristocratique préférant l'uniformisation dans la couleur ainsi que la clarté.

Souvent les réalisateurs restent fidèles aux valeurs symboliques des couleurs contrastées de l'univers de *La Comédie humaine*. Par exemple, au début du téléfilm *Le Curé de Tours*, l'abbé Birotteau revoit, grâce à l'utilisation d'un plan moyen, les agréables soirées qu'il passait chez la baronne de Listomère à jouer au whist. L'utilisation d'un « filtre brouillard », opérant un léger voile sur l'écran, rend cet univers encore plus douillet. L'intérieur est chaleureux, les couleurs sont riches et chaudes ; elles s'opposent aux couleurs ternes de la pension de madame Gamard. L'obscurité et la froideur vont même rendre sinistre le bel appartement de l'abbé Chapelou. Les souvenirs de Birotteau contrastent également avec le premier plan général du film. En effet, une dominante noire traduit non seulement l'ascèse de l'abbé, mais cette couleur préfigure aussi la malédiction qu'il ne soupçonne pas encore. En arrière plan, une lumière diaphane met, d'une part, en valeur une petite pluie fine et pénétrante, et d'autre part, elle rend plus fascinante la silhouette noire de l'abbé. Cette pâle lueur lui confère un statut presque diabolique digne d'un docteur Petiot errant dans les rues de Paris. [443]

La couleur est donc forcément associée à la lumière ; il s'agit parfois d'un dosage si minutieux que le regard du spectateur reste souvent absorbé par un ensemble de configurations figuratives. Elles sont construites par la plastique des teintes : « La couleur est cette dimension si essentielle de l'expérience humaine que nous ne songeons même pas à la singulariser au sein de cette expérience. Tout ce que nous voyons est coloré, mais précisément pour cela, nous l'oublions souvent. »[444] Angelo nous interroge justement sur la signification en apparence anodine des couleurs, en leur attribuant un sens quasi métaphysique, notamment lors-

---

[442]. – Voir séquence n° 1.

[443]. – Voir le film *Docteur Petiot* de Christian De Chalonge réalisé en 1990.

[444]. – AUMONT (J.). – *Introduction à la couleur : des discours aux images*, Paris, 1994, p. 116.

que Depardieu dit en voix *off* dans le plan final : « La mort, c'est rouge et puis c'est bleu... »[445] L'ensemble de ces couleurs fait non seulement écho à celles du drapeau français, mais elles donnent un caractère tranquille au champ de bataille, permettant au spectateur de quitter la salle sur un rythme paisible. Le souvenir de ces couleurs offre peut-être à Chabert la possibilité de reposer en paix, car la musique vient apaiser les derniers soubresauts d'un combat sanguinaire.

Le rouge et le bleu connotent métaphoriquement la mort au champ de bataille pour la patrie, mais aussi la mort spirituelle de Chabert refusant tout combat. Elle symbolise son paysage psychologique à l'égal du terrain de bataille en ruine. Le son, la couleur et le mouvement du champ dans ce plan final s'annulent progressivement : « Le silence qu'oppose finalement Chabert aux discours de l'Histoire, de la Comtesse, de la justice prend chez Angelo une dimension métaphorique, au-delà de l'orientation éthique du roman balzacien. »[446] La couleur ponctue et rythme le récit filmique ; elle devient un véritable langage. Elle n'est pas aussi déterminante que la lumière car, la couleur sait à la fois être discrète et somptueuse. Elle triomphe du spectateur par une sorte de processus « fascinatoire ». De surcroît, elle est d'une grande efficacité esthétique. Elle sait tantôt s'effacer derrière les personnages, les objets et l'action, et tantôt les anéantir derrière elle.

La couleur et la lumière perfectionnent le champ avec les mouvements à l'intérieur de l'image. Mais ce qui se passe à l'extérieur de celle-ci contribue à élargir l'esthétique du monde balzacien avec ce qui est pressenti hors-champ.

c) Hors-champ : traduction de la dynamique de l'intrigue balzacienne

L'image filmique est toujours incomplète car elle n'est qu'une représentation partielle d'un monde artificiellement reconstruit. L'image, limitée par le champ, laisse deviner un espace encore plus grand, celui qui correspond à l'incomplétude de l'image. Celle-ci dépend de la façon dont le réalisateur élabore la scène qui est donc délimitée par un espace visible et diégétique, rejetant hors cadre le non visible, cette zone inaccessible d'incertitude et d'angoisse : « L'écran n'est pas un cadre comme

445. – Voir séquence n° 18.
446. – *Le Colonel Chabert : récit romanesque et récits filmiques...op. cit.*, p. 347.

celui du tableau, mais un cadre qui ne laisse percevoir qu'une partie de l'événement […] Tout ce que l'écran nous montre est censé se prolonger indéfiniment dans l'univers. »[447] D'un côté, nous avons un monde centripète avec la représentation du cadre et un monde centrifuge avec l'espace indéfini du hors cadre. Ce dernier est doté d'un grand pouvoir dramatique, il peut être un palliatif de la description balzacienne. Le non visible, suppléé par les sons perceptibles et imperceptibles, reflète tout aussi bien que l'image centripète ce que le roman nous dit. Quelquefois, il l'exprime si bien qu'il traduit la perte de Chabert. Nous serons amenés à classer différents types de sons *off* qui rendent encore plus dynamique et angoissante l'intrigue romanesque.

* Palliatif de la description balzacienne : son *off* perceptible

Le spectateur doit déjà faire la différence entre un son, une voix qui prennent leur source ou non dans la fiction racontée. La question est de savoir quels sont les effets diégétiques que peuvent produire un son ou une voix ?

Un son diégétique est celui qui prend place dans le monde produit par le film, qu'il soit dans le cadre (son ou voix *in*) ou hors cadre (son ou voix *off*). Si le son n'a pas un rapport direct avec l'histoire, par exemple un commentateur extérieur qui correspondrait au narrateur omniscient balzacien, il devient extra-diégétique. Celui-ci sera l'objet de notre attention au cinquième chapitre sur l'étude du temps filmique.

En littérature, la notion de hors-champ accompagnée d'un son *off* existe si l'on fait rétroactivement la comparaison du film avec le texte littéraire. Au moment de la rencontre du Colonel et de la Comtesse chez l'avoué, notre esprit par identification au héros, visualise, sans y réfléchir et presque en caméra subjective, le personnage de Chabert. Il est seul dans la pièce à côté en train d'écouter hors-champ les propos de la Comtesse. Ceux-ci rendent encore plus angoissant le non-visible car ils deviennent traumatisants pour un homme qui n'a pas revu sa femme depuis longtemps et qui entend ceci : « Monsieur, dit la Comtesse, s'il faut vingt-quatre mille livres de rente, nous plaiderons… »[448] Le hors-champ ne prend véritablement sa signification que par l'intrusion brutale, dans le

---

[447]. – *Qu'est ce que le cinéma ?...op. cit.*, p. 188.
[448]. – Cf. Pléiade, tome III, p. 357.

plan suivant, de ce qui n'était pas encore visualisé pour Chabert : la Comtesse.

Ce changement de plan se fait par un raccord sonore avec les trois points de suspension et la prise de parole du Colonel dans le champ : « Oui, nous plaiderons, s'écria d'une voix sourde le Colonel qui ouvrit la porte et apparut tout à coup devant sa femme. »[449] Cette reconstruction filmique vient naturellement à l'esprit du lecteur ne serait-ce que par les dialogues : « Ce sont les voix qui montrent les images et donnent au monde un ordre des choses, et qui le font vivre et le nomment. »[450] Les deux réalisateurs, influencés par une lecture logique et quasi cinématographique, ont filmé exactement de la même manière en utilisant les effets dramatiques du hors-champ littéraire. Les deux adaptations présentent deux effets. Il y a d'abord le fait que Chabert ne puisse voir la Comtesse après de si longues années, et puis le fait de l'entendre sans pouvoir la voir.

Le son devient d'autant plus perceptible qu'il est pourvu d'un pouvoir destructeur qui finit d'assassiner Chabert. D'ailleurs, Depardieu ressent plus que jamais la présence de sa femme qui refuse de le voir et même de le lire. Il s'écrie devant Derville en se dressant sur sa chaise comme s'il partait au front : « Sans me lire, elle me tue ! »[451] Le hors-champ pose véritablement le problème de l'écoute filmique. Pour revenir à l'épisode de la rencontre dans le roman, la voix de la Comtesse confirme ce que Chabert pressentait et il identifie et visualise le hors-champ dans le plan suivant. Le hors-cadre nous interroge également sur l'écoute littéraire.

Pierre Maillot écrit à propos des effets sonores qu'ils « accompagnent le déroulement de l'image et la ponctuent selon une gamme très riche dont le scénariste tire une multiplicité d'effets. »[452] La cause du hors-champ est donc visible, mais il arrive qu'elle soit invisible, parfois reconnue par l'auditeur (héros ou spectateur s'il y a identification) selon une déduction logique. Mais cette supputation ne peut se faire que selon le savoir encyclopédique de l'auditeur, et le hors-champ accentue sa crainte en contribuant à sa perte si le héros ne peut distinguer consciemment les sons.

---

449. – *Ibid.*, p. 357.
450. – CHION (M.). – *La voix au cinéma*, Paris, 1993, p. 54.
451. – Voir séquence n° 6.
452. – MAILLOT (P.). – *L'écriture cinématographique*, Paris, 1994, p. 151.

* Métaphore de la perte de Chabert : son *off* imperceptible

Le hors-champ se trouve tout autour du visible mais sans qu'il soit toujours évident de lui attribuer une configuration précise. Tout ce qui est hors-cadre se construit comme un champ virtuel qui peut recevoir à n'importe quel moment une actualisation. Cette « présence-absence »,[453] pour reprendre les termes d'André Gardies, accentue l'intrigue. Pensons à *Alien* de Ridley Scott,[454] le plus terrifiant repose sur le fait de ne pas voir l'objet de frayeur. La tension est à son paroxysme et se relâche lorsque « l'alien » envahit brutalement le champ. Mais l'ensemble des bruits *off* imperceptibles, suggérant plus ou moins explicitement les pérégrinations de la bête, plongent les occupants du Nostromo dans un état paranoïde. Il en est de même pour Chabert si l'on peut se permettre la comparaison avec le film de Ridley Scott.

Le vieux personnage apparaît en suspens : mort et revenu à la vie avec la constitution d'un soldat valeureux, cette nouvelle existence est entravée d'une mort sociale programmée. Le Colonel Chabert vit comme un personnage effacé, comme s'il était lui-même hors-cadre sans appréhender le monde qui l'entoure : « Le Colonel resta pendant un moment interdit, immobile, regardant sans voir, abîmé dans un désespoir sans bornes. »[455] Ce désespoir est en quelque sorte le hors-champ littéraire, le monde inaccessible de Chabert qui est peut-être mieux exprimé au cinéma. Dans le texte littéraire, toutes les occurrences du motif de l'enfoncement et de la profondeur apparaissent à la fois comme une des réminiscences de la fosse originelle : « profond abattement »,[456] « un homme qui marche à la mort. »[457] Ce sont aussi les métaphores de l'enfouissement à venir, ressentis au grand écran à l'aide des sons *off* imperceptibles qui complètent le hors-champ.

Chabert est malade, le spectateur reste au cours des deux adaptations dans le domaine de l'indicible et de l'inconnu. Il constate de manière métaphorique les symptômes de sa perte par une multitude de sons intangibles. Ces derniers manifestent directement les impressions subjectives du narrateur, soit l'inertie du protagoniste qui se détache de tout : « Il lui paraît impossible de vivre en plaidant, il fut pour lui mille fois

[453]. – GARDIES (A.). – *L'espace au cinéma*, Paris, 1993, p. 34.

[454]. – Film réalisé en 1979.

[455]. – Cf. Pléiade, tome III, p. 343.

[456]. – *Ibid.*, p. 344.

[457]. – *Ibid.*, p. 344.

plus simple de rester pauvre, mendiant, de s'engager comme cavalier si quelque régiment voulait de lui. »,[458] « Faites comme vous voudrez. »[459]

Au cinéma, ces sons imperceptibles n'ont peut-être pas une fonction narrative aussi complexe que les bruits de fond dans les films de Jacques Tati,[460] mais ils nous aident à comprendre l'aveuglement de Chabert, incapable de se mouvoir dans le réel. Parfois, dans cette position d'écoute, la sensation du Colonel d'être au centre des bruits apparaît comme un état de persécution significatif d'une audition égocentrique et centrifuge. Le vieux soldat est donc attiré vers le hors-champ. Dans la séquence n° 3 du film d'Angelo, au moment où le Colonel ressort de l'étude de maître Derville, on remarque un plan moyen en contre-plongée sur Chabert, profilé gauche/droite, en raccord sur son mouvement en sortant de la cour. Le Colonel scrute les hors-champs de gauche et de droite. Il marche dans la rue, accompagné d'un panoramique latéral droit, tête basse. Il observe encore l'argent que Derville lui a remis. Puis le vieil homme regarde à droite, vers le hors-champ supérieur. Il semble absorbé par l'indicible : le regard lointain, il donne l'impression d'écouter quelque chose. Nous plongeons grâce à un relais sonore dans les fantasmes de Chabert avec l'aide d'une musique militaire triomphante qui, au départ à peine prononcée, le devient beaucoup plus par la suite.

Cette perception fantasmée des événements se traduit concrètement dans la scène suivante : Chabert se voit en train de faire l'amour avec son ex-femme. Souvenirs et rêves confus où se mêlent à la fois la nostalgie et le désir qui reflètent sa perte, puisqu'il n'a plus que l'imagination pour vivre. Dans cette séquence sublimée par le protagoniste, nous entendons hors-champ, de manière indistincte, le rire et le gloussement de plaisir d'une femme. Ce rire presque narquois préfigure le drame de Chabert et la redoutable ambition de la Comtesse. Tous ces hors-champs ne sont pas adressés à une entité précise, ce qui impliquerait un contrechamp dans le plan suivant, mais tout simplement à un spectateur qui découvre en même temps que Chabert l'univers sordide qui l'imprègne. Sylvie Rollet classera ce type de hors-champ au « régime de l'empreinte » auquel « appartiennent les reflets, les ombres et les sons (bruits ou paroles) dont la source, bien qu'invisible, est vraisemblablement contigüe. »[461] Le hors-champ gravite autour de Chabert le conduisant d'autant plus vite à sa perte qu'il se trouve à proximité de lui. C'est un hors-cadre que le vieil

---

[458]. – *Ibid.*, p. 343.

[459]. – *Ibid.*, p. 344.

[460]. – Voir les films *Jour de fête* et *Trafic* réalisé en 1947 et 1971.

[461]. – ROLLET (S.). – *Enseigner la littérature avec le cinéma*, Paris, 1996, p. 36.

homme ne maîtrise pas, mais, seul, le spectateur peut y pénétrer par le regard introspectif du protagoniste.

Synthèse :

L'image du héros ne monopolise jamais seule la surface de l'écran. Celle-ci est partagée par un ensemble de composantes diégétiques telles que : la « monstration » du personnage, la musique, les différents types de sons, la construction et l'esthétique du champ et du hors-champ, sans oublier la couleur et la lumière qui les complètent. A partir de cette coprésence se construit un ensemble de paramètres dont le jeu relationnel fabrique différents types de rapports. Il peut y avoir un lien de redondance entre le son et l'image, un lien de complémentarité ou même de contradiction, ce dernier étant plus rare sans forcément porter atteinte au roman balzacien. Ces trois types de lien peuvent aussi se combiner entre eux. Cette alliance n'est que le reflet une fois de plus d'une sémiologie à géométrie variable qui cherche à visualiser, à sonoriser, en résumé à « diégétiser » *La Comédie humaine.* La matérialité plastique des différents langages du cinéma montre sa performance en matière d'adaptation. Afin de visualiser et de sonoriser ce qui doit être montré sur l'écran, le roman de Balzac doit faire l'objet d'une restructuration et d'une transformation complète de son espace.

Chapitre IV

La Réorganisation spatiale du roman Balzacien

Dans le cadre de l'adaptation et de l'étude de l'espace, nous nous interrogerons sur le passage d'une structure sémantique du sens dans le texte littéraire à la forme plastique de sa représentation filmique. Mais l'étude de l'espace offre une certaine polysémie en présentant quelques difficultés. Il y a non seulement l'étude plastique, liée au type de plan et au montage pour simplifier l'ensemble des paramètres filmiques, mais il y a aussi l'étude géographique de l'espace avec son mode de représentation par rapport au roman. Il existe encore une différence entre le lieu qui est un endroit précis et l'espace, qui demeure une configuration plus vaste et plus vague dans laquelle l'homme habite. On étudiera alors comment le cinéma a su mettre en valeur l'esthétique d'une époque. L'organisation de l'espace cinématographique se fonde sur un ensemble de rapports qui additionnent les possibilités du langage cinématographique en s'inspirant parfois des procédés littéraires.

Mais l'univers balzacien présente une telle richesse dans les décors que les cinéastes n'ont pu la négliger ; de fait, il nous a paru important d'analyser l'espace en tant que notion indépendante (dissociée du temps) pour focaliser notre attention sur les ingrédients constituant cet espace. Il s'agit d'une certaine géographie plastique balzacienne. Celle-ci permet la localisation spatiale de *La Comédie humaine* qui repose en premier lieu sur une précision du décor dans le texte littéraire. Ensuite, il sera intéressant de voir quels agencements décoratifs ont conçus les réalisateurs pour les films. Enfin, il faudra voir les artifices précieux de l'œuvre de Balzac qui préfigurent et contribuent à rendre l'œuvre cinématographique aussi dramatique que l'œuvre romanesque.

1°) Précision du décor dans le texte littéraire

Le roman balzacien et le film s'en rapportent à une technique contrapuntique qui fait se dérouler deux histoires parallèles et identiques confluant vers un même lieu, puisque les cinéastes, dans la quasi-majorité, cherchent à reproduire les mêmes décors, hormis quelques exceptions comme *La Belle Noiseuse* ou *La fausse maîtresse*. Comme nous l'avons signalé précédemment nous ne nous intéresserons pas directement à cette notion classique d'« espace-temps » ; néanmoins, afin de rendre tous les paramètres dramatiques du roman balzacien, un type de « chronotope », alliant forcément l'espace et le temps, sera analysé et comparé avec le film, en acceptant toutes les variations sémiologiques. En deuxième lieu, nous verrons que Balzac rend l'espace de *La Comédie humaine* d'autant plus imposant qu'il se fait décorateur avant même d'avoir inventé l'écriture cinématographique.

a) Le chronotope balzacien et sa déclinaison dramatique

Certains lieux, certains décors créent, dans le roman de Balzac et particulièrement sous la Restauration, une sorte de fusion entre le temps et l'espace. Ces lieux ont une signification importante, une stratégie narrative dans laquelle se joue la réputation de Chabert. Mickaïl Bakhtine, en théorisant sur le roman, dira que : « le chronotope, principale matérialisation du temps dans l'espace apparaît comme le centre de la concrétisation figurative, comme l'incarnation du roman tout entier. »[462] Construit sur l'expression de sa forme et de son contenu, le chronotope élabore dans le roman l'image de Chabert. Elle est configurée dans une dimension spatio-temporelle qui se réduit progressivement au cours de l'intrigue, en raison des multiples péripéties qui le conduisent à l'anéantissement de son être. Dans un premier temps nous classerons et localiserons donc les péripéties du vieux soldat ; ensuite, nous analyserons cette dimension de l'espace dans le temps qui rétrécit comme « une peau de chagrin. »

[462]. – BAKHTINE (M.). – *Esthétique et théorie du roman*, Paris, 1999, p. 391.

* Classement et localisation des péripéties de Chabert

Toutes les mésaventures du Colonel se déroulent dans des endroits précis et dans un temps donné. Le lieu explique le personnage et le temps le confine encore plus dans ce lieu : « Balzac avait la capacité exceptionnelle de « voir » le temps dans l'espace. »[463]

Les lieux sont des centres organisateurs dans lesquelles les nœuds de l'intrigue se nouent et se dénouent dans un temps précis. Certains endroits dans *Le Colonel Chabert* sont révélateurs des vérités qui font éclater les situations scandaleuses du vieux soldat. Ainsi, il menace d'aller dénoncer la machination qu'il a subie auprès de la colonne Vendôme, monument érigé à la gloire de Napoléon : « Ainsi porteur de l'affectivité et de la subjectivité, il arrive que l'instant, selon une conception très moderne et subtile du rapport qu'entretient l'individu avec son contexte, suffise à exprimer véritablement le personnage à telle étape de son parcours. »[464] De même, dans l'antichambre de l'avoué, Chabert s'écrie devant la Comtesse : « Oui, nous plaiderons ... »[465]

Il y a donc une première catégorie de lieux publics où le temps de la colère éclate en un seul instant, mais il y a également les lieux privés où la conspiration s'étale dans le temps. Le récit multiplie les espaces dans lesquelles les contrastes et les oppositions jaillissent. Il existe l'endroit intime qui permet à Chabert de retrouver les siens et de préparer sa défense. En effet, la pauvreté de la maison Vergniaud qui protège le héros se démarque du luxe de l'hôtel Ferraud qui abrite une femme ignoble. L'ensemble de ces contrastes contribue à déstabiliser Chabert et chaque lieu devient une péripétie. L'apparence idyllique de Groslay s'oppose aux desseins crapuleux de la Comtesse. Les espaces paradisiaques, qui caractérisent cette femme, sont un véritable enfer pour le Colonel. Le lieu devient le temps du drame. Chabert se transforme en une figure christique lorsqu'il dit à la Comtesse devant son notaire à Groslay : « Ne me touchez pas. »[466] Cela évoque le « *Noli me tangere* »[467] du Christ devant la prostituée Madeleine.

Les péripéties du héros le promènent d'un endroit à un autre où sa défaite ne fait que s'accentuer. Le temps du drame conduit Chabert de

---

463. – *Ibid.*, p. 388.

464. – DE SMIRNOFF (R.). – *Balzac peintre de l'instant*, in L'Année balzacienne, Paris, 1991, p. 240.

465. – Cf. Pléiade, tome III, p. 357.

466. – *Ibid.*, p. 367.

467. – *Noli me tangere* est le sous-titre du film *Out one* de Jacques Rivette inspiré de *L'histoire des treize.*

l'étude de l'avoué, dans laquelle il essaie de faire reconnaître ses droits, au tribunal où il est condamné pour vagabondage. Le destin du viel homme est de hanter des lieux de passage sans aucune individualisation. Il se perd dans des groupes indéterminés de gens anonymes qui n'ont pas leur place dans la société, que cela soit le tribunal, la prison ou l'hospice. L'étude conserve les secrets honteux des gens de la haute société, le palais de justice et l'hospice drainent les marginaux.

L'ensemble des lieux reste pour Chabert synonyme de déperdition de « soi ». Que ce soit les espaces publics (étude, tribunal, place publique, rue) ou les endroits privés de la production sociale (Groslay ou l'hôtel particulier des Ferraud), *Le Colonel Chabert* analyse les mécanismes d'édification du monde nouveau dont les lieux sont peu propices à la réconciliation de l'être social. Balzac dépeint les mésaventures de Chabert qui sont à l'image des espaces corrompus par l'argent et la conspiration. Ces endroits représentent de manière métaphorique la volonté balzacienne de faire disparaître les temps troublés de l'Empire et de la Restauration. Notons que si l'espace est appréhendé par un sujet, sa perception et sa représentation peuvent varier en fonction des points de vue adoptés. Etant donné que l'histoire repose sur le principe d'antagonisme entre deux personnages, il y a fort à parier pour que chacun des deux se fasse de l'espace une représentation différente : la Restauration pour la Comtesse est un avènement constructeur tandis que pour le Colonel, elle reste un événement destructeur.

Au fur et à mesure que l'intrigue avance, le temps s'accélère vers la chute et confine Chabert définitivement dans un espace rétréci : l'hospice de la V*ieillesse*, lieu de l'oubli par excellence, devient le point d'orgue du récit. Par conséquent, il faut achever le tableau pessimiste de cette société : endroit suprême de l'échec et de l'enfermement qui met un terme irrévocable aux pérégrinations du vieux soldat. Cela rappelle étrangement le parcours de La Duchesse de Langeais qui finit sa vie sociale dans un couvent de Carmélites en Espagne.

* Rétrécissement de l'espace par le temps : effet « peau de chagrin »

La fin de Chabert est une concentration du roman de la perte et du roman de la victime car l'énergie vitale du vieux soldat, le désir de reprendre ses titres et la passion pour sa femme s'épuisent et se transforment en dégoût. L'espace se referme sur le Colonel, les idéalistes comme le cousin Pons ou le père Goriot n'ont pas d'avenir dans *La Comédie hu-*

maine ; ils consument leur énergie dans ce qu'ils ne peuvent trouver ou créer, un peu comme Frenhofer : « La vie comme recherche de l'absolu n'est qu'une peau de chagrin. »[468] Le malheur de Chabert réside dans l'avènement d'un nouvel ordre social qui souhaite l'anéantir. Un nouveau temps a métamorphosé une réalité, qui désormais ne le reconnaît plus, car l'espace s'est également transformé ainsi que les personnages. A propos de Rose Chapotel, Balzac nous dit : « Le Colonel avait connu la Comtesse de l'Empire, il revoyait une Comtesse de la Restauration. »[469]

Le temps inscrit ses changements dans les lieux, et la précision des décors subit-elle aussi des modifications : « Bah ! La rue Mont-Blanc était devenue la rue de la chaussée-d'Antin. Je n'y vis plus mon hôtel, il avait été vendu, démoli. »[470] L'espace est soumis aux forces du « chronos dévorant », car à travers lui tout semble éphémère et transitoire : « Ici, le temps se condense, devient compact, visible pour l'art, tandis que l'espace s'intensifie, s'engouffre dans le mouvement du temps, du sujet, de l'histoire. Les indices du temps se découvrent dans l'espace, celui-ci est perçu et mesuré d'après le temps. »[471] En effet, les indications temporelles sont nombreuses mais ne donnent pas la possibilité d'établir une chronologie clairement définie, sauf, *a posteriori*, par recoupements, comme dans les adaptations. De même, les indications spatiales sont précises, mais l'itinéraire qui les relie reste complexe.

Les points de départ et d'arrivée se confondent puisque Chabert sort d'un hospice pour y retourner. Le reste des décors est essentiellement évoqué autour de la capitale. C'est la vie parisienne dans laquelle se trame une géographie de la réussite sociale et de sa déchéance. L'espace à l'étranger représente les conquêtes et les malheurs fascinants et lointains, c'est aussi celui des batailles dont la précision des faits resurgit à l'esprit de Chabert comme un éclair. D'ailleurs, les deux adaptations montrent toujours brièvement les scènes de batailles en insert, car elles illustrent au mieux le souvenir éclair ; Depardieu s'écrie devant Derville : « La mémoire c'est comme ça, en tout cas la mienne. Tout est éteint ! Sauf des endroits qui brillent comme des brasiers qui eux aussi peuvent s'éteindre. »[472] Enfin, le trajet en Allemagne prend des allures labyrinthiques, symbolisant l'errance de Chabert de prison en hôpital en passant par les auberges : ce que le réalisateur du film de 1943 reproduit d'emblée avec la deuxième séquence au relais de Poste près de Paris. Ce

468. – *Balzac…op. cit.*, p. 152 (Rosa, Tournier).
469. – Cf. Pléiade, tome III, p. 361.
470. – *Ibid.,* p. 332.
471. – *Esthétique et théorie du roman…op. cit.,* p. 237.
472. – Voir séquence n° 8.

film évoque bien cette errance qui conduira le viel homme dans une impasse. Son parcours le mène inexorablement dans un dédale dont l'issue est Bicêtre, à l'extérieur de Paris.

Les quartiers évoqués prennent évidemment une valeur symbolique. Nous avons d'abord le faubourg Saint-Marceau à la barrière d'Italie qui reste le lieu des misérables et des rebuts de la société, c'est là que se trouve la masure Vergniaud. Ensuite, il y a la rue de la chaussée-d'Antin qui semble être l'espace des nouveaux riches, de la noblesse d'Empire ; d'ailleurs, Chabert avait son hôtel particulier à cet endroit. Le quartier du faubourg Saint-Germain n'est pas non plus dépourvu de signification, car il s'agit du fief de la noblesse d'Ancien Régime. C'est pour Rose Chapotel une ascension sociale en passant de la rue de la chaussée-d'Antin, à côté du Palais-Royal ancien lieu de la prostitution, à la rue de Varenne. Cette conquête de l'espace pour la Comtesse est le contraire d'un rétrécissement, mais plutôt une sorte de tonneau des Danaïdes, car son ambition est grande et insatiable. Enfin, il existe aussi la rue Vivienne dans laquelle se trouve l'étude de l'avoué : espace de la bourse et de la finance. Les intérêts pécuniaires se rencontrent et s'opposent parfois. Ce quartier est un « no man's land » où les protagonistes s'affrontent, qu'ils viennent du faubourg Saint-Marceau (Chabert) ou du faubourg Saint-Germain (la Comtesse Ferraud). L'auteur de *La Comédie humaine* fait des quartiers un véritable cloisonnement social dans lequel chaque personnage est caractérisé, plus encore que situé.

Ainsi, Balzac alimente son récit des lieux qu'il représente sans pour autant détruire le cours objectif du temps. Mais pour Chabert, le problème dans ce drame de la géométrie des quartiers reste le logement. Le vieux soldat est soumis à une puissance quasi occulte qui l'exclut de tout et qui fait reculer l'espace, le plaçant ainsi en dehors de l'être, tant et si bien que l'énergie de Chabert s'étiole. Dans *Louis Lambert,* nous lisons au cours d'une première version : « Quand il employait ainsi toutes ses forces, il perdait en quelque sorte la conscience de sa vie physique et n'existait que par le jeu tout-puissant de ses organes extérieurs dont il avait constamment la portée, faisant, suivant son admirable expression reculer l'espace devant lui. »[473]

Cette régression est une sorte d'agonie qui se fond avec le dénouement. L'espace vital de Chabert rétrécit en le conduisant à l'isolement : l'hospice devient une cellule métaphorique. Le destin du vieux soldat est configuré dans le talent de Balzac à poser un décor.

---

[473]. – Cf. Pléiade, tome XI, notes et variantes p. 1514.

Schéma du rétrécissement de l'espace par le temps « effet peau de chagrin »

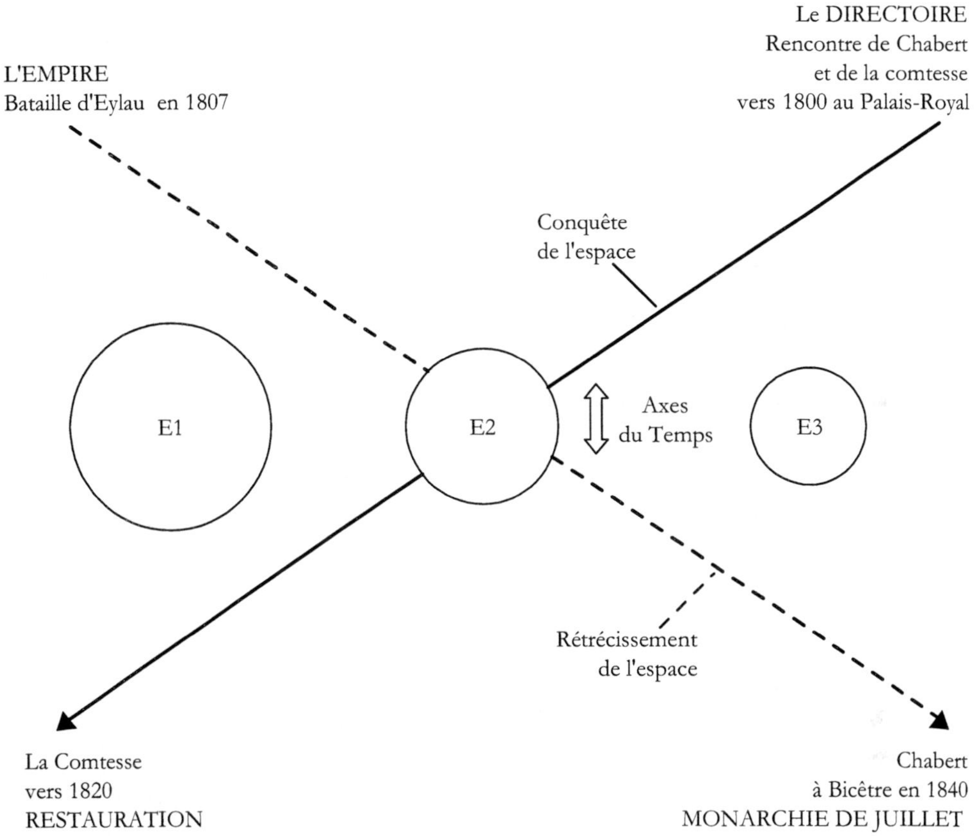

E 1 = espace de l'assise sociale, noblesse d'Empire pour Chabert et bourgeoisie de la Restauration pour la Comtesse.
E 2 = espace transitoire, l'étude de l'avoué.
E 3 = espace de la régression, Bicêtre pour le Colonel et le Palais-royal (prostitution) pour la Comtesse.

b) Balzac décorateur

Il serait difficile de faire une topographie de tous les décors balzaciens sans tomber dans un classement fastidieux. Celui-ci n'aurait le mérite que d'être un recensement exhaustif dont la plus grande difficulté serait de lui attribuer une signification, d'autant plus qu'un lieu n'est jamais neutre que cela soit au cinéma ou en littérature. Notre démarche sera encore sélective par nécessité. Chez Balzac, certains décors véhiculent une force affective considérable, et leurs applications comme éléments narratifs constituent une palette ciblée d'émotions et de sentiments, dont le caractère reste universel.

La connotation du décor permet à l'écrivain d'établir d'une part, un potentiel dramatique considérable sur le déroulement de l'intrigue ; d'autre part, elle met en valeur l'exploration sensible de l'imaginaire de l'auteur. Celui-ci s'accompagne d'une intention de sens si visuel que l'écriture balzacienne préfigure de manière logique l'écriture filmique. Balzac demeure un précurseur du statut de scénariste, à mi-chemin entre le mot et l'image. Le texte littéraire revêt un caractère à la fois symbolique et iconique. Le symbole littéraire est parfois si visuel qu'il peut relever de l'icone avec un certain pouvoir concret et suggestif de l'objet. L'icone ou le caractère d'iconicité n'appartient pas exclusivement au domaine filmique.

* Installer un décor : projet dramatique du romancier

La présence de ces décors dans le récit, que l'on doit assimiler à cette volonté descriptive et picturale de *La Comédie humaine*, obéit à cet impératif de poser un cadre. Celui-ci doit être suffisamment efficace pour imprégner l'imaginaire du lecteur afin qu'il puisse identifier les crises douloureuses et dramatiques du récit. *Le Colonel Chabert* présente des interactions qui lient les protagonistes à leur environnement. La description du décor sert le récit tout en soutenant l'intérêt dramatique. Nous entrons dans une sorte de logique de vérité où, comme le signale Balzac dans *La Bourse*, « La description fait [...] corps avec l'histoire. »[474] Le décor participe au drame et ce de manière concrète. En effet, le roman étudié présente toujours une aridité dans les décors que cela soit l'étude, l'hospice, la rue ou la masure Vergniaud. Ils ne sont que les reflets directs

[474]. – Cf. Pléiade, tome I, p. 420.

de cette intimité de l'être dépossédé de tout. Le cadre illustre le repliement, la sécheresse et l'amertume intérieure du vieux soldat.

Le lieu établit donc un lien entre le décor et les êtres, Balzac mentionne à propos de madame Vauquer : « Toute sa personne explique sa pension, comme sa pension implique sa personne. »[475] Le décor trahit l'univers impitoyable de la misère humaine, ainsi nous lisons dans *Le curé de village* : « cette nature à la fois sauvage et ruinée, abandonnée, infertile » est bien à l'image des « endroits épuisés, desséchés de son âme. »[476] Le symbolisme du décor éclate particulièrement en certaines circonstances et annonce la menace du froid, de la perdition qui guettent en permanence Chabert : « Les murs salpêtrés, verdâtres et fendus répandaient une si forte humidité, que le mur contre lequel couchait le Colonel était tapissé d'une natte en jonc. »[477] Les lieux préfigurent les drames tout en offrant au lecteur un alignement commode qui lui permet de construire à sa manière l'organisation de l'espace, sans pour autant diminuer l'impact dramatique.

L'efficacité du décor permet une exploration aventureuse du désir du lecteur de trouver une articulation entre un décor visible et audible ; pénétré par tous les sens, l'amateur de littérature trouve dans le décor la quintessence même du roman. : « Le romancier sait enfermer ses personnages dans un huis-clos qui accentue la tension de leur rapport. »[478] Dans l'étude de l'avoué se joue l'exaspération de Chabert : le cadre le préserve des regards indiscrets mais qui ne le met pas à l'abri de son avenir incertain.

Roland Bourneuf et Réal Ouellet font apparaître « La nécessité d'établir une correspondance entre l'histoire et le milieu ambiant et les effets que l'on peut tirer de cette correspondance ont été depuis longtemps reconnus par les romanciers. »[479] Balzac, grâce à son regard omniscient et ce don d'ubiquité, plante le décor avec une telle minutie que les différentes parties de la phrase ou du paragraphe préfigurent des types de plan ou des mouvements de caméra. Ces derniers confirment toujours le rapport entre le milieu ambiant et les personnages, comme une sorte de synesthésie fondée sur le visuel.

---

475. – *Ibid.,* tome III, p. 54.
476. – *Ibid.*, tome IX, p. 762-763.
477. – *Ibid.,* tome III, p. 339.
478. – *Balzac cinéaste...op. cit.,* p. 92.
479. – BOURNEUF (R.) et OUELLET (R.). – *L'univers du roman*, Paris, 1985, p. 113.

* Description minutieuse du décor social : vers une écriture filmique

La description sert à rythmer le récit en captivant le regard du lecteur vers l'univers ambiant du roman. Elle offre une détente après une scène d'action ou un suspense en coupant le récit à un moment important. Comme au cinéma, elle devient immédiatement perceptible : la description permet de voir. Elle est forcément visuelle et les décors ne peuvent échapper au « regard » du lecteur.

Contrairement à Balzac, Malraux pensait que : « plus les descriptions sont longues, moins le lecteur voit. »[480] Or, bien souvent, les cinéastes ont été inspirés par la longueur des descriptions balzaciennes, étant donné le nombre d'adaptations dites « fidèles ». Ils ont démontré naturellement par leur caméra que l'auteur de *La Comédie humaine* est le plus « cinématographique » des romanciers. Chez Balzac, l'espace et le décor sont sacrés et tendent à sacraliser les êtres et les objets : « Et pour un écrivain qui se plaisait ainsi à croire au pouvoir occulte de l'œil, la conjonction espace-regard était non moins privilégiée que prédestinée. »[481] Aussi pointue que la description littéraire soit, il est difficile à l'art littéraire de peindre les faits d'une société au-delà d'une certaine étendue.

Par conséquent, la clé de Balzac n'est pas seulement l'observation mais aussi l'imagination. Passionné par la lanterne magique, le kaléidoscope et tout objet, préfigurant les mécanismes d'une caméra, le romancier a développé un imaginaire extrêmement visuel et précis : « Balzac a cherché à introduire dans le roman l'illusion d'un spectacle animé. C'est pourquoi cet univers très visuel est organisé en fonction d'une multitude de points de vue mobiles, attribués à des observateurs plus ou moins impliqués dans l'intrigue. Ainsi la réalité s'ordonne en séquences et en plans dont il règle soigneusement l'éclairage, le cadrage, le graphisme et les couleurs, de manière à souligner leur signification dramatique et leur valeur esthétique. »[482] Vers la fin du *Colonel Chabert*, la dernière tirade de Derville : « Savez-vous, mon cher [...] Paris me fait horreur. »[483] semble cinématographique. Après le récit du vieux Colonel, le drapant définitivement en héros napoléonien, la « caméra balzacienne » le cadre une dernière fois, puis tout en suivant les deux avoués, elle élargit le

---

[480]. – PICON (G.). – *Malraux par lui même*, Paris, 1961, p. 62.

[481]. – FRAPPIER-MAZUR (L.). – *Espace et regard dans La Comédie humaine*, in L'Année balzacienne, Paris, 1967, p. 338.

[482]. – BARON (A.M.). – *Balzac et le cinéma*, in Magazine littéraire, février 1999, p. 33.

[483]. – Cf. Pléiade, tome III, p. 373.

champ comme une sorte de travelling-arrière, tandis que débute le monologue de Derville.

Une phrase résume la trajectoire du vieux bicêtrien, qui confond dans le néant social les extrémités de sa vie séparant l'apogée de la gloire militaire, l'enfermement et l'abnégation de soi : « Il vient mourir à l'hospice de la *Vieillesse* après avoir, dans l'intervalle, aidé Napoléon à conquérir l'Égypte et l'Europe. »[484] C'est le début du travelling-arrière qui donne à cette phrase le rôle démesuré et absurde de Chabert. Spectateur privilégié de ce décor social, l'avoué passe le témoignage à Godeschal et ouvre les perspectives sur l'avenir : le travelling-arrière continue, nous passons du particulier au général. Le résumé épique de la vie du Colonel en rythme ternaire contamine la tirade finale de l'avoué. La répétition de « j'ai vu »[485] installe une tension dramatique sur le plan social en le comparant judicieusement à la vie de Chabert.

L'envolée finale qui boucle le travelling est une véritable plongée : « Paris me fait horreur », on imagine très bien la caméra s'éloigner en montrant une ville sale et grouillante. La vision de la société avec son décor devient apocalyptique. Elle n'est pas sans rappeler le tableau à la fois pittoresque et sinistre que Balzac fait de la capitale au début de *La fille aux yeux d'or*.

Les dernières phrases du roman clôturent la description. L'auteur joue sur les angles cinématographiques, cette plongée finale offre un dernier regard sur le décor parisien où le mot, la phrase sont donc agencés de telle manière qu'ils illustrent avant l'heure des procédés cinématographiques. Lorsque Derville fait sa confession finale, la répétition en début de phrase du verbe « voir », évoquée précédemment, donne l'impression que ce travelling arrière est composé de quatre plans en insert : « J'ai vu brûler des testaments ; j'ai vu des mères dépouillant leurs enfants, des maris volant leurs femmes, des femmes tuant leurs maris… »[486] Les inserts correspondent aux verbes d'actions et aux participes présents : « brûler », « dépouillant », « volant », « tuant ». Ces procédés quasi cinématographiques aident justement à structurer ce décor social. La description du lieu est si minutieuse qu'elle peut montrer tout son pathétique sans forcément occuper une place importante dans le roman. Par exemple, la bataille sur le front russe ne dépasse guère dix lignes : « Nous fendîmes en deux […] Je tombais de cheval. »[487] ; alors que dans les films, le com-

484. – *Ibid.*, p. 373.
485. – *Ibid.*, p. 373, on note six occurrences dans le passage.
486. – *Ibid.*, p. 373.
487. – *Ibid.*, p. 323.

bat se déploie sur plusieurs séquences.[488] Le décor au cinéma structure tout aussi bien le texte filmique que peut le faire le même décor pour la littérature.

2°) Agencement du décor pour le film

Le signe verbal se réalise dans un espace essentiellement abstrait ou mental ; dès lors, il n'a plus qu'un rapport lointain et indirect avec l'objet auquel il renvoie (encore que, comme nous l'avons vu, le signe verbal balzacien est extrêmement visuel). *A contrario*, le signe filmique se matérialise dans un espace concret, physique et visible directement. Il est vrai que les romans de Balzac s'adaptent facilement à une relecture en images ; mais la difficulté ou plus exactement la création cinématographique consiste à trouver l'angle de lecture le plus favorable à l'adaptation. Il s'agit de transformer le contenu littéraire, les lieux et le décor en une représentation filmique qui servira utilement l'idée de l'espace au sens large.

Les réalisateurs cherchent à structurer par l'image, par l'icone l'univers balzacien, tout en sachant qu'en matérialisant ou en visualisant le décor, celui-ci aura un signifié appauvri par rapport à celui du roman. Ce véritable défi s'oppose à la simplicité de l'espace littéraire « qui commence aussi, avec seulement des mots, des signes tracés sur la page blanche. »[489] En ce sens l'espace littéraire diffère radicalement de l'espace filmique qui est arbitraire et tributaire du réalisateur. Celui du roman l'est un peu moins, il reste conditionné par l'imaginaire du lecteur qui, d'ailleurs, peut très bien ne pas faire la différence entre les rues de Paris au XIX è siècle. Il essayera tout de même de le faire et ce de manière intuitive pour être en accord avec le texte afin de mieux en supporter la lecture.

---

[488]. – Séquence n° 8 et 22 pour la version de 1943 et séquence n° 1, 6, 7, 11et 18 pour celle de 1994.

[489]. – PEREC (G.). – *Espèces d'espaces*, Paris, 1976, p. 19.

a) Structuration iconique de l'univers balzacien

Contrairement à l'écrit, le film avec ce qu'il donne à voir, montre toujours quelque chose en situation car la mise en cadre reste souvent une contextualisation. A savoir, les objets du monde sont représentés à l'œil dans leur immédiateté avec une connotation esthétique ; dès lors, les apparences du naturel résultent d'un choix, d'une décision du réalisateur. Le lieu, l'espace et le décor puisent une large part de leur sens dans leur indexation sur le réel, et celui-ci demeure toujours reconstruit. Le réalisateur cherche donc à restructurer l'espace en le poétisant pour lui donner une forme de cohérence et de beauté. Il s'agit de retrouver l'esprit de Balzac en concrétisant la peinture de la société du XIX è siècle qui obéit à une structure logique, à condition que le cinéaste ne veuille pas trop s'éloigner du modèle littéraire.

* Poétisation de l'espace : cohérence et beauté

L'œuvre de Balzac est déjà poétisée, l'auteur a conscience de la valeur esthétique des mots et des phrases. Par sa nouveauté, l'analogie traduit toute l'activité linguistique : « L'image poétique nous met à l'origine de l'être parlant. »[490] L'isotopie balzacienne est un système sémiologique qui repose sur l'écriture des formes et en détournant un peu les propos d'Anne-Marie Baron, l'auteur « prend plaisir à en tracer les contours, à reproduire la typographie originale des documents, intégrant au texte comme sens le texte comme image. »[491] Quant au cinéma, les objets ou les décors s'alimentent d'un surplus de signification et dépassent la simple reproduction du réel pour acquérir une fonction poétique.

La perception de l'espace et des décors contribue à la mise en place de tout un réseau de connotations installé par le réalisateur que le spectateur organisera autour de projets sémantiques cohérents. En effet, la description cinématographique, grâce à l'espace qu'elle montre, astreint le spectateur à observer la réalité qu'elle prétend placer sous ses yeux. Seule, cette réalité contribue à poétiser l'espace, car elle peut vouloir suggérer beaucoup plus : « l'espace qui nous dépasse et qui traduit les

490. – BACHELARD (G.). – *La poétique de l'espace*, Paris, 1984, p. 7.
491. – *Balzac cinéaste…op. cit.*, p. 115. Anne-Marie Baron évoquait surtout l'esthétique des lettres de l'alphabet et en particuler le « Z » de *Z. Marcas*.

choses est donc le transfigurateur, le traducteur par excellence. »[492] La réalité traduite pourrait entrevoir autre chose que ce qu'elle feint de montrer. Ceux qui ont adapté Balzac ont eu tendance à pénétrer le plus profondément possible la pensée de l'auteur, bien que le problème de la transformation ne soit pas aussi simple. Ils désirent mettre en scène ce rêve prométhéen si cher à Balzac, et de telle façon, que les lignes de force s'en dégagent plus ou moins explicitement devant le spectateur : « L'artiste ne reproduit pas l'objet qu'il observe, il le recrée et le transfigure selon sa vision intime, il n'en restitue pas la matérialité, mais l'âme et la qualité. »[493]

La poétisation de l'espace filmique se construit sur des procédés de grossissement. Peut-être, s'agit-il d'une fidélité au réalisme balzacien en vue d'isoler le trait décisif. L'accentuation systématique du cinéma a pour but de produire des effets de style de l'espace. Par exemple, Guy Jorré et Robert Vernay, en adaptant *Le Père Goriot,* ont disposé la tablée de la pension Vauquer de telle sorte que la caméra reproduise le principe de la différenciation des pensionnaires, tels que Balzac le réalise par la séparation des chambres. Ainsi Goriot, dans les deux films, habite une mansarde. Rien que par la disposition des chambres ou l'ordre des pensionnaires autour de la table, le réalisateur dépeint les rapports mutuels. Il existe donc une géométrie de l'espace, parfois manichéenne, puisque les deux adaptations mettent l'un en face de l'autre Rastignac et Vautrin. L'opposition se manifeste souvent par un jeu de champs et de contrechamps. C'est précisément l'esprit d'opposition, d'intimité, de promiscuité qui définit l'atmosphère de cette pension. Les cinéastes montrent bien qu'il n'y a aucune union entre ces gens qui semblent en apparence montrer un « air de famille ».

Mais le jeu des regards, accentué par une succession de plans moyens qui occupe sous différents angles l'espace de la salle à manger, met en valeur l'absence de solidarité à l'intérieur de cette pension, un peu comme l'étude de maître Derville.

Les habitants de la pension supportent des querelles continuelles. Ils ne se fréquentent pas par estime, chacun occupe son espace ; il existe une sorte de hiérarchie poétique dans le placement qui trahit une communication dépourvue de sentiment, à l'image d'une cohabitation limitée entre chats et chiens : « La limite est toujours là, en positif ou en négatif, qui circonscrit les espaces de l'univers balzacien et assigne à chacun sa place

---

492. – BLANCHOT (M.). – *L'espace littéraire*, Paris, 1955, p. 182.
493. – EIGELDINGER (M.). – *La philosophie de l'art chez Balzac*, Genève, 1998, p. 34.

sur l'échiquier social ainsi dessiné. »[494] Il s'agit d'une sorte d'harmonie étrange qui reflète une peinture sociale. Elle semble avoir ses règles et sa propre logique.

* Matérialisation de la peinture de la société ancrée dans une architecture logique

Balzac est non seulement le conquérant de *La Comédie humaine* mais c'est également le fossoyeur d'un ordre hiérarchique séculaire. Il est à l'image du démiurge d'un monde moderne. L'auteur décrit, d'une part, les événements de l'histoire contemporaine et, d'autre part, leurs répercussions sur la société avec les structures souterraines qui irriguent le corps social : « Balzac décèle dans chaque histoire humaine, un écho du mouvement de l'horloge universelle. »[495] Le monde étant pour l'écrivain une vaste mosaïque, la puissance des personnages, des lieux et des décors reflète un va et vient permanent de la splendeur à la misère. Ce dernier prévaut une sorte d'architecture logique : « Balzac conserve une place privilégiée parmi ceux qui, depuis, par l'analyse des caractères, se sont efforcés de découvrir la réalité intérieure de l'homme. »[496] Influencé par la peinture et la musique, Angelo a visiblement cherché à reproduire cette mosaïque humaine dans la rigueur du décor. Celui-ci obéit à une logique picturale, il est filmé moins pour exalter sa richesse que pour accuser le vernis moiré d'un pourrissement en marche. C'est l'accessoire en trompe-l'œil du sujet principal qu'est le néant, le silence, la dégénérescence symbolisée par l'étude, comme une sorte de fantôme résurgent d'un monde englouti.

Cette étude est un lieu-anaphore qui tisse dans l'énoncé littéraire et filmique un réseau de rappels. Ces derniers ont une fonction essentiellement organisatrice et cohésive de l'architecture sociale. La rémanence du décor s'articule autour des personnages. Si nous faisions, comme dans une pièce de théâtre, le relevé de la présence des personnages sur scène, nous verrions que, hormis Chabert qui est rarement absent, le personnage le plus présent reste Derville, surtout dans la version de 1994. Cela

---

[494]. – DIAZ (B.). – *Sans limite*, in *Balzac ou la tentation de l'impossible,* (ouvrage collectif) Paris, 1998, p. 29.

[495]. – COMBAZ (C.). – *Du roman total au roman Instamatic*, in Valeurs actuelles, 1 6 mars 1999, p. 80.

[496]. – METADIER (P.). – *Balzac précurseur de la caractérologie*, in L'Année balzacienne, Paris, 1965, p. 316.

s'explique aisément étant donné que l'avoué est l'ordonnateur de la transaction. Un ensemble d'éléments récurrents, tels que les personnages et les décors, frappe le spectateur. La redondance comme principe de construction n'est pas insignifiante. Celle-ci a un rôle fonctionnel sur la structure de la peinture sociale.

Les adaptations insistent sur le sommeil sans rêve des archives, de nombreux plans dénoncent la sédimentation des conflits sordides qui reflètent les arcanes de la triste peinture sociale. La version de 1943 s'attache à dénoncer ce rituel routinier des clercs qui vieillissent en grattant des actes notariés entre les quatre murs de leur étude, véritable mouroir judiciaire. La caricature est l'un des éléments de cette architecture sociale dont le principe obéit à la fois à la stabilité et à la dérision : « Le bruit de cent hannetons enfermés par des écoliers dans des cornets de papier. »[497] Il règne dans cette étude une hiérarchie sociale, respectée par les deux cinéastes, qui brossent le portrait du saute-ruisseau, benjamin de l'équipe, jusqu'à l'imposant maître clerc Boucard : caricature de l'autorité supérieure et de l'absurdité judiciaire. La transformation filmique reproduit des stéréotypes balzaciens.

En effet, au début du film d'Angelo, Boucard congédie Chabert sous une forme d'axiome juridique aussi saugrenu qu'un faux syllogisme : « Il y a le possible et l'impossible. Il est impossible que vous expliquiez votre cause à monsieur Derville en l'absence de monsieur Derville. Or, monsieur Derville est absent. »[498] La caricature est mise en valeur par une sorte de tautologie péremptoire. Chacun occupe sa place dans ce lieu dérisoire où se trame le drame humain en pleine conspiration. L'utilisation du lieu-anaphore consiste à faire découvrir en différentes étapes une peinture sociale qui a ses lois.

Le rôle de Boucard, intriguant dans la séquence n° 2, inquisiteur dans la séquence n° 8, se fond dans son milieu et l'apparition constante du maître clerc ou même des autres personnages dans l'étude devient un élément moteur du drame. Le rôle du lieu-anaphore est de montrer cette ambiance corporatiste : « cette dissipation des vieux potaches qui permet aux clercs de supporter jours après jour, les progrès de leur nécrose existentielle. »[499] *Le Colonel Chabert* est construit dans les deux films autour d'un jeu social, d'une peinture dont l'enjeu représente l'existence médiocre des protagonistes du monde de la justice. Il semblerait que cette

---

497. – Cf. Pléiade, tome III, p. 319.
498. – Voir séquence n° 2.
499. – BERTHIER (P.). – *La vie quotidienne dans La Comédie humaine de Balzac*, Paris, 1998, p. 112.

mosaïque humaine ait pour fondement une sorte de jeu où seule compte l'apparence donnée aux faits par la parole.

b) Appauvrissement et concrétisation du décor signifié

L'analyse de l'adaptation est non seulement une réflexion sur les qualités sensibles des signifiants audiovisuels, mais également sur leurs relations avec le texte littéraire de départ. Il s'agit toujours d'un problème d'éthique, de sémiotique, de respect et de débat culturel entre l'auteur littéraire et l'auteur cinématographique sur la proposition ou la représentation de la même œuvre.[500] Elle est fondée sur des principes et des finalités artistiques différentes. D'ailleurs, Marcel Proust disait : « Quelques-uns voulaient que le roman fût une sorte de défilé cinématographique des choses. Cette conception était absurde. »[501] Il faut donc respecter la spécificité des arts. La valeur d'une œuvre cinématographique provient non seulement des risques qu'elle met en jeu, mais aussi de la distance qui sépare la relation signifiant-signifié du livre au film pour une métamorphose de l'espace.

Il s'agit donc d'une traduction inter-sémiotique qui se construit en deux étapes. Pour l'adaptation, il faut d'abord comprendre que le roman possède un signifiant pour plusieurs signifiés. Ensuite, il faut analyser le fait que le film détient un seul signifiant pour un seul signifié, le premier étant imposé par le contenu du plan cinématographique. L'approche est apparemment dichotomique mais elle suscitera quelques nuances.

* L'espace romanesque : un signifiant pour plusieurs signifiés

L'espace et les décors qui structurent le roman ne sont que des multiples signifiants. Ils ne sont là que pour être pris en charge par le lecteur qui les identifiera en signifiés. Celui-ci donne un signifié au langage littéraire pour lui donner un sens. Dans un roman, l'illusion du décor véritable consiste en une logique de la description, qui n'est pas qu'une

---

500. – L'adaptation est peut-être ce désir de faire une fusion afin de créer une oeuvre unique qui établirait une relation dialogique entre le livre et le film.

501. – RICARDOU (J.). – *Page, film, récit*, in Cahiers du cinéma, n° 185, décembre 1966, p. 71.

transcription servile d'une succession de mots et d'idées ; l'auteur a l'intention de véhiculer en direction du lecteur un potentiel immense de l'espace littéraire qui demeure purement imaginaire et sans limite. Cette illusion est plus ou moins poétique selon les accointances du lecteur avec le monde et l'espace décrit. Tout le talent de l'écrivain consiste à rendre poétique l'idée du monde que se fait le lecteur grâce à tous les procédés d'art qu'il a appris et dont il peut disposer.

D'un autre côté, si le roman offre une multitude de signifiés, l'adaptation permet d'exploiter des espaces inconnus du roman, ainsi le cinéaste peut avoir l'impression de continuer le texte littéraire. Le romancier au départ est obligé de faire des choix, malgré l'immensité de l'espace à venir qu'il peut agencer sur le papier. Balzac n'a pas disposé du temps et du nombre de pages suffisantes, malgré l'importance colossale de son œuvre, pour tout décrire. C'est d'ailleurs le projet totalitaire et idéologique propre à Balzac qui, sous l'emprise d'un rêve prométhéen, souhaitait saisir tous les espaces de *La Comédie humaine*. Volonté de puissance qui capte une certaine « finitude humaine » et qui est donnée par « l'expérience qui se forme au début du XIX è siècle [...] et par un savoir fini, comme les formes concrètes de l'existence finie. »[502]

En cela, l'espace littéraire est infini, avec un signifié sans fin tandis que le film ouvre des fenêtres qui sont fermés. Le Septième Art peut regarder derrière ces fenêtres, mais en apportant toujours un sens concret du signe littéraire avec l'aide du signifiant filmique.

Néanmoins, ce dernier transforme et restreint[503] forcément le signifié littéraire puisque parfois son potentiel est inexploité et c'est ce qui fait paradoxalement sa richesse. Le roman s'ouvre secrètement sur une multitude de fenêtres sur des espaces infinis qui peuvent rester flous et que le cinéma ne pourra jamais rendre, malgré sa possibilité technique de les explorer. Le Septième Art doit faire également des choix dans l'adaptation : « Le cinéma a fatalement donné une forme nouvelle au récit romanesque mais sans en modifier le fond. »[504] Mais s'il est impossible d'exprimer un roman avec d'autres mots que ceux dans lesquels il a été décrit, s'il est difficile de changer les sonorités d'une poésie sans modifier son sens (ce dernier étant issu du rapport fond-forme), il est d'autant plus impossible de remplacer les mots du roman par des images

502. – FOUCAULT (M.). – *Les mots et les choses : une archéologie des sciences humaines*, Paris, 1966, p. 327.

503. – L'appauvrissement est inévitable car le cinéma est obligé de faire un choix et un seul dans la représentation du monde. Le Septième Art n'est pas dépourvu pour autant des qualités « monstratives » et esthétiques.

504. – *Ibid.*, propos de Georges Simenon, p. 103.

cinématographiques, sans risquer de déplacer l'essence même du roman. La transformation filmique entraîne obligatoirement une modification du sens car la fidélité absolue est impossible, elle n'a d'ailleurs jamais été pensée.

Cependant, le cinéma jouit fort heureusement de la liberté de produire une œuvre autonome qui n'a pas l'obligation de faire un plagiat de l'œuvre romanesque. Mais ces rapports signifiant-signifié entre littérature et cinéma obéissent à un passage de l'abstraction à la concrétisation. Toutefois, l'abstraction littéraire n'est pas à considérer négativement, sinon nous risquerions de réduire les lieux, le décor, à un simple rôle thématique ou illustratif. Le décor présente un ensemble de caractéristiques qui lui donnent une existence.

La littérature peut aussi visualiser et situer l'espace et même prévoir un avenir dans la trajectoire de l'intrigue. Lorsque Simonin, du haut de la fenêtre de l'étude, voit Chabert arriver, le récit se nourrit d'un décor parfois lugubre. Il connote déjà l'avenir dramatique du héros et préfigure de manière métaphorique l'enfermement du vieil homme à Bicêtre : « Simonin déjeunait, l'épaule appuyée sur la fenêtre, qui alors était ouverte ; et il regardait le bleu du ciel par l'ouverture de cette cour entourée de quatre corps de logis noirs. »[505] Dans certains cas précis, le décor a une forme signifiante qui pourrait inspirer à la majorité des lecteurs les mêmes sensations d'angoisse et d'enfermement.

De surcroît, la forme est si riche de son sens que son expansion sémantique déborde largement l'aire du seul signifié spatial. En effet, la cour dans laquelle pénètre le Colonel dénote aussi l'univers cloîtré de l'étude en raison de sa structure carrée. L'orientation spatiale est quasi cinématographique, mais les signifiants verbaux « quatre corps de logis noirs » n'ont de valeur de signe que par une empreinte sémantique, stylisée. Grammaticalement, le signe reste abstrait et se matérialise, il se concrétise selon le bon vouloir du lecteur.

A l'inverse, les signifiants filmiques ne sont donc pas des formes abstraites autour desquelles il serait possible de construire des lois génératrives, mais plutôt des faits concrets qui reflètent la forme de l'expression, mieux encore l'expression d'une idée, d'un sentiment ou d'une ambiance avec ses décors. En raison de son aspect concret, le rapport signifiant-signifié filmique est plus étroit que celui du littéraire. Pourtant, au cinéma, l'espace géométrique est construit sur la profondeur de champ tandis que l'espace littéraire fonctionne par analogie.

---

[505]. – Cf. – Pléiade, tome III, p. 311.

* L'espace filmique : un seul signifiant pour un seul signifié

Le mot n'éveille pas systématiquement l'image de l'objet ou de l'acte dont il est le signe, mais uniquement des tendances de toute nature, en fait, celles qui éveilleraient la perception même de cet objet. L'image littéraire n'est donc pas aussi stable que l'image filmique et peut se modifier à tout moment et sans grande résistance. Elle résiste encore moins au passage à l'écran comme si elle était détruite pour être reconstruite en version purement cinématographique : « puisque l'essentiel, dans un roman, est ce qu'on ne peut dire que dans un roman, dans toute adaptation ne reste que l'inessentiel. »[506] Même si le film ne rend jamais la saveur du texte littéraire – peu importe – la reconstruction de l'image laisse place à de multiples interprétations cinématographiques. Mais une fois la représentation donnée, elle s'impose : un seul signifiant pour un seul signifié sans pour autant réduire la qualité de ce qui est montré. Cela n'empêche pas le spectateur d'analyser l'espace et de l'identifier selon sa volonté, car il peut très bien voir le film sans se soucier du roman qui se trouve en amont.

Mais le rapport signifiant-signifié littéraire et filmique laisse libre le travail créatif du cinéaste. Dans un cours qu'Eisenstein donnait à ses étudiants sur un exercice qui consistait à représenter l'atmosphère et les décors de la pension Vauquer, les principes d'adaptation variaient : « chez l'un on retrouve l'idée du cachot ; d'autres voient la pension Vauquer comme un dépôt d'ordures, où les déchets de la société : voleurs, larrons, prostituées, méprisés et rejetés par la société, s'entassent ; d'autres encore veulent représenter la pension comme une ménagerie. »[507] La mise en forme nette et réaliste de Balzac ne peut servir de prétexte au décor de l'adaptation, mais ce décor reste primordial. Matérialisé sur l'écran, il obéit à un glissement de son système de signification vers une restructuration différente de celle du roman. Cela n'a d'ailleurs pas d'importance et laisse malgré tout un libre choix au cinéaste.

La masure Vergniaud décrite par Balzac est un indice quasi sociologique, voire philosophique, des conditions de vie de Chabert perceptibles immédiatement. A l'inverse, lorsqu'Angelo montre le lit de paille du vieux soldat ainsi que la promiscuité avec les ours de Boutin, le spectateur accède aux indices scénographiques et plastiques. Pour que le public

---

[506]. – LAVANDIER (Y.). – *La dramaturgie*, Paris, 1997, p. 427. Propos d'Alfred Hitchcock à François Truffaut.

[507]. – EISENSTEIN (S.M.) et NIJNY (V.). – *Leçons de mise en scène*, Paris, 1989, p. 25.

retrouve le signifié véritable de ce décor, il lui faut connaître l'œuvre de Balzac, sans quoi il ne pourra se fier qu'à son intuition. Cette dernière limiterait plus que jamais le rapport signifiant-signifié de l'objet montré et décoré : « Les adaptations cinématographiques n'en deviendront pas meilleures si quelque auteur croit que, grâce à elles, il pourra reproduire de grandes œuvres. »[508] Il faut donc renoncer à concevoir l'adaptation comme une reconstitution ou une reproduction bien que cela arrive parfois. Le film reste un simulacre pictural. Néanmoins, en littérature, il serait sans doute moins facile qu'au cinéma de présenter au lecteur une masse de lieux détaillés. L'écrivain semble être conduit à l'économie verbale s'il ne veut pas perdre son lecteur. Il recourt au symbolisme en profondeur, ce qui laisse au lecteur une plus grande liberté d'interprétation et ménage son droit à l'émotion. Le film enferme le spectateur dans un univers plus circonscrit. Il est vrai que la littérature nous offre l'aptitude à reconstruire la façon dont les écrivains imaginent et créent l'espace.

Le cinéma montre et impose, même si l'émotion est toujours présente, même si l'on devine approximativement ou de manière intuitive ce qui motive le cinéaste dans sa représentation du monde. Le réalisateur sent en lui un spectateur prématurément vivant et exigeant, qui se met à pénétrer les multiples espaces afin de sonder les prémices d'un drame.

3°) Les artifices précieux de La Comédie humaine : objets et préfigurations dramatiques

Que cela soit la géographie, l'habitat avec son intérieur et ses personnages qui les représentent ou les symbolisent à travers leur physionomie ou leurs habits, l'ensemble permet de construire l'univers sémantique pour la littérature et l'espace physique pour le cinéma. Dans les deux adaptations du *Colonel Chabert*, l'étude de l'avoué est donc bien rendue. Avec la visualisation d'un ensemble d'objets (meubles, disposition de la pièce, personnages), le spectateur découvre le signifié global : « Etude de Maître Derville ». La matérialisation de cet espace dramatique ne repose pas que sur un principe de « captation » de l'espace physique, mais sur une construction du sens. Il s'agit de représenter l'espace littéraire qui constitue un artifice précieux. Le cinéaste ne pourra pas s'en dispenser

---

508. – CHKLOVSKI (V.). – *Résurrection du mot et littérature et cinématographe*, Paris, 1985, p. 110.

s'il souhaite signifier l'espace cinématographique et dramatique de la référence littéraire. Voici quelques points qui nous paraissent importants afin de démystifier une véritable théâtralité balzacienne.

a) Géographie historique, lieu et habitation

Balzac, comme la majorité des romanciers du XIX è siècle, offre d'entrée de jeu au lecteur les paramètres nécessaires et intéressants sur l'endroit principal dans lequel se situe l'intrigue. L'auteur de *La Comédie humaine* ne fait que réveiller les puissances d'un lieu : « Balzac à ce génie peau-rouge de déchiffrer d'instinct, ligne à ligne, le paysage, ses sursauts, ses envoûtements naturels, sa romancerie, qu'il dispose, disperse en paroles. »[509] La « Balzaquie » est une Touraine très élargie qui s'étend vers la Normandie, la région parisienne, la Franche-Comté et la Charente. La peinture des différents quartiers de Paris, permet aussi de situer historiquement et socialement les personnages du *Colonel Chabert* (la rue Vivienne, le Palais-Royal, la chaussée d'Antin ou le faubourg Saint-Germain). Ces lieux sont difficiles à illustrer au cinéma sans une grande reconstitution souvent onéreuse.

Le décor (de studio la plupart du temps) préfigure dramatiquement l'existence sociale du personnage. En effet, la vision d'Angelo présente la maison Vergniaud de manière misérable : les décors sont très pauvres, dépouillés et crasseux, la cour est remplie de boue. Le relief trahit la fange dans laquelle Chabert est déjà métaphoriquement enlisé.

Comment faire comprendre aux spectateurs que la résidence secondaire de la Comtesse se trouve à Groslay dans la vallée de Montmorency ? Le problème s'imposerait au cinéaste qui aurait le souci d'une fidélité absolue à Balzac. Une question subsidiaire en découle : comment le lecteur peut-il imaginer ce qu'il n'a jamais vu ? Tout dépend du type de lecteur : s'il s'agissait d'un contemporain de Balzac, il y avait de fortes chances qu'il connût un tant soit peu le Paris du XIX è siècle, s'il s'agit d'un lecteur d'aujourd'hui, il se fiera aux descriptions balzaciennes ou à ce que nous montrent les cinéastes. Parfois, la transformation filmique peut être une reconstitution, du moins dans le cadre historique et géographique.

---

[509]. – CATINCHI (J.P.). – *Lectures de Balzac, de mémoire*, in Le Monde, 25 juin 1999 (rubrique « Le monde des livres »), p. III.

Comment les réalisateurs du *Père Goriot* peuvent-ils vraiment montrer que la pension Vauquer est « établie rue Neuve-Sainte-Geneviève, entre le quartier latin et le faubourg Saint-Marceau. » ?[510] Il s'agit à l'époque d'un quartier mal famé où « les murailles y sentent la prison. »[511] Quant à Groslay, ce village respire le bonheur, la maison de la Comtesse contraste avec le mode de vie de Chabert : « Enfin les deux époux arrivèrent par un chemin de traverse à un grand parc situé dans la petite vallée qui sépare les hauteurs de Margency du joli village de Groslay. La Comtesse possédait là une délicieuse maison où le Colonel vit, en arrivant, tous les apprêts que nécessitaient son séjour et celui de sa femme. »[512] Le réalisateur peut transmettre tout au plus une image de cette géographie, nous dévoiler également les intérieurs de l'étude de l'avoué, mais il ne pourra expliquer toutes les circonstances historiques, sociales et économiques comme l'exprime l'auteur de *La Comédie humaine*. Le fait de montrer ne dit pas tout.

Le lieu filmique a un potentiel dramatique considérable tout comme celui du roman, mais l'aspect qui situe, par exemple, les personnages romanesques dans un contexte historique (scène d'exposition), est placé en retrait dans les versions filmiques. Ainsi, Balzac nous rappelle dans *Eugènie Grandet* que les rues des petites villes de province sont mal éclairées et que les domestiques viennent attendre leur maître avec des lanternes. Dans le téléfilm *Eugènie Grandet* de Verhaeghe, Nanon éclaire, depuis le portail de la cour des Grandet, les invités qui rejoignent leurs domiciles. Si la lanterne et les rues pavées situent historiquement les décors au XIX è siècle, le geste de Nanon est moins le rappel d'une habitude quotidienne de l'époque qu'un geste mettant l'accent sur l'action elle-même. La lanterne symbolise alors l'éclairage qui est apporté sur les intentions des invités qui se disputent la main de l'héritière. L'intrigue se déroule devant Nanon qui, tenant la lanterne au centre de l'image en plan moyen, écoute attentivement le dialogue des invités. La flamme centrée incite le spectateur à réfléchir sur les mauvaises pensées des protagonistes.

L'accent est donc mis, grâce aux décors, sur l'action dramatique. Les références historiques (maisons, architecture, mode de vie, etc.) ne servent que de faire-valoir au récit cinématographique, contrairement à celui de Balzac qui en fait non seulement l'un de ses artifices les plus précieux, mais également toute la structure sociale et historique de l'œuvre. L'histoire ne peut être dissociée de cette organisation sociale chez un

---

510. – Cf. Pléiade, tome III, p. 49.

511. – *Ibid.*, p. 50.

512. – *Ibid.*, p. 361.

écrivain qui avait pour ambition d'expliquer de manière totalisante la société de la Restauration.

Certains réalisateurs n'hésitent pas à supprimer massivement l'aspect historique, ce qui permet de situer les récits dramatiquement parlant, pour n'en conserver que l'aspect social : « Si, le plus souvent, les lieux entrent dans le film porteurs de leur sens social, cela ne signifie pas pour autant que leur valeur sémantique se limite à cela. Le texte est une formidable machine à produire du sens. »[513] En effet, André Cayatte dans *La fausse maîtresse* et Jacques Rivette dans *La Belle Noiseuse* transposent au XX è siècle le roman balzacien. La géographie, les lieux restent toujours des objets de préfiguration dramatique, mais ceux-ci sont rabaissés uniquement au rang de l'intrigue, sans tenir compte du contexte historique. Un récit est toujours lié à la vie d'une époque, à ses caractéristiques.

En changeant l'époque et les lieux, le contexte social est effacé alors que les trames de l'action balzacienne reposent toujours sur une évolution historique : « Balzac cherche les rapports qui existent entre l'œuvre et l'époque, d'où les incessants retours en arrière dans les scènes d'exposition pour mettre en lumière la source historique conduisant à l'action qui se déroule sous nos yeux. »[514] C'est d'ailleurs le projet typique d'un écrivain du XIX è siècle qu'un réalisateur du XX è peut vouloir abandonner, car il est difficile de rendre cette intention en quelques heures de projection.

Quelquefois, les adaptations occultent les personnages afin de mieux rendre l'aspect réaliste de certains événements ayant eu lieu dans des endroits précis. Par exemple, l'objectif des scènes de la bataille d'Eylau se révèle donc bien différent dans la version romanesque et dans les deux versions filmiques.[515] En effet, le roman veut faire croire, en citant le nom de personnes célèbres auprès du héros Chabert tel que Murat, à la réalité des événements survenus au Colonel en le situant dans un contexte historique réel.[516] A l'inverse, les adaptations préfèrent l'anonymat en

---

513. – *L'espace au cinéma...op. cit.*, p. 78.

514. – *Les scènes d'exposition dans les adaptations cinématographiques des œuvres de La Comédie humaine…op. cit.*, p. 51.

515. – Voir séquence n° 8 pour le film de 1943 et séquence n° 1, 6, 7,11 et 18 pour celui de 1994. Notons que Balzac s'est probablement inspiré du tableau *Napoléon visitant le champ de bataille d'Eylau* d'Antoine Gros (Louvre). Grâce au tableau « il est donc permis de penser que Balzac a associé […] la figure de Murat et le motif des blessés. » Cf. BONARD (O.). – *La peinture dans la création balzacienne*, Paris, 1969, p.54.

516. – Il semblerait que plusieurs Chabert aient véritablement existé : « un capitaine de cavalerie, un guide à cheval, un général baron… » Voir rubrique « La genèse et les sources » de François Dolléans dans *Le Colonel Chabert*, Paris : Classiques Hachette, 1999, p.132.

soulignant davantage l'aspect dramatique et guerrier du lieu de la bataille : son historique étant suffisamment mis en valeur grâce aux costumes et aux figurants. Le pouvoir de l'image apporte du réalisme à ces scènes. Il suffit parfois de voir la manière dont les cinéastes présentent les intérieurs balzaciens afin que la réalité dramatique soit à la hauteur de celle du roman.

b) L'intérieur et l'ameublement

Globalement les cinéastes ont su conserver dans leur adaptation la dimension intime de l'intérieur, de l'ameublement et surtout la valeur symbolique qu'elle représente. Il est vrai que si l'on avait transposé au XXI è siècle l'histoire de Chabert en actualisant les décors, l'étude n'aurait pas eu le même impact sur le spectateur, voire sur le protagoniste. En restant fidèles aux objets de l'époque, Le Hénaff et Angelo ont fait de l'étude « une des plus hideuses monstruosités parisiennes [...] la boutique sociale la plus horrible. »[517] Il suffit de voir Depardieu ou Raimu, malgré leur allure charismatique, observer avec inquiétude le mobilier crasseux et sonder comme des animaux sauvages et méfiants l'atmosphère fétide et repoussante de l'endroit. Un long plan moyen sur le visage de Raimu, attendant l'entrevue avec Derville,[518] le regard quelque peu hagard, taciturne et un soupçon intimidé, trahit de surcroît la lutte sociale et l'injustice qui ne cesseront plus de le hanter. Le Colonel concentre son attention sur chaque objet a tel point qu'il se confine dans une sorte de névrose passionnelle.

Toujours dans la version de 1943, le vieux soldat observe attentivement la petite boîte à musique dans le salon de la Comtesse.[519] Ce petit coffret devient un trésor, un objet imaginaire, un artifice précieux d'hypothèses et de rêves qui, pour reprendre les propos de Gaston Bachelard en les adaptant pour notre étude « se creuse et s'échappe à lui-même

---

Dans la réalité, Balzac a pu donc connaître plusieurs Chabert : « Un général commandait à Tours, alors que le jeune Honoré était l'élève de la pension Le Guay ; un Colonel Chabert, mutilé de la campagne de Russie, vivait retiré à Versailles en 1832 ; un autre Colonel Chabert fut accusé de bigamie en 1830...Il y a encore un général de Saint-Geniès, qui prit sa retraite à Vouvray, et dont le dossier comporte des similitudes avec celui du personnage balzacien... » Voir Pléiade, tome III, « Introduction » de Pierre Babéris, p. 302.

517. – *Ibid.*, Pléiade, p. 314.

518. – Voir séquence n° 7.

519. – *Ibid.*, séquence n° 4.

vers une infinité d'autres trésors. »[520] C'est la dialectique du « dedans » et du « dehors ». Ce dernier est associé à l'inconnu, à la menace, celle de se faire prochainement enfermer à Charenton, tandis que le « dedans » génère, grâce à la musique et à l'intimité de la petitesse de l'objet, un flot de souvenirs doucereux. Le Hénaff dépasse et exalte la pensée de Balzac, car l'objet, le petit meuble, l'ustensile détient un pouvoir qui sublime le passé.

Depardieu en arrivant à Groslay est émerveillé par l'intérieur, la richesse de la décoration et dit à son ex-femme : « C'est exactement ce que je t'aurais offert dès ma nomination de général. »[521] De même, juste avant l'entrevue chez le notaire, le Colonel observe les domestiques faisant briller des couverts offerts autrefois aux époux Chabert par Joséphine, la femme de l'Empereur. Le vieux soldat s'adresse à une servante avec un visage exprimant à la fois l'amertume et la douce nostalgie : « Service à punch, cadeau de mariage ! »[522] Les objets sont les grandeurs du passé et incarnent l'ancienne richesse sociale et économique du personnage. Dans *Le Cousin Pons* de Guy Jorré, lorsque les prétendus héritiers du protagoniste pénètrent dans son cabinet secret à son insu, chaque objet est filmé en plan fixe et rapproché accompagnant ainsi les propos émerveillés des voleurs : « Chaque chose l'une dans l'autre vaut mille francs ! »[523] dit Elie Magus. La technique cinématographique exprime à la fois la surveillance jalouse de Pons et la convoitise frénétique des visiteurs. Le meuble, l'intérieur confirment cette puissance fascinante du drame. L'ensemble représente un lieu si intime qu'il devient propice soit à la séduction ou à la conspiration : les cinéastes respectent scrupuleusement Balzac. Il suffit de voir *Les Secrets de la Princesse de Cadignan*[524] ou bien encore les deux versions de *La Duchesse de Langeais*[525] pour comprendre que ces deux femmes, solidement ancrées dans leur intérieur et dans leur intimité, vont tenter de mettre à l'épreuve et de séduire respectivement l'écrivain Daniel d'Arthez et le général Montriveau.

Le salon est donc le lieu où l'on séduit mais il demeure également l'endroit où l'on trahit. Au début du film d'Angelo, la Comtesse com-

---

520. – *La poétique de l'espace...op. cit.*, p. 89.
521. – Voir séquence n° 14.
522. – *Ibid.,* séquence n° 14.
523. – Cf. les dialogues du film et du roman : Pléiade, tome VII, p. 680.
524. – Voir filmographie sélective et notamment la version de Jacques Deray (1982).
525. – *Ibid.,* cf. le film de Jacques de Baroncelli (1941) et celui de Jean-Daniel Verhaeghe (1994).

prend, durant la scène du concert,[526] que son mari essaye d'obtenir, dans un petit salon intime en arrière-plan, quelques faveurs auprès de Chamblin afin d'obtenir la pairie : « Aussi les innombrables détails matériels qui révèlent le regard balzacien, n'ont-ils jamais pour but d'arrêter l'esprit devant leur présence visible, mais plutôt de constituer par la résistance que leur matérialité oppose au vol libre de la pensée, une espèce de milieu transformateur grâce auquel la seconde vue peut pénétrer au-delà des corps et lire dans les âmes. »[527] Le jeu des regards dans cette intimité confinée montre que l'intérieur est non seulement à l'image des êtres qui les habitent, mais le lieu a également ce pouvoir magique de laisser transpirer cette seconde vue. En effet, le spectateur ressent, grâce à cette alchimie de l'atmosphère renfermée, les pensées les plus secrètes de ces personnages cinématographiques typiquement balzaciens. Celles-ci sont non seulement trahies par l'espace mais aussi par la physionomie des êtres : autre artifice précieux qui finit d'asseoir le sens du drame de *La Comédie humaine*.

c) Choix des personnages et physiognomonie : un casting balzacien

Depuis le moyen-âge en passant par Léonard de Vinci, la peinture représente les significations secrètes des visages. Popularisée au XVI è siècle par Giovani Battista della Porta[528] dans son ouvrage *De Humana Physiognomonia* publié pour la première fois à Naples en 1586, la physiognomonie prétend rendre compte des caractères par l'analogie animale. Dans le tableau *Le tricheur* de De la Tour, le damoiseau qui se fait dépouiller de son argent aux cartes, possède une bouche et des joues pleines de noblesse, des yeux aux larges cils. Son visage exprime l'aspect innocent et serein des bovins.

Dans *La Comédie humaine,* les métaphores animales mettent en valeur le comportement des personnages et ses sentiments, par la violence, l'énergie, la puissance, la force ou la faiblesse de tel ou tel animal. Selon Balzac, « L'animal de Marcas était le lion. Ses cheveux ressemblaient à une crinière, son nez était court, écrasé, large et fendu au bout comme ce-

526. – Voir séquence n° 4.

527. – POULET (G.). – *Etudes sur le temps humain*, Paris, 1952, tome II, p. 175.

528. – Ce sculpteur originaire de Porlezza, province de Côme, vécut de 1542 à 1602. Fils de l'architecte Guglielmo della Porta, on lui doit notamment le monument funèbre du cardinal Francesco Alcéati en 1580 à l'église Sainte-Marie des Anges à Rome. Voir bibliographie pour les références de son ouvrage.

lui d'un lion [...] par un sillon puissant, divisé en deux lobes vigoureux [...] Ce visage presque terrible semblait éclairé par deux lumières, deux yeux noirs, mais d'une douceur infinie, calmes, profonds, pleins de pensés. »[529] Molineux, relation de César Birotteau, avait « dans sa manière comme dans ses yeux quelque chose de la race féline. »[530] De même dans *Ursule Mirouët*, Minoret-Levrault est comparé à un tigre. Cette analogie n'est pas démentie par l'adaptation de Marcel Cravenne, car le personnage littéraire est bien rendu par la carrure et le comportement brutal de l'acteur Armand Meffre à l'égal d'un prédateur. Les exemples ne manquent pas, Goupil ressemble au crapaud, à la vipère, il est aussi rusé qu'un renard ; d'ailleurs il porte bien son nom. Balzac se fiait non seulement aux théories de Lavater et de Swedenborg en ce qui concerne la physiognomonie, mais il s'inspirait d'une autre science qu'est la cognomonie, ce que nous avons vu précédemment : « Entre les faits de la vie et le nom des hommes, il est des secrètes et d'inexplicables concordances. » [531] Goupil caractérise donc bien la physionomie et le comportement du renard : « ce visage aigre et pale [...] le nez se dirigeait de droite à gauche [...] deux yeux de chèvre, une prunelle cerclée de jaune, à la fois lascifs et lâches. »[532] Balzac dépasse la métaphore animale, ici encore, Goupil est comparé à une chèvre fragile et fielleuse, et l'expression du visage de Michel Caccia[533] confirme les descriptions balzaciennes.

Cependant, l'utilisation de la physiognomonie dans le film n'est pas systématique. *Le Colonel Chabert* ne se prête dans le roman à aucune description animalière. La longue présentation du personnage dans les incipit balzaciens est condensée grâce aux photogrammes. Dès lors, le physique de Depardieu ou de Raimu s'accorde avec l'intrigue naissante. Il s'agit bien d'un casting balzacien qui confirme le drame, mais il est pourvu d'un présupposé culturel très orienté par le vedettariat, ce que nous avons dit auparavant. Le comédien « constitue un corps dont la dimension physique et plastique sont, dans le monde, mais ce corps annonce aussi une fiction. »[534] Néanmoins, en littérature, seule, la des-

[529]. – Cf. Pléiade, tome VIII, p. 834-835.
[530]. – *Ibid.*, tome VI, p. 182.
[531]. – *Ibid.*, tome VIII, p. 829. Dans *Le Colonel Chabert,* Derville a eu pour modèle l'avoué chez qui Balzac fit l'apprentissage de la procédure, Maître Guillonnet-Merville : la ressemblance des noms n'est pas fortuite.
[532]. – *Ibid.,* tome III, p. 778.
[533]. – L'acteur joue également le rôle d'un huissier rusé dans *Le faiseur* de Georges Folgoas, mise en scène théâtrale de Jean Galabru, réalisé en 1999.
[534]. – HELBO (A.). – *L'adaptation du théâtre au cinéma,* Paris, 1997, p. 51.

cription implante le drame et le physique reste toujours selon Balzac cette carte génétique qui oriente inexorablement l'avenir de l'individu.

Les romans balzaciens se caractérisent également par la pathognomonie (science de Gall et de Lavater où le mouvement fait signe). Le physique, l'attitude et la démarche déterminent l'inévitable programmation dramatique du personnage. Balzac nous rappelle dans *La théorie de la démarche,* l'idée suivante : « Pour moi, dès lors le MOUVEMENT comprit la Pensée, action la plus pure de l'être humain ; le Verbe, traduction de ses pensées ; puis la Démarche et le Geste, accomplissements plus ou moins passionnés du verbe. »[535]

Le cinéma n'utilise pas systématiquement cette théorie, l'acteur est sélectionné pour son physique, mais aussi pour son talent oratoire, pour l'expression de son visage comme au théâtre. Celle-ci est déterminante, il suffit de compter le nombre de plans dans les films qui dévoilent l'expression du sentiment sur le visage, soit à l'aide de plans rapprochés ou de gros plans. On note 56 plans dans *Le Père Goriot* de Vernay, 50 dans *Ursule Mirouët* de Cravenne et 41 dans *La Cousine Bette* de Hubert. Sachant que la moyenne des films varie entre 300 et 500 plans sur la totalité de la projection, on observe donc une moyenne globale de 10 à 15 % de plans rapprochés et de gros plans sur les visages. Les réalisateurs privilégient l'expression faciale rapprochant ainsi le spectateur du domaine moral et des sentiments des personnages.

Perception abstraite que l'on retrouve en littérature. Le spectateur ressent au cinéma, comme dans le roman, ce génie balzacien qui crée « des personnages dans lesquels, d'une part, les tensions intérieures du sujet s'expriment sous forme de passion humaine, d'effort individuel. »[536] Le Septième Art est tout à fait apte à rendre ses tensions intérieures. L'acteur Michel Bouquet, qui interprète l'abbé Troubert dans *Le Curé de Tours,* joue admirablement cette revanche sur la société. Il faut donc trouver l'acteur type qui soit capable d'exprimer cette tension intérieure stéréotypée. C'est-à-dire un acteur modèle qui réinterprète ce cliché dans plusieurs films. Philippe Cattrysse parle même de « transcaractérisation » : « Plus un acteur est coincé dans un nombre limité de personnages presque stéréotypés, plus il est facile d'attribuer une transcaractérisation au « typecasting » de l'acteur. »[537] Depardieu représente bien l'image du héros souffrant typique de la littérature populaire qu'il incarne à travers le personnage de Monte-Cristo ou de Jean Valjean. De même, Michel Bouquet interprète efficacement cette rigidité revancharde

---

[535]. – Cf. Pléiade, tome XII, p. 270.

[536]. – LUKACS (G.). – *Balzac et le réalisme français*, Paris, 1999, p. 52.

[537]. – *Pour une théorie de l'adaptation filmique...op. cit.*, p. 168.

non seulement à travers Troubert, mais aussi dans le rôle de Javert dans *Les misérables.* [538]

Le casting balzacien se fait, d'une part, en fonction d'une volonté d'être fidèle au choix de l'auteur, et d'autre part, en fonction de « l'horizon d'attente » : le spectateur souhaite voir apparaître le comédien idéal. Il s'agit pour le public de superposer dans son esprit la représentation mentale qu'il se fait du personnage balzacien et l'image d'un acteur connu qui pourrait cadrer avec le modèle littéraire. D'ailleurs, Lucien Dällenbach fait remarquer sous forme de question : « Et en fait de public littéraire, ne peut-on réellement compter que sur celles et ceux qu'Emmanuelle Béart ou Michel Piccoli, Gérard Depardieu ou Fanny Ardant auront incité à demander « le livre du film » ? »[539] Il s'agit de médiatiser Balzac, et pour cela, le casting n'a pas forcément besoin de rester fidèle à la volonté balzacienne. Le plus important est de mettre en valeur la force du personnage.

Albert Savarus dans le film d'Alexandre Astruc ne ressemble nullement à l'animal décrit par l'auteur. Le Savarus littéraire s'apparente également au lion : « des cheveux durs comme des crins [...] un front magnifique séparé par ce sillon puissant [...] un nez carré, des yeux de feu [...] un air calme profondément résigné. »[540] Le portrait s'apparente donc à celui de Z. Marcas.

Il est vrai que la description animalière demanderait au réalisateur de longues justifications qui ne conviendraient pas au rythme filmique qui doit donner en quelques plans, voire en quelques secondes, l'image typique que le spectateur attend de son personnage.

Néanmoins, l'acteur Niels Arestrup interprète admirablement le savant Albert Savarus ; de surcroît, son physique renvoie même directement à celui de Balzac. Le choix est sans doute inconscient. Mais l'écrivain est à la fois tous ses personnages[541] : il y a du Louis Lambert, de l'Albert Savarus, du Z. Marcas et même du Colonel Chabert dans Balzac.

Le charisme est non seulement rendu par le physique mais aussi grâce à l'apparence et l'habit. Le vêtement demeure l'un des artifices les plus précieux pour le film, l'un des plus visuels et le plus porteur de sens pour le drame.

---

[538]. – Film de Robert Hossein réalisé en 1982.

[539]. – DÄLLENBACH (L.). – *La canne de Balzac*, Paris, 1996, p. 22.

[540]. – Cf. Pléiade, tome I, p. 928.

[541]. – PICON (G.). – *Balzac,* Paris, 1956, p.101-103. L'auteur met côte à côte des lithographies de Balzac, de Z. Marcas et d'Albert Savarus, la ressemblance entre ces personnages est frappante.

d) Vêtements pour le film : démystification de la théâtralité balzacienne

Que cela soit en littérature ou au cinéma, l'intériorité psychologique des personnages est représentée par les costumes. Se greffe sur cette économie de la scène une diachronie et une synchronie des vêtements qui créent un système de lecture et de renvois métonymiques aux personnages : « Le costume, les traits physiques font partie de la personne, et suffisent à la déterminer. »[542] Cette diachronie et cette synchronie ne sont pas à dissocier car l'ancrage historique du vêtement confirme le statut social et immédiat du personnage : « comme tout signe de la représentation, le costume est à la fois signifiant (pure matérialité) et signifié (élément intégré à un système de sens). »[543]

Balzac donne une représentation précise du protagoniste lors de sa genèse, ne serait-ce que par l'allure générale. L'apparence détermine l'histoire et l'actualisation sociale du protagoniste prépare le drame. Le Colonel Chabert, habillé d'un vieux carrick usé et huileux, peut se voir attribuer une multitude d'existences parmi lesquelles le romancier n'a plus qu'à choisir :

> « — C'est quelque Colonel qui réclame un arriéré, dit le maître-clerc.
> — Non, c'est un ancien concierge, dit Godeschal.
> — Parions qu'il est noble, s'écria Boucard.
> — Je parie qu'il a été portier, réplique Godeschal. »[544]

Le costume, situant historiquement le récit, permet aussi de distinguer les classes sociales. D'ailleurs, Madame de Beauséant le rappelle à Rastignac dans le film de Vernay, en reprenant approximativement les propos de Balzac : « Il faudra songer d'abord à vous vêtir. Très important le costume. » Balzac attache d'autant plus d'intérêt à l'apparat qu'il a écrit un *Traité de la vie élégante* dans lequel « la toilette est l'expression de la so-

[542]. – HALBWACHS (M.). – *Les cadres sociaux de la mémoire*, Paris, 1994, p. 85.
[543]. – *L'analyse des spectacles…op. cit.*, p. 161.
[544]. – Cf. Pléiade, tome III, p. 316-317.

ciété. »[545] L'habit permet d'établir les distances et les hiérarchies sociales ; par exemple, Madame Vauquer ne conçoit pas que l'on puisse mettre « dix francs à un seul chapeau. »[546] *La Comédie humaine* reste néanmoins une véritable théâtralité du costume : indice dramatique particulièrement visuel et détaillé.

La toilette féminine peut notamment devenir un langage théâtral : symbole et poésie. Comme le fait remarquer Danielle Dupuis : « Balzac avait eu nettement conscience que le vêtement de ses héroïnes pouvait former une syntaxe muette dont la robe, de par sa forme, sa couleur, son étoffe, serait l'élément le plus subtil. »[547] L'habit peut être une sorte de marivaudage où sous un faux naturel se cachent un luxe étudié et une légèreté feinte. Pour la Comtesse Ferraud, la toilette demeure un stratagème en action dans lequel triomphent les apparences d'une femme « comme il faut ». Au moment où elle reçoit l'avoué « la Comtesse était enveloppée dans un élégant peignoir, les boucles de ses cheveux, négligemment rattachés, s'échappaient d'un bonnet qui lui donnait un air mutin. »[548] Chez Balzac, certaines négligences charmantes et féminines sont redoutables et dangereuses. Derville, l'organisateur savant de cette théâtralité, dira au fond de lui-même et de manière astucieuse et ciblée que « la morale de ceci est qu'une jolie femme ne voudra jamais reconnaître son mari, ni même son amant, dans un homme en vieux carrick, en perruque de chiendent et en bottes percées. »[549] Cette théâtralité repose sur une préciosité qui relève de l'ironie que l'avoué ne manque pas de souligner dans sa formule toute faite : « la morale de tout ceci. »

Il existe un jeu de cache-cache subtil, grâce à l'apparence et au vêtement, que le cinéma n'est pas toujours à même de rendre, puisque l'habit n'a pas besoin d'être longuement décrit ; la première image suffit pour le saisir. Même s'il est porteur de sens, le costume détient toute une signification cachée que le Septième Art aura du mal à exprimer. En montrant le vêtement, le film démystifie la théâtralité balzacienne d'autant plus qu'il la remplace par une autre théâtralité : celle de la modernité. Il est évident que la majorité des réalisateurs cherchent toujours à être fidèles à Balzac, mais cette obstination dénature parfois la portée de l'œuvre, car l'actualisation du spectacle cinématographique est toujours connotée par

---

545. – *Ibid.,* tome XII, p. 250.
546. – Voir la version de Robert Vernay.
547. – DUPUIS (D.). – *Toilette féminine et réalisme balzacien,* in L'Année balzacienne, Paris, 1986, p. 135.
548. – Cf. Pléiade, tome III, p. 350-351.
549. – *Ibid.*, p. 351.

le présupposé culturel de l'époque.[550] En effet, dans la version de 1943, lorsque Raimu retrouve une apparence décente avec de beaux habits et qu'il décide d'acheter du tabac chez un boutiquier, certaines attitudes mi-goguenardes mi-vaudevillesques n'ont pas leur place dans le film. Elles seraient plutôt un clin d'œil à un autre texte : « nous citerons pour preuve les façons d'ajuster sur l'oreille un chapeau tromblon ou celle d'allumer un cigare qui rappellent fâcheusement les gestes rituels d'un *Homme en habit.* »[551]

Il faut remarquer que la démystification de la théâtralité balzacienne procède du simple fait que le costume au cinéma, même s'il reste fidèle à Balzac par souci de réalisme, est parfois en décalage avec la gestuelle d'une époque cinématographique. Cet aspect vaudeville, sous le cinéma de l'Occupation, se retrouve également dans *La Duchesse de Langeais* de Jacques de Baroncelli. Youri Lotman fait d'ailleurs remarquer que « la contradiction entre le costume d'époque et la façon moderne de marcher (au théâtre ceci est marqué par le caractère conventionnel des mouvements) est un phénomène courant dans le cinéma d'aujourd'hui. »[552] D'un autre côté, le refus de Balzac d'une terminologie trop spécialisée ou trop enracinée dans l'actualité, à propos de la toilette, s'applique à la nature des étoffes ou à leurs couleurs.

Dans *Le Lys dans la vallée*, une toilette d'une grande fraîcheur caractérise Madame de Mortsauf : « Elle fit quelques pas légers, comme pour aérer sa blanche toilette, pour livrer au zéphir ses ruches de tulle neigeuse, ses manches flottantes, ses rubans frais, sa pèlerine et les boucles fluides de sa coiffure à la Sévigné. »[553] La description poétique du vêtement laisse un libre choix d'interprétation au cinéaste. D'ailleurs, Marcel Cravenne visualise merveilleusement l'apparition idyllique et sensuelle d'Henriette dans son habit. Mais celle-ci est si empreinte de mystère et de légèreté dans son jeu de séduction avec Félix de Vandenesse, que la montrer aussi directement estompe un peu le fantasme délicieux du lecteur qui, devenu spectateur, ne peut plus exercer son esprit pour reconstruire son Henriette idéale.

Le vêtement caractérise cette séduction théâtralisée si chère à Balzac, car l'homme au XIX è siècle se définit essentiellement par son apparence

---

[550]. – Il s'agit d'un simple constat qui n'est pas un critère d'évaluation pour la qualité du film. Cependant, le présupposé culturel de l'époque ne s'identifie pas toujours clairement.

[551]. – MALESTROIT (Y.). – *Le Colonel Chabert*, in Les Nouvelles Continentales, 11 décembre 1943, p. 14. L'auteur de l'article fait allusion à une comédie d'André Picard et d'Yves Mirande créée au *Théâtre des Variétes* le 25 mars 1920.

[552]. – LOTMAN (Y.). – *Esthétique et sémiotique du cinéma*, Paris, 1977, p. 155.

[553]. – Cf. Pléiade, tome IX, p. 1114.

dans la société mondaine. Toutefois, cette préciosité balzacienne n'apparaît pas dans *La fausse maîtresse* d'Andre Cayatte, car les costumes modernes n'ont plus les mêmes significations que dans le roman. D'ailleurs, le vêtement dans ce film ne produit plus un discours balzacien. Il s'agit tout simplement d'une histoire de maîtresse et d'amant qui s'enracine dans une comédie de la vie moderne. Celle-ci n'a plus aucun rapport avec les études de mœurs de *La Comédie humaine*. En effet, les audacieux corsages laissent place aux petites robes courtes. Ici, l'habit n'a pas une emprise sociale ou historique comme dans certains films qui ont le souci de la reconstitution. Il n'y a plus de mystification, la robe courte trahit le comportement léger de l'actrice Danielle Darrieux dans ses relations amoureuses.

Synthèse :

La réorganisation spatiale et filmique du roman balzacien contribue non seulement à sa visualisation, que cela soit sur le plan esthétique, narratif, symbolique ou sémiotique, mais elle sert encore à établir une cohésion de sens entre le roman et le film. Elle cherche à montrer un drame unique à travers une écriture balzacienne déjà cinématographique. Celle-ci offre aux cinéastes une foule d'artifices précieux dont ils ne pourront se passer. L'espace littéraire et l'espace cinématographique interprète, chacun à leur manière, la réalité spatiale. Mais il en existe une autre à laquelle le cinéaste doit s'accommoder, c'est cette réalité intérieure que Georges Poulet évoque dans *Etudes sur le temps humain.* Il s'agit de la réalité temporelle qui est nettement moins exhibée que l'espace, même au cinéma. Le « Dieu Balzac », qu'il passe par la plume ou la caméra, déclenche toujours les événements providentiels qui constituent l'espace et la durée des personnages : « Il est et il fait les espaces et les temps. »[554] Balzac reste cette instance créatrice qui étire toutes les richesses du temps et la question est de savoir si le cinéma peut exploiter cette souplesse balzacienne.

[554]. – *Etudes sur le temps humain...op. cit.*, p. 187.

Chapitre V

Le Temps Balzacien comme puissance narrative littéraire et cinématographique

Le roman est un espace virtuel dont le texte se structure page après page comme une succession de scènes, de tableaux ou de plans cinématographiques. L'ensemble donne au récit une configuration précise que le lecteur aura pour loisir d'identifier comme un réseau d'images prenant son sens au cours du temps de lecture. Le roman rêve de cinéma car il s'assimile à une sorte de spectacle fantasmatique, dont le discours prendra sa signification au cours du déroulement chronologique des événements. Si le plan cinématographique peut se saisir globalement en un instant, le roman et même la page doivent être lus pour être saisis pleinement. Il en est de même pour le film dont le discours aura toute sa signification après sa projection.

Si les images littéraires se superposent au cours de l'acte de lecture, les images cinématographiques ont tendance à se succéder sans forcément se juxtaposer ou se superposer dans l'esprit du spectateur en raison de la chronologie imposée par la projection. Il s'agit d'une succession d'événements qui fait intervenir le temps, mais cette « image-temps », selon Francesco Casetti reprenant les théories de Gilles Deleuze, « exprime l'inextricable unité de l'actualité et de la virtualité, la pure durée. »[555] Le cinéma est toujours le temps du présent et de l'actualisation, contrairement à la littérature qui est souvent racontée au passé. Même si l'énonciation romanesque se situe dans le présent, le récit qui la gère reste toujours dans le passé et en particulier dans les romans balzaciens : « Vous ne pouvez raconter chronologiquement que l'histoire du temps passé, système inapplicable à un présent qui marche. »[556] Le temps de l'action ou de la description diffère dans la durée, mais tous deux sont au

[555]. – *Les théories du cinéma depuis 1945…op. cit.*, p. 314.

[556]. – Il s'agit des propos de la préface d'*Une fille d'Eve*, première édition en 1839, cf. Pléiade, tome II, p. 265.

passé. Le temps cinématographique est toujours au présent et « présentifié » pour reprendre le terme de Paul Ricoeur. Même si les flash-back ou les flash-forward affrontent le passé ou le futur, l'énonciation demeure toujours au présent.

L'événement n'est pas différé comme en littérature car le temps littéraire occupe un espace virtuel difficilement palpable. Celui-ci peut être retranscrit par l'auteur à tout moment sans pour autant qu'il se justifie. *A contrario*, le cinéaste devra utiliser un matériau tangible pour exprimer le temps, s'il désire que son récit reste logique. Il est évident que le romancier doit également se servir des techniques narratives pour exprimer le temps aussi bien dans les terminaisons des verbes, que dans la variété des repères temporels (date, adverbes, substantifs, etc.) ; mais le temps littéraire n'est pas une actualité unifiée. Ce dernier varie en fonction du point de vue et de l'instance énonciatrice. Au cinéma l'unité actualisée se fait par le montage.

Le spectateur du Septième Art « reçoit un "discontinuum" de visions qui ont été sélectionnées par le cinéaste ; organisées sur l'écran en composition, celles-ci induisent chez le récepteur des processus cognitifs dont l'effet est le récit, le "continuum" narratif. »[557] Le spectateur construit donc son récit en fonction de l'énonciation au présent et des possibilités du montage, alors que le lecteur élabore l'histoire en fonction des différents parcours de lecture que proposent les variations d'énonciation littéraire : présent et passé.

Bien que les rapports entre le temps littéraire et le temps cinématographique restent à développer, il faut savoir ce que l'on appelle le temps chez Balzac. Ce n'est pas en quelques pages que nous répondrons à cette question ambitieuse déjà traitée par la thèse de Renée de Smirnoff,[558] mais il est nécessaire de poser quelques balises pour comprendre cette mise en spectacle filmique du temps balzacien. Au même titre que l'espace, le temps est l'un des matériaux essentiels dont dispose le romancier. Mais de quel temps s'agit-il ? Le temps balzacien est « une représentation comme une force supérieure avec laquelle il faut compter. »[559] Il y a évidemment, d'une part, le temps raconté en tant que technique narrative, et d'autre part, le temps philosophique qui, chez Balzac, s'oriente vers une véritable psychologie sociale posant les bases des mutations de l'âge humain. Le temps balzacien est « psychologisant », mais il est aussi une méditation sur la création : « en tout, une oeuvre de

557. – *L'adaptation du théâtre au cinéma…op. cit.*, p. 57.
558. – Cf. note suivante.
559. – DE SMIRNOFF (R.). – *Le temps dans l'œuvre romanesque d'Honoré de Balzac*, thèse, Toulouse, 1986, tome I, p. 6.

durée est longtemps couvée par le temps. Un long avenir demande un long passé. »[560] Il existerait donc un temps extérieur qui est palpable en tant qu'ingrédient narratif et technique littéraire, et un temps intérieur, « un temps humain » pour reprendre l'expression de Georges Poulet. Ce dernier demeure impalpable, voire philosophique.

La multiplicité des points de vue possibles sur le temps nous oblige à restreindre cette notion, sans quoi elle s'éparpillerait dans notre démarche qui, elle aussi, restera sélective uniquement par souci de clarté. Le temps est « multiforme puisque à la fois instant et durée, écoulement et réversibilité, ralentissement et mobilité, il intervient à divers stades de la narration. »[561]

D'abord, il existe un aspect technique et esthétique du temps lorsque nous le transposons au cinéma, il s'agit du découpage textuel au montage en tant que matériau narratif. Nous ne pouvons réduire l'étude du temps à l'un des aspects de la problématique (passage du symbole à l'icone), parce que le temps n'est pas palpable dans l'image littéraire ou filmique, excepté un indice précis. Cependant, une étude demeure possible sur la totalité d'un discours de la transformation du roman en film, car le temps contribue à la mise en spectacle de la fiction verbale. Les possibilités de la construction du sens varient en fonction d'une démarche interprétative nouvelle d'où notre idée d'une sémiologie à géométrie variable. Ceci deviendra évident lorsque nous comparerons les deux versions du *Colonel Chabert*. Sans faire de digression, il suffit de se rappeler les deux montages du film *Le Mépris*,[562] celui de Godard et celui du producteur italien Carlo Ponti qui n'avait pas eu l'approbation du réalisateur. Godard reprochait à Ponti d'avoir une vision commerciale et trop explicative de la cassure entre Brigitte Bardot et Michel Piccoli. Le producteur souhaitait rallonger le film pour se rapprocher de la durée de l'action du roman. A l'inverse, le cinéaste voulait à propos de cette rupture « la rendre plus tangible en réduisant la durée du film en deux jours alors que le roman se passe en six mois. »[563] Ainsi, le montage joue un rôle important dans la structure temporelle du récit.

Ensuite, nous analyserons les effets de la transformation de la vitesse du récit et les conséquences sur la narration. Enfin, il y a donc cette différence entre le temps raconté et le temps énoncé qui au cinéma ne font

---

560. – Cf. Pléiade, *Physiologie du mariage*, tome XI, p. 981.
561. – *Le temps dans l'œuvre romanesque d'Honoré de Balzac…op. cit.*, p. 4.
562. – Le tournage eu lieu en 1963 avec une production française de Georges de Beauregard et une production italienne de Carlo Ponti. Celles-ci furent contradictoires dans la conception du montage, de l'ordre et de la durée chronologique des événements.
563. – LEVEVRE (R.). – *Jean-Luc Godard*, Paris, 1983, p. 55.

plus qu'un. En effet, « l'image-temps » au grand écran est toujours présentifiée grâce aux embrayeurs de la narration balzacienne omnisciente et grâce aux différents types d'énonciations. Ces dernières construisent le temps diégétique du montage. Dans l'ensemble de notre démarche, reste à savoir si le temps « psychologisant » de Balzac est bien rendu par la technique cinématographique.

1°) Du découpage textuel au montage

Littérature et cinéma jouent sur des catégories temporelles différentes. Le roman est un genre à temps libre, beaucoup plus que le théâtre, car l'auteur a toute possibilité pour aller en avant ou en arrière. Au contraire, le cinéma est déjà limité par le temps de la projection, mais il est libre de faire des digressions temporelles au risque de noyer le spectateur si le cinéaste use trop de ses procédés techniques. Le Septième Art est donc le spectacle à temps limité par excellence et le défi de l'adaptateur consiste à convertir la temporalité balzacienne aux frontières indéfinies en temporalité cinématographique, synthétique et arbitraire. En règle générale, la ponctuation temporelle filmique n'intervient pas toujours entre les plans, mais plutôt entre les séquences.

A risquer une première analogie avec le texte littéraire, la ponctuation cinématographique qui crée la temporalité du récit s'apparenterait plus aux blancs entre les paragraphes et les chapitres qu'à la ponctuation proprement écrite. Donc, le grand écran serait inadapté à retranscrire la temporalité littéraire à partir de signes tangibles dans l'écriture sans lui faire subir de réelles métamorphoses, tout en s'en inspirant paradoxalement. Le roman balzacien étant par essence cinématographique comme le démontre Anne-Marie Baron dans son ouvrage *Balzac cinéaste,* les réalisateurs peuvent s'inspirer du montage romanesque sur le temps. Néanmoins, quelques nuances doivent être explicitées car la réinterprétation bouleverse les structures du récit. Le Septième Art mettra d'ailleurs longtemps à s'affranchir de la vision cinématographique des romanciers du XIX è siècle.

Dans un premier temps, nous verrons que le texte balzacien est un véritable découpage technique qui relègue plus Balzac au rang de scénariste que de cinéaste. Ensuite, nous analyserons le fait que le montage cinématographique se sert des effets de ponctuation en tant que perception temporelle afin de retrouver le matériau narratif de la temporalité littéraire.

a) Le roman comme découpage technique : Balzac scénariste

A travers son écriture, Balzac développe un véritable scénario dont la perspective immédiate est une orchestration de traits d'images qui donne à son auteur une seconde vue, capable, par l'imagination, de voyager dans tous les méandres temporels de *La Comédie humaine*. Mais le temps est une notion si insaisissable dans sa globalité que l'on cherchera d'autant plus les équivalences entre le roman et le film. Il existe plus de similitudes que d'équivalences : on voudrait que dans un film, la séquence, le plan, le fondu enchaîné correspondent respectivement dans un roman au chapitre, à la phrase, au point de suspension, même à l'écriture en italique, en résumé, à une certaine chronologie. Mais cela n'est pas aussi simple et n'a jamais réellement été mis en pratique car la ponctuation de Balzac n'est pas la nôtre. Elle a aussi son histoire en fonction des éditeurs.[564]

Quelques correspondances sont plausibles mais il faut les faire avec prudence ; néanmoins, l'écriture littéraire balzacienne, avantagée par un flot d'images qui ne demanderait qu'à se visualiser, bénéficie déjà d'une savante orchestration temporelle, digne d'un découpage technique pour le futur montage d'un film.

Le texte de Balzac et en particulier *Le Colonel Chabert* se fonde d'abord sur une ponctuation logique qui joue au niveau de la phrase pour regrouper des mots qui seront soumis aux points, aux virgules et aux guillemets, etc.

Ce roman est structuré également par une ponctuation expressive qui relève d'intentions stylistiques quasi cinématographiques.

Enfin, il existe une ponctuation démarcative, celle qui articule les parties du récit en plusieurs paragraphes. Il est vrai que l'ensemble des romans obéit à ces différents types de ponctuation. Pour notre démonstration nous nous servirons de la méthodologie d'Alain Garcia.

[564]. – Lire les propos de René Guise sur les contraintes éditoriales, il faut que « les œuvres soient taillées sur mesure. Elles ne doivent pas être trop longues, ni trop courtes. La dimension idéale est de six feuilletons. » in *Balzac et le roman feuilleton...op. cit.*, p. 295.

* Ponctuation logique : « le temps objectif extérieur »

Selon la définition du *Petit Robert*, la ponctuation au sens large serait « un système de signes servant à indiquer les divisions d'un texte, à noter certains rapports syntaxiques ou certaines nuances affectives. » La ponctuation est le moyen de donner une structure narrative et temporelle au récit qu'il soit littéraire ou filmique.

Même si le roman est bien écrit avec une ponctuation qui gère très bien la syntaxe et la logique, celle-ci doit passer inaperçue.[565] A l'inverse, la ponctuation filmique sollicite plus la perception, dans la mesure où sa durée dans le temps est parfois évidente. Par exemple, un lent fondu au noir pourrait ressembler au passage d'un chapitre à l'autre.

Dans *Le Colonel Chabert*, en raison de la brièveté du roman, le découpage en chapitre est inexistant, mis à part les quelques blancs séparant les paragraphes, l'unité de sens du roman se joue sur la ponctuation logique. Elle donne ainsi le rythme au récit. Mais quel rythme et dans quel but ? C'est un rythme sans mesure qui, du point de vue linguistique, se définit « comme un concept descriptif. »[566] Nous envisageons la ponctuation comme un procédé de montage littéraire ou cinématographique.

Balzac, dans le roman étudié, pratique un véritable montage rythmique qui chercherait une sorte d'équilibre entre la description et l'action. Ces deux modes de la fiction romanesque sont simplement juxtaposés et leur seul lien se joue sur la ponctuation, comme si Balzac opérait un montage *cut* : « en reconnaissant alors les symptômes d'un profond abattement chez son client Derville lui dit : "prenez courage, la solution de cette affaire ne peut que vous être favorable." »[567] Les deux points et les guillemets qui ouvrent le dialogue relient la description de Chabert à l'action de Derville.

Ce véritable montage *cut*, et bien qu'il y ait des descriptions beaucoup plus longues dans ce texte, relance toute l'efficacité de la structure de ce petit roman. L'action courte et la description brève créent une sorte de rythme « syncopé » souvent fondé sur une distribution temporaire brève et percutante. En effet, pour ancrer la description en reléguant l'action au second rang, le récit commence avec un indicateur temporel :

565. – De même, une musique mélodieuse contrastera avec un certain type de musique expérimentale reposant sur des effets de ponctuation (rupture et suspension) ou sur des exercices de style. Pensons justement à la musique électro-acoustique de Michel Chion avec *Requiem*.

566. – MESCHONNIC (H.).- *Critique du rythme : anthropologie historique du langage*, Lagrasse, p.163.

567. – Cf. Pléiade, tome III, p. 344.

« D'ailleurs, au mois de février, … »[568] Celui-ci, enchâssé par des virgules, fait penser à une sorte de plan bref qui a pour fonction de guider le spectateur ou plus exactement le lecteur dans la fiction. En appliquant les propos d'Anne-Marie Thiesse à Balzac, on pourrait dire que l'auteur cultive « les ruptures dans la continuité temporelle, il met en œuvre des rapports narratifs complexes qui demandent au lecteur un certain effort intellectuel. En cela, peut-être, il y a eu un effet didactique sur le public populaire, qu'il a préparé à la compréhension du montage cinématographique. »[569] Patrice Pavis évoque « le temps objectif extérieur » qui est celui de la mise en scène avec ces points de repères. C'est le temps minuté qui reste descriptible notamment dans ses rapports avec les signes visibles de la représentation. Dans la version d'Angelo et de Le Hénaff, Chabert revient à l'étude vers une heure du matin, les plans sont filmés en extérieur nuit, puis en intérieur nuit. Il s'agit de la séquence de révélation : « C'est le temps conçu comme donnée extérieure, mesurable et divisible : temps mathématique des pendules, des métronomes, des calendriers. »[570] Il y a donc un temps qui mesure le spectacle puisque ces scènes sont également présentes dans le découpage temporel du roman : « Vers une heure du matin, le prétendu Colonel vint frapper à la porte de Maître Derville… »[571]

Ce découpage technique permet de mettre en relief telle figure qui s'estompera ou se gonflera, selon que Balzac développe ou abrège le rythme de la phrase. Le plus souvent, il procède par adjonctions et gonflements rendant les phrases de plus en plus longues, similaires à des périodes phrastiques. Il visualise par exemple la masure Vergniaud en lui prêtant des qualités descriptives, relevant d'un certain effet d'accumulation, qui la font paraître encore plus vivante et réelle : « Le Comte Chabert dont l'adresse se lisait au bas de la première quittance que lui avait remise le notaire, demeurait dans le faubourg Saint-Marceau, rue du Petit Banquier, chez un vieux maréchal des logis de la garde impériale, devenu nourrisseur et nommé Vergniaud. »[572] Nous avons donc une seule phrase dans laquelle le rythme, par la succession des virgules, fait monter le suspense de la présentation de cette maison dont le nom Vergniaud triomphe en fin de phrase. Il s'agit d'une cataphore comme si le récit faisait un plan général sur l'allure globale de l'établissement. Plan général qui, à l'aide d'un véritable zoom cinématographique, se termine

568. – *Ibid.*, p. 314.
569. – *Le roman du quotidien…op. cit.*, p. 144.
570. – *L'analyse des spectacles…op. cit.*, p. 144.
571. – Cf. Pléiade, p. 320.
572. – *Ibid.*, p. 336.

par un gros plan. De surcroît, la prise en temps serait suffisamment importante pour montrer le rôle que jouera la masure Vergniaud dans la chronologie des événements. L'analogie est certainement discutable, cependant au niveau de la création cinématographique elle n'est pas inconcevable, car « adapter » : c'est aussi imaginer le texte littéraire.

La masure est une métaphore du temps du refuge, du repliement ou paradoxalement Chabert vient se ressourcer. Elle représente le lieu et le temps dans lesquels cesse l'action, comme une sorte de halo de paix, un « no man's land » hors du temps. D'ailleurs, Derville hésite à le franchir : « Son cocher refusa de s'y engager dans une rue non pavée et dont les ornières étaient un peu trop profondes pour les roues d'un cabriolet. »[573] Voilà une phrase sans virgule qui demande un certain souffle au lecteur, correspondant en quelque sorte au courage persévérant de l'avoué qui s'introduit dans un lieu où le temps s'est arrêté. Il s'agit d'un temps perturbé qui remonte en arrière. Chabert souhaiterait revivre le passé mais il ne peut pas. Cela se traduit de manière implicite dans une figure de rhétorique qui marque l'opposition : « Quoique récemment construite cette maison semblait près de tomber en ruine. »[574] L'antithèse dévoile que le temps n'a plus sa logique. La description de ce monde figé, à l'égal de la pension Vauquer, s'étale sur un long paragraphe de trois pages sans retour à la ligne.[575] Le temps de l'action revit avec les paroles tonitruantes de Chabert. Lorsque l'avoué arrive, elles imposent le respect aux anciens soldats de l'Empire : « Silence dans les rangs ! »[576] L'action fait taire en quelque sorte la description.

On ne peut pas parler véritablement d'une mise en scène cinématographique mais d'un découpage technique qui laisse place à la description naturelle des choses : les objets et les êtres sont extrêmement visuels mais aussi dépendants des outrages du temps. Il s'agit donc bien du « temps objectif extérieur ».

---

573. – *Ibid.*, p. 336.
574. – *Ibid.*, p. 337.
575. – *Ibid.*, p. 336 à 338.
576. – *Ibid.*, p. 338.

* Ponctuation expressive : « le temps subjectif intérieur »

Autant la ponctuation logique correspond à ce que Anne-Marie Baron appelle le montage rythmique dans le texte balzacien évoquant ainsi les qualités de metteur en scène de l'auteur, autant la ponctuation expressive rapproche des scènes littéraires qui pourraient ressembler à des séquences cinématographiques. Cependant, elles n'ont pas été forcément mises en application par Angelo ou Le Hénaff. Le montage idéologique, autre appellation d'Anne-Marie Baron que l'on pourrait associer à cette ponctuation expressive, cherche à communiquer un point de vue, un sentiment, une idée. Cette ponctuation expressive, selon la terminologie d'Alain Garcia, véhicule le sens du récit en fonction de l'intonation, du style d'écriture qui repose par exemple sur les points de suspension, d'exclamation et d'interrogation. N'oublions pas que cette ponctuation reste tributaire des éditeurs.

Autant la ponctuation logique reposerait sur un temps physique, palpable, autant la ponctuation expressive se fonderait plus sur un « temps humain », philosophique, plutôt saisi dans sa globalité que sur des indices temporels matérialisés dans l'écriture. La ponctuation expressive se construit autour d'effets d'attente qui permettent de ménager l'intérêt du lecteur. Dans *Le Colonel Chabert*, une majorité de ces effets d'attente se réalise dans le dialogue entre le vieux soldat et l'avoué. Nous constatons une série de questions de Chabert à laquelle Derville répond par des phrases affirmatives. Ils'agit d'un jeu de réfutation-objection qui s'apparente plus à de l'affection qu'à de la juridiction :

> « — Vous connaissez ma femme ? demanda le Colonel.
> — Oui, répliqua Derville en inclinant la tête.
> — Comment est-elle ?
> — Toujours ravissante »[577]

Ce jeu de questions réponses s'inverse au cours du dialogue cidessous relançant ainsi une double temporalité correspondant à l'attente des protagonistes. Il y a d'abord et surtout au début du récit l'attente de Chabert qui désire que l'avoué lui apporte la solution miracle (dialogue ci-dessus). Il y a également l'attente de Derville, personnage extrêmement méticuleux, qui souhaite extirper le plus de renseignements possibles de son client :

577. – *Ibid.*, p. 329.

« — Monsieur, lui dit Derville, à qui ai-je l'honneur de parler ?
— Au Colonel Chabert.
— Lequel ?
— Celui qui est mort à Eylau. »[578]

Notons également l'existence des points de suspension qui parfois figent le temps du récit. Lorsque Chabert dit à l'avoué : « Oh ! monsieur revoir Paris ! c'était un délire que je ne... »[579] Pour le vieux soldat le temps s'arrête, il replonge dans le cauchemar. Les deux réalisateurs ont parfaitement saisi l'importance des points de suspension, car la ponctuation expressive se traduit par un effet de ralenti, construit sur un « champ-contrechamp ». Ce dernier précède un long flash-back remémorant les circonstances de la bataille.[580] L'étude du retour en arrière fera l'objet de notre attention lorsque nous étudierons la variation et la transformation de la vitesse du récit.

Le montage idéologique, grâce à la ponctuation expressive, permet au roman d'assembler des scènes correspondant à un véritable découpage technique. Patrice Pavis parlerait de « temps subjectif intérieur » qui correspond au temps propre à chaque individu. Personnages et spectateurs éprouveraient intuitivement la durée du spectacle ou d'un jeu de scène sans pouvoir le mesurer objectivement. Que cela soit le Derville littéraire ou filmique et même le spectateur, ils ont du mal à fixer Chabert dans une temporalité précise. En effet, on a l'impression qu'il vient d'un autre temps car sa disparition demeure tout aussi mystérieuse que sa réapparition. Le temps pour Chabert est une notion totalement subjective et incertaine et « cette impression de durée n'est pas seulement individuelle, elle est aussi culturelle et liée aux habitudes et aux attentes du public. »[581] Les lecteurs ou les spectateurs désirent en savoir plus sur le passé du Colonel, mais ils ne sont pas maîtres du temps, et l'énigme tant attendue du vieux soldat n'est dévoilée que progressivement. Ces effets d'attente précèdent les rencontres de Chabert et de l'avoué qui, se voyant plusieurs fois au cours du récit, permettent d'unifier une idée : celle du désir de guérir le passé. Derville souhaite que le vieux soldat réalise sa vengeance. De plus, le Colonel veut retrouver son nom et sa place au sein d'une société, malgré le temps de la Restauration qui corrompt « les institutions bien pensantes ».

---

[578]. – *Ibid.*, p. 322.
[579]. – *Ibid.*, p. 327.
[580]. – Voir séquence n° 8 pour la version de 1943 et séquence n° 6 et 7 pour celle de 1994.
[581]. – *L'analyse du spectacle...op. cit.*, p. 145.

* Ponctuation démarcative : « le temps scénique »

Ce type de ponctuation pourrait correspondre à ce qu'Anne-Marie Baron nomme le montage narratif, celui qui établit l'ordre de la narration et qui articule les parties du roman. Il est difficile de voir si les cinéastes ont respecté le montage narratif du texte littéraire en utilisant des ponctuations cinématographiques. Celles-ci font parfois percevoir aux spectateurs les ressources du temps balzacien. Cependant, rien ne les y oblige ; la rhétorique du dispositif balzacien n'est pas nécessairement conforme aux attentes des spectateurs du XX è siècle. Notons que les éléments de ponctuation dans un film n'ont pas toujours une signification évidente, car la plupart du temps le sens n'est jamais acquis. Il serait éventuellement conquis et déduit du texte littéraire, si l'on veut faire des rapprochements analogiques.

Si les éléments de base ne sont pas communs aux deux arts et introduisent l'assimilation implicite que l'on fait si souvent, il semble cependant que la narration romanesque et le film de fiction pourraient avoir en commun, et c'est loin d'être systématique, certaines unités plus larges, en quelque sorte normalisées : le paragraphe, la scène, le chapitre, la séquence, le plan et l'association parfois arbitraire entre ces divers éléments. Mais la comparaison, pour ne pas dire un lieu commun, est « un mal nécessaire ». En reprenant le tableau comparatif de la trame narrative du roman et des deux films, peu de bouleversements chronologiques sont à signaler.[582] Le texte est découpé en paragraphes qui correspondent à des petits chapitres ou plutôt à un découpage événementiel. En effet, il existe dans le roman une trame de neuf événements qui pourraient s'apparenter à des petits chapitres. Selon le tableau comparatif précédemment cité, le premier se manifeste par l'arrivée de Chabert dans l'étude et le dernier chapitre se traduit par les retrouvailles de l'avoué et du vieux soldat à l'hospice de la *Vieillesse.*

Les deux réalisateurs n'ont pas véritablement repris ce découpage qui fait penser avant l'heure à un scénario de film, d'où l'idée d'Anne-Marie Baron d'un montage narratif. Celui-ci se construit sur l'ensemble du roman contrairement au montage rythmique (ponctuation logique) et au

---

[582]. – Cf. *infra* deuxième chapitre. Voir dans le tableau les scènes en italique qui correspondent aux éventuels changements chronologiques ; toutefois, il s'agit surtout de modifications thématiques. Le caractère italique est loin de dominer dans cette « scénaristique » comparée.

montage idéologique (ponctuation expressive) qui se manifestentt de manière plus dispersée.

Dans l'aménagement des grandes unités, les deux versions du *Colonel Chabert* ont connu une codification accélérée et plus élémentaire sur le problème de la mise en scène du temps. Ainsi, les difficultés de la construction générale du temps, souvent liées à l'élaboration et à la convention d'une véritable rhétorique, se ressemblent dans le film et dans le roman. Bien souvent, comme l'évoque Paul Ricoeur, l'analyse « prend appui chaque fois sur les aspects les plus linéaires de la narrativité, mais sans jamais s'y confiner. Le schéma narratif initial est celui d'une consécution et l'art de raconter consiste à restituer la succession. »[583] Le récit romanesque est logique, il se démarque par un commentaire inaugural et un commentaire délégué en conclusion. Le premier qui se joue grâce aux dialogues des clercs, se clôture avec un marqueur temporel précis : « juin 1814 ».[584] Cet indice correspond à la date d'une affaire en cours. Le lecteur est rapidement ancré dans un temps et un espace déterminé avec l'aide de cette démarcation temporelle qui termine le paragraphe. Il en est de même pour le commentaire de conclusion de l'avoué qui débute par : « En 1840, vers la fin du mois de juin. »[585] Le récit s'achève à la même saison qu'au début, comme un cycle accompli : celui du temps humain. Patrice Pavis l'associerait au temps scénique, qui reste concret et physique. Il marque toutes les actions humaines y compris les moments particuliers où le temps semble s'arrêter. C'est aussi la mise en pratique du *punctum*, soit « la recherche d'un moment quasi mythique où tout va s'éclairer. »[586] Il s'agit de l'instant fécond entre juin 1814 et 1840 dans lequel l'action ne fait qu'un avec la vie de Chabert. Le lecteur ne se heurte jamais à une aspérité chronologique mettant sa compréhension en défaut. En effet, le texte comprend 30 indices temporels organisant le récit en dates précises. Elles identifient les débuts ou les fins de paragraphe. La structure démarcative est logique, et en dehors d'une certaine continuité dialoguée correspondant au temps de l'action, nous avons un découpage technique très élaboré. Il s'avère presque opérationnel pour le tournage d'un film. C'est donc un véritable scénario dans lequel il ne manque plus que la technique cinématographique, bien qu'elle soit comprise et implicite dans la technique de description. Godeschal va même

[583]. – *Temps et récit, la configuration du temps dans le récit de fiction…op. cit.*, p. 117.
[584]. – Cf. Pléiade, tome III, p. 313.
[585]. – *Ibid.*, 371.
[586]. – *L'analyse des spectacles…op. cit.* p. 147.

jusqu'à donner une définition du mot spectacle comme s'il s'agissait d'un film : « Qu'est-ce qu'un spectacle ? Une chose qu'on voit. »[587]

Si le roman est bien structuré sur le plan temporel, tel n'est pas le cas du film d'Angelo. Les commentaires liminaires et conclusifs en voix *off* de Depardieu-Chabert n'ancrent pas le récit dans un espace-temps aux frontières clairement définies. Les décors et les costumes dévoilent un espace visualisé et un temps suggéré, mais ce dernier reste flou. Le XX è siècle aime le temps « ouvert ». Le récit filmique ne fournit pas toujours un foyer narratif temporel « confortable » pour le spectateur. Le film n'est pas aussi « académique » et classique qu'un visionnage pourrait le laisser supposer. Paradoxalement, le roman est plus cinématographique que le film ou plus exactement le découpage technique reste plus rigoureux : c'est en quelque sorte une technique de « prévisualisation », même si Balzac ne fait pas véritablement du cinéma. Il en possède intuitivement la technique. Dans le film, la chronologie est bien linéaire, mais c'est après avoir vu le film qu'elle apparaît évidente. Il existe peu de repères temporels contrairement à la version de 1943 qui visualise les dates : « 3 avril 1818. »[588]

Le cinéma se caractérise par un « déjà temporalisé »[589] qui, grâce aux plans et aux séquences, remplit la « forme » du temps vide donné dans l'artefact, soit le déroulement uniforme du film : « Il en résulte que la magie de l'image se maintient tout au long, parce que son énigme étant sans cesse dérobée comme par une sorte de fuite en avant, elle agit dans toute sa prégnance, dans son effet, qui est de se substituer à la réalité. »[590] La temporalité des images ne prend son sens que dans la construction du montage et de ses effets de ponctuation.

b) Le matériau narratif temporel filmique ou la perception du temps : les effets de ponctuation

Il est vrai que la ponctuation passe plus inaperçue quand on lit un livre que lorsqu'on regarde un film. Mais est-il véritablement possible de comparer la ponctuation littéraire et la ponctuation filmique ? Ce sont deux modes opératoires qui ont des fonctionnements différents, bien qu'il

587. – *Ibid.*, p. 318.
588. – Voir séquence n° 16.
589. – *Le cinéma : artefact et simulacre…op. cit.*, p. 88.
590. – *Ibid.*, p. 88.

leur arrive d'avoir des ressemblances ou plutôt des interactions. Pour caractériser le temps filmique, on peut aussi évoquer la ponctuation logique avec l'usage des coupes franches entre les plans. Il y a également une ponctuation expressive avec les effets de ralenti ou de flou que l'on retrouve en littérature, comme nous l'avons vu précédemment. Il existe bien une ponctuation démarcative avec les intertitres ou les fondus au noir marquant la transition des séquences. Les exemples dans le film d'Angelo et celui de Le Hénaff ne manquent pas, mais en les rapprochant directement, le risque de cloisonner l'analyse serait trop important. Cette comparaison peut se faire par défaut en parlant du montage des films et de leurs effets de ponctuation. Ils ont leur logique, leur signification et leur « ligne de démarcation », toutefois le temps filmique n'a pas le même découpage technique que le roman. Il vaudra mieux s'intéresser à la qualité intrinsèque des montages des films et essayer de faire des rapprochements plutôt déductifs que forcés.

Les comparaisons ont parfois des sens cachés qui relèvent du lieu commun et de l'interprétation facile et immédiate. Nous maintenons le fait que les similitudes ne sont pas forcément des ressemblances absolues, mais la tolérance de l'analyse permet de juxtaposer deux arts, de les confronter et non de les superposer. Notons que la nouvelle tendance universitaire relève du « multi » ou de l'interaction disciplinaire.

Néanmoins, la comparaison du roman et des films implique un dénominateur commun : les paragraphes et les séquences forment des épisodes clairement délimités dans l'esprit du lecteur et du spectateur. Lorsqu'ils sont emportés par la fiction, ils ne perçoivent plus le film ou le livre comme un fleuve d'images insaisissables. La magie et cette facilité apparente reposent sur le montage et sur les différents types de raccords qui organisent la cohésion spatiale et chronologique. Cette dernière est totalement dépendante du type de montage. Or, nous constatons que, dans les deux versions du *Colonel Chabert*, le montage est relativement classique. Il y a bien sûr des flash-back qui perturbent la chronologie du récit, mais dans l'ensemble les événements se succèdent de manière quasi linéaire : une seule action est présentée dans une même séquence.

Il n' existe pas de montage où la coprésence d'actions simultanées se joue dans le champ d'un même plan. Dans ce cas de figure, il s'agit plus du montage du plan que du montage global de la trame narrative de tout le film. De même, on ne relève pas de coprésence d'actions simultanées dans un même cadre par le moyen d'un trucage avec, par exemple, la division du champ. Le montage de nos deux films ne présente pas non plus de succession d'événements simultanés : prenons l'hypothèse d'une action qui serait choisie pour être montrée en second lieu, et n'apparaitrait à l'écran qu'une fois complétée dès l'exposition de la première. Dans le film *Reservoir dogs*, la scène du cambriolage de la banque est filmée selon différents points de vue. Ils se complètent chronologiquement donnant aux spectateurs toutes les informations sur les circonstances de l'attaque.[591] Enfin, il n'existe pas de montage alterné d'actions simultanées. Tout se joue dans une succession d'événements établis l'un après l'autre, et les retours en arrière ne font que les expliquer.

Ce type de montage se construit sur des effets de ponctuation directement perceptibles grâce aux différentes catégories de raccords.

Le premier type est le raccord-mouvement qui correspond à celui de l'acteur lorsque, dans un premier plan, le comédien esquisse un mouvement vers le hors champ et qu'au plan suivant on le saisit à un autre point de sa trajectoire supposée. Dans la séquence du concert du film d'Angelo,[592] le Comte Ferraud se trouve au fumoir avec Chamblin. Il esquisse un mouvement vers l'arrière, c'est-à-dire vers le salon de musique où se trouve son épouse. Le plan d'après, on le voit apparaître sur le seuil du salon. Il s'agit d'un raccord-mouvement fournissant l'illusion d'une continuité spatiale et temporelle de l'action. C'est dans les raccords du mouvement que le temps de la conspiration se trame. Ferraud pense déjà à se débarrasser de sa femme, ce que la Comtesse a parfaitement saisi avec le déplacement du Comte. Allant de Chamblin vers elle, les va-et-vient de Ferraud caractérisent son arrivisme indécis qui l'empêche de choisir entre « l'ambition ou le traversin » pour reprendre les propos de Chamblin.

Il y a aussi les raccords sonores, notamment lorsque deux plans se succèdent en coupe franche, et que le cinéaste ne souhaite pas les lier plastiquement même par des raccords dans l'axe ou sur le mouvement. Le raccord sonore se construit sur un effet de retard. Il joue sur le temps car le son d'un plan ne trouve sa suite qu'au plan suivant. L'élément sonore du plan B continue et contamine le plan A. Dans la première séquence de la version de 1994, un rejet sonore éclate notamment lorsque la voix sépulcrale de Chabert-Depardieu fuse au plan suivant : « Le 8 février 1807, de la pointe du jour à la nuit...] et poursuit son commentaire au plan d'après [...] la bataille d'Eylau venait de coûter dix mille morts à l'Empire. » Les renvois sonores assurent la continuité historique et chronologique. Au cours de la séquence n° 8, la voix du commentaire de

---

591. – On retrouve le procédé du montage à contre-temps dans *L'ultime razzia* de Stanley Kubrick lors de la scène du cambriolage dans l'hippodrome (film réalisé en 1956). *Reservoir dogs* et *L'ultime razzia* sont construits sur une architecture narrative rompant la continuité temporelle tout en relançant le suspense.

592. – Voir séquence n° 4.

Chabert est ressentie comme hors du récit, contrairement à la voix toute diégétique du clerc Godeschal, entreprenant sa dictée sur l'ordonnance de Louis XVIII. Elle visait à restituer les biens aux aristocrates émigrés.

Les raccords sonores donnent au récit sa fluidité temporelle dans la mesure où il n'y a donc pas de repères chronologiques établis. Le récit filmique passe d'un plan à l'autre ou d'une séquence à la suivante par un jeu de « coq-à-l'âne » associatif.

Il existe également des raccords sur le motif. Il s'agit de lier deux plans sur la même personne ou le même objet. Les exemples les plus parlants sont ceux de la séquence n° 11 dans le film de Le Hénaff, juste avant la rencontre de la Comtesse et de Chabert chez Derville. Nous avons un semblant de montage en parallèle où le Comte se mire devant la glace ainsi que la Comtesse. Ils effectuent tous deux le même geste, cachant à peine la future pantomime qui aura lieu chez l'avoué lors de la séquence suivante. Il s'agit donc d'un faux montage en parallèle car rien ne prouve dans le récit que les deux actions ont lieu au même moment. C'est simplement le motif du réajustement de la toilette qui préfigure la future rencontre. Le raccord motif devient signifiant lorsqu'il est perçu dans le temps du jeu des apparences auquel se livre le réalisateur.

En dernier lieu, on identifie les raccords lumières qui agissent davantage sur la globalité du film, car il n'y a pas véritablement de changements de lumière radicaux d'un plan à l'autre. Ce type de lien exprime la volonté du cinéaste de garder la même atmosphère lumineuse d'un plan à l'autre, tout en donnant aux acteurs la liberté de se déplacer d'un lieu à un autre avec tous les problèmes techniques que présente cette catégorie de raccord. Le film de 1943 et la faible lumière, dans laquelle le Colonel se confie à l'avoué,[593] fait écho à la lumière atténuée et propice de la scène où Chabert et la Comtesse évoquent leurs secrets dans un carrosse.[594] Dans le film de 1994, la lumière glauque de la première séquence met en valeur les copistes croupissants, chargés d'établir symboliquement une correspondance et une continuité avec le décor naturel et la lumière diaphane du champ de bataille. Les scènes sans clarté contrastent évidemment avec celles aux lumières vives qui caractérisent plutôt la vie de la Comtesse. Le montage opérant des transitions subtiles de lumière est en relation thématique avec le fait que la Comtesse dissimule « un passé impérial », et s'en protège par une lumière un peu trop démonstrative ; tandis que Chabert souhaite faire la lumière sur son passé et mettre au grand jour son état et son identité qui restent dans l'ombre.

---

[593]. – Voir séquence n° 8.
[594]. – Voir séquence n° 14.

Le montage-lumière, par le biais des raccords, permet d'unifier des univers ou de les contraster. La lumière est à l'image du temps de la vérité que Derville fera éclater entre « le clair et l'obscur ».

L'ensemble de ces raccords manifeste les expressions des relations temporelles, mais il existe d'autres procédés de ponctuation pour marquer le temps. L'ouverture au noir, suivi d'un intertitre, permet de situer l'action dans une période déterminée. *La Belle Noiseuse* débute par : « Ce jour là, au début de juillet entre quinze et seize heures... » De même, le fondu au noir est une « extinction, puis suspension provisoire du continuum photographique, interrompant la narration, la perception du spectateur. »[595] Aussi, Balzac « pratique dans le texte les deux grandes sortes de fondus : fondu au noir ou plutôt au blanc quand une masse de texte succède abruptement à une autre, après un blanc typographique. »[596] La différence au cinéma entre un fondu au blanc ou au noir[597] est quasi inexistante et ne procure aucun changement sur la ponctuation du récit, car il s'agit toujours d'une transition. Le film de 1943 présente davantage de fondus au noir (cinq en tout) que celui de 1994. La version d'Angelo est essentiellement gérée par un montage *cut* avec quelques fondus enchaînés, ce qui laisse présager qu'elle demeure de conception plus classique, et par la même, plus proche du découpage technique du roman.

Mais il n'est pas vrai pour autant d'affirmer qu'un film ponctué d'un fondu au noir sera systématiquement de structure classique, et par conséquent plus proche de la narration littéraire. Si l'on considère *Europa* de Lars Von Trier, tout le film est construit sur des fondus au noir et des techniques de fondus enchaînés avec des surimpressions d'images. Pourtant, le film n'a rien de traditionnel compte tenu des effets envoûtants de transitions au noir qui enchaînent les séquences ; ici, le montage devient un véritable exercice de style. De plus, le film n'est adapté d'aucun roman, l'action se déroule dans « l'Allemagne année zéro » du plan Marshall.

D'autres procédés sont à mentionner, notamment les fondus enchaînés et en particulier ceux de Maurice Cravenne dans *Splendeurs et Misères des Courtisanes.* Esther, prisonnière dans un couvent, rêve qu'elle se fait violer par Vautrin. La scène est suggérée par une succession de plans rapprochés, reliés par des fondus enchaînés qui montrent Esther couchée

---

[595]. – PERCHERON (D.). – *Ponctuation,* in *Lectures du film,* (ouvrage collectif), Paris, 1980, p. 188.

[596]. – *Balzac cinéaste...op. cit.*, p. 177.

[597]. – Il existe aussi des fondus au rouge notamment dans les films *Jesuit Joe* et *Farenheit 451*. La couleur peut avoir une valeur symbolique : la mort de Jésuit Joe ou la fin de la culture écrite dans le film de Truffaut.

sur son lit : Vautrin la caressant et abusant d'elle. Dans ce cas précis, le fondu enchaîné symbolise un thème, qui d'ailleurs n'apparaît pas dans le roman, mais bien souvent il ne sert qu'aux transitions chronologiques.

Plus rares sont les fondus au volet que l'on trouve dans *L'Auberge rouge* d'Epstein. Associés à des effets de style, ils ne véhiculent pas spécifiquement une signification révélatrice du roman balzacien. Ces techniques sont là pour suggérer le temps matériel mais rarement le temps humain. La philosophie du temps sera davantage mise en valeur par la force des images ou des mots que par les relais matériels exprimant simplement le temps chronologique. Il faut se rappeler les séquences finales où Chabert à l'hospice, vieilli par les outrages du temps et du malheur, reste figé à Bicêtre comme un mammouth de l'Empire, congelé dans les glaces de la bourgeoisie de la Restauration. Il semblerait que le temps balzacien, littéraire ou filmique, ait des effets dilatateurs ou constricteurs pour exprimer la variation de la vitesse du récit.

2°) Transformation de la vitesse du récit et conséquences sur la narration

Au cours d'une émission *Bouillon de Culture* consacrée à l'auteur de *La Comédie humaine,* Michel Butor se demandait : « Comment Balzac en vingt ans a-t-il pu écrire *La Comédie humaine* ? »[598] Ce véritable poète du temps a su maîtriser celui de sa vie dans l'écriture et celui de l'écriture dans la vie de ses personnages. Balzac était atteint en quelque sorte du syndrome du « chronos dévorant », probablement lié, d'une part, à cette soif d'accoucher par écrit « sa propre psychanalyse », et d'autre part, au poids des dettes qui l'obligeait à produire des textes : « *La Comédie humaine* […] donne de son auteur une image dominée par la souffrance, par un désespoir sans fond, auquel l'écriture semble le seul moyen d'échapper. »[599] Cette angoisse offre une liberté créatrice de la conception du temps. Son œuvre suggère le cours de plusieurs années, voire des vies entières, ce qui nécessite bien des arrangements que le grand écran saura également maîtriser. La conception du temps balzacien est dramatique car elle perturbe le cours normal de l'événement. Elle fait rebondir

598. – *Bouillon de culture : Improvisations sur Balzac*, d'Elisabeth Prechey, prod. F2 et anim. Bernard Pivot, 1999, 75 min.

599. – BARON (A.M.). – *Le fils prodige : l'inconscient de La Comédie humaine*, Paris, 1993, p. 239.

l'action de façon inattendue : que cela soit en littérature avec l'enchaînement rythmique des phrases ou au cinéma avec la succession des plans. Catégorie de stratégie narrative qui fait percevoir le temps. Il semblerait qu'au cinéma le temps soit encore une opération « monstrative » construite sur le plan en tant qu'unité autonome et dramatique.

a) Stratégie narrative : l'enchaînement rythmique des phrases et des plans

Un autre rapport entre le temps du film et celui du roman repose sur le fait que le filmique se voit nécessairement limité pour des raisons d'ordre matériel au plan, qui ne dévoilera que ce qu'il veut bien montrer. L'extension et la liberté temporelle du roman lui donnent à travers la phrase le meilleur de lui-même. Mais cette extension reste limitée pour le cinéma, car il demeure un spectacle réduit et presque trop concis par la force des choses. Contrairement au Septième Art, le temps littéraire demande une réflexion supplémentaire lorsqu'on varie la vitesse du récit. Les effets de pause littéraire ou les ellipses, que l'on retrouve à l'écran, sont dues à la différence entre le mode d'appréhension des réalités temporelles à travers le langage littéraire, et le surgissement immédiat au cinéma de ces réalités à la conscience.

* Effet de dilatation dans le roman : la pause littéraire

En lisant Balzac et en particulier *Le Colonel Chabert*, on a l'impression que le temps est celui d'un régime qui tourne presque toujours au-dessus de sa capacité maximale surtout en matière de description. Julien Gracq remarque à propos du temps balzacien qu'il s'agit « d'un mécanisme de développement et d'amplification à ressort presque purement verbal, étant chez Balzac le procédé le plus commun pour se ménager, pour disposer dans sa création des temps de repos où il souffle. »[600] Ce type de temps lui permet de relancer l'action souvent elliptique dans ce roman. La description est le temps de la pause pour l'écrivain.

[600]. – GRACQ (J.). – *Proust suivi de Stendhal, Balzac, Flaubert, Zola*, Paris, 1986, p. 53.

L'auteur accélère ou ralentit le rythme du récit selon les impératifs narratifs. Lorsque Balzac diminue la vitesse du récit, il installe un interminable étirement du temps, que le cinéma a les moyens techniques de rendre. La pause permet de situer le personnage avec son rapport à l'environnement. Le temps s'arrête et incite le lecteur à réfléchir sur la lente progression de l'événement : « Le roman balzacien [...] a fixé un canon descriptif [...] typiquement extra-temporel, où le narrateur, abandonnant le cours de l'histoire [...] se charge, en son propre nom et pour la seule information de son lecteur, de décrire un spectacle qu'à proprement parler, en ce point de l'histoire, personne ne regarde. »[601] Balzac interrompt la pause littéraire en se justifiant auprès de son lecteur ; par exemple, dans *Albert Savarus* l'auteur cesse de décrire les intentions destructrices de mademoiselle de Watteville à l'égard d'Albert : « Il est fort inutile d'embarrasser cette histoire en racontant les prodigieux efforts et les ruses empreintes de génie par lesquels Rosalie arriva, sans le laisser soupçonner, à son but. »[602] L'auteur sait ménager la patience du lecteur rendant ainsi la description plus efficace, la concluant sous une forme d'excuse justifiée. Cela permet de relancer l'action ou de passer à une autre description tout en continuant à pratiquer la pause.

Le Septième Art n'a pas forcément cette capacité à interrompre la pause de manière abrupte et efficace sans mettre un trouble dans le rythme du récit. Mais il existe un autre procédé typiquement balzacien qui caractérise la pause : le portrait dialogué. Dès lors, la pause passe inaperçue car la description revient aux personnages en temps qu'instance narratrice ou plutôt descriptive. Le portrait n'est plus seulement une préparation ou un arrêt du récit. Il se matérialise en une analyse psychologique qui devient le moteur de l'action grâce à l'enchaînement des phrases. Dans *Le Père Goriot*, Rastignac, au théâtre, n'est plus seul à observer la femme qu'il convoite (la sœur de madame de Restaud, cette fois) puisque madame de Beauséant demeure à ses côtés. Le narrateur se contente alors de rapporter au style indirect les paroles de ses personnages qui se livrent alternativement à la description et au commentaire. Même type de narrateur à l'image des clercs qui évoquent l'allure de Chabert arrivant dans l'étude.

Rastignac admire la jolie femme et s'abandonne à son enthousiasme juvénile tandis que son accompagnatrice réagit en concurrente et en aristocrate. Elle dénigre la beauté et les manières de la fille du Père Goriot. Ici, grâce à la pause, les caractères s'affinent, l'individu se dégage du

---

601. – *Figures III... op. cit.*, p.134.
602. – Cf. Pléiade, tome I, p. 987.

type. Le portrait dialogué est aussi une technique cinématographique, pensons à La Duchesse de Langeais[603] ou à la princesse de Cadignan[604] épiant et commentant avec leurs complices de salon les arrivées de Montriveau ou d'Arthez. Les jeux de champs et contrechamps alternent entre ceux qui regardent et celui qui est observé. Le Septième Art a plus de facilité à reprendre la pause littéraire dans le portrait dialogué que dans la description pure présentant un lieu ou un personnage. Il faut se rappeler le long pano-travelling dans la version d'Angelo[605] exhibant l'ancien hôtel où Chabert vécut avec sa femme. Ce procédé dévoile bien les lieux, comme nous l'avons constaté précédemment, mais il précipite le regard du spectateur vers une finalité précise : Chabert heureux avec sa femme à la fin de la séquence.

La description de l'objet en littérature s'attarde plus sur les contours, la structure, la couleur, tandis que l'image filmique offre tout d'un coup l'ensemble. En littérature, le regard se construit, au cinéma le regard est construit, même s'il y a des ralentis. La pause littéraire ne prend véritablement toute sa force que lorsqu'elle est rompue par l'accélération du récit. Pour le père Grandet, le temps passé coule de façon lente et figée. Cette pesenteur caractérise, d'une part, sa difficulté à évoluer sur le plan psychologique, et d'autre part, sa lourdeur réactionnaire, à peine troublées par l'arrivée de Charles. Eugènie vivra pendant quelques jours, deux semaines de la mi-novembre à la fin novembre 1819, une durée particulièrement chargée d'événements et qu'elle savourera heure par heure.

Alors que la vie de Grandet est marquée par le lent rythme des affaires et l'aspect répétitif et lancinant des rentrées d'argent, Eugènie va commencer sa vie dans laquelle le temps sera ponctué par des ellipses. Par exemple, la longue période du voyage de Charles aux Indes accable avec force et densité la fille de Grandet, comme s'il était concentré en un seul instant. Lorsqu'elle apprit que son cousin était de retour à Paris depuis un mois, elle réagit de la façon suivante : « "Un mois !" se dit Eugénie en laissant tomber sa main. »[606] Le cinéma a plus de facilité à souligner le temps elliptique que celui des pauses descriptives. Notons, toutefois, la séquence finale interminable de *The Conquering Power* : deux murs se rapprochent lentement et Grandet périt écrasé par son or.

On parle de trésor caché, de fortune telle que le protagoniste ne la connaît pas lui-même. Il est tout entier sous le signe de l'or, c'est la seule lumière qu'il connaisse. L'éclat froid du métal se retrouve dans son re-

603. – Voir les versions de Baroncelli et de Verhaeghe.
604. – Cf. le film *Les Secrets de la Princesse de Cadignan* de Jacques Deray.
605. – Voir séquence n° 3.
606. – Cf., Pléiade, tome III, p. 1191.

gard cupide. Mais il s'applique tant à cacher cette richesse qu'à la fin du film l'or le dévore. A l'accumulation des biens dans le temps et dans l'espace, la métaphore dans la séquence finale de la mort de Grandet, se traduit par une dilatation du temps. Paradoxalement, devant ce phénomène dilatateur, le personnage répond par une constriction de plus en plus intense de son être, notamment lorsque les deux murs l'écrasent et que son coffre rempli d'or lui tombe dessus. L'adaptation de Veraeghe ne manipule pas avec autant d'aisance cette variation du temps entre dilatation et constriction. Même dans le roman, à la fin, Eugènie se retrouve seule, elle a trente-trois ans : « Tous les événements de la durée romanesque se sont évanouis pour faire place à un présent calme, intemporel, tourné vers l'éternité. »[607]

Les deux adaptations du *Colonel Chabert,* lors de la séquence finale, caractérisent cette dilatation du temps. Elle n'est pas forcément mise en valeur par un procédé filmique, mais tout simplement par l'aspect résigné et serein de Chabert qui confie lui aussi son avenir à l'éternité. Le rapport de Chabert à l'instant filmé qui l'environne, ancre le personnage dans la réalité éternelle. Les films créent l'authenticité de sa représentation. Autour du Colonel, une succession de plans rapprochés se compose avec les lumières, les couleurs des habits, les paroles de l'avoué et certaines qualités de silence. Ceux-ci ponctuent le récit et l'ensemble tisse ce réseau de vraisemblances humaines. Elles restent figées dans le temps autour de l'instant du plan et du moment de lecture dans le roman, mettant déjà en exergue une dilatation romantique de l'instant.

Mais cela reste une exception car le temps cinématographique est par nature elliptique.

---

[607]. – WINKLER-BOULENGER (J.). – *La durée romanesque dans Eugènie Grandet*, in L'Année balzacienne, Paris, 1973, p. 87.

* Utilisation fréquente de l'ellipse dans le film

Tout récit faisant l'objet d'une adaptation devra établir des choix car tout un roman ne peut être raconté au cinéma. Le problème de la durée du récit reste le plus important puisqu'il faut éliminer tout ce qui est sans signification pour l'intrigue du film. Celui-ci « dont la durée de projection est nécessairement limitée, est plus que tout autre forme narrative contrainte de supprimer des éléments, d'en suggérer d'autres et de réduire le récit à une structure ou ne subsiste que l'indispensable. »[608] Notons que l'ellipse ne caractérise pas uniquement le récit filmique, mais aussi le récit littéraire. Dans *Le Colonel Chabert*, le dénouement nous est livré au cours d'une seconde déambulation, dans une scène isolée par une formidable accélération du temps de l'intrigue : celle-ci semble quasiment « dématérialisée ». Une vingtaine d'années plus tard en 1840, au hasard d'une promenade, Derville et Godeschal rencontrent le vieux soldat redevenu Hyacinthe, placé à l'hospice. Ce petit roman elliptique pose moins de problèmes à l'adaptation qu'un grand roman. Guy Gauthier, à propos des *Illusions perdues,* affirmait qu'« un tel chef-d'œuvre n'a pas besoin de transposition à l'écran [...] si l'on considère qu'une nouvelle de quelques pages suffit à faire un film d'une durée commerciale normale... » [C'est ce qu'à fait d'ailleurs Marcel L'Herbier avec les trois pages finales d'*Un drame au bord de la mer* avec son film *L'homme du large*] « ...on comprend qu'on puisse hésiter devant l'énormité de ce qu'il faut éliminer pour adapter une œuvre balzacienne au cinéma ou à la télévision. »[609]

Alain Garcia différencie deux catégories d'ellipse cinématographique. Il y a d'abord l'ellipse dramatique volontaire qui retire de la narration le moment le plus important de l'action. Ensuite, on distingue l'ellipse expressive qui consiste à suggérer plutôt qu'à montrer.

---

608. – *Balzac cinéaste...op. cit.,* p. 161-162.
609. – GAUTHIER (G.). – *Balzac au cinéma*, in Europe, n° 429-430, janvier/février, Paris, 1965, p. 341.

- Ellipse dramatique volontaire : le temps imposé

Cette catégorie s'apparente à ce que François Chevassu appelle l'ellipse de montage qui agit au niveau de la scène.[610] Par exemple, celle de la conquête et des retrouvailles dans les escaliers de l'étude est équivalente dans les trois œuvres. Seul, le trajet en voiture jusqu'à Groslay change. Yves Angelo et René Le Hénaff, ayant pris le parti de ne pas faire commenter l'ensemble du film à la première ou à la troisième personne par un narrateur omniscient, se voient obligés de faire l'ellipse des mentions géographiques. Le temps de la description du décor est supprimé, de même le temps humain a été occulté dans les deux films : en effet, on ne voit ni l'énergie vitale de Chabert qui souhaite reconquérir la Comtesse, ni cette volonté communicative et affective caractérisant Rose Chapotel.

Deux fois, Balzac file la métaphore avec la psychologie retorse de la comédienne,[611] tandis que le spectateur des films est contraint de suspendre son jugement quant au dessein de la Comtesse. Elle semble aussi émue que Chabert de leurs retrouvailles intimes. Ici, le temps humain de la conspiration est amoindri. Les deux versions imposent une vision de ce temps impalpable quelque peu réduit à des impressions de spectateur, motivées par le fait qu'ils aient pu lire le roman pour compenser ce manque.[612] Le caractère lointain, énigmatique, peu loquace de Depardieu ou de Raimu, aussi bien en voiture qu'à Groslay, renforce encore l'indécision du spectateur au sujet de sa bonhomie. Quel est le plus dangereux des deux : l'ex-épouse ou l'autre ? L'ellipse filmique est un concept rythmique qui impose un univers dramatique tout en installant le suspense, obligeant ainsi le spectateur à trouver un sens supplémentaire que le roman n'avait pas forcément au départ. Si l'ellipse dramatique volontaire existe dans les romans, c'est qu'elle est en réalité le fruit d'une figure de style. Celle-ci fait opposition aux explications et justifications apportés dès l'exposition balzacienne.

Quelques ellipses dramatiques volontaires sont parfois remarquables dans les descriptions. Elles relancent de manière très efficace le suspense. Tel est le cas du *Père Goriot* : le lien de parenté entre le vermicellier,

---

610. – CHEVASSU (F.). – *L'expression cinématographique*, Paris, 1977, p. 109.

611. – « La comtesse rougit, pâlit, se cacha la figure dans les mains. Puis, elle secoua sa honte, et repris avec le sang froid naturel à ces sortes de femmes [...] elle comptait peut-être spéculer sur la tendresse de son premier mari pour gagner son procès par quelques ruses de femme. » Cf., Pléiade, tomme III, p. 352 et 354.

612. – Toutefois, le cinéma ouvre le temps narratif alors que Balzac le maintient sous la férule de la « machination ».

madame de Restaud et Nucingen n'est révélé qu'en fin d'exposition. Ce coup de théâtre conduit l'exposition à sa résolution. Le temps de l'intrigue est imposé dans un but descriptif et explicatif, comme si Balzac modifiait le découpage technique romanesque. Mais il arrive, pour en revenir au Septième Art, que les ellipses jouent sur la continuité du film, offrant ainsi au spectateur l'expression d'un temps implicite.

- Ellipse expressive : le temps suggéré

François Chevassu nomme l'ellipse expressive, terme d'Alain Garcia, par un autre terme : l'ellipse de continuité.[613] Contrairement à l'ellipse de montage précédemment citée, elle joue un rôle sur l'ensemble de la structure du récit. L'ellipse expressive suggère aux spectateurs que le rapport entre les séquences consiste à éliminer les parties narratives romanesques qui traînent en longueur. Ce sont en quelque sorte pour synthétiser des ellipses de structure qui suggèrent le temps sans qu'il soit imposé. Il vient naturellement aux yeux du spectateur.

Dans les deux adaptations et lors de la séquence finale, de nombreux et petits événements littéraires, que l'on qualifierait de motifs, sont supprimés. La disparition de Chabert pendant un certain temps, le recours de Derville auprès de la Comtesse pour obtenir le paiement de ses honoraires, et la rencontre fortuite avec le Colonel alors pensionnaire de l'hospice de vieillards, ont été occultés. De même, l'épisode du Prussien effrayé par le père Hyacinthe, la mélancolie de l'avoué abandonnant les affaires judiciaires, ainsi que la carrière des clercs Desroche et Godeschal, sans oublier l'ascension sociale de Delbecq, sont éliminés dans les deux versions filmiques.

L'unique élément commun, entre les films et le roman, repose sur le fait que le Colonel quitte l'agitation du monde bien que cela soit involontaire dans le roman. Sa retraite est soumise à une décision de justice, que Derville soupçonne d'avoir été suscitée par l'ex-femme de Chabert. Dans le texte, l'exclusion du vieux soldat s'effectue en deux étapes : d'abord, il disparaît pendant un premier laps de temps de six mois durant lequel il vagabonde, ce qui est mieux rendu dans la version de Le Hénaff.[614] Ensuite, sa résidence à Bicêtre est datée de 1840 lorsque l'avoué et Godeschal y reviennent.

613. – *L'expression cinématographique... op. cit.*, p. 110.
614. – Voir séquence n° 17 à 19.

Seul, le motif du tabac est présent chez Le Hénaff et Angelo, mais il y a ellipse dans les deux films sur le fait que ledit condamné est marié. La figure féminine, en qualité d'épouse, fait l'objet de mentions misogynes dans le roman : Chabert sous-entend que le condamné l'est peut-être à cause de sa femme, puisqu'il est réduit à la mendicité par son épouse. D'ailleurs, il lui dit : « madame, je ne vous maudis pas je vous méprise. »[615] Quant à Derville, il juge avec sévérité la Comtesse Ferraud et l'accuse d'ambition et d'infamie, car elle sait associer la beauté et la duplicité afin de parvenir à ses fins.

Les ellipses expressives soulignent moins l'aspect dramatique, contrairement aux ellipses dramatiques volontaires (comme son nom l'indique). Ces dernières omettent un ensemble de détails et dénaturent la portée du roman. En effet, les ambitions démesurées de Rose Chapotel sont moins explicites dans le film que dans le texte. Néanmoins, les deux réalisateurs suggèrent autrement l'arrivisme de la Comtesse. En effet, dans le film de 1943, elle tente de faire enfermer son mari, et dans la version de 1994, lors de la surenchère à Groslay, la comtesse joue sur les biens qu'elle doit à Chabert. Certaines ellipses suggèrent le malheur du Colonel par des ajouts compensatoires et explicatifs.

Ces deux types d'ellipse ont un rôle déterminant dans la temporalité de l'intrigue, parce qu'elles ont su opérer des choix ingénieux. Elles ne diminuent pas pour autant la portée du roman mais ellles la font voir sous un autre angle : le temps suggéré et imposé par les cinéastes. Ceux-ci ont su conserver les scènes du livre qui constituent et respectent l'unité d'action. Ils ont sauvegardé l'unité de lieu en jouant sur les ressources multiples de l'unité de temps. Les deux cinéastes se sont bien gardés de supprimer des scènes entières et ont su pratiquement les conserver en les raccourcissant. A titre d'exemple et parce que David Lynch n'a pas pu ou pas voulu le faire, le roman fleuve de Frank Herbert, *Le cycle de Dune* est devenu, à l'écran,[616] une succession de courtes vignettes. Pour les spectateurs qui n'ont pas lu le livre, le film reste incompréhensible, commercialement raté, et pour les autres, une accumulation d'illustrations ne correspondant pas nécessairement à la vision qu'ils avaient du roman.

Modifier la trame narrative d'un texte littéraire est un choix risqué qui peut donner une stratégie « monstrative » bien différente. Tout dépend encore du choix du réalisateur. Le temps filmique peut aussi bien rendre compréhensible ou incompréhensible le roman sans même parler de la

615. – Cf., Pléiade, tome III, p. 367.
616. Voir le film *Dune* réalisé en 1983.

question de fidélité ou d'infidélité. Tout se joue une fois de plus dans le montage et dans la construction du plan.

b) Stratégie « monstrative » : le plan en tant qu'unité autonome implique un flux temporel effectif

Au cinéma, il faut distinguer deux types de durée qui sont pourtant complémentaires.

Il faut d'abord repérer celle de l'histoire, correspondant à la durée événementielle, et qui se répercute sur l'ensemble du film ou sur une séquence. Elle se caractérise par une stratégie narrative qui a donc des effets d'accélération ou de ralentissement comme nous l'avons analysé précédemment.

Mais il existe aussi une durée de la continuité de l'image, du plan qui relève de la phénoménologie. Il s'agit du temps durant lequel le plan montre et c'est également le temps où le spectateur recueille un maximum d'informations. Le plan est une unité autonome et unique qui amène un flux temporel effectif construisant progressivement le récit. L'image entraîne une certaine loi d'encombrement d'autant plus qu'elle procède d'une stratégie « monstrative » : c'est la thèse que défend André Gardies.[617] De surcroît, l'encombrement devient de plus en plus important lorsque le plan précède une analepse. Celle-ci est appelée couramment dans le langage cinématographique le flash-back et les films adaptés des œuvres de Balzac se construisent sur ce procédé. Le lien entre le plan précédent et l'analepse demandera à être suffisamment explicite pour que le spectateur puisse traiter l'information. En effet, le film « détruit la relation de chaque image, œuvre ou détail avec ce qu'elle nous suggère banalement : modèle, spectacle, objet, tableau proche par le talent, le sujet, la date et lui substitue la relation qu'elle établit avec la suite d'images qui la compose. »[618]

Il est vrai qu'en littérature le temps comme stratégie « monstrative » n'existe pas car le roman n'est pas un spectacle. Le temps littéraire est une durée événementielle qui joue aussi sur la vitesse du récit. Il construit également les analepses et les prolepses : ces dernières caractérisent une

617. – *Le récit filmique...op. cit.*, p. 10.
618. – MALRAUX (A.). – *L'Intemporel...op. cit.*, p. 403.

technique d'anticipation moins utilisée que l'on appelle au cinéma le flash-forward.[619]

* Construction progressive du récit à l'aide du plan

La peinture a une grande liberté dans le choix de ses cadres pour chacun de ses tableaux. La forme de la toile peut être carrée, ronde, rectangulaire, en largeur ou en hauteur, tandis que le cinéaste est condamné à inscrire le plan dans le même cadre. Le romancier est encore plus libre car il n'a pas de contrainte matérielle si ce n'est la feuille de papier. Il ne faut pas oublier les obligations éditoriales car « les fragments de l'œuvre entreprise par l'auteur subissent alors les lois capricieuses du goût et de la convenance des marchands. »[620] Les phrases défilent et permettent au romancier d'assurer la continuité narrative, tout comme le cinéaste qui construit la chronologie de l'histoire dans la consécution d'une séquence à l'autre, d'un plan à l'autre et même à l'intérieur d'un seul plan. Celui-ci, en tant qu'unité autonome, est une symbiose fondée sur l'événement montré et sur un simulacre énonciatif au présent. Ce dernier actualise l'action et lui donne le flux temporel nécessaire à la « linéarisation » logique du récit filmique. C'est-à-dire, chaque plan montre une action qui rapporte un événement raconté, différent du précédent sans pour autant qu'il y ait de rupture dans la chronologie de la narration.

Il existe chez Balzac cette détermination d'être le peintre de l'instant, du moment ou du « plan ». Moment dans lequel l'auteur perçoit l'événement dans son immédiateté, loin des perspectives du temps historique ou du devenir humain, bien que tous ces paramètres soient liés. Pourtant, il s'agit d'un temps intimiste que les réalisateurs ont su reproduire.

Lorsque Derville rend visite à Chabert chez le nourrisseur Vergniaud, le notaire se voit obligé de traverser la cour pleine d'excréments. L'avoué « ne voulait pas se mouiller les pieds dans le fumier. En sautant de place

---

619. – Etant moins répandue dans *La Comédie humaine*, la prolepse ne fera pas l'objet de notre étude. Rappelons-nous à titre d'illustration l'anticipation dans *Ursule Mirouët* : le vieux docteur Minoret prend connaissance de l'avenir de sa fille en consultant une voyante chez un ancien ami médecin. Ce passage est fidèlement rendu dans l'adaptation de Marcel Cravenne avec les flash-forward qui suggèrent également les destins tragiques de la famille Minoret-Levrault.

620. – *Balzac et le roman feuilleton...op. cit.*, p. 283. René Guise reprend les propos que Balzac soulignait en 1838 dans la préface de *La Femme Supérieure*.

en place Derville arriva sur le seuil de la porte par où le Colonel était sorti. »[621] La précision de cette petite scène, qui semble durer, n'a pas échappé à Yves Angelo. Un long travelling dévoile maître Derville marchant lentement dans la boue pour ne pas abîmer sa toilette. Plan sans parole.[622] L'action peut paraître anodine au premier abord et n'avoir été portée à l'écran que par souci de fidélité, mais en réalité le cinéaste joue sur la qualité de cette représentation. Le Septième Art valorise l'observation de Balzac, peintre de l'instant.

La densité de l'événement rend hommage à l'auteur de *La Comédie humaine* et à ce que Michel Butor nomme « la poétique de la banalité ».[623] Sorte d'instant singulier, certes fugitif quand on regarde l'ensemble du film, toutefois il est révélateur chez les personnages d'une certaine qualité de l'être, mais aussi de l'histoire au sens large. Le geste lent de Derville peut être représentatif de la misère dans laquelle vit Chabert. Placer les pieds de l'avoué dans cette fange plutôt que ceux de Chabert et faire marcher avec délicatesse le notaire qui évite de se souiller, permet de confronter à l'aide d'une image contrastée, les chaussures luxueuses de Derville et la cour misérable.

Cette peinture de l'instant montre combien les populations parisiennes les plus aisées refusent d'être mélangées aux autres. Il y a toujours une dynamique de l'instant particulièrement romantique et manichéenne qui cantonne pour reprendre une opposition chère à Victor Hugo les riches dans « l'azur » et les pauvres dans la « fange ». Le plan est donc révélateur des conditions sociales de la Restauration : opposition simpliste et pourtant réelle.

De même, les plans très lents de l'exposition dans *Albert Savarus* d'Alexandre Astruc rappellent la conception balzacienne de l'immobilité temporelle de la vie de province. Le sixième plan de la première séquence, qui dure quatre minutes et trente secondes, est un modèle du genre. Il est illustré par un lent va-et-vient incessant de la caméra qui, grâce à un pano-travelling de droite à gauche et de gauche à droite, berce le spectateur dans la narration. A cette lenteur filmique correspond le passage romanesque qui peut être repéré par l'amalgame du présent et de l'imparfait de l'indicatif, et du conditionnel passé deuxième forme : « Rosalie ne savait pas [...] au moment où cette histoire commence, que le jeune Comte Amédée de Souleyaz lui fût destinée. »[624] Cette transition se déroule au même moment narratif dans le roman et dans le film.

---

621. – Cf. Pléiade, tome III, p. 339.
622. – Voir séquence n° 9.
623. – *Balzac peintre de l'instant...op. cit.*, p. 225.
624. – Cf. Pléiade, tome I, p. 926.

L'utilisation du présent situe le lecteur dans le contexte de la transition, l'imparfait place le personnage dans l'action et le conditionnel passé renvoie à l'action antérieure qui aura des effets sur le présent et l'avenir. Le plan filmique prépare également les anticipations et surtout les retours en arrière très fréquents dans les adaptations des œuvres de Balzac.

* Le plan ou l'unité minimale qui déclenche l'analepse

L'image filmique est un spectacle au présent qui relève de l'ordre du constat sans pour autant qu'elle soit, heureusement, dépourvue de signification. Mais il existe peut-être un phénomène qui veut que tout art se développe en luttant contre ses propres limites. De même, le roman a essayé de s'opposer contre le fait qu'il n'était qu'une narration, un discours et un récit en essayant d'accroître sa capacité de « monstration », c'est d'ailleurs ce qu'a tenté de faire le nouveau roman.

Quant au cinéma, il essaye d'échapper aux contraintes qu'impose cette présence immédiate de l'image. Il tente d'explorer le temps avec l'utilisation fréquente du retour en arrière. Il est vrai que le film étant au présent, une question s'impose : comment informer le spectateur sur ce qui s'est déroulé auparavant ?

Le flash-back ou l'analepse aident évidemment à la compréhension de l'histoire. Certains films sont construits intégralement sur un retour en arrière (voir *La Duchesse de Langeais* [625] ou bien *Le jour se lève* [626]). Pensons à la la première séquence dans laquelle Gabin, traqué par la police, se barricade dans sa chambre. L'acteur allongé sur son lit se souvient des évènements qui l'ont conduit à cette situation de non-retour. Le flash-back existe aussi dans *La Comédie humaine* avec l'exemple de *Facino Cane* qui, d'ailleurs, est l'un des rares romans n'ayant pas fait l'objet d'adaptation. Dans le retour en arrière, le présent devient un présent-limite. C'est le butoir du temps d'un retour conditionné dans le film par le plan qui précède l'analepse. Il ne s'agit plus forcément du temps « de la chronologie explicative dans lequel nous rentrons, c'est vraiment ce temps subjectif que les romanciers avaient essayé de décrire. »[627] Le flash-back au cinéma a un pouvoir plus efficace que dans le roman, car il n'a pas besoin des précautions oratoires auxquelles s'adonne l'écrivain

[625]. – Voir le film de Jacques de Baroncelli et celui de Jean-Daniel Verhaeghe.

[626]. – Film de Marcel Carné tourné en 1939.

[627]. – PINGAUD (B.). – *Nouveau roman et nouveau cinéma*, in Cahiers du cinéma, n° 185, décembre 1966, p. 32.

s'il ne veut pas perdre son lecteur. Notons que le cinéaste doit jouer sur le décalage signalé (par exemple : un intertitre ou une voix *off*) entre perception sonore et perception visuelle.

Le romancier garde l'avantage malgré tout de pouvoir construire son récit avec le présent et le passé par le simple jeu de la syntaxe. La succession instantanée des temps forts crée une puissance narrative au cinéma que le récit littéraire donne rarement, même chez Balzac. Pourtant, il se sert souvent de la technique du flash-back comme peut le démontrer Anne-Marie Baron.[628]

Le texte du *Colonel Chabert*, qui commence un matin de février 1819 et se termine à la fin juin 1840, comporte trois analepses. La première s'étale de 1807 à 1815 correspondant au récit du vieux soldat devant le notaire. La deuxième analepse concerne l'histoire du Comte Ferraud qui s'étend de 1793 à 1819. La dernière est le récit du Bicêtrien vers 1820.

Tableau chronologique des analepses romanesques et leurs correspondances cinématographiques

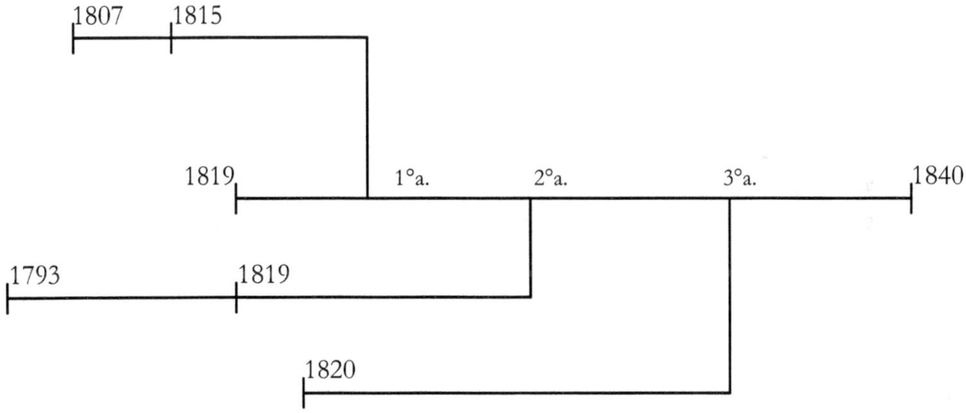

1° a. : première analepse, de la page 321 à 327,
séquence n° 1,3 et 6 (Angelo) et n° 8 et 22 (Le Hénaff).
2° a. : deuxième analepse, de la page 346 à 350,
séquence n° 4,5 et 16 (Angelo) et n° 1 (Le Hénaff).
3° a. : troisième analepse, de la page 368 à 371,
(Angelo : pas de séquence spécifique) et n° 17 à 19 (Le Hénaff).

[628]. – Cf. *infra* note n° 118.

Quant au film, pour des raisons de compréhension, il se doit de conserver le plus possible une chronologie linéaire. Aussi l'analepse narrative, relatant l'histoire de l'ascension politique et sociale du Comte Ferraud et expliquant l'impasse dans laquelle il se trouve en temps qu'époux, est transposée, chez Le Hénaff, en images dès les premières séquences. L'antériorité se trouve de ce fait respectée, et le spectateur sait dès le début ce qu'il doit connaître de la situation. La continuité chronologique du récit est rompue une seule fois lors du récit de la bataille d'Eylau. Par ailleurs, le film échappe à une esthétique de l'homogénéisation, grâce à la préparation et à la tension dramatique d'un plan qui enclenche le retour en arrière : procédé sans lequel le spectateur ressentirait une certaine lassitude.

En effet, lors de la séquence n° 8, la caméra se fixe sur Chabert assis, immobile en gros plan, de trois quarts face et en légère contre-plongée. La transition, qui annonce le début de son récit en voix *off* avec des plans de scène de guerre, se fait tout d'abord par son visage éclairé par des bougies, qui peu à peu est plongé dans le noir alors que ses yeux deviennent translucides. Ensuite, le visage disparaît progressivement. La posture de Chabert et la technique cinématographique se chargent donc de réaliser la transition vers les images mentales du Colonel : le souvenir du temps douloureux. Puis, derrière les yeux du vieux soldat apparaît en fondus enchaînés la scène de combat que le Colonel narre en voix *off*. Celle-ci est accompagnée par une bande-son faisant entendre les cris des soldats et le roulement des tambours qui résonne peu à peu sous les explosions. Cette mise en spectacle de la révélation semble aller de soi. En effet, elle permet de rester fidèle à l'œuvre tout en rapportant les souvenirs de Chabert dans le même contexte – l'étude de l'avoué – à l'aide d'un récit fait par le vieux soldat lui-même.

La version d'Angelo utilise de façon différente l'analepse. D'une manière générale, elle est très courte et remplit plus un rôle de guidage que d'explication : « de rapides flash-back viendront au cours du film traduire la présence de ce terrible passé dans sa mémoire lacunaire. »[629] La version de 1994 repose sur les flashes souvenirs du Colonel. Pensons, d'une part, à la première séquence qui retrace la bataille sur le front russe, et d'autre part, évoquons les autres mini-séquences de cette bataille qui ja-

[629]. – BARON (A.M.). – *Balzac au cinéma : Le Colonel Chabert d'Yves Angelo*, in *L'Année balzacienne*, Paris : 1994, p. 512.

lonnent le film, sans oublier la scène d'intimité avec Chabert et la Comtesse dans leur ancien hôtel particulier.

On constate que dans le cas des deux narrations filmiques, le repérage du flash-back pose en général peu de problèmes. En effet, la technique est utilisée de telle façon qu'elle ne laisse plus de doute au spectateur. Cependant, en littérature, un retour en arrière peut se réaliser à l'aide d'un seul verbe mis au passé. C'est le cas du commencement de la deuxième analepse : « M. Le Comte Ferraud était le fils d'un ancien conseiller au Parlement de Paris. »[630] Le flash-back peut courir sur un paragraphe, un chapitre, voire un roman entier avec par exemple *Premier amour* de Tourgueniev.

Il est vrai que les temps verbaux accordent à la narration une mobilité temporelle que n'a pas forcément le film : « la pratique dominante des adaptations filmiques consiste dès lors soit à les supprimer, soit à les insérer chronologiquement dans l'histoire, soit à les combiner en un seul flash-back ou en nombre réduit de flash-back plus étendus... [c'est d'ailleurs la deuxième combinaison qui se manifeste dans les deux versions du *Colonel Chabert*]... ici encore, les critères de la redondance et de la pertinence narrative semblent jouer un rôle non négligeable lors de la sélection. »[631]

Le flash-back, comme expansion temporelle, est aussi en même temps une activité cognitive de l'acteur Derville. Elle sera complétée par la voix *off* de Chabert. Le temps du passé est à la fois une rétrospection narrative et énonciative, car la voix est un embrayeur. Celle-ci conduit le spectateur dans la fiction mise en spectacle permettant une meilleure compréhension du roman. Les variations temporelles, que cela soit la durée avec l'ellipse ou la chronologie avec l'analepse, sont des relais qui identifient les détenteurs de la fonction narrative et énonciative.

3°) Le temps : instance narratrice et énonciative

Il est vrai que le cinéma de la nouvelle vague, en tant qu'expérimentation, a pu accentuer les traces d'énonciation filmique. On retiendra à titre d'exemple les paroles ordonnatrices du cerveau-robot gouvernant la cité Alpha 60 dans *Alphaville* de Jean-Luc Godard. A l'inverse, le cinéma classique s'est efforcé de les amoindrir pour mettre

[630]. – Cf. Pléiade, tome III, p. 347.
[631]. – *Pour une théorie de l'adaptation filmique...op. cit.,* p. 130-131.

l'accent sur le temps et l'histoire qui arrive aux protagonistes ou sur ce que racontent des narrateurs explicites. Ce n'est pas pour autant que les adaptations des œuvres de Balzac, que l'on reléguerait au rang de cinéma classique, sont dépourvues d'énonciation filmique. Les moyens employés sont moins manifestes que dans la nouvelle vague. L'énonciation cinématographique, pour reprendre une définition d'André Gaudreault et de François Jost, est « ce moment où le spectateur s'échappant de l'effet fiction aurait la conviction d'être en présence du langage cinématographique comme tel : du « je suis du cinéma » affirmé par les procédés au « je suis au cinéma ». »[632] Toute l'instance narratrice et énonciative repose sur la notion de point de vue qui consiste à montrer au spectateur sous quel angle le temps de l'histoire est représenté.

La question est de savoir qui voit, c'est-à-dire le personnage focal avec la situation dans laquelle il est filmé. Mais derrière l'instance narratrice et énonciative, il y a aussi la question du « grand imagier » qui, au cinéma, est censé reproduire cette capacité omnisciente balzacienne. Gérard Genette la qualifierait de focalisation zéro. Si la présence du narrateur omniscient en littérature est souvent implicite, comme s'il allait de soi, que se passe-t-il lorsque ce même narrateur, plus explicite à l'écran, vient raconter l'histoire en la visualisant ? Tout le problème repose sur une articulation entre le récit iconique et le récit verbal.

Au cinéma, la responsabilité narrative et énonciative est prise en charge par des embrayeurs avec différents types de voix qui gèrent le temps de *La Comédie humaine*. Nous les analyserons dans un premier temps. La figure du « grand imagier » semble plus complexe au cinéma qu'en littérature, car le point de vue dans le film est à la fois traité par le son et par l'image, cela relève une fois de plus d'une sémiologie de l'audio-vision. Il est vrai que l'intériorité de la narration omnisciente dans le roman balzacien donne une saisie totalisante du monde de la fiction. Pour la transformation filmique, le Septième Art développera diverses configurations énonciatives lui permettant d'accéder à l'intériorité littéraire par l'extériorité cinématographique. La réponse à la question qui synthétiserait l'ensemble de ces problèmes repose sur le fait de savoir tout simplement comment la transformation filmique traite le temps littéraire. Nous verrons donc ce point dans un deuxième temps.

---

[632]. – *Le récit cinématographique*...*op. cit.*, p. 44.

a) Voix *off*, voix *in* : la gestion du temps et les embrayeurs de la narration omnisciente

La voix *off* et la voix *in* sont des modes d'adresse énonciative. C'est une stratégie narrative qui consiste à faire d'un personnage ou d'un énonciateur maître d'œuvre, l'embrayeur qui raconte verbalement une histoire à d'autres personnages et aux spectateurs qui l'écoutent. Le verbal étant bientôt relayé par la visualisation des événements. Notons que le son *off* se définit à la fois comme le son dont la source n'est pas représentée et comme celui émis hors champ. Dans notre étude, le premier nous intéresse car le second a déjà fait l'objet de notre attention à propos des raccords sonores. Ensuite, nous entendons par la voix *in* le son dont la source est visible à l'écran.

Les embrayeurs représentent non seulement des instances énonciatives mais aussi des instances collectives qui impliquent bien souvent un « on » : soit le « je » énonciateur ou le « tu » énonciataire. Ce dernier peut être à la fois un autre personnage ou le récepteur-spectateur « en tant que *On* je vis sous l'emprise discrète des autres, chacun est l'autre et nul n'est lui-même. »[633] Dans cette fusion énonciative, la caméra balzacienne maîtrise et organise ce Dieu créateur dévorant le temps et organisant l'avenir des personnages. D'ailleurs, Raphaël de Valentin dit à Lousteau dans *La peau de chagrin* : « Pour juger un homme, au moins faut-il être dans le secret de sa pensée, de ses malheurs, de ses émotions ; ne vouloir connaître de sa vie que les éléments matériels, c'est faire de la chronologie. »[634] Celle-ci se matérialisera cinématographiquement parlant par la vision de ce que cette voix omnisciente aura présenté. La voix qui gère le temps est un premier pas vers la véritable connaissance des personnages afin qu'ils se donnent à voir.

* La caméra balzacienne ou le « chronos démiurgique »

Dans les deux adaptations étudiées, l'apparition du présent de l'indicatif et du pronom personnel « je » suggère que la voix narratrice de Depardieu ou de Raimu est rattachée à l'univers diégétique grâce à la voix *in*, présente dans le champ. Le drame de Chabert est de revenir vivant avec une mémoire qui se prolonge dans le présent, tout en puisant

---

633. – HEIDEGGER (M.). – *Etre et temps*, Paris : 1985, p. 108-109.
634. – Cf. Pléiade, tome X, p. 130.

ses racines dans un passé traumatisant et dévorant. Ainsi, Depardieu reprend à peu près les propos du personnage romanesque : « Ma foi, vers cette époque, et encore aujourd'hui, par moments, mon nom m'est désagréable. Je voudrais n'être pas moi. Le sentiment de mes droits me tue. Si la maladie m'avait ôté tout souvenir de mon existence passée, j'aurais été heureux ! J'eusse repris du service sous un nom quelconque et qui sait ? Je serais peut-être devenu feld-Maréchal en Autriche ou en Russie. »[635]

La voix *in* reflète la contradiction et la douleur du personnage qui revendique une position conforme à son passé, à son titre. Il voudrait se dépouiller de son nom, mais le temps le ronge car le présent ne reproduit pas le passé, si ce n'est la souffrance. Le temps littéraire et le temps filmique ont fait leur œuvre. Les Chabert n'ont d'existence que dans le passé, la voix *in* explore l'antériorité et remonte à la surface comme une Némésis obsessionnelle. Le Colonel ne vit qu'à travers le passé et une certaine forme de vengeance. Sa vie se résume à la bravoure illustrée par les scènes de flash-back sur la guerre et particulièrement dans la version de 1943. Le vieillard est méconnaissable et n'a plus rien du « plus joli des muscadins. »[636] Le temps s'inscrit dans la voix et dans le corps, le tout fragilisant la revendication de Chabert. Il marque les lieux et les réclamations. Son épouse n'est plus la même ; la prostituée devenue Comtesse sous l'Empire est désormais sous la Restauration une femme de la haute société. La caméra illustre bien le temps historique et social qui dévore l'Empire pour laisser place à la nouvelle bourgeoisie.

Afin de prolonger dans le présent le passé mort à Eylau, Chabert quête la reconnaissance dans le regard de Derville. Le « je » énonciateur s'adresse à un « tu » personnage énonciataire. Le syndrome du temps obsédant se transmet à la Comtesse lorsque la caméra nous transporte au moment où l'avoué lui révèle la résurrection du Colonel : « Pour reprendre les termes de Gérard Genette, Derville, au fil du roman, passe du rôle de personnage dramatique, attentif au récit de Chabert, à celui de personnage narrateur homodiégétique, chargé de transmettre une histoire à la Comtesse Ferraud puis à Godeschal, avant de devenir un narrateur hétérodiégétique, détenteur d'une histoire, mais étranger à son espace (Paris, l'étude). »[637] Dans le roman, on constate une fascination du narrateur pour son modèle qui cède la place à une compassion émue. Le personnage est parfois suivi par le regard douloureux de son créateur. Le démiurge se manifeste dans le choix de l'adjectif et de l'hyperbole

[635]. – *Ibid.*, tome III, p. 327-328, et séquence n° 6.
[636]. – *Ibid.*, p. 330.
[637]. – *Le Colonel Chabert : récit romanesque et récits filmiques …op. cit.*, p. 338.

« qu'aucune parole humaine ne saurait exprimer. »[638] Le Colonel Chabert déroute le pouvoir de l'écriture associé à la puissance suggestive du démiurge. Dans les films étudiés, aucune voix *off*, révélant cette puissance omnisciente, ne trahit ni la compassion ni les outrages du temps. Au cours d'autres adaptations, le pouvoir « démiurgique » de la voix *off* se manifeste autrement.

En effet, dans *Le Curé de Tours*, le narrateur du roman présente les pensées cachées de l'abbé Birotteau : « Si Chapeloud mourait, je pourrais avoir son logement. »[639] D'ailleurs, le temps permettra à l'abbé de voir son rêve devenir réalité. Cet ultime désir de prendre possession des lieux est bien mis en valeur dans le film de Gabriel Axel, lors de la conversation de Birotteau et de Chapeloud, au début du film. De plus, intervient une voix *off* qui confirme, en reprenant le texte de Balzac, cette attente fiévreuse : « L'appartement de Chapeloud devint pour Birotteau l'objet d'une monomanie secrète. »[640] Elle prend le relais du narrateur omniscient pour nous dévoiler les intentions du curé. Le récit cinématographique naît d'un jeu de présentation des événements entre le narrateur démiurge et le spectateur, le premier conduisant et balisant le récit balzacien et le second donnant un sens au récit.

Alors que le pouvoir de la voix est marqué par la capacité d'embrayer la fiction et de faire une prédiction sur l'avenir, l'image, de son côté, préfigure déjà ce que l'on entend tout en le confirmant par la suite.

* Le temps d'une voix qui donne à voir : de « l'auricularisation » vers « l'ocularisation »

Il s'agit d'une parole qui, par l'importance de son contenu et par la qualité de sa forme, peut s'imposer comme un élément capital de la polyphonie filmique. Les éléments visuels vont en être renforcés. On passe d'une voix *off* entendue à un niveau *in* visualisé ; autrement dit, la source sonore entre dans le champ et semble constituer « l'ici-et-maintenant » du récit. C'est une présentation médiatisée de la voix narratrice qui laisse place au défilé naturel des images filmiques. Au départ, la puissance de la voix *off* propose une élaboration mentale. Celle-ci deviendra cinématographique, en situation « acousmatique », c'est-à-dire au moment où ce qui vient d'être présenté par la voix devient visible.

---

638. – Cf. Pléiade, tome III, p. 322.
639. – *Ibid.,* tome IV, p. 186.
640. – *Ibid.*, p. 186.

Les adaptations des œuvres de Balzac se servent souvent de cette technique en reprenant, à la base et en voix *off,* les paroles romanesques, dans le souci de rester fidèle et de rendre plus crédible et réel le film adapté. On passe donc de « l'auricularisation » (ce que la caméra montre et ce que le spectateur entend) à « l'ocularisation » (ce que la caméra montre et ce que nous sommes censés voir) : « ce terme a en effet l'avantage d'évoquer l'oculaire et l'œil qui y regarde le champ que va « prendre » la caméra. »[641] Au cinéma, dans les deux adaptations, il s'agit plus d'ocularisation zéro qui correspond à la focalisation zéro de Gérard Genette. Elle se définit de la façon suivante : ce que l'on voit à l'écran ne correspond pas à ce que visualise un personnage. En fait, nous le constatons directement : « Quand l'image n'est vue par aucune instance intradiégétique, aucun personnage, quand elle est un pur « nobody's shot », comme le disent les Américains, on parle d'ocularisation zéro. Le plan renvoie alors à un grand imagier [...] » [642] Il est évident que les flash-back souvenirs de Chabert sur les scènes de bataille représentent une ocularisation interne, car ce que l'on perçoit à l'écran est la même chose que le personnage.

Mais le regard omniscient de la narration filmique se fonde sur une ocularisation zéro ou sur une focalisation zéro si l'on veut regrouper également le principe d'auricularisation zéro. La voix se donne autant à lire qu'à voir. Elle reste un embrayeur du récit de l'observateur filmique : « pour emporter l'adhésion de ses narrataires à l'univers mimétique qu'il crée. On a souvent dit que leur présence était une garantie de vraisemblance, la mise en place d'un point de vue soi disant objectif sur le monde diégétique. »[643] La description de l'étude est liée à l'entrée du Colonel Chabert dans la pièce. Du fait qu'elle n'emprunte pas son point de vue, la focalisation adoptée est de type « zéro » : le narrateur omniscient généralise et analyse le milieu avec en plus les dialogues des clercs, cette fois-ci en voix *in.* Ils permettent au lecteur une visualisation mentale de ce lieu.

Malgré les dialogues, cet espace est isolée typographiquement et cela crée une pause dans la narration omnisciente. La focalisation zéro, où l'on perçoit ce que le narrateur sait, devient donc une ocularisation zéro pour les films. Dans la version de 1943, bien que le fil conducteur de la description soit Chabert arrivant dans l'étude comme une sorte de gêneur, l'ocularisation adoptée n'est pas interne, mais zéro. Le début de la séquence n° 7 entraîne le spectateur dans une atmosphère qui ne sait et ne

---

641. – *L'œil-caméra : entre film et roman...op. cit.*, p. 22-23.
642. – *Ibid.,* p. 133.
643. – BARON (A-M). – *Statut et fonctions de l'observateur balzacien,* in L'Année balzacienne, Paris, 1989, p. 301.

voit pas plus que ce que l'objectif de la caméra veut bien montrer. En effet, le premier plan, tourné en extérieur nuit avec les bruits *in* de la pluie qui tombe, nous invite à regarder une fenêtre grillagée, derrière laquelle le spectateur distingue à peine une silhouette courbée adoptant des postures inexpliquées.

Le point de vue à ce moment précis semble extérieur comme s'il s'agissait d'une ocularisation externe complétée d'une auricularisation du même type avec le sens produit par l'averse. Ceci semble d'ailleurs dépasser le simple cadre du plan. La suite de la séquence laisse à penser qu'il s'agit du regard du Colonel donc d'une ocularisation interne, complétée cette fois-ci par l'auricularisation interne. Les dialogues méprisants des clercs viennent confirmer ce que ressent Chabert : la crainte. Mais en réalité, tout est conçu pour donner dans cette séquence l'illusion d'une vision naturelle dans laquelle le spectateur voit en même temps que le « grand imagier » (la caméra ou le regard du réalisateur).

Les énonciations littéraire et filmique ont donc un point commun : tout passe la plus part du temps par une focalisation zéro ou une ocularisation zéro pour le cinéma dans laquelle le lecteur et le spectateur fusionnent avec le narrateur démiurge. Dans le cadre de la transformation du texte en film, il s'agit d'offrir au spectateur l'accès au temps de la diégèse tout comme le fait le romancier en jouant selon un point de vue unique (focalisation zéro). Toutefois, celui-ci peut revêtir différents types d'énonciations qui auront des répercussions sur le temps balzacien.

b) Comment la transformation filmique traite-t-elle le temps du texte littéraire ?

Si la notion de point de vue construit la temporalité narrative, il en va de même pour l'énonciation. Ayant répondu à la question « qui voit ? » pour exprimer ces temps physique et impalpable, il reste à savoir comment le personnage voit et quelle est l'instance énonciatrice qui le dirige ? L'étude de l'énonciation est l'aboutissement de la recherche sur le temps. Ce dernier donne accès au monde diégétique. Celui-ci permet de senibiliser le spectateur ou le lecteur à l'instance d'un regard, afin d'en convoquer une autre : laquelle va dispenser ou retenir des informations sur ce temps humain. D'une part, cette instance représente une énonciation personnelle qui engage le « grand imagier ». D'autre part, c'est également une énonciation impersonnelle, une activité visant à produire un énoncé. Elle ne désigne personne dans le film, contrairement au romancier, bien que l'on puisse parler de « narrateur zéro » comme une sorte d'instance méta-narrative romanesque.

* Une énonciation personnelle qui crée le temps : l'énonciateur balzacien maître d'œuvre du temps littéraire et cinématographique.

L'énonciateur balzacien implique une compétence intertextuelle du lecteur et du spectateur pour une interprétation correcte des mécanismes transformationnels, mis en place par le flux énonciatif lorsqu'on passe du roman au film. Cette compétence ne correspondra jamais à celle prévue par le romancier, puisque le sujet énonciateur du texte filmique est soumis à des contraintes pragmatiques différentes. Si le récit romanesque nécessite la présence d'instances énonciatrices, à tel point que cette présence puisse être parfois lourde et insistante, le film peut au contraire montrer sans dire. En effet, les événements au cinéma à la narration classique semblent se raconter d'eux-mêmes et particulièrement les œuvres de Balzac tranposées à l'écran.

L'énonciation cinématographique a quelque chose d'anonyme, non pas dans la façon de qui voit, mais comment voit-on. Alors que dans le roman, par la vertu seule de la langue, l'énonciation crée davantage une présence personnelle, du moins le sentiment de quelque intervention humaine agissant sur la chronologie des événements. Si l'on revient au récit de Chabert et de sa confidence, l'énonciation personnelle se caractérise par un « je » qui a une double énonciation. Il y a le « je » associé à la puissance narrative de l'auteur, maître du temps, et il existe le « je » frappé d'impuissance correspondant à l'énonciation de Chabert devenu narrateur.

Mais quoi qu'il arrive, derrière le personnage qui raconte la façon dont il voit les événements, c'est toujours l'auteur qui domine. Nous relevons chez le romancier cette double présence énonciative qui n'est pas forcément ressentie à l'écran. Pour en revenir à ce pronom « je » frappé d'impuissance, il se matérialise avec la passivité et les verbes d'état : « Je suis resté [...] je devins [...] je fus chassé [...] je fus convaincu. »[644] Le « je », renforcé par la forme pronominale « me », représente l'action d'autrui ou le hasard des événements : « me firent admettre [...] me fit enfermer. »[645] Même quand il agit, le pronom déictique « je » (Le Colo-

[644]. – Cf. Pléiade, tome III, p. 326-327.
[645]. – *Ibid.*, p. 326-327.

nel) n'a pas de prise sur la réalité : « je voulus obtenir [...] se mirent à rire. »[646] Chabert évoque le « je » du souvenir associé à la puissance énonciative et implicite de l'auteur. Celle-ci dirige la rêverie de son personnage. Grâce à la parole, le Colonel influence le cours du récit passé : « je me souvins [...] je parlais. »[647] Son acte de prédilection et de nécessité représente l'acte de parole : l'énonciation. Le récit au passé est socialement vital car il permet au protagoniste de reconstruire son identité et à l'auteur de dénoncer, par le biais du « je », l'individu dépossédé du sens de son existence par le capitalisme effréné de la Restauration. Il s'agit toujours d'une instance énonciatrice suprême qui domine toutes les autres. On la retrouve à l'écran malgré des contraintes techniques bien différentes.

Au cinéma, Chabert raconte à Derville l'histoire de sa vie qui constitue pour le notaire, une expérience professionnelle et personnelle. En tant que dépositaire du récit, il demeure, tout comme Chabert et ce dans les deux versions adaptées, un énonciateur qui témoigne de la narration du vieux soldat pour la transmettre au spectateur. Derville et le Colonel deviennent à tour de rôle les démiurges : véritable énonciation personnelle dans le jeu de champs et de contrechamps évoqué précédemment. Mais l'avoué détient cette supériorité sur Chabert car il prend des distances par rapport à ce qu'il entend, pour se placer au-dessus du récit du soldat.

Il scrute constamment les personnages de Chabert et de la Comtesse. Dans la version d'Angelo, il a ce talent d'observation inquisitrice, malicieuse et intense propre au regard de Luchini. Il détecte les malheurs du Colonel et les maladresses de la Comtesse qui tombe dans son piège. Le notaire se manifeste en tant que sujet cognitif qui touche non seulement le spectateur, mais il est aussi à l'image de ce « grand imagier », un substitut de Balzac par le biais du réalisateur.

L'énoncé et la parole de Derville constituent un spectacle visuel et sonore auquel est convié le spectateur. Quand il s'agit d'accéder pleinement au récit et à la diégèse, le romancier comme le cinéaste délèguent leurs pouvoirs à des instances énonciatives. Elles ne sont que le propre reflet d'une énonciation et d'un pouvoir personnel que le romancier et le réalisateur (alias Balzac) maîtrisent à la perfection.

Mais il arrive parfois que l'énonciation soit impersonnelle comme a pu le montrer Christian Metz dans son ouvrage *L'énonciation impersonnelle ou le site du film*. Celle-ci donne, contrairement à l'énonciation personnelle, un accès indirect au temps diégétique. Mais elle complète

[646]. – *Ibid.*, p. 326.
[647]. – *Ibid.*, p. 326.

bien cette appréhension du monde diégétique littéraire lors de la transformation du texte au film.

* Une énonciation impersonnelle qui crée le temps : accès indirect à la connaissance du temps diégétique (le rôle du partiteur musical au cinéma)

En ce qui concerne l'énonciation filmique, André Gaudreault et François Jost distinguent trois sous-énonciateurs : l'iconique, le verbal et le musical qui sont en collusion permanente.[648] Pour les deux premiers, il est difficile de parler de sous-énonciateur puisque l'iconique renvoie au « grand imagier », instance suprême organisatrice et énonciative. Quant au verbal (dialogues ou différents types de voix *in* ou *off*), il délégue son pouvoir directement aux personnages qui peuvent donc être les représentants d'une certaine omniscience. L'iconique et le verbal sont des énonciations personnelles, mais le musical reste bien une sous-énonciation, car il relève de l'impersonnel et n'agit qu'en certaines circonstances. Mais la question est de savoir pourquoi ?

Lors de l'adaptation, tout se déroule comme si le grand énonciateur Balzac[649] s'adressait au spectateur par une sous-énonciation qui serait à la frontière de la diégèse. Mais, grâce à un discours musical ou plus exactement un partiteur, cette énonciation nous donne accès à la diégèse, à l'aide d'un moyen indirect, puisque la musique relève toujours de l'énonciation impersonnelle. On ne sait pas qui la dirige même si elle illustre les sentiments et l'action du héros.

La musique produit un discours et règle le temps balzacien comme une partition anonyme, car il est difficile de savoir qu'elle est l'instance énonciatrice derrière le discours musical. Néanmoins, ce dernier a une fonction de répartiteur qui joue sur le temps cinématographique. En effet,

[648]. – Cf. *Le récit cinématographique…op. cit.*, p. 52.

[649]. – Certaines marques énonciatives permettent de dire que Balzac reste le grand énonciateur. Elles se manifestent quelquefois par cette sorte de morale, intraduisible au cinéma, sous forme de proverbe et de pensée toute faite. Celle-ci dépasse largement le simple acte énonciatif comme si l'auteur se mettait au dessus du monde, à l'égal d'un juge suprême. L'écrivain dira à propos de Chabert : « L'*ego,* dans sa pensée, n'était plus qu'un objet secondaire, de même que la vanité du triomphe ou le plaisir du gain devient plus chers au parieur que ne l'est l'objet du pari. » (Cf., Pléiade, tome III, p. 329). Cette morale balzacienne caractérise d'ailleurs toute *La Comédie humaine.* Elle peut être substituée à une musique correspondant au grand énonciateur cinématographique, comme une métaphore du grand énonciateur balzacien.

la musique travaille sur la mémoire du spectateur, elle agit sur le film comme un effet de compulsion de répétitions. Ce phénomène se décline soit en annonce (acte prémonitoire), soit en rappel (acte de résurgence). La mémoire musicale dialogue avec la mémoire visuelle. Il suffit de se rappeler, dans la version de Le Hénaff, le son de la petite boîte à musique[650] qui fait revivre en pensées les plaisirs de l'ancienne existence du Colonel. Belle vie qui s'exprime uniquement sur son air réjoui. La musique joue sur le temps comme un flash-back virtuel qui laisse deviner au spectateur le passé heureux du vieux soldat. La musique est le répartiteur de la résurgence du souvenir. Elle donne au spectateur un accès indirect à la diégèse du roman, aux souvenirs de Chabert puisqu'ils ne sont pas visualisés, contrairement à la version d'Angelo.

Ce partiteur, à l'image du passé « musicalisé », reste impersonnel car il demeure un spectacle intérieur auquel n'a pas accès directement le spectateur. Il s'agit d'une expérience du temps malheureux qui est d'ordre psychologique où la réminiscence renvoie à une autre époque (celui du bonheur correspondant à une réalité antérieure au film) : « Cette puissance sur notre intérieur est une des grandeurs de la musique »[651] écrit Balzac dans *Massimilla Doni*. La musique détient au cinéma un rôle de commentateur extérieur par rapport au récit iconique et verbal. Elle souligne les articulations et surtout le contenu diégétique, car le plus important pour le Colonel est de retrouver son ancienne existence. Il est évident que, pour le spectateur, le fait de ne pas avoir intégré le rapport temporel entre le son de la boîte à musique et la non-visibilité des souvenirs du Colonel, dont la source ne se matérialise pas sous nos yeux, demeure pour nous un sérieux handicap. L'articulation entre le sonore et le visuel est à reconstruire. La caméra et le partiteur musical entraînent une frustration qui peut se convertir en une capacité virtuelle du spectateur à reproduire ces souvenirs. Ainsi, il aura accès à cette diégèse cachée. Comme l'affirme Claude Filteau : « La musique permet au spectateur d'intégrer tel ou tel segment narratif dans des segments plus larges de manière à balayer la fiction rétrospectivement et prospectivement afin de mieux anticiper la suite. »[652] Aussi, la musique de Lagoya[653] dans *Les Secrets de la Princesse de Cadignan* revient comme un leitmotiv, elle élargit le champ perceptif de l'intériorité de la princesse.

---

650. – Cette séquence est reprise plusieurs fois dans notre étude en raison de son caractère polysémique.

651. – Cf. Pléiade, tome X, p. 587-588.

652. – *De l'écrit à l'écran…op. cit.*, p. 569.

653. – Musique composée pour le film.

Tout au long du film, elle préfigure le drame final. Cette musique apparaît en sourdine à la fin du film, comme si elle achevait sa partition tout en illustrant la tristesse de la princesse. Celle-ci avoue à d'Arthez qu'elle se sent trop vieille et détruite pour continuer à badiner. La douceur des sons de la guitare s'associe parfaitement à cette image de l'initiatrice en amour comme la belle Henriette dans *Le Lys dans la vallée.*

La musique représente la partition de la passion puisqu'elle revient régulièrement à chaque fois qu'Arthez et la princesse se rencontrent. Elle agit donc sur le temps humain : « L'effet du devenir sur la sémiosis musicale doit être considéré comme un procès cumulatif, fondé sur le fait que des événements musicaux antérieurs s'emmagasinent dans la mémoire de l'auditeur et agissent constamment sur la façon dont tout événement présent est entendu. »[654] Cette musique nous restitue l'intériorité de la princesse avec exactitude, c'est la vivacité du surgissement de l'amour qui caractérise toute la diégèse du film et du roman. La richesse des sonorités musicales fait une sorte d'alchimie séduisante qui n'appartient qu'à nous durant l'instant où la musique est présente. Elle constitue donc un véritable discours de la passion amoureuse.

Christian Metz se posait une question judicieuse : « les plans que nous voyons sont-ils des représentations mentales du héros ou justement des illustrations qu'on nous propose ? »[655] On pourrait également s'interroger sur le rôle de la musique. Mais celle-ci a forcément une valeur esthétique connotée par sa simple représentation. De surcroît, elle demeure sur le plan de l'interprétation une rhétorique de la psychologie à partir du moment où elle est en fusion avec l'image. Cela relève une fois de plus d'une conception classique du cinéma. Mais avant toute chose, lorsque la musique rythme un film tout en influençant l'énonciation, elle devient « une isotopie à la fois spatiale, temporelle et actorielle, qui nous fait « lire » le texte comme un tout cohérent plutôt que comme des fragments discrets. »[656]

---

[654]. – TARASTI (E.). – *Sémiotique musicale,* Limoges, 1996, p. 97.
[655]. – METZ (C.). – *L'énonciation impersonnelle ou le site du film*, Paris, 1991, p. 137.
[656]. – *Sémiotique musicale…op. cit.*, p. 50-51.

Synthèse :

Georges Poulet dans ses *Etudes sur le temps humain* est à la recherche d'une expérience de lecture littéraire, visant à saisir les formes de la temporalité dans le roman. Celles-ci ont d'ailleurs des frontières indéfinies. *A contrario,* le cinéma représente l'art du temps limité par excellence. Ne serait-ce que par la durée de projection, les explorations temporelles de l'œuvre de Balzac à travers le Septième Art s'en trouvent quelque peu réduites. Il est vrai que la richesse du texte balzacien, gâce au découpage technique, préfigure les formes temporelles cinématographiques. Mais en raison de l'actualisation énonciative du film faite toujours au présent, cette exploration a des difficultés à suggérer la complexité du temps humain.

Elle y arrive de manière ponctuelle et parfois de façon remarquable en ce qui concerne la dimension psychologique ; néanmoins, le grand écran semble plus à l'aise pour exprimer le temps physique avec les pauses, les ellipses ou les analepses. La pertinence du temps au cinéma repose sur l'audiovisualisation de l'énonciation romanesque avec un ensemble de données purement techniques. Cependant, ces éléments sont loin de rivaliser avec l'élasticité temporelle du texte littéraire. Le temps romanesque peut être idéalisé par le lecteur ; tandis qu'au cinéma, il est en quelque sorte imposé, montré, « présentifié ». Mais il reste au Septième Art la capacité d'observation omnisciente que l'on retrouve dans le roman. Elle réussit à nous transmettre un témoignage historique du temps social. Celui-ci conditionne toujours le destin tragique de Chabert.

Lors de l'adaptation, il existe toujours un double mouvement de « déconstruction » et de reconstruction de l'œuvre littéraire. Le sens du roman se trouve orienté vers une nouvel signification cinématographique présentant une grande souplesse. En effet, le lecteur-spectateur se trouvera satisfait ou déçu de voir des ressemblances ou des divergences tant sur la construction du temps, que sur l'architecture de l'espace, ou bien sur la représentation du héros, sans oublier les changements narratifs.

L'élasticité des mécanismes de l'adaptation, invite à réfléchir sur une ouverture d'esprit qui consiste à croiser des arts différents, mais aussi des cultures qui sont à la base de toute forme d'enseignement. C'est dans l'interaction et la confrontation que l'on s'interroge sur des nouvelles pistes. Elles offrent la possibilité de rapprocher des objets n'ayant pas systématiquement de points communs. Cependant, en cherchant à les différencier, à les analyser et à les enseigner, on arriverait peut-être à ce que disait Montaigne : « une tête bien faite. »[657]

[657]. – MONTAIGNE (M.). – *Essais*, Paris, 1969, livre I, p. 198.

Chapitre VI

Bilan et perspectives : Enseigner le cinéma avec Balzac

Les relations qu'entretiennent littérature et cinéma ont fait l'objet de nombreuses études permettant d'introduire le Septième Art dans l'enseignement. Les possibilités de confrontation d'une œuvre littéraire avec son adaptation filmique sont immenses. Afin de tirer un bilan de notre étude, il nous paraît intéressant de présenter certaines utilisations didactiques éventuelles de la transformation filmique, et de compléter une réflexion sur les problèmes de la transposition à l'écran d'une œuvre littéraire.

Dès le plus jeune âge, la prégnance de l'écrit est extrêmement forte. La plupart des parents orientent leurs enfants vers les lettres afin qu'ils maîtrisent l'art de bien parler et de bien écrire, ou vers les sciences, en résumé vers une certaine forme de culture générale. En contre-partie, rares sont ceux qui aident leur descendance à poser un regard intéressé voire analytique sur d'autres systèmes de représentation tels que l'image et le cinéma. Cela permettrait d'ailleurs à l'enfant de s'ouvrir encore plus au monde. Même si le caractère écrit domine notre culture, notre mode de communication et d'apprentissage traditionnel, une éducation du public à l'image est nécessaire, non dans la perspective de substituer le texte à l'image, mais de créer une relation de complémentarité. Il est évident que l'image n'est pas uniquement cinématographique, elle peut être photographique en temps qu'art, publicitaire, bande dessinée, peinture, logo ou multimédia, si l'on accède à l'informatique.

Notre étude s'est limitée uniquement au Septième Art et particulièrement à l'adaptation car il s'agit selon nous du meilleur compromis entre texte et image. Il s'agit de comprendre la culture traditionnelle de l'écrit pour mieux saisir les enjeux de la « culture image » et devenir un spectateur averti.

Il est vrai que le monde de l'image s'impose naturellement à nous : il ne nécessite pas forcément une formation spécifique pour en saisir les messages, si messages il y a… Même si le film se regarde naturellement sans effort au premier abord, il est justement intéressant de comprendre et d'étudier cette facilité apparente qui, en fait, n'en est pas une, car l'image mobilise « chez le spectateur un ensemble d'activités mentales et de savoirs intériorisés par une stratégie qui lui demande une participation active. »[658] On apprend autant dans un film que dans un livre : seuls, les modes opérateurs d'apprentissage changent. L'assimilation réceptive évolue en fonction de ce qui est dit ou montré, mais au final, l'acte d'information reste le même entre littérature et cinéma. Le changement repose sur le mode de communication : « Aujourd'hui, le soin de transposer dans l'espace public « l'acte discursif » et de convenir du « droit à la parole » ne procède plus de la littérature écrite ; il procède incontestablement de la télévision. »[659] Cela est d'autant plus vrai que le public a accès au cinéma, aux grands films, et aux adaptations pour le petit écran.

Le Septième Art est un moyen et un objet de culture équivalent au livre. Le cinéma étant un art plus récent et même s'il est accessible à tous, la formation du spectateur reste capitale. Pour éviter justement la facilité réceptrice de l'image, et qui pourtant a ses vertus, le plus important n'est pas seulement de voir un film pour s'instruire, mais d'être capable, aussi, d'interpréter et d'analyser.

Lorsqu'il acquiert les outils méthodologiques, le spectateur est plus à même d'identifier les relations entre le texte et l'image. L'enseignant qui veut se lancer sur cette voie doit maîtriser un processus complexe. Ce dernier passe par la narratologie, par la linguistique, avec l'étude pragmatique du discours, par la sémiotique, par la sociologie et par l'esthétique de l'image et l'étude de ses prolongements pour l'adaptation. Celle-ci obéit au double mouvement évoqué précédemment de « déconstruction » et de reconstruction du sens. Il s'agit d'une variation sémiologique autour de l'adaptation qui, si elle veut être opérationnelle pour la formation du lecteur-spectateur, devrait d'abord passer par une simplification de la théorie du cinéma. Celle-ci permettrait, en l'occurrence, une stratégie de perception du roman balzacien. Enfin, nos perspectives didactiques pourraient conduire notre réflexion à d'autres exemples que celui de Balzac, notamment dans le cadre d'une adaptation filmique personnelle pour notre étude. Le tout permettrait peut-être l'élaboration progressive d'une démarche sémiologique pour enseigner le Septième Art avec la littérature.

---

658. – *L'image et les signes…op. cit.*, p. 85.

659. – *Les rapports musique/image/action dans l'adaptation …op. cit.*, p. 583 (propos de Claude Filteau).

1°) Vers une simplification de la théorie du cinéma

Chaque métodologie, impliquée dans l'interaction littéraire et cinématographique, sera plutôt considérée comme un domaine d'application additionnel plutôt qu'un objet de recherche réellement spécifique. Mais si l'engagement de certaines disciplines, abordant à la fois le livre et la pellicule, conduit à une méthode scientifique et rigoureuse, il n'en reste pas moins que l'approche puisse contenir certains flous tant dans ce qu'elle prétend démontrer que dans les termes utilisés. Les observations que nous apportons représentent une modeste contribution à la recherche universitaire puisque nous ne sommes pas nous-mêmes des théoriciens du cinéma. Cependant, nous proposons une approche possible pour une meilleure classification terminologique, qui sera dépendante de la grille analytique utilisée.

a) Pour une meilleure classification terminologique : défi difficile voire impossible

Les mécanismes de l'adaptation sont rendus complexes par une multitude d'approches bien souvent complémentaires et parfois contradictoires. Au carrefour des connaissances, cette réflexion ouvre un débat sur les frontières des disciplines et surtout sur les articulations de ces méthodologies. Il se crée ainsi une sorte d'épistémologie régnante qui influence les praticiens dans leurs recherches sur les arts voisins et dans le choix de la terminologie. Cela incombe naturellement à la personne ou plutôt au « courant universitaire » qui introduit une nouvelle conception : « mais c'est une tache qu'il ne faut pas entreprendre sans une connaissance parfaite des principes et une grande familiarité avec les détails et l'histoire de la terminologie particulière dans laquelle le mot doit prendre place, ni sans une compréhension suffisante des principes de formation des mots de la langue nationale, ni sans une étude particulière des lois des symboles en général. »[660] A cet effet, nous montrerons que la simplification terminologique ne se fait pas en fonction d'une « grille toute faite », ni d'une méthode analytique trop cloisonnée. Ensuite, après avoir éliminé

[660]. – *Ecrits sur le signe…op. cit.*, p. 63.

la présence de systèmes clos, nous tenterons de mettre à jour des définitions plus saillantes en fonction des différentes approches.

* Contre « la sémiologie saucisson » : Christian Metz

L'institution disciplinaire se complaît parfois dans une hyperspécialisation qui risque de rendre l'objet étudié à l'état de chose, découpé selon une grille méthodologique si spécifique qu'on oublie parfois l'objet lui-même : « L'objet de la discipline sera alors perçu comme une chose autosuffisante ; les liaisons et solidarités de cet objet avec d'autres objets traités par d'autres disciplines, seront négligées ainsi que les liaisons et solidarités avec l'univers dont l'objet fait partie. »[661]

La question de l'adaptation ne peut être résolue ou du moins éclaircie au contact d'une seule approche. Elle avait été abordée par les sémioticiens lorsqu'ils affirmaient avec Greimas qu'un récit peut être traduit dans n'importe quel mode d'expression qu'il soit littéraire, cinématographique ou pictural ; cependant, cette approche intéressante demeurait partielle voire partiale. L'adaptation ne sera pas résolue de la même façon auprès des cinéphiles pratiquant la bâtardise disciplinaire en supputant que chaque mode d'expression (narratif, esthétique, etc.) a ses vertus, mais dont l'interaction est parfois insuffisante pour rompre le lien de subordination du film au livre et pour invalider le débat permanent de la question de fidélité. Entre les deux, il existe peut-être une question d'équilibre auquel nous n'avons pas la prétention d'accéder, sans qu'il faille renoncer à prendre la mesure d'un terrain encore peu défriché. C'est ce que nous avons tenté de faire dans notre étude sur Balzac.

Ce compromis semble plus ou moins abordé par Philippe Cattrysse : « Les systèmes dominants canoniques, qui se trouvent en état de crise, ont recours à des systèmes périphériques pour se renouveler. Ils y sélectionnent des caractéristiques nouvelles, que par la suite, ils importent en les canonisant. »[662] La canonisation a tendance à rendre primaires les paramètres sur lesquels elle fonctionne. Il nous paraît donc essentiel dans une approche didactique aussi complexe que l'adaptation de ne pas rendre les principes trop simplistes, ni trop compliqués, faute d'avoir pu en faire des modèles exploitables.

---

661. – MORIN (E.). – *La tête bien faite : repenser la réforme, réformer la pensée,* Paris, 1999, p.128.

662. – *Pour une théorie de l'adaptation filmique...op. cit.*, p. 32.

Mais, certaines analyses ont fonctionné parfois selon un phénomène de mode. Toutefois, par la suite, elles se sont révélées insuffisantes bien qu'elles aient posé les bases d'une certaine réflexion. Ces approches ont permis d'enrichir la discipline. Dans l'hyper-spécialisation, est également révélatrice cette attitude directive avec l'emploi fréquent de « il faut » ou « on doit » masquant à peine des impératifs. Dans une perspective pédagogique, il n'est pas certain qu'en donnant à l'élève ou même à l'étudiant des modèles à imiter, on permette à leur imaginaire et à leur connaissance de se développer. On risque au contraire d'en faire un technicien docile à la logique infaillible : « Rien n'est plus inconséquent qu'une logique parfaitement conséquente : elle produit des phénomènes artificiels, qui finissent par se muer en leur contraire. »[663] Cette phrase fait écho au fameux adage de Rabelais : « Science sans conscience n'est que ruine de l'âme. »[664]

Si l'on prend « la grande syntagmatique » de Christian Metz, développée dans son ouvrage *Essais sur la signification au cinéma*, on constate qu'il fut le premier à établir au-delà des grammaires de l'image, une analyse syntagmatique de la bande-image découpée en différents types de syntagmes. Nous n'y avons pas fait appel dans notre étude sur *Le Colonel Chabert* pour des raisons très simples : il s'agit d'une analyse du montage dont la systématisation des séquences empèche toutefois l'interaction et l'analyse des composantes filmiques. D'abord, la syntagmatique de Metz est essentiellement un modèle typologique ne mentionnant guère les processus mis en évidence par le spectateur pour comprendre les structures repérées. De plus, cette analyse de la bande-image délaisse la bande-son et les combinaisons qui peuvent exister justement entre l'image et le son. De même, elle ne prend pas en compte les raccords entre les plans.

Même si la méthode de Christian Metz est intéressante pour la bande-image de certains films, elle ne l'est pas pour le cas de l'adaptation car l'organisation relationnelle des plans n'est soumise à aucune règle comparable à celles qui régissent les relations des mots. Elle est à la rigueur analogue à l'enchaînement des phrases dont l'ordonnance ne relève que de la logique du récit. Ces classifications, qui portent uniquement sur les relations signifiant-signifié, ne font aucun cas ou presque du rythme qui régit les relations temporelles, ce qui reste pourtant primordial dans l'analyse du montage. Comme l'évoque Roger Odin, elle ne peut être que le point de départ : « non comme une sorte de recette de cuisine qui permettrait de débiter automatiquement tous les

[663]. – JÜNGER (E.). – *Le traité du sablier*, Paris, 1970, p. 160.
[664]. – RABELAIS (F.). – *Pantagruel*, Paris, 1996, p. 122.

films en syntagmes. Christian Metz parle à ce propos de sémiologie [...] « tranches de saucisson ». »[665]

A cet effet et pour répondre à quelques critiques encourues et justifiées, Christian Metz dans *Le signifiant imaginaire* a mis en relation la structure de la forme du film avec le psychisme du spectateur ; les lectures structurales des films n'ont toujours pas disparu. Dans *L'énonciation impersonnelle ou le site du film*, le même auteur fait une approche pragmatique du discours filmique en travaillant sur les principes d'énonciation-narration. Question d'ailleurs reprise par François Jost et Alain Gaudreault qui ajouteront la notion de point de vue, mettant au cinéma deux foyers en jeu : l'image et le son. Les sémiologues tels que Gaudreault, Jost et Metz transfèrent de l'écrit au film la théorie du récit avec la narratologie de Gérard Genette dans *Figure III.* Ils tablent sur le fait que le film est également un récit, même s'il obéit à des codes spécifiques, ce que nous avons analysé au cours de notre deuxième chapitre.

A propos de Balzac, la narratologie applicable au texte et au film fut bien utile ainsi que l'utilisation partielle de la sémiotique pour l'analyse du rapport signifiant-signifié en littérature. Elles ont été également mises en pratique au cinéma pour le passage du symbole à l'icone, c'est à dire tout ce qui concerne la mise en spectacle filmique du livre. Cette dernière fut l'une de nos préoccupations initiales. Elle a évolué, à la fois, sur l'étude thématique (personnage, espace et temps) et sur les critères esthétiques de transfert de la représentation du texte au film, sans oublier les mentalités balzaciennes et la représentation sociale à analyser. Nous nous sommes intéressés à la réception et à la participation du spectateur identifiant le changement d'écriture. Il s'agit donc d'une sémiologie à géométrie variable que nous avons tentée de construire afin d'éviter toute catégorisation du texte. Cela n' a pas empêché certains partis pris quant à la localisation des mécanismes opératoires de la transformation du texte au film. Mais avant d'aborder la richesse et l'interaction des différentes analyses, nous nous interrogerons sur ce qu'il faut retenir devant une telle multitude de paramètres. Parmi toutes ces approches possibles, existe-t-il des définitions et des concepts qui fassent autorité pour une planification didactique ?

---

[665]. – *Cinéma et production de sens...op. cit.,* p. 223-224, (Dans son discours Roger Odin cite Christian Metz lorsque celui-ci réagit à l'encontre d'une sémiologie trop cloisonnée).

* La définition faisant autorité existe-t-elle ? Confusion ou éclaircissement ?

Les ouvrages critiques et théoriques sur le Septième Art sont parfois un peu confus car la majorité reprennent à leur compte les théories littéraires. En raison de cette frontière un peu floue, la mise à jour des connaissances entraîne une certaine difficulté. La théorie du cinéma, qui se sert de la psychanalyse, de la sémiotique et de la sociologie, ajoute un discours intéressant, mais il est quelquefois, fort heureusement ce n'est pas systématique, répété par les prédécesseurs : « comme si l'ouverture d'une nouvelle perspective ou la découverte d'un nouvel outil méthodologique, n'entraînait aucune modification du savoir antérieur, ni aucune remise en cause des théories anciennes. »[666]

D'ailleurs, l'assimilation de la question du point de vue cinématographique à l'étude du point de vue littéraire pose certains problèmes ou ambiguïtés quant à sa légitimation. Dans les années 80, la recherche universitaire fut prolifique et contradictoire à ce sujet. En effet, alors que les travaux menés par Gérard Genette dans *Figure III* sur les trois catégories de focalisation semblent bénéficier d'un assez large consensus dans le monde littéraire, les recherches cinématographiques conduites à partir de ces avancées se développent dans toutes les directions. Certaines, d'ailleurs, offrent des propositions intéressantes et originales. Pour donner la mesurer de la prolifération du métalangage dans ce domaine, Christian Metz nous invitait à la modération et à lutter contre l'éparpillement : « c'est François Jost qui, le premier [...] a proposé le nom « d'ocularisation » pour la subjectivité visuelle et « d'auricularisation » quand c'est l'ouïe du personnage qui est sollicitée. [...] je ne suis pas sûr que ces termes soient indispensables. Ce qui l'est, c'est l'idée. Peut-être serait-il plus simple et finalement plus clair d'opposer les focalisations « mentales » aux focalisations « visuelles » et « auditives » ?[667]

La question du vocabulaire technique et des notions théoriques devient problématique pour les enseignants lorsqu'ils se proposent d'amorcer une formation de leurs élèves au cinéma. En raison de l'utilisation d'un métalangage trop lourd pour des applications pédagogiques, pour quels termes faut-il opter en vue d'une didactique efficace ? Comment les introduire dans une perspective pédagogique ? Les enseignants de lettres y sont plus sensibilisés en raison de leur formation

666. – ARDOIN (N.). – *L'école du cinéma : enseignement du cinéma et expérience pédagogique*, thèse, Paris VIII, 1987, p. 79.
667. – *L'énonciation impersonnelle ou le site du film...op. cit.*, p. 114 – 115.

initiale, de même dans l'hyper-spécialisation, les sémioticiens s'y sentent totalement à l'aise : ceci étant dû à une bonne maîtrise des outils linguistiques.

Il semblerait que l'enseignement du cinéma passe d'abord par la « verbalisation » avant toute utilisation d'outils vidéo ou de projections cinématographiques. Pour commencer, il sera nécessaire de parler de plan, de séquence, de montage, de désigner les mouvements d'appareils et les angles de prise de vue. Le langage usuel en a vulgarisé certains mais en étendant ou déplaçant leur signification vers d'autres domaines. Les élèves ou les étudiants en ont une connaissance peu rigoureuse. Il est nécessaire de les définir avec précision en sachant que les évolutions récentes du cinéma remettent en cause certaines d'entre elles, établies à partir de formes cinématographiques plus anciennes : par exemple celle de la séquence ou de la scène. D'ailleurs, Marie-Claire Ropars-Wuilleumier disait déjà en 1970 : « De ce langage, une terminologie linguistique ne pourrait cerner que les composantes et non le pouvoir final ; c'est ce pouvoir dont nous voulions aussi rendre compte, dans les détails de sa genèse comme dans la complexité de ses effets ; d'où le rejet d'un vocabulaire spécifiquement linguistique, malgré les risques de tâtonnement. »[668] Ainsi, quelques années plus tard en 1997, André Helbo pense résoudre ces hésitations : « Le concept d'adaptation a donné lieu à un métalangage périphérique particulièrement riche qui assimile de mieux en mieux la thèse des stratégies coopératives. Cette richesse s'explique sans doute par la conscience qu'à la critique de l'importance des processus techniques, esthétiques, énonciatifs et éthiques propres au concept. »[669]

Notons que les termes techniques et les notions théoriques sont très utiles ; la pertinence de leur emploi est capitale, mais il ne faudrait pas les sacraliser. On rencontre parfois un usage du vocabulaire spécifique au cinéma ou à la littérature, qui risque de le transformer en un jargon de spécialistes, un ensemble de mots de passe pour entrer dans un cercle d'initiés. Tout dépend si l'on s'adresse à des lycéens en voie de sensibilisation ou à des étudiants plus avertis. Ce n'est pas parce qu'un étudiant saura distinguer une ocularisation d'une auricularisation au cinéma ou d'une focalisation interne ou externe en littérature qu'il réfléchira mieux sur le livre ou sur le film[670] : « Avec ce type de lecture,

---

668. – *De la littérature au cinéma : genèse d'une écriture...op. cit.*, p. 8.

669. – *L'adaptation du théâtre au cinéma...op. cit.*, p. 27.

670. – Notons que les analyses littéraires, malgré le caractère scientifique qu'elles introduisent, reposent plus sur du « sensible », tandis que les analyses des sciences dites « exactes », telles que la chimie et la physique, se construisent sur des lois strictes qui évoluent peu, avec seulement quelques variantes en fonction des nouvelles découvertes.

l'œuvre cesse d'être envisagée en elle-même pour n'être plus que l'objet d'opérations intellectuelles de nature technique. Plus de lecture ou de relecture de sens : le dialogue avec l'œuvre disparaît. Le commerce intellectuel avec les plus grands esprits du passé, fondement de la culture, est éliminé. »[671] Cependant, il faut bien être capable d'expliquer les choses sans forcément tomber dans la mécanisation de l'approche relevant d'un certain « étiquetage ». Jean-Louis Harouel affirme que : « L'antinomie entre progrès technique et art est totale. »[672] Propos quelque peu excessif étant donné que l'art lui-même peut se servir des nouvelles technologies. Les sciences humaines, qui se rapprocheraient d'une certaine technicité de l'objet, enrichissent paradoxalement le fonds commun culturel qui, lui aussi, a besoin d'évoluer. Il n'y a pas de définition et de concept qui fassent autorité, il existe simplement des choix à faire en fonction de l'objet cinéma étudié. Ce choix appartient à l'enseignant et sa grande liberté réside justement dans le fait qu'il puisse choisir entre tous les concepts et les définitions. Il n'y a pas de volonté d'uniformiser même si certaines disciplines pratiquent trop l'hyper-spécialisation ; c'est ce qui fait paradoxalement avancer la recherche.[673]

Néanmoins, les scientifiques remettent aussi en question leur approche du monde : « Les progrès de la biochimie nous amènent de réduction en réduction à ne voir dans la vie qu'une série de processus physico-chimiques complexes. La biologie plonge donc ses racines dans le monde décrit par les physiciens. Cependant, ce monde ne peut en lui-même apporter des réponses à toutes les questions qu'il suscite. » (Voir *Le principe anthropique* de Jacques Demaret et de Dominique Lambert, Paris, 1994, p. 208). Même raisonnement pour les sciences dites « inexactes » que sont la critique littéraire ou l'analyse cinématographique. Seules, les sciences « dures », telles que les mathématiques, sont moins soumises à une remise en question.

[671]. – *Culture et contre-cultures...op. cit.*, p. 196.

[672]. – *Ibid.*, p. 257.

[673]. – La formation de l'enseignant à l'analyse de l'image n'existe pas, hormis les départements universitaires de cinéma ; il devra se former lui même bien que des cours de sensibilisation aient lieu dans les I.U.F.M. Il pourra toujours créer des grilles d'analyse, ce que nous verrons à la fin du chapitre, cf. sous-partie, *Du texte littéraire au texte filmique : élaboration progressive d'une démarche sémiologique*. L'enseignant sera peut être amené à pratiquer lui-même l'adaptation dans le cadre d'un projet pédagogique, cf., *supra* note n° 683.

b) Un choix inéluctable entre les différentes approches analytiques en fonction du type de roman et du genre filmique

En ce qui concerne l'adaptation, on peut se demander quel rapport existe entre les sensations produites par une œuvre littéraire, c'est-à-dire par l'écriture, sur un lecteur sensible aux qualités propres à ce langage, et celles que produisent sur les spectateurs les images cinématographiques.

Chaque film et chaque roman imposent et déterminent des lois qui leur sont propres si on les analyse ; mais au niveau de la réception émotive et non analytique, la différence entre la lecture et la projection est inexistante. Toutes deux sont des modes d'informations équivalents, comme nous l'avons vu précédemment.

La théorie de la transformation filmique a donné lieu à de nombreuses interprétations polémiques : « on discuta abondamment la responsabilité des différentes instances, l'identité du narrateur fondamental dans un matériau énonciatif où le locuteur ne s'exprime pas par un « je », l'apport des différents matériaux énonciatifs sans compter l'enchevêtrement des récits verbaux et audiovisuels. »[674] Le point commun qui unit l'analyse de ces différents problèmes réside dans le fait que la narration filmique s'approprie le modèle de la narration littéraire.[675] On identifie une quantité de matériaux filmiques qui, s'additionnant les uns aux autres, produirait un seul et même discours : une sorte de substitution du réalisateur qui serait une instance narratrice au pouvoir structurant. Cette substitution engloberait également la réception, car, seul, le spectateur ou le lecteur serait à même d'identifier ce « super » discours. Cependant, on peut dire en simplifiant que l'adaptation serait une sorte de réappropriation du discours littéraire mis en spectacle. Mais ce n'est pas systématique, car certaines adaptations ne peuvent être réduites à une accumulation de discours, comme si l'ensemble des matériaux narratifs et énonciatifs reposait sur une vision syncrétique du discours.

Cela peut être vérifiable pour la traduction filmique du roman *India song* de Marguerite Duras. En effet, une véritable recherche sur le discours verbal est rendue esthétique par une image déambulatoire sur l'ancienne colonie des Indes. De surcroît, la voix de la mendiante hin-

---

[674]. – CHÂTEAUVERT (J.). – *Des mots à l'image : la voix over au cinéma*, Paris, 1996, p. 20.

[675]. – Ce fut le cas pour la version d'Angelo et pour la majorité des adaptations des œuvres de Balzac. Il semblerait que, depuis peu, cette tendance disparaisse avec les adaptations récentes, voir : *Rastignac où les Ambitieux* d'Alain Tasma et *Cousine Bette* de Des Mcanuff, qui s'éloignent du modèle de la narration littéraire.

doue se superpose et illustre les paroles des différents narrateurs-personnages.

Il est vrai que le Nouveau Roman est un foyer de recherches pour l'analyse du discours, en raison de la prolifération des voix et des problèmes encourus, concernant la focalisation. A l'inverse, pour le roman *La guerre du feu* de Rosny Aîné adapté par Jean-Jacques Annaud, l'absence de dialogue produit-elle un discours ? Ce qui revient à dire que l'esthétique seule de l'image, comprenant le montage et le rythme, en crée un. C'est en partie vrai seulement, mais cela revient encore à une analyse structuraliste qui « sertit » le texte. On peut parler d'esthétique de la musique, de narration musicale, d'identification du spectateur grâce à la musique, comme il est possible de dire que celle-ci produit un discours, et que ce dernier traduit une narration rendue esthétique pour le film. Les interactions sont infinies, il semble donc important de faire des choix analytiques en fonction du type de roman et du genre filmique.

Quant au roman balzacien dit « populaire », les contraintes d'adaptation par rapport au Nouveau Roman ne sont pas les mêmes, et le choix des thèmes et des questions analytiques sera tout aussi différent. Notre analyse sur *Le Colonel Chabert* peut être considérée comme valide dans la mesure où elle n'est pas contradictoire : « Le seul critère interne de validité d'une analyse textuelle [...] est celui de la non-contradiction entre les hypothèses avancées à partir de la linguistique textuelle et la description des faits. A partir de là, il est évident que plusieurs descriptions sont possibles. »[676]

Dans une perspective d'enseignement, la non-contradiction est primordiale et les descriptions possibles des mécanismes de l'adaptation sont à choisir en fonction de critères pertinents. Chez Balzac, la transformation du mot en image relève d'une narration chronologique, rendue esthétique grâce aux personnages, aux décors et au montage. Dans *India song*, l'étude du montage s'avère moins importante étant donné qu'il s'agit d'une succession de plans séquences, n'ayant aucun lien commun du point de vue narratologique, si ce n'est une sorte de géométrie non euclidienne. Elle nous promène d'une séquence à l'autre par une catégorie de renvoi créé par les instances énonciatives informelles : le son des voix des protagonistes et le chant de la mendiante hindoue semblent à la fois à l'intérieur et à l'extérieur de la diégèse. Christian Metz parlerait sans doute de voix péridiégétique.

Il est vrai que le Nouveau Roman se prête bien à une analyse sémiotique du discours, tout comme le roman classique ; notons que « la vague

---

[676]. – *La dislocation...op. cit.*, p. 89.

structuraliste et sémiotique, qui a su contourner les questions de goût et de qualité qui avaient jusqu'alors empêché l'intégration d'une forme culturelle « populaire » dans un discours scientifique [...] ne semble supporter que les oppositions binaires les plus élémentaires et atemporelles (héros, vilain, etc.). »[677] Or, jusqu'à présent le terme « populaire » ne faisait que flatter le choix des lecteurs et des téléspectateurs effaçant toute possibilité d'intervention critique. La sémiotique devrait aider à cerner les modalités du roman populaire et de ses adaptations cinématographiques, à condition qu'elle soit en interaction avec les autres disciplines.

Quel que soit le type de texte adapté, il ne s'agit pas non plus de réintroduire une traditionnelle comparaison entre le livre et le film. Mais rien n'empêche de localiser les additions, les suppressions de séquence et les transpositions opérées par le film au niveau de la représentation. Il n'est pas question pour autant de déboucher sur un jugement de valeur et sur la question du cinéaste qui prend des libertés par rapport au texte littéraire : « Bon nombre de ces comparaisons sont plus ou moins marquées par le présupposé de la supériorité du texte, moins lié à l'argent, bien que la hiérarchie des valeurs s'inverse parfois : est alors exalté le spectacle moderne, plus moderne, plus concret, plus « populaire ». Elles ne font guère apparaître la spécificité des deux modes d'expression. »[678]

Si la comparaison de ces ajouts et suppressions permettait une mise en parallèle de la description d'un passage littéraire et de sa correspondance cinématographique autour d'une question de narration, nous permettrions, sur le plan didactique, de dévoiler l'une des phases du processus qui transformerait les mots en images et en sons. Opération que nous expliquerons à travers notre création filmique afin de voir si les recherches sur Balzac permettent d'explorer d'autres adaptations, toujours en s'appuyant sur l'héritage de disciplines multiples.

---

677. – BUXTON (D.). – *Vers une analyse des séries télévisées*, in *Culture de l'écrit, culture de l'écran* (ouvrage collectif), C.R.D.P. Midi-Pyrénées, 1994, p.78.

678. – *L'école du cinéma : enseignement du cinéma et expérience pédagogique...op. cit.*, p. 187-188.

c) Interaction des approches analytiques : éclaircissements méthodologiques et objectifs

L'alliance de la sémiologie à d'autres disciplines en vue d'une meilleure compréhension de l'événement littéraire ou filmique offre un terrain florissant d'analyses textuelles qui, en examinant dans le détail une œuvre, une séquence, un chapitre ou un plan, produisent souvent de très utiles vérifications et de nouvelles suggestions : « L'expansion extraordinaire, par ailleurs, au cours des dernières années, du champ et des méthodologies de la sémiotique générale, notamment à partir d'une revalorisation des sciences cognitives, contribue à une redistribution des réseaux d'interdisciplinarité qui fondent cette pratique. »[679] De la théorie aux diverses applications, quelles réflexions peuvent amener les expériences audiovisuelles et littéraires dans l'enseignement sans qu'il soit question pour autant de « sémiotiser » le monde ?

Les perspectives théoriques les plus récentes font apparaître que l'analyse peut s'appuyer sur des notions de narration, d'énonciation, d'histoire du cinéma, de pragmatisme et de cognitivisme. Leurs mises en place et leurs applications dans la transformation filmique devraient solliciter un jugement critique plus pertinent et donneraient aussi une autre dimension à la culture littéraire et cinématographique, sans pour autant tomber dans une systématisation évidente. Ce qui reviendrait à une sorte de lecture méthodique sophistiquée de l'adaptation.

La richesse d'une telle lecture serait de savoir s'il existe des invariants, des vecteurs communs en passant du texte au film : « Ce sont les questions de la norme, du système, du modèle esthético-culturel qui se croisent ici et qui soulignent l'ampleur d'une démarche comparatiste : derrière le texte, se dissimulent les conditions matérielles (linguistique, gestuelle, mimique) sémiotiques, pragmatiques qui en influencent la construction. »[680] Il en résulte donc que la confrontation du texte littéraire au film demeure, dans la pratique de l'analyse, plus que jamais d'actualité.

Notre démarche a mis l'accent sur les écarts entre système d'arrivée et de départ, sur les normes de fonctionnement de la transposition du récit balzacien. Nous avons travaillé sur des normes d'équivalence qui relèvent de l'utilisation transversale des disciplines. Il s'agit d'une « trans-sémiologie », certains diront « trans-sémiotique ». Celle-ci tient à l'écart

[679]. – SAINT-MARTIN (F.). – *Nouvelles orientations en sémiologie visuelle*, in Degrés, Bruxelles, 1991, p.1.

[680]. – *L'adaptation du théâtre au cinéma…op. cit.*, p. 26.

une définition simpliste et empirique de l'adaptation qui se réduirait uniquement à l'analyse des divergences de structure entre le roman et le film. Cette « trans-sémiologie » a l'avantage d'obéir à une certaine herméneutique reposant sur la compréhension, l'interprétation et la mise en application des disciplines pour un questionnement des mécanismes de l'adaptation.

L'interprétation et la compréhension appartiennent à cette notion « d'horizon d'attente » du lecteur-spectateur. La transformation filmique permet aussi d'étudier la réception en tant que manifestation culturelle signifiante confrontée à celle proposée par l'écrivain, traduite et justifiée par le cinéaste. La réception offre la possibilité d'aborder la question de la représentation sociale, surtout chez Balzac. Comment la dimension sociale des conflits entre les personnes de *La Comédie humaine* est-elle rendue au cinéma ? On s'interroge désormais non seulement sur la signification de l'œuvre, mais l'interaction disciplinaire permet aussi de travailler sur l'interprétation de cette œuvre, grâce à la polysémie que permet l'adaptation.

A la différence de l'objet littéraire pur, celui du cinéma par sa complexité convoque des savoirs multiples. L'étude de la tranformation filmique jouant sur les deux objets décèle une aptitude, voire un potentiel à rompre l'homogénéité d'un savoir et la cohésion d'une discipline : « Lorsqu'on a pris conscience des dangers encourus, ces savoirs, ces méthodes et ces outils employés avec circonspection et problématisés, ne peuvent-ils engendrer de nouveaux regards, aider à tracer dans le paysage filmique des parcours probables ou possibles ? »[681] Ces parcours peuvent tout simplement permettre de faire apprécier la littérature grâce au cinéma et inversement : « quelques tentatives montrent que l'intention des auteurs des programmes est bien, à plus ou moins long terme, d'amener les élèves à étudier un film comme ils étudient une oeuvre littéraire. »[682] Ces tentatives ne sont donc pas nouvelles et ont fini par entrer dans les institutions, étant donné que les candidats à l'agrégation de lettres classiques sont soumis à une épreuve didactique d'analyse filmique. De même, le programme de terminale L a conservé durant deux années l'étude comparée d'une nouvelle de Maupassant *Une partie de campagne* et de son adaptation cinématographique, réalisée par Jean Renoir. Mais il n'est pas certains que l'institution ministérielle soit prête, dans l'immédiat, à répandre cette pratique intertextuelle.

[681]. – *L'école du cinéma...op. cit.*, p. 201.
[682]. – BUSSON (E.) et PERICHON (D.). – *Le cinéma dans la classe de Français : se former et enseigner*, Paris, 1998, p.5.

2°) Le cinéma comme stratégie de perception du roman balzacien

L'entraînement de la pensée conceptuelle, qui n'est pas spontanée et qui repose sur le jugement et l'analyse, passe par l'usage de l'écrit. En raison de sa construction abstraite, elle détient un pouvoir virtuel sollicitant une interaction d'idées bien nécessaire pour l'usage de l'image. Au départ, sans cet apprentissage premier, l'image ne crée pas la pensée conceptuelle. L'idée que l'on se fait de la représentation imagée est structurée par la pensée, le mot et l'écrit, même « oralisé ». Le roman et le film sont soumis à différents modes de perception. Comprendre un film nécessite donc de maîtriser une part de reflexion tout en sachant que le sujet percevant s'imprègne de formes visuelles qui ne demandent en apparence aucun effort. S'il désire les comprendre, il devra tenir compte simultanément du langage et de ce qu'il voit. Les lecteurs et les spectateurs entrent en contact avec les œuvres dès le moment où ils ont un système commun d'interprétation et de représentation.

Il est donc intéressant de comprendre ce qui inciterait les élèves à lire un roman balzacien et à voir son adaptation. Plusieurs parcours sont envisageables : du roman au film, du film au roman. La jonction des deux repose sur l'assimilation d'une pensée conceptuelle et plurielle grâce à l'intertextualité. Peut-être faut-il apprendre aux élèves à faire un film ?[683]

a) Du roman au film : apprendre à aimer le cinéma

Le film joue un rôle déterminant dans l'évolution des formes romanesques. Celle-ci ne s'est pas réalisée seulement par une simple

683. – Au cours d'un projet pédagogique financé par la D.R.A.C. du Limousin au Lycée technique Edouard Vaillant de Saint-Junien, nous avons réalisé une adaptation cinématographique : moyen métrage de 45 minutes intitulé *Roméo et Juliette,* d'après le texte de Shakespeare. En dehors de l'enthousiasme qu'ont manifesté les élèves pendant le tournage, ils ont pris plaisir à lire le texte après le film, alors qu'au départ ils l'avaient rejeté. Il est parfois nécessaire de passer par le film pour découvrir le roman. Cf. *supra,* p. 325. *Du film au roman : redécouverte de Balzac.* Voir également les différentes étapes de la transformation filmique pour notre court métrage *Eclectisme et composition* : processus de fabrication qui pourrait être enseigné aux élèves désirant faire un film (Voir bibliothèque universitaire des Lettres de Limoges).

transposition des procédés narratifs pour des films déformés par une adaptation abusive, mais par une recherche d'équivalence entre l'allure subjective de la narration romanesque et la continuité, imposée par la « narration-monstration » filmique. Le Septième Art a même incité des auteurs à réécrire des romans en souhaitant voir leurs personnages portés à l'écran. Récemment, Thomas Harris devant le succès de l'adaptation de son roman *Le Silence des agneaux*, fit une suite avec *Hannibal* en 1998,[684] porté à l'écran deux années plus tard par Ridley Scott.

Apprendre à aimer le cinéma à partir du livre, ce n'est pas chercher à établir une comparaison exhaustive entre les deux modes d'expression, mais à désigner quelques aspects de leur spécificité pris du point de vue du lecteur et du spectateur. Notons que l'adaptation comble rarement l'attente du public ; l'inverse est aussi valable, la lecture d'une œuvre romanesque déçoit souvent après la projection de son adaptation.

Pour éviter le jugement trop facile de la condamnation de la transformation filmique, il est d'abord nécessaire de faire une bonne étude du roman. Par la suite, les conclusions tirées de l'analyse du texte servent de lien avec l'œuvre cinématographique.

Le lecteur, qui aime se perdre dans les méandres balzaciens, devrait se demander en quoi le spectacle filmique qui compte de façon autonome, est générateur de fiction balzacienne parfois transposée à l'ordre de la modernité. Par exemple, à travers une adaptation très moderne des *Illusions perdues*, nommée *Rastignac ou les Ambitieux*, ce nouveau héros se révèle très « branché » et en prise avec le monde. Notre société actuelle est dépeinte dans ce téléfilm avec la noirceur propre à *La Comédie humaine*.

Les amateurs de l'œuvre littéraire objecteront sans doute que la filiation avec l'œuvre de Balzac n'est que très lointaine. Pourtant, la psychologie des personnages a été respectée, peut-être parce qu'entre le XIX è siècle et le XXI è siècle commençant, elle n'a que peu évolué et reste inchangée, comme une constante de la « condition humaine ». La directrice artistique du téléfilm, Christine Sautter, après avoir relu Balzac, disait à propos des personnages : « J'ai été frappée par leur complexité, leur humanité. C'est à ce moment-là que j'ai imaginé extraire certains personnages de leur contexte et recréer entre eux une histoire. »[685]

---

684. – La notoriété de Thomas Harris etait reconnue avant même l'adaptation cinématographique de son œuvre. L'écrivain avait déjà l'intention de faire une trilogie dès l'élaboration du *Dragon rouge*. Toutefois, le succès du film de Jonathan Demme précipita l'auteur dans l'écriture.

685. – FONTAINE (I.). – *C'est Balzac qu'on modernise*, in TéléObs/Le Nouveau Cinéma, 24 février 2001, p. 23.

S'emparer de Rastignac pour dessiner le portrait d'un jeune homme de notre époque est loin d'être une imposture, dans la mesure où ce personnage filmique nous offre une très grande richesse de traits qui ne se limitent pas qu'au pouvoir, à l'argent et au sexe. Le cinéma, et plus exactement, dans ce cas précis, la télévision, n'est pas dépourvue d'intérêt car elle décrit les travers d'une société où l'ambition semble guider bien des destins.

Mais ce nouveau Rastignac offre également avec tendresse les contradictions d'une jeunesse qui se permet beaucoup de choses mais que la vie éclaire. Ce que l'on a pu aimer chez Balzac se retrouve aussi à l'écran. On devrait d'autant plus apprécier le cinéma ou la télévision car chez Balzac, les femmes ne sont jamais en tête sur la scène publique y compris dans les adaptations de type classique. Alors que dans *Rastignac ou les Ambitieux*, les personnages féminins tels qu'Elsa (l'avocate), Margaux (l'animatrice Radio) ou Diane de Langeais (La ministre de l'environnement) demeurent au premier rang de notre « comédie humaine ». Elles restent tout simplement contemporaines et c'est peut-être le plus important.

Leurs représentations sociales restent intéressantes pour les conditions qu'elles défendent et pour les places qu'elles occupent. Leurs analyses permettent de faire progresser de concert la connaissance de la littérature et le langage social des images. A partir de certaines structures modernes comme celles du film ou du téléfilm « balzacien », on est amené à dégager quelques caractéristiques fondamentales d'un genre littéraire, populaire, ancien et soudain rajeuni. Il semble dès lors que le bénéfice soit double : d'abord vis-à-vis du cinéma qui trouve là un substrat culturel littéraire, et d'autre part vis-à-vis de ces oeuvres littéraires, moins lues aujourd'hui, qui à la lumière du cinéma, perdront leur rigidité et leur austérité.

Elles paraîtront nouvelles et plus attrayantes et c'est autant de gagné pour de jeunes lecteurs qui s'éloignent de plus en plus du « Balzac romancier ».

b) Du film au roman : la redécouverte de Balzac

Il arrive que le film incite le spectateur à élargir l'œuvre cinématographique sur le territoire littéraire comme si le roman et le film ne représentaient qu'une seule entité. Qu'est-ce que *Le Colonel Chabert* pour celui qui n'a pas lu Balzac ou qui découvre l'œuvre littéraire à travers le film ? Que devient le statut de l'adaptation si le film est visionner en premier ? On ne peut guère parler de prolongement, mais d'un commencement, d'une initiation au texte littéraire. Pour celui qui découvre la pellicule avant le roman, le statut de l'œuvre écrite est dénié car le film sera vu comme une transposition de la vie de Chabert elle-même et non comme une manifestation audiovisuelle de l'œuvre de Balzac. Néanmoins, si le spectateur, l'élève, est déjà familier de l'univers romanesque de *La Comédie humaine*, il pourra voir dans le Septième Art un serviteur du roman, soit un « hypotexte » comme dirait Gérard Genette.

D'ailleurs, les deux versions du *Colonel Chabert* contiennent l'œuvre littéraire, ce qui justifie la présence d'une photo du film d'Angelo en couverture de roman pour les éditions grand public, comme nous l'avons vu précédemment. Il y a certainement une « contamination » du roman par le film. Bon nombre de personnes se sont mises à lire *Le nom de la rose* (œuvre réputée difficile) d'Umberto Eco après avoir vu le film de Jean-Jacques Annaud. Cette « contagion » est si efficace que le lecteur est parfois prisonnier de l'image cinématographique et n'arrive pas à créer lui-même son propre mode de représentation.

En cas de difficulté de lecture, le grand écran nous apporte un univers tout prêt, comme une sorte de « kit », que l'on met en place lorsque nous lisons, facilitant ainsi l'interprétation de l'histoire. Le travail, qu'offre l'exclusivité d'une lecture non conditionnée par le film, se trouve en présence de celui-ci pré-digéré tant sur le plan de l'intrigue, que de l'imaginaire (décors, personnages, temporalité, espace, etc.).

Il y aurait au premier abord une relation de servage entre le livre et l'adaptation cinématographique, mais qui, savamment dosée, permettrait à un élève de rentrer dans un univers d'auteur, notamment celui de *La Comédie humaine*. Cependant, il ne faut pas qu'il ait toujours besoin du film pour aborder le roman, bien que le Septième Art offre une grande liberté et une sensation d'évasion inégalée. Devant la multitude des adaptations cinématographiques des romans balzaciens, l'élève pourra faire l'effort inverse : c'est-à-dire après avoir lu le livre, il le redécouvrira à travers la pellicule. Cela contribuera sans doute à son épanouissement culturel et d'une certaine manière, il appréciera mieux la littérature et plus globalement le français en tant que discipline, sans oublier le cinéma.

Certains élèves, parents et professeurs attendent beaucoup de l'enseignement du Septième Art pour créer une motivation afin d'aborder d'autres disciplines. On regardera un film en version originale pour l'apprentissage de la langue : les adaptations des œuvres de Shakespeare pour l'anglais, du moins celles qui ne reprennent pas les formes archaïques, ou les films d'Almodovar pour l'espagnol ou bien les films de Fassbinder pour l'allemand et les exemples ne manqueraient pas en ce qui concerne les autres langues. De même pour l'histoire, *Danton* d'Andrzej Wajda (interprété par Depardieu)[686] ou *Napoléon* d'Abel Gance (d'ailleurs en partie inspirée de l'œuvre de Balzac)[687] restent de bonnes approches à condition que l'enseignant ne cherche pas à revaloriser sa matière en perdition pour tenter de séduire les élèves. Ce serait un détournement habile alors qu'il devrait plutôt consacrer son temps à ceux qui en auraient le plus besoin et qui ne progresseraient pas forcément au contact des films. Le problème ne se pose pas dans le cadre d'un enseignement du cinéma au cours d'une option au lycée ou d'une spécialisation universitaire.

Le film n'est pourtant pas accessoire ; Jean-Luc Godard suggérait dans *Scénario du film de Passion* : « je pense qu'on voit d'abord le monde et qu'on l'écrit ensuite. »[688] Que cela soit le passage du livre au film ou l'inverse, il s'agit d'un échange fructueux qui permet à l'élève d'opérer un retour sur sa pratique cinématographique et littéraire. Il fera probablement de meilleurs choix et réfléchira sur les applications intertextuelles : « Le phénomène de transmédiaticité qu'implique l'adaptation est à prendre, en effet, comme une propriété non pas d'abord d'une structure textuelle, mais d'un acte discursif par rapport au statut logique du discours de la fiction. Cela implique entre autres que l'on conçoive l'adaptation comme un acte de *transaction*, qui dépend du type de cible que visent le réalisateur et son équipe ; cela suppose également que ceux-ci transigent avec le texte-source en l'adaptant, c'est-à-dire en le réinterprétant pour leur public-cible. »[689] Lorsque nous regardons *Rastignac ou les Ambitieux*, on voit déambuler une jeunesse très impliquée dans le milieu du show business et de la politique comme une sorte de nouvelle Restauration bourgeoise qui, si elle a tendance à flatter et à décrire les goûts d'une certaine jeunesse dorée et effrontée, demeure très lointaine des mœurs de la Restauration des années 1820-1830. Quant au défi qui consiste, grâce à l'audiovisuel, à faire découvrir le monde de *La Comédie*

---

686. – Film réalisé en 1982.

687. – Film tourné en 1925, comme le signale Anne-Marie Baron in *Balzac cinéaste...op. cit., p.187* : « Il semble indispensable de citer également le *Napoléon* d'Abel Gance [...], dont une séquence est une mise en scène du récit de Capucine dans *Le Médecin de campagne.* »

688. – SCHIFANO (L.). – *Graphomanies cinématographiques* in *Cinéma et littérature*, (ouvrage collectif), Paris, 1999, 124, (propos de Godar cités par l'auteur).

689. – *De l'écrit à l'écran...op. cit.*, p. 562-563.

humaine,[690] à travers cette adaptation très libre des *Illusions perdues,* il est plus difficile à relever qu'avec les adaptations du *Colonel Chabert* : celles-ci restent fidèles quant à la reconstitution de l'époque.

Malgré tout, la nouvelle tendance de l'enseignement relève de plus en plus d'une trans-médiatisation.

c) Apprentissage par l'intertextualité, la trans-médiatisation : phénomène de mode ou nécessité ?

Dans l'apprentissage par l'intertextualité, il existe un paradoxe : comment expliquer aux élèves ou même aux étudiants, baignés dans une culture de l'image, le fonctionnement d'une adaptation, alors que l'enseignement a tendance à s'enfermer dans la pratique de l'écrit ? Il s'agit peut-être de « remotiver » la culture de l'écrit par la culture de l'image sans pour autant détruire la première, qui reste capitale pour l'acquisition des connaissances. Il faudrait initier le spectateur à un usage culturel du cinéma ou de la télévision sans éliminer le divertissement. Dès lors, il serait souhaitable de renforcer l'association de l'image et du langage afin que le spectateur ne se laisse pas absorber par la première : « si je ne connaissais que les mots [...] l'image demeurerait incomplète comme une photographie dont je n'apercevrais que le négatif. »[691] La pratique de l'analyse de l'adaptation construit une fusion didactique de la littérature avec la démarche des médias, ce qui permet de comprendre les élèves et les étudiants d'aujourd'hui : avant d'être scolarisés, ils sont téléspectateurs, cinéphiles accessoirement, et internautes de plus en plus.

L'enseignement doit prendre en compte cette donnée afin de mieux introduire l'élève dans la réalité et sa complexité. Comme l'écrivait déjà Durkheim, il y a plus d'un siècle : « L'objet de l'éducation est, non de donner à l'élève des connaissances toujours plus nombreuses, mais de construire chez lui un état intérieur et profond, une sorte de polarité de l'âme qui l'oriente dans un sens défini non seulement pendant l'enfance, mais pour la vie. »[692] L'Ecole et l'Université doivent à la fois s'adapter aux besoins de la société contemporaine et effectuer grâce à la trans-

---

690. – Voir document vidéo *Eugène et Lucien* d'Anne Breit, prod. C.N.D.P. 1983. La réalisatrice fait un parallélisme entre les hommes d'affaires ambitieux d'aujourd'hui et le comportement arriviste des protagonistes d'*Illusions perdues.*

691. – ILLICH (I.). – *Libérer l'avenir*, Paris, 1985, p.41.

692. – DURKHEIM (E.). – *L'évolution pédagogique en France*, Paris, 1890, p. 38.

médiatisation, une conversion, une transmission et un enrichissement du patrimoine culturel littéraire et cinématographique.

Aujourd'hui, Balzac est plus qu'une œuvre littéraire, il représente aussi une œuvre cinématographique, télévisuelle voire multimédia avec les créations récentes de CD-ROM. [693] Ceux-ci offrent la possibilité de naviguer dans les textes de *La Comédie humaine* avec des moteurs de recherche permettant de faire des parallélismes avec différents romans. Le tout forme une sorte d'intertexte générique et protéiforme qui prendra l'aspect qu'on lui demandera selon l'angle de l'analyse : « A l'horizon d'une démarche littéraire comparatiste s'inscrit [...] une réflexion sur l'interaction des différentes formes d'art. »[694] La trans-médiatisation devient une nécessité à condition qu'elle ne dévie pas sur les nouvelles technologies, comme si l'outil multimédia à la mode pouvait légitimer une pratique culturelle. Les nouvelles technologies ne sont que des outils et ce n'est pas par hasard que l'on parle plus d'audiovisuel que de cinéma. Si la pratique intertextuelle permet un enrichissement culturel entre un objet littéraire et ce même objet médiatisé par le cinéma, il n'est pas certain que l'expansion technologique, audiovisuelle, informatique, et multimédia pourra légitimer une forme de culture. Elle n'occupera qu'une place au sein de cette dernière en tant que pratique transmediatique, réduite au rang d'outil. Mais peut-être n'a-t-on pas encore assez de recul pour définir ce qui est culturel ou ce qui ne l'est pas en matière de multimédia ?

La concurrence entre le livre et le film n'est pas qu'un phénomène de mode : « La recherche d'une production de qualité dans le domaine de l'image mobile peut contribuer à affirmer la perspicacité intellectuelle des jeunes lecteurs. »[695] L'approche de l'intertextualité est « une relation de coprésence entre deux ou plusieurs textes. »[696] Il s'agit donc d'un dialogue implicite entre le film et le texte où s'établit le sens direct des œuvres en interaction : « Ce que la littérature peut vraiment apporter au cinéma, ce n'est pas tant un réservoir de sujets intéressants qu'un certain sens du récit. Ce qui compte, c'est de dégager le film du spectacle pour le rapprocher de l'écriture. »[697] Littérature et cinéma sont des médias intimement liés. Si l'adaptation cinématographique a souvent été perçue par les théoriciens comme une « agression » d'un média par un autre, c'est bien qu'il n'y a pas de règles établies et que l'intertextualité se fait

693. – Voir bibliographie.
694. – *Enseigner la littérature avec le cinéma...op. cit.*, p. 211.
695. – *Culture de l'écrit, culture de l'écran...op. cit.*, p. 100.
696. – GENETTE (G.). – *Palimpsestes*, Paris, 1982, p. 8.
697. – *Cinéma et roman ...op. cit.*, p. 67, (La revue des Belles lettres).

naturellement comme une sorte de « nouveau lien social ». Ce dernier permet de rapprocher deux entités autonomes : « La culture médiatique semble enfin, d'après plusieurs analyses convergentes, inaugurer par ses offensives multimédias un type de construction du lien social, fondé sur un imaginaire partagé au substrat mythique indéniable. »[698] La question est de savoir si cet imaginaire reste bien partagé par tous, d'un point de vue didactique, lorsqu'on varie l'étude des adaptations.[699]

3°) Perspectives didactiques

Depuis une vingtaine d'années, l'introduction du cinéma à l'Ecole ou à l'Université a fait figure de révolution. Aujourd'hui, il est perçu, malgré l'aspect novateur qu'il apporte à l'enseignement, comme un divertissement en marge d'une certaine culture que les institutions scolaires ont du mal à transmettre. Bien qu'il y ait eu beaucoup d'efforts réalisés dans ce domaine, grâce à la recherche universitaire très prolixe depuis une dizaine d'année (il suffit de voir la bibliographie et les dates de parution des ouvrages), le présupposé de la supériorité du texte littéraire sur le film y est toujours très répandu. Les comparaisons entre les œuvres romanesques et leurs adaptations cinématographiques, que l'on trouve dans les ouvrages didactiques récents, tentent de réduire l'idée préconçue que le film ne saurait rendre la richesse de l'œuvre originelle.

Bien que le Septième Art soit toujours reconnu comme un succédané de la littérature, il est paradoxalement admiré tout en étant méprisé.[700] Fort heureusement, l'utilisation de plus en plus fréquente du cinéma dans l'enseignement fait disparaître ce mépris et permet surtout une triple ouverture : l'utilisation du film développe la personnalité de l'individu (élève ou étudiant) par une réflexion sur les images sonorisées en mouvement, comme représentation du monde réel ou littéraire s'il s'agit

698. – *De l'écrit à l'écran...op. cit.*, p. 14 (Propos de Jacques Migozzi).

699. – Il n'est pas nécessaire de sacraliser Balzac comme un auteur académique et par conséquent de sacraliser le français. Les écrits de Balzac au XIX è siècle étaient considérés comme un divertissement lorsqu'ils étaient publiés en feuilletons. L'auteur de *La Comédie humaine* n'est jamais entré à L'Académie Française, malgré le soutien de Dumas et de Hugo. *A posteriori*, Balzac est jugé comme un classique, cependant les élèves sont plus imprégnés de culture médiatique que de culture textuelle traditionnelle.

700. – Sur ce paradoxe, l'institution refuse d'évoluer bien que l'on sente poindre des changements avec les nouvelles intentions de Jack Lang, ministre précédent de l'Education Nationale.

d'une adaptation. Notons également que la littérature permet aussi une connaissance de la réalité dans laquellle la fiction devient une parabole déguisée : chacun de nous en tire un enseignement. Le deuxième but est de pratiquer un langage esthétique et de l'analyser, voire de le comparer avec d'autres langages. Le troisième permet d'entreprendre une formation du spectateur par l'acquisition d'éléments culturels et esthétiques. Ces trois objectifs devraient créer l'esprit critique : « la tête bien faite ».

A cet effet, a-t-on toujours besoin de Balzac pour articuler les richesses et les interactions multiples entre le monde du roman et celui du film ? A cela se greffe une autre question : comment sensibiliser le public au rapport texte-image ?[701]

a) Balzac toujours ! ?

L'étude de l'adaptation reste un exercice éducatif extrêmement enrichissant pour les lycéens ou les étudiants car ils sont amenés à confronter deux pratiques culturelles. Cet échange reste d'autant plus fructueux que Balzac est réputé comme un auteur difficile : il faut avoir une certaine maturité pour comprendre les enjeux de *La Comédie humaine*. Balzac est souvent étudié tôt et les élèves se bloquent devant les longues descriptions, parce qu'ils ne sont pas forcément mûrs pour saisir la portée philosophique de l'œuvre. En effet, un roman balzacien ne se réduit pas à une description, et encore moins à l'étude de ses mécanismes : il est bien plus que cela.

L'adaptation devrait permettre un nouvel éclairage et un approfondissement du livre. Le film est une résurrection du roman. Tous deux ne sont pas que des objets, il y a tout ce qui se passe autour, c'est-à-dire l'analyse de l'un ou de l'autre, et, ainsi, l'interaction des deux : « la mission de cet enseignement est de transmettre, non du pur savoir, mais une culture qui permet de comprendre notre condition et de nous aider à vivre ; elle est en même temps de favoriser une façon de penser ouverte et libre. »[702] Celle-ci s'enrichira au contact de la spécificité des textes littéraires et filmiques et des particularités « culturelles » du sujet-lecteur.

---

[701]. – Une question subsidiaire en découle : qui peut parler de cinéma ? Il y a le professeur de français qui possède une culture lui permettant de toucher de près ou de loin à la littérature. On pourrait en dire autant du professeur d'histoire qui se servira du Septième Art pour sensibiliser les élèves aux mécanismes de l'histoire, c'est la même chose pour les professeurs de langues, cf. *infra*, p. 294-295.

[702]. – *La tête bien faite : repenser la réforme, réformer la pensée…op. cit.*, p. 11.

Fort heureusement, la pratique culturelle ne se réduit pas uniquement à la littérature ou au cinéma « balzacien ». L'aptitude à lire un type de texte, dans un certain contexte ne signifie pas que le sujet-lecteur soit apte à transférer les capacités mises en œuvre dans la lecture de tous les autres textes. Il est donc nécessaire d'apprendre à lire des écrits et des films différents, afin de bien comprendre la pratique de l'adaptation et de voir qu'il existe des mécanismes transformationnels récurrents. Le rôle de l'enseignant est de bien choisir les adaptations, sans privilégier systématiquement les auteurs du XIX è siècle ; chaque époque a suscité des adaptations intéressantes. Parfois, elles le sont moins : « les échecs, autant artistiques que commerciaux, sont innombrables mais on s'obstine à tout adapter, y compris les grands chefs-d'œuvre de la littérature qui ne sont pas faits pour la dramaturgie. »[703] Il y a donc un choix de qualité à faire, tant sur le plan artistique qu'en vue d'une opération de séduction. Quelquefois, la sélection de certaines adaptations pour les études littéraires peut paraître désuète aux yeux des élèves.

La princesse de Clèves de Jean Delannoy ou *La symphonie pastorale* du même réalisateur sont deux films autant éloignés de l'univers culturel des jeunes que les romans dont ils sont les adaptations. Afin que la fonction de séduction du cinéma conserve son efficacité, il faudrait renouveler les exemples filmiques selon un rythme qu'aucun manuel scolaire ne pourrait soutenir. Il est vrai que l'enseignement n'a pas pour vocation initiale de distraire, mais les ouvrages critiques sur le Septième Art pourraient très bien abandonner quelque temps Orson Welles ou Eisenstein pour trouver des films plus récents et même s'intéresser aux adaptations de la télévision qui, elle aussi, est devenue un réservoir culturel considérable.

L'intérêt d'une approche « cultivée » de l'adaptation réside dans l'unicité artistique du livre et du film, tous deux en tant qu'objet unique de création : son écriture, sa portée, la force, la cohésion de ses images, et sa connotation symbolique et esthétique. Il ne s'agit pas d'étudier Balzac, Stendhal ou Zola à travers leurs adaptations comme de simples illustrations des œuvres littéraires ; il faudrait plutôt analyser le livre et le film en tant qu'œuvres à part entière, pour former une vraie pratique interculturelle : « dans une logique d'éducation, l'école se doit d'offrir aux jeunes, à chaque jeune, des possibilités de former son propre jugement en vivant des expériences de rapport à des oeuvres et à des créateurs, et en

---

[703]. – *La dramaturgie...op. cit.*, p. 422. Notons que l'adaptation est un phénomène aussi vieux que la littérature. Le XIX è siècle le savait encore et le XX è a tendance à l'ignorer, parce qu'on cloisonne probablement la littérature dans « la culture du texte ».

l'aidant à mettre en évidence les qualités et les défauts, l'intérêt et les insuffisances, afin qu'il devienne peu à peu acteur de ses choix. »[704]

Selon quels critères peut-on dire qu'un film est plus pédagogique qu'un autre ? Parce qu'il est récent et donc intéressant ? Parce qu'il porte sur une partie du programme ? On peut citer également *Germinal* de Claude Berri : ce film permet de se référer à une œuvre littéraire devenue classique. Ces critères de sélection sont-ils toujours pertinents ? Film à la mode, classique du genre, ayant fait autorité ? N'y a-t-il pas d'autres possibilités de familiariser le spectateur avec les liens existant entre textes et films ?

b) Sensibiliser le public au rapport texte/image

Il est clair que le débat n'est pas celui de la lecture contre le visionnage mais celui du livre et de son adaptation ; plus exactement le roman est-il le plus adapté pour retrouver le film et faire une formation cinématographique ?

Sensibiliser le spectateur aux mots et aux images sonorisées consiste à passer de l'écrit à l'écran, et à revenir au livre pour comprendre les mécanismes de l'adaptation. On assiste dans les oeuvres critiques sur les adaptations à un transfert du film à l'ouvrage imprimé, ce qui modifie les conditions de réception du public.

Le changement de support libère le destinataire de toutes les contraintes de la distribution et de l'appareillage technique, bien que la vidéo en soit une excellente substitution. Le film adapté, transposé dans le livre, se prête mieux à la réflexion, à l'analyse et à ce que nous avons appelé précédemment la pensée conceptuelle, d'où le retour nécessaire à l'écrit. Celui-ci permet de « combiner dialectiquement les caractéristiques gnoséologiques du texte littéraire et du genre cinématographique, pour créer un être pragmatiquement, voire significativement, nouveau. »[705] Afin de mettre en valeur la richesse d'une telle approche, nous proposons à travers notre court métrage *Eclectisme et composition*, tiré d'une nouvelle de Laurent Bonilla, de présenter un film, avec en amont un scénario comportant un découpage technique comme état antérieur et pré-

---

704.- CITTERIO (R.) et collab. – *Du cinéma à l'école*, Paris, 1995, p. 109.
705. – *L'adaptation cinématographique des textes littéraires...op. cit.*, p. 113.

filmique. Encore plus en amont, nous joignons la nouvelle[706] qui a fait l'objet de l'adaptation.

Ainsi, la pratique transformationnelle que nous avons acquise avec Balzac nous permettrait sans doute de voir si nos recherches sont applicables à d'autres textes. Nous proposerons d'abord une étude de la transformation filmique de notre court métrage. A partir des bilans de notre travail sur Balzac et sur *Eclectisme et composition*, nous nous efforcerons d'établir progressivement une démarche sémiologique générale pour toute application du texte au film. Cette méthode permettra de comprendre les mécanismes récurrents. Il s'agit de voir s'il existe des vecteurs communs ou divergents.

* Création d'une adaptation cinématographique à partir d'une nouvelle

- Esquisse d'une réflexion sur la transformation filmique à partir de notre réalisation

A la lecture de ce travail, on constate un décalage entre la nouvelle, le scénario, le découpage technique et le résultat final sur le film. Dans cette adaptation, on assiste à une disparition progressive du symbole littéraire pour une construction de l'icone qui a pour liant un signe, un indice intangible jonglant entre ce qui peut être dit (le littéraire), et ce qui peut être montré (le filmique).

Il y a donc dans l'adaptation de cette nouvelle, sous forme de biographie documentaire, une métamorphose d'écriture qui, pour des raisons techniques, pratiques et parfois budgétaires, n'a pas suivi le chemin initial et a subi quelques changements dans le montage et ce, dans un souci de cohérence filmique et non littéraire.[707] Certains changements ne s'expliquent pas toujours. Ce qui peut être écrit n'est pas forcément à

[706]. – Notre travail se situe à la frontière des genres. L'hybridité du texte littéraire se caractérise à la fois comme une biographie, un documentaire et une nouvelle en raison de sa brièveté et des procédés fictionnels qui la constitue. Ils seront développés par la suite dans le scénario. C'est finalement une petite histoire, cf. explication page suivante (Texte disponible à la bibliothèque universitaire des Lettres de Limoges).

[707]. – Neuf scènes sur seize ont été supprimées ou fondues dans les 7 scènes restantes, afin d'alléger la trame narrative du film. Certaines, d'ailleurs, n'ont jamais été tournées. Les scènes qui ne figurent pas dans le documentaire sont les suivantes : 1,2,3,4,7,10,13,15,16 (cf. scénario et découpage technique, voir bibliothèque universitaire de Limoges).

filmer. Même s'il s'agit toujours de la mise en spectacle du récit littéraire, il faut cependant émettre quelques nuances.

En effet, l'abstraction littéraire ne permet pas systématiquement la « monstration » filmique ; aussi, il nous a paru nécessaire de supprimer des scènes, d'en modifier d'autres et de bouleverser l'agencement chronologique des séquences prévues dans le scénario, et ce, au moment crucial qu'est le montage. Ceci a déjà été analysé pour les adaptations du *Colonel Chabert*. Le changement de la trame narrative est nettement plus important que la notion d'espace ou de personnage. En effet, ces thèmes étaient déjà présents au cours de l'élaboration de la nouvelle, étant donné que le protagoniste et le cadre, dans lequel il vit, sont déjà existants. Ils restent des sources d'inspiration littéraire quasi pré-filmiques car la création vient du visuel, du connu, et non de l'imaginaire de l'auteur. Notre participation avec Laurent Bonilla, rédacteur de la nouvelle, et avec Georges Laurent, artiste du Limousin, fut celle d'un médiateur filmique. Nous avons fait la jonction entre la perception subjective de l'auteur et la perception que nous avions de l'artiste. Ce lien s'est construit au travers de l'écriture de Laurent Bonilla et de ce que nous voyions réellement de Georges Laurent.

Adapter, dans ce cas particulier, est une confrontation de subjectivité : celle de l'écrivain et celle de l'artiste. Le référant littéraire se trouve canalisé par notre conception du scénario, du découpage technique, ensuite par la caméra avec le tournage, puis remodelé lors du montage. Il n'y a pas de décalage culturel comme dans le cas des adaptations du *Colonel Chabert*, mais il existe un écart de subjectivité entre le réalisateur, l'écrivain et même l'artiste qui participa également à l'écriture du scénario : stade intermédiaire, nécessaire et modulable, entre la nouvelle documentaire et le film. Le scénario demeure un réservoir d'informations qui, même sous une forme élaborée, demeure paradoxalement le « brouillon » du film, celui qui le préfigure, et en même temps, il donne des descriptions plus précises sur le protagoniste que ne pouvait le faire la petite nouvelle. Celle-ci n'étant que le point d'encrage du scénario et du film. Elle n'aurait que peu de signification en tant qu'objet autonome si l'écrivain n'avait pas eu le désir, au moment de sa conception, d'en faire un film.[708] Le scénario peut être considéré comme une « technique autonome, une œuvre intègre et achevée en elle-

[708]. – Cette conjonction est à l'origine d'une très grande connivence, entre l'écrivain, le réalisateur et l'artiste, qui peut être ressentie par le spectateur de manière implicite au cours de la projection. Ceci reste un peu déroutant lorsque le public, au début, n'est pas encore imprégné par l'univers du film.

même. »[709] C'est une technique narrative qui sera malléable en fonction du futur jeu de l'acteur.

En ce qui concerne celui-ci, Georges Laurent se montre tel qu'il est. Toute sa gestuelle, représentant la richesse et la complexité de sa personnalité, ne pouvait éclater que dans le film et non dans la nouvelle, bien qu'elle soit pressentie dans le scénario. Quand un personnage existe déjà et qu'il n'est tiré d'aucun type littéraire ou d'un quelconque mythe, comme le héros populaire qu'a pu être Chabert, il n'est pas nécessaire de créer une caractérologie littéraire, ni de rompre les règles traditionnelles du texte, si ce n'est dans sa présentation.

L'adaptation est encore protéiforme, complexe et polysémique ; elle n'est pas un genre, mais plutôt une pratique artistique qui relie deux arts, ayant pour orientation commune un thème et une histoire.

Que ce soit la nouvelle ou le film, tous deux nous font découvrir une personnalité du Limousin. A travers son art, sa peinture, la musique, ses propos éclectiques et improvisés et sa composition au sens large, Georges Laurent nous dévoile quelques pensées d'aujourd'hui. Grâce à son talent, il crée une grande complicité qui invite progressivement le spectateur à pénétrer dans son univers étonnant tout en jouant son propre rôle Il s'agit d'un voyage littéraire aux frontières informelles du Limousin et de la création en tous genres.

De tous les peintres régionaux, il est peut-être celui qui expose le moins. Montrer ses œuvres n'est pas à ses yeux une priorité ; à l'image de Frenhofer dans *Le Chef-d'œuvre inconnu*, il cherche et compose : « s'il dessine, peint ou travaille la matière, c'est pour ne pas perdre contact avec la création, moteur indispensable au fonctionnement de sa vie. »[710] Comme il l'évoque si bien : « la création est une adéquation heureuse entre le hasard et la volonté. »

Dans notre travail d'adaptation, il n'y a pas eu le souhait de transposer, de traduire le comportement d'un personnage « novellisé » mais tout simplement de montrer une image vivante, comme une sorte de retour à la réalité après avoir été rendue virtuelle par l'écriture littéraire. Adapter, dans le cas présent, n'est pas trahir ni rester fidèle au texte, mais plutôt la prolongation d'une vie, d'un témoignage en Limousin qui reste mélangé et transcendé par des pratiques littéraires et cinématographiques indissociables : nouvelle, synopsis, scénario, découpage technique et film ne faisant qu'un. L'adaptation ressemble à une gestation dont

---

709. – PASOLINI (P.P.). – *Le scénario comme structure tendant vers une autre structure*, in Cahiers du cinéma, n° 185, décembre 1966, p. 77.

710. – JULIEN (J.F.). – *Georges Laurent : sa vie vaut bien un film*, in Le Populaire, 8 novembre 1998, p. 5.

l'aboutissement est incertain, à l'image du mystère de la création où se mêlent l'angoisse, la surprise, voire la joie. Adapter, c'est confronter le « dire » et le « voir et entendre ». En amont, il y a le plaisir du texte et en aval la jouissance du spectacle. Entre les deux, émerge une méthode sémiologique.

* Du texte littéraire au texte filmique : élaboration progressive d'une démarche sémiologique

L'enseignement du cinéma sera sans doute plus efficace s'il propose trois buts qui pourraient ainsi éviter certains flottements : visionner, analyser et réaliser. Notre court métrage est non seulement la confirmation pratique d'un certain savoir théorique, mais il permettra également d'amorcer la formation du spectateur. Comment théoriser sur l'adaptation sans en avoir fait la pratique, quels que soient le roman, la nouvelle, la pièce ou plus globalement le sujet abordé ? La réponse coule de source ; en ce qui concerne l'enseignement tiré de nos bilans, celle-ci n'est pas aussi limpide, car elle obéirait sans doute à un double questionnement : comment passe-t-on de l'exhibition du monde à la mise au point d'un signifié et, en même temps, quelles relations s'instaurent entre le fait de montrer et celui de donner un sens à l'adaptation ?

Il existe donc une différence entre la réception, qui peut être passive, sans apporter au spectateur de signification apparente, et l'idée d'intellection qui implique, à la fois, la réception active et la véritable compréhension de l'image et même de la phrase : « au sein de la lecture ou du spectacle cinématographique, la magie du livre ou du film nous fait comprendre ce que nous ne comprenons pas de la vie ordinaire. »[711] A côté de cette nécessité, l'enseignement du Septième Art évolue tellement vite qu'il demeure difficile à cerner, d'autant plus qu'il se situe dans la pluridisciplinarité. Les contenus de cet enseignement sont parfois élaborés à la « carte », hormis dans les hyper-spécialisations des Universités ou des Ecoles de cinéma.[712]

Afin que notre démarche reste claire, nous aborderons une succession de notions et de questions qui, dans leur globalité, soulignent les mécanismes de la sémiologie de l'adaptation. Il en résulte des interactions multiples qui laissent un libre choix dans les méthodes utilisées. Quelles

---

711. – *La tête bien faite : repenser la réforme, réformer la pensée ...op. cit.*, p. 54.
712. – F.E.M.I.S., C.L.C.F., E.S.E.C. par exemple.

que soient les questions soulevées, des ramifications se créent comme une sorte de réseau indéfiniment renouvelé, aux nombreux chemins. L'idée de départ d'une sémiologie à géométrie variable se confirme dans les points suivants.

- Traiter les films comme des textes

En parlant de langage cinématographique, l'impression dominante est que nous pouvons appliquer au texte filmique des catégories élaborées par l'analyse de l'œuvre littéraire. C'est en partie vrai seulement. Le cinéma n'existerait pas s'il n'était pas fondé sur des récits, et seuls les romanciers sans oublier les auteurs de pièce de théâtre savent écrire des histoires donc des textes. Il nous a donc paru important dans notre court métrage de joindre toutes les étapes de la transformation filmique. Chaque texte se métamorphose pour en devenir un autre.[713] Si l'on fait émerger cette similitude en associant le cinéma à un texte, l'analyse sémiologique devient plus facile. La nouvelle, le scénario, le découpage technique et le film se ressemblent et pourtant ils forment quatre récits autonomes, chacun étant une sorte de « prévisualisation » de plus en plus concrète du futur film. A partir de ce moment, toute une étude peut être mise en application sur le système narratif, le personnage, l'espace et le temps, en jouant sur les variations textuelles.

Traiter les films comme des récits, c'est forcément évoquer les divergences et les ressemblances. Si la pellicule n'est pas considérée totalement comme un texte et encore moins comme une langue, elle peut être cependant un langage ; autrement la démarche sémiologique devient impossible. Dans le cadre de l'adaptation, il n'est pas toujours facile de connaître toutes les étapes textuelles. La plupart du temps et c'est le cas pour Balzac, nous ne disposions que du roman et du film, sans les phases intermédiaires.

Ces deux stades suffisent largement à formuler une analyse textuelle, où littérature et cinéma s'enrichissent mutuellement dans une interaction fondamentale : « Il va de soi qu'une approche textuelle de la transformation filmique d'un texte littéraire n'a pu clarifier qu'une série de mécanismes régulateurs du travail dans cette machine complexe que constitue le texte. »[714] Si l'analyse textuelle ne permet pas d'expliquer to-

[713]. – Cf. *infra* les deux sous-parties consacrées au scénario à la fin du deuxième chapitre.
[714]. – *La transformation filmique...op. cit.,* p. 10.

talement la métamorphose du signe littéraire en signe cinématographique (plus exactement la mise en spectacle filmique du roman), alors certains paramètres ne dépendent plus d'elle. C'est le cas de la segmentation du livre et du film, car nous avons vu précédemment qu'un paragraphe ou un chapitre ne correspondait pas systématiquement à un plan ou à une séquence cinématographique.

- Comment segmenter et interpréter : clé du problème sémiologique

La segmentation est une opération qui n'a peut-être pas de règles précises, dans la mesure où le découpage d'un film et d'un texte ont peu de points communs. Le plus important n'est pas forcément la phrase, le paragraphe, le plan ou la séquence, mais des éléments essentiels qui ont fait l'objet d'une réinterprétation pour le film. Que l'objet cinématographique ait ou n'ait pas la même représentation que dans le texte littéraire, cela n'a pas véritablement d'intérêt. Le point capital reste le rapport que l'on établit entre différentes entités, relevant de la fragmentation ou de la globalité.

Segmenter, pour mieux interpréter, met en évidence un système polysémique n'ayant pas de frontières définies, si ce n'est le choix que l'on fait en fonction de l'angle d'attaque et des critères pertinents qui en découlent : « il faut bien admettre que le caractère composite et plurisubstantiel du texte filmique pose des problèmes de segmentation tout à fait spécifiques. »[715] En ce sens, chaque film mérite un découpage adapté en fonction, d'une part, des structures virtuelles du livre et, d'autre part, des configurations visuelles et sonores du film. L'artillerie que l'on développe pour analyser le Septième Art, sachant qu'elle ne sera jamais la même selon le type de film, montre la complexité de la tâche. Celle-ci reste d'autant plus grande que toutes les configurations ne convergent pas toutes vers celles du livre. De plus, l'interaction des approches n'est pas non plus une notion de complémentarité, ni un éloignement systématique. L'analyse de l'adaptation reste polymorphe, à plus forte raison lorsque s'ajoute le problème de la réception.

[715]. – MINOT (F.). – *Quels supports et démarches pédagogique*, in *L'image et le cinéma dans l'enseignement des Lettres*, (ouvrage collectif) Centre régional de documentation pédagogique du Poitou-Charentes, 1999, p. 174.

- La place du spectateur : réception et interprétation

L'adaptation est la projection de l'imaginaire collectif du livre dont l'expression sera traduite par l'interprétation de l'imaginaire individuel du cinéaste. Le rôle de l'enseignant est d'apprendre à décoder cette corrélation. L'élève ou l'étudiant doit recouvrer le sens de la représentation littéraire à travers le film, comme une sorte d'interlocuteur qui dialogue entre les deux pour établir un programme d'interprétation : « Le plaisir de la réception n'est garanti qu'à la condition où la saisie du programme puisse être optimale ou la plus complète possible. »[716] Si la saisie du programme englobe bien la compréhension du texte et du film, elle créera un comportement spectatoriel de « bien-être ».[717] Il est vrai que la présence de l'image, avec sa force et le plaisir qui est pris à la regarder, a pour contrepartie l'absence d'un quelconque recul narratif : il est plus facile de revenir en arrière ou de sauter des passages dans un livre que dans un film, du moins dans le cadre d'une projection publique. Cet écart permet au romancier de tracer son chemin de lecture. Quant au lecteur-spectateur, il tirera son plaisir des multiples interactions réceptives entre le roman et le film.

L'enseignant doit montrer à l'élève le plaisir du texte et celui du film. Il ne s'agit pas de bâtir une séparation entre les deux types de réception : « Le mot est notre immédiat d'écrivain qui par le texte rejoint l'image, l'idée, la sensation. Pour le cinéaste l'image est une donnée qui peut comprendre des mots et se transformer en texte. »[718] Après avoir lu le livre et vu le film, le spectateur gardera un plaisir global qui portera à la fois la griffe de l'auteur et du réalisateur, ou bien, peut-être, ni l'une ni l'autre, si ce n'est l'imprégnation mentale produite par le texte sur son imaginaire. En définitive, la réception crée le discours du livre et du film.

- Considérer le film comme un discours narratif

A partir de ce postulat, la question sur l'adaptation revient à se demander, si le discours littéraire influence le discours cinématographique. Il s'agit d'un échange pragmatique, voire d'une activité herméneutique

---

716. – *Réception télévisuelle et affectivité... op. cit.*, p. 49.
717. – Ce bien-être passe d'abord par une prise de conscience qui peut être éprouvante.
718. – KERN (A.). – *Questions aux romanciers*, in Cahiers du cinéma, n° 185, décembre 1966, p. 94.

qui dépend en fin compte des énoncés, qu'ils soient rangés du côté de l'histoire ou du côté du discours. Mais ce dernier est lié à l'histoire et au système narratif. Sans le discours de Georges Laurent notre court métrage n'aurait aucune signification. D'ailleurs, il s'agit d'un préalable au film mais ce n'est pas le film.

Si dans l'histoire, les événements semblent aller de soi comme si l'on ne parlait à personne, il existe dans le discours des modes énonciatifs qui supposent un locuteur et un auditeur : Chabert, Derville et le spectateur ; Georges Laurent et le public. Dans notre réalisation, le discours et l'histoire ne font qu'un. Ce n'est pas toujours le cas dans les films. A noter que la nouvelle, le scénario, et le découpage technique relèvent plus du référentiel et ne dévoilent guère le discours du protagoniste fondé sur une quelconque fonction expressive. La raison en est simple : au moment du tournage, l'idée du discours demeurait présente de manière implicite dans le scénario ou la nouvelle, mais il ne s'est réellement matérialisé devant la caméra qu'à l'aide de l'improvisation des paroles de Georges.

Si nous avions déjà réfléchi sur les systèmes énonciatifs en tant que construction narrative, le discours restait à faire et dépendait uniquement du jeu de l'acteur. Dans le cadre d'une adaptation classique, tout est pensé d'avance. Enonciation, discours, histoire et narration sont déjà présents dans le texte du *Colonel Chabert.* Dans *Eclectisme et composition*, l'histoire est présente dans la nouvelle, le discours est sous-jacent dans le scénario et les modes énonciatifs du découpage technique se manifestent en fonction des différents types de plan et surtout du point de vue adopté. En effet, Georges reste toujours devant la caméra et ne s'exprime jamais en vision subjective, c'est-à-dire voyant ce que nous observons. Il existe cependant une exception, dans le but de créer une complicité supplémentaire entre le spectateur et Georges Laurent.

Au cours de la dernière séquence, la vision subjective est mise en valeur par un raccord sonore entre le plan de la maquette et le protagoniste : « ce que vous venez de voir c'est la maquette de mon diplôme d'architecte... »[719] Georges va commenter ce qu'il a vu en même temps que nous. Le choix du point de vue reste déterminant dans la représentation de la nouvelle pour le film. L'esthétique filmique reconstruit l'atmosphère du livre, dont le principe de fidélité est loin d'être une obligation. Enseigner, c'est aussi montrer que les impératifs n'existent pas.

[719]. – Cf. court métrage, dernière séquence.

- Esthétique, signification et représentation

Le roman et le film construisent un monde suggéré et dévoilé sous nos yeux de telle manière que le regard peut le saisir avant que la conscience s'en mêle. Le monde nous est restitué de manière immédiate, ce qui rend son épaisseur avec ses évidences et ses flous. Littérature et cinéma usent de toutes les formes pour la représentation du monde. L'esthétique et la représentation sont capitales car elles interviennent avant la prise de conscience et l'analyse. En effet, l'esthétique de la représentation est une qualité de l'œuvre que nous devons faire entrevoir à l'élève : « Est-il vrai que l'analyse scientifique soit condamnée à détruire ce qui fait la spécificité de l'œuvre littéraire et de la lecture, à commencer par le plaisir esthétique ? »[720] Ces propos rejoignent ceux de Roland Barthes évoquant « le plaisir du texte » comme il doit y avoir un plaisir du film. La première lecture spontanée d'un livre ou d'un film captive inconsciemment l'attention du lecteur ou du spectateur, car elle devient ludique, plaisante. Cette joie de la découverte demeure un premier pas vers l'analyse, donc vers la recherche d'une signification : « La question du sens et de la valeur de l'œuvre d'art, comme la question de la spécificité du jugement esthétique, ne peuvent trouver leur solution que dans une histoire sociale du champ associée à une sociologie des conditions de la constitution de la disposition esthétique particulière qu'il appelle en chacun de ses états. »[721] Le film de René Le Hénaff, en raison du contexte social de l'Occupation et de la simple utilisation du noir et blanc, nous plonge dans une esthétique nostalgique qui nous invite à nous interroger sur l'époque et, surtout, sur la façon dont Chabert transmet cette réalité sociale, ce drame humain ?[722] Sans la représentation sociale, l'esthétique n'est plus valide. La réciproque est aussi fondée : sans esthétique, il serait difficile de traduire la réalité sociale.

Dans *Eclectisme et composition*, nous avons utilisé deux types de filtres. L'un refroidit la lumière et donne une dominante bleutée pour les scènes d'extérieur. L'autre est un filtre qui réchauffe la lumière notamment les scènes d'intérieur avec une teinte sépia.[723] Cette opposition des lumières, au cours d'une projection publique, a été perçue comme l'image de Georges Laurent : une personnalité aux multiples facettes. D'une part, le bleu dévoile l'homme d'affaires, couleur pragmatique an-

720. – BOURDIEU (P.). – *Les règles de l'art*, Paris, 1992, p. 10.
721. – *Ibid.*, p. 473.
722. – Cf. *infra* troisième chapitre et sous-partie, *Mouvement dans le champ : centre d'identification hypnotique renforcé par la lumière et la couleur*.
723. – Ce sont des filtres de conversion pour augmenter ou diminuer la température de la lumière : 80.A pour le bleu et 85.A pour l'orange, nomenclature internationale Kodak.

crée dans une certaine réalité (le monde extérieur). D'autre part, la teinte jaune représenterait l'intériorité de Georges, comme métaphore de la chaleur humaine qui se répand tout au long du film.

Synthèse : construction ou « déconstruction » de la théorie transformationnelle ?

On constate qu'il n'y a pas de théorie achevée du cinéma ni de la littérature et encore moins de l'adaptation. Il existe plutôt un ensemble d'hypothèses qui ne cesseront jamais d'être explorées. La difficulté de l'enseignement est de parvenir à articuler ces hypothèses, par souci de cohérence, et d'en faire une mise à jour constante selon des critères pertinents et scientifiques, bien que nous soyons du côté des « sciences inexactes ». Nous sommes libres de choisir les hypothèses et d'affirmer nos résultats, en contrepartie nous restons tributaires des ouvrages à sélectionner qui servent de support à l'enseignement et à la recherche. Paradoxalement, il faut bien une méthodologie dans le choix des disciplines puisque notre approche fut plurielle ; mais nous avons conscience que notre travail peut être remis en cause par d'autres approches et sera sans doute dépassé par les recherches postérieures à son élaboration. Peut-être faut-il avoir une position « méta-disciplinaire », comme le suggérait Edgar Morin en reprenant les propos de Pascal : « Toutes choses étant causées et constantes, aidées et aidantes, médiates et immédiates, et toutes s'entretenant par un lien naturel et sensible qui lie les plus éloignées et les plus différentes, je tiens impossible de connaître les parties sans connaître le tout, non plus de connaître le tout sans connaître particulièrement les parties. »[724] La connaissance serait associée à un raisonnement métonymique non abouti et perpétuellement renouvelé, rebondissant d'hypothèses en hypothèses. En réfléchissant sur l'adaptation, on comprend de plus en plus que le public prend de l'intérêt pour tout ce qui est événement, spectacle, objet au sens large, au détriment de tout ce qui est psychologie traditionnelle à la manière du roman classique, bien que les sentiments de toute nature n'aient pas sensiblement changé avec le temps. Le roman classique demeure encore sous certains aspects d'une étonnante modernité. Réfléchir sur la transformation filmique est probablement un retour à une certaine tradition littéraire, qui permet de comprendre le monde comme une représentation de plus en plus médiatisée avec sa force et ses faiblesses.

---

[724]. – *La tête bien faite : repenser la réforme, réformer la pensée*...*op. cit.*, p. 137.

Conclusion

L'adaptation est donc impossible sans transformation : « Pour quelqu'un qui réalise un film à partir d'un roman donné, s'il veut ne pas être un simple traducteur, mais un créateur, il faut qu'il compose. »[725] Transposer cinématographiquement une œuvre littéraire, implique une réorientation, un changement de direction et une modification profonde de toutes les structures de l'œuvre littéraire, qu'elles soient narratives, esthétiques, spatiales et surtout temporelles comme nous venons de le voir.

Le texte littéraire n'est pas une fin en soi, mais une sorte de relais, grâce à l'adaptation, vers une destination cinématographique. Ce voyage peut être riche et sans fin, il obéit cependant à quelques principes qui sont à la fois très simples, illimitées et d'une grande rigueur si le cinéaste souhaite renouer avec l'univers romanesque. Même s'il s'en éloigne, il aura toujours le souci de réaliser un bon film : la qualité n'a pas de rapport avec la fidélité et l'infidélité n'est pas à associer avec la médiocrité. La variété de notre corpus filmique nous montre que le roman reproduit souvent certains procédés cinématographiques, surtout le dispositif narratif : certaines productions se regardent comme on lirait un livre. La mise en spectacle, le passage du pouvoir abstrait du mot au pouvoir concret de l'image, dévoile que cette transformation ne crée pas une situation de concurrence entre littérature et Septième Art.

D'autre part, si le cinéma imite le roman et vice versa, surtout chez Balzac, c'est pour créer quelque chose de nouveau et non une imitation. Balzac à l'écran traduit une renaissance balzacienne, un prolongement de son œuvre. Quels que soient les auteurs adaptés, Malraux et Giono vivent de nouveau et ont apporté une base à notre réflexion, un pont vers Balzac, vers toutes les transformations filmiques. En respectant les spécificités de chaque adaptation, le cinéma détient les mêmes vertus que l'œuvre littéraire. Les propos de Roland Barthes sur la littérature nous suggèrent la représentation filmique : « Le roman enseigne à regarder le monde avec les yeux d'un homme qui marche dans la ville, sans autre horizon que le spectacle, sans d'autre pouvoir que celui-là même de ses yeux. »[726] Le

[725]. – DEL LITTO (V.). – *Stendhal – Balzac : Réalisme et Cinéma*, Grenoble, 1978, p. 251.
[726]. – *Cinéma et roman…op. cit.*, p. 123, (La revue des Belles Lettres).

critique évoque de manière implicite et à ses dépens, que cette volonté de créer le réel reste plus efficace au cinéma qu'en littérature.

Pourrait-on conclure que le film est une représentation plus achevée de la création artistique que le roman, car il ne demande pas de lecture et de reconstruction intellectuelle et se suffit de la perception directe ? Mais peut-on dire pour autant que Balzac est encore plus balzacien au cinéma ? Le monde littéraire a des frontières sans fin que le grand écran peut à peine explorer. De plus, si l'on s'en tient à l'analyse du film reposant sur les nombreuses théories, tout laisse à penser que les frontières du cinéma ne sont pas atteintes et ne sont pas près de l'être.

L'art n'a pas de limite temporelle et spatiale : « Il a le pouvoir de dépasser le monde des phénomènes. »[727] Il y a sans doute des configurations esthétiques et sociales qui nous conduisent à un cheminement du sens. Une sorte d'herméneutique, qui semble sémiotique au départ, mais qui se nourrit d'une multitude d'approches, tant et si bien que la théorie sur la transformation filmique s'enrichit constamment sans pour autant être fondée sur des systèmes évidents ou clos : c'est donc le principe d'une sémiologie à géométrie variable. D'une adaptation à l'autre, il existe tant de phénomènes récurrents et divergents qu'il est impossible de parler de vecteur commun, mais plutôt de forces, de pôles informels qui s'entrecroisent, s'enrichissent et se contredisent parfois.

La transformation filmique reste une théorie plus descriptive que normative. Elle appelle plus une théorisation souple qu'une mise en pratique rigide, et pourtant nous nous sommes efforcés de la mettre en évidence par des exemples et des analyses précises sur des mots, sur des paragraphes ou bien des plans et des séquences. L'adaptation est un témoignage de la confrontation de deux épistémès du verbe et de l'image. Leur puissance crée l'identification : comment ne pas projeter l'image de Depardieu sur le livre lorsque nous relisons *Le Colonel Chabert* ? Comment ne pas chercher à comprendre les mœurs balzaciennes avec un cinéma qui les transcende par la modernité ?

Paradoxalement, le Septième Art appelle de plus en plus la littérature à son secours : est-ce une preuve de faiblesse ou un mariage nécessaire ? Il serait plus judicieux d'exploiter les possibilités du cinéma, plus techniques que celles de la littérature et surtout de ne pas lui inventer des qualités romanesques qu'il n'a pas, et de le rabaisser une fois de plus au rang d'art mineur parce qu'il n'est pas littéraire. L'adaptation demeure un paradoxe : le cinéma est un art qui ne relève pas spécifiquement des Lettres, mais il s'est avéré apte à traduire dans son langage les œuvres des écrivains. Il est sons et images, à la fois indépendant et contingent du genre romanesque.

---

[727]. – *Du Spirituel dans l'art, et dans la peinture en particulier…op., cit.*, p. 22.

Bibliographie

Cette bibliographie, traitant un sujet aussi important que l'adaptation, est certainement inépuisable. Ne figurent ici que les ouvrages et les articles qui ont fait l'objet d'une réelle consultation ou d'un travail approfondi. Leur répartition en rubrique spécialisée pose un certain nombre de problèmes : un ouvrage classé en « études théoriques sur l'adaptation du roman au film » aurait pu tout aussi bien appartenir à « études théoriques sur la littérature et le cinéma » ou bien encore à « études théoriques sur l'image ». De même, certains ouvrages de critique littéraire pourraient appartenir à la rubrique « études théoriques sur le roman » ou bien à « études critiques et théoriques générales ». C'est en fonction d'un critère de nécessité pour notre travail que nous avons fait des choix parfois arbitraires.

Je tiens à remercier la bibliothèque du film (Bifi) de Paris pour la consultation des archives cinématographiques.

I) LITTERATURE :

1°) Les œuvres de Balzac :

a) *La Comédie humaine :*

BALZAC (H.) – *La Comédie humaine*, Paris : Gallimard, La Pléiade, 12 tomes, 1996.

b) *Le Colonel Chabert* :

BALZAC (H.). – *Le Colonel Chabert*, Paris : Classiques Hachette, 1999.

ID. – *Le Colonel Chabert*, Paris : Folio, 1974.

ID. – *Le Colonel Chabert*, Paris : Garnier Frères, 1964.

ID. – *Le Colonel Chabert*, Paris : Poche, 1994.

ID. – *Le Colonel Chabert*, Paris : Pocket, 1998.

c) Multimédia :

BALZAC (H.). – *Explorer La Comédie humaine*, Paris : Acamédia CD-ROM, 1999.

2°) Balzac et la critique :

a) Ouvrages :

BARBERIS (P.). – *Mythes balzaciens*, Paris : Colin, 1972.

BARDECHE (M.). – *Balzac, romancier*, Paris : Slatkine Reprints, 1967.

BARON (A.M.). – *Le fils prodige : l'inconscient de La Comédie humaine*, Paris : Nathan, 1993.

BERTHIER (P.). – *La vie quotidienne dans La Comédie humaine de Balzac*, Paris : Hachette, 1998.

BONARD (O.). – *La peinture dans la création balzacienne*, Paris : Droz, 1969.

BORDAS (E.). – *Balzac, discours et détours*, Toulouse : Presses Universitaires du Mirail, 1997.

CHOLLET (R.). – *Balzac journaliste : le tourant de 1830,* Paris : Klincksieck, 1983.

CITRON (P.). – *Dans Balzac*, Paris : Seuil, 1986.

COLLECTIF. – *Balzac ou la tentation de l'impossible,* Paris : Sedes, 1998.

DÄLLENBACH (L.). – *La canne de Balzac*, Paris : Corti, 1996.

DE SMIRNOFF (R.). – *Le temps dans l'œuvre romanesque d'Honoré de Balzac*, thèse de Doctorat, Toulouse, 2 tomes, 1986.

EIGELDINGER (M.). – *La philosophie de l'art chez Balzac*, Genève : Slatkine Reprints, 1998.

GEMGEMBRE (G.). – *Le Napoléon des Lettres*, Paris : Gallimard, 1992.

GUICHARDET (J.). – *Balzac « archéologue » de Paris*, Paris : Sedes, 1986.

GRACQ (J.). – *Proust suivi de Stendhal, Balzac, Flaubert, Zola*, Paris : Editions Complexe, 1986.

GUISE (R.). – *Balzac*, Nancy : Presses Universitaires de Nancy, 1994.

LUKACS (G.). – *Balzac et le réalisme français*, Paris : La découverte/Poche, 1999.

MARCEAU (F.). – *Balzac et son monde*, Paris : Gallimard, 1986.

MICHEL (A.). – *Le Mariage chez Honoré de Balzac. Amour et féminisme*, Paris : Les Belles Lettres, 1978.

MOZET (N.). – *La ville de province dans l'oeuvre de Balzac*, Paris : Sedes, 1982.

PIERROT (R.). – *Honoré de Balzac*, Paris : Fayard, 1999.

PICON (G.). – *Balzac,* Paris : Seuil, 1956.

ROSA (A.) et TOURNIER (I.). – *Balzac,* Paris : Collin, 1992.

ROUSSET (J.). – *Le lecture intime, de Balzac au journal*, Paris : Corti, 1986.

VACHON (S.). – *Les Travaux et les jours d'Honoré de Balzac*, Paris : Presses Universitaires de Vincennes/Presses du C.N.R.S., 1992.

b) Articles :

COLLECTIF. – *L'Année balzacienne*, Paris : Garnier, de 1960 à 1979.

ID. – *L'Année balzacienne*, Paris : Presses Universitaires de France, de 1980 à 2002.

CATINCHI (J.P.). – *Lectures de Balzac, de mémoire*, in Le Monde, 25 juin 1999.

COMBAZ (C.). – *Du roman total au roman Instamatic*, in Valeurs Actuelles, 16 mars 1999.

c) Documents vidéo :

Honoré de Balzac : Lettres à Madame Hanska de Hervé Baslé, prod. I.N.A., A2, 1981.

Bouillon de culture : Improvisations sur Balzac, d'Elisabeth Prechey, prod. F2 et anim. Bernard Pivot, 1999, 75 min.

d) Documents radiophoniques :

Débat sur Balzac avec des écrivains, des universitaires et des photographes, propos de Benoît Dutartre, émission de radio diffusée sur France Culture, samedi 8 mai 1999, 14 h.-18h.30.

3°) Etudes théoriques sur le roman :

BLANCHOT (M.). – *L'espace littéraire*, Paris : Gallimard, 1955.

BOURNEUF (R.) et OUELLET (R.). – *L'univers du roman*, Paris : Presses Universitaires de France, 1985.

COLLECTIF. – *Le Roman Populaire en Question(s)*, Limoges : Presses Universitaires de Limoges, 1997.

ID. – *Problème de l'écriture populaire au XIX è siècle*, Limoges : Presses Universitaires de Limoges, 1997.

CONSTANS (E.). – *Parlez-moi d'Amour*, Limoges : Presses Universitaires de Limoges, 1999.

GROJNOWSKI (D.). – *Lire la nouvelle*, Paris : Dunod, 1993.

MAURIAC (F.). – *Le romancier et ses personnages*, Paris : Buchet-Chastel, 1970.

THIESSE (A.M.). – *Le roman du quotidien : Lecteurs et lectures populaires à la Belle Epoque*, Paris : Seuil, 2000.

4°) Etudes critiques et théoriques générales :

a) Ouvrages :

BACHELARD (G.). – *La poétique de l'espace*, Paris : Presses Universitaires de France, 1984.

BAKHTINE (M.). – *Esthétique et théorie du roman*, Paris : Gallimard, 1999.

BARTHES (R.). – *Le plaisir du texte*, Paris : Seuil, 1973.

ID. – *Leçon*, Paris : Seuil, 1978.

ID. – *Système de la mode*, Paris : Seuil, 1967.

BOURDIEU (P.). – *Les règles de l'art*, Paris : Seuil, 1992.

COLLECTIF. – *Poétique du récit*, Paris : Seuil, 1977.

ID. – *L'image génératrice de texte de fiction*, Poitiers : La Licorne, 1996.

DURAND (G.). – *Les structures anthropologiques de l'imaginaire*, Paris : Dunod, 1992.

DELLA PORTA (G.B.). – *De humana physiognomonia*, Rouen : Berthelin, 4 tomes, 1650.

DEMARET (J.) et LAMBERT (D.). – *Le principe anthropique : L'Homme est-il au centre de l'Univers ?* Paris : Colin, 1994.

DURKHEIM (E.). – *L'évolution pédagogique en France*, Paris : Presses Universitaires de France, 1890.

ECO (U.). – *La production des signes,* Paris : Poche, 1992.

FONTANILLE (J.). – *Sémiotique du discours*, Limoges : Presses Universitaire de Limoges, 1999.

FOURASTIER (J.). – *Le grand espoir du XX è siècle*, Paris : Gallimard, 1989.

GENETTE (G.). – *Figures III*, Paris : Seuil, 1972.

ID. – *Palimpsestes*, Paris : Seuil, 1982.

HAROUEL (J.L.). – *Cultures et contre-cultures*, Paris : Presses Universitaires de France, 1998.

HALBWACHS (M.). – *Les cadres sociaux de la mémoire*, Paris : Albin Michel, 1994.

ILLICH (I.). – *Libérer l'avenir*, Paris : Seuil, 1985.

JAUSS (H.R.). – *Pour une esthétique de la réception*, Paris : Gallimard, 1978.

JÜNGER (E.). – *Le traité du sablier*, Paris : Bourgeois, 1970.

KANDINSKY (V.). – *Du Spirituel dans l'art, et dans la peinture en particulier*, Paris : Folio, 1989.

LAVANDIER (Y.). – *La dramaturgie*, Paris : Le clown et l'enfant, 1997.

LEMAITRE (H.). – *Dictionnaire de Littérature Française*, Paris : Bordas, 1985.

MAINGUENEAU (D.). – *Féminin fatal*, Paris : Descartes et Cie/Editions H.C.I., 1999.

MALRAUX (A.). – *L'Intemporel*, Paris : Gallimard, 1976.

MARION (D.). – *André Malraux*, Paris : Seghers, 1970.

MARTINET (A.). – *Eléments de linguistique générale*, Paris : Colin, 1963.

MESCHONNIC (H.). – *Critique du rythme : anthropologie historique du langage*, Lagrasse : Verdier, 1982.

MERLEAU-PONTY (M.). – *Sens et non sens*, Paris : Gallimard, 1996.

MORIN (E.). – *La tête bien faite : repenser la réforme, réformer la pensée,* Paris : Seuil, 1999.

PEIRCE (S. C.). – *Ecrits sur le signe*, Paris : Seuil, 1978.

PEREC (G.). – *Espèces d'espaces*, Paris : Denoël Gonthier, 1976.

PICON (G.). – *Malraux par lui même*, Paris : Seuil, 1961.

POULET (G.). – *Etudes sur le temps humain*, Paris : Plon, 1952, tome II.

RICOEUR (P.). – *Temps et récit, la configuration du temps dans le récit de fiction*, Paris : Seuil, 1984, tome II.

ROUSSET (J.). – *Forme et signification. Essais sur les structures littéraires de Corneille à Claudel*, Paris : Corti, 1989.

STENDHAL. – *Histoire de la peinture en Italie*, Paris : Folio, 1996.

TARASTI (E.). – *Sémiotique musicale,* Limoges : Presses Universitaires de Limoges, 1996.

b) Articles :

BARTHES (R.). – *Théorie du texte*, in CD-ROM Universalis, Paris : Encyclopaedia Universalis, 1998, réf. article : 22-371.

JAKOBSON (R.) et TYNIANOV (I.). – *Probleme der literatur- und Sprachfor-schung* (*Problèmes de la recherche littéraire et linguistique*), in Kursbuch, 1966, n°5.

5°) Autres : poésie, théâtre, roman et philosophie :

a) Poésie :

DE CHAZAL (M.). – *Sens plastique*, Paris : Gallimard, 1985.

b) Théâtre :

ANOUILH (J.). – *Le voyageur sans bagage*, Paris : La table ronde, 1966.

BEAUMARCHAIS (P.A.). – *Le mariage de Figaro*, Paris : La Renaissance du Livre, 1925.

GIRAUDOUX (J.). – *Siegfried*, Paris : Grasset, 1958.

MIRANDE (Y.) et PICARD (A.). – *Un homme en habit*, Paris : Librairie théâtrale, 1922.

c) Roman :

BEDIER (J.). – *Le roman de Tristan et Iseut*, Paris : L'édition d'art, 1934.

DUHAMEL (G.). – *Scènes de la vie future*, Paris : Fayard, 1930.

CELINE (L.F.). – *Voyage au bout de la nuit*, Paris : Folio, 1986.

CONRAD (J.). – *Cœur des Ténèbres*, Paris : Autrement, 1997.

DURAS (M.). – *India song*, Paris : Gallimard, 1973.

ECO (U.). – *Le nom de la rose*, Paris : Grasset, 1982.

GIRAUDOUX (J.). – *Suzanne et le Pacifique*, Paris : Grasset, 1935.

HARRIS (T.). – *Hannibal*, Paris : Albin Michel, 2000.

ID. – *Le dragon rouge*, Paris : Albin Michel, 1990.

ID. – *Le silence des agneaux*, Paris : Albin Michel, 1990.

HERBERT (F.). – *Le cycle de Dune*, Paris : Laffont, 1975.

HOMERE. – *Iliade-Odyssée*, Paris : Gallimard, La Pléiade, un tome, 1998.

HUBERT (J.L.). – *Le grand chemin*, Paris : Denoël, 1989.

HUYSMANS (J-K.). – *A rebours*, Paris : Folio, 1996.

KESSEL (J.). – *Belle de jour*, Paris : Folio, 1997.

MALRAUX (A.). – *L'Espoir*, Paris : Folio, 1996.

MORAVIA (A.). – *Le mépris*, Paris : Flammarion, 1968.

PROUST (M.). – *Le temps retrouvé,* Paris : Folio, 1990.

RABELAIS (F.). – *Pantagruel*, Paris : Seuil, 1996.

ROBBE-GRILLET (A.). – *La jalousie*, Paris : Minuit, 1957.

ROSNY AÎNE (J.H.). – *La guerre du feu : roman des âges farouches*, Paris : Nathan, 1999.

STOKER (B.). – *Dracula*, Paris : Albin Michel, 1995.

SÛSKIND (P.). – *Le Parfum*, Paris : Fayard, 1986.

TOUGUENIEV (I.S.). – *Premier amour*, Paris : Garnier-Flammarion, 1974.

VIAN (B.). – *L'écume des jours*, Paris : 10/18, 1979.

d) Philosophie :

FOUCAULT (M.). – *Les mots et les choses : une archéologie des sciences humaines*, Paris : Gallimard, 1966.

HEIDEGGER (M.). – *Etre et temps*, Paris : Gallimard 1985.

MONTAIGNE (M.). – *Essais*, Paris : Garnier-Flammarion, 1969, livre I.

II) CINEMA :

1°) Etudes théoriques sur l'adaptation du roman au film :

a) Ouvrages :

- Sur *Le Colonel Chabert* :

BESSIERE (E.). – *Deux : le Colonel Chabert*, C.D.D.P. d'Evreux, 1997.

COLLECTIF. – *Le Colonel Chabert*, C.R.D.P. du Limousin, 1994.

- Sur les œuvres de Balzac :

BARON (A.M.). – *Balzac cinéaste*, Paris : Méridiens Klincksieck, 1990.

LEMERIGE (F.). – *Introduction à l'analyse des œuvres de Balzac adaptées au cinéma sous l'occupation*, Maîtrise, Paris III, 1994.

MONTEILHET (V.). – *Les scènes d'exposition dans les oeuvres romanesques de Balzac et leurs adaptations filmiques*, Maîtrise, Clermont-Ferrand, 1998.

ID. – *Les personnages dans les romans balzaciens et leurs adaptations filmiques*, D.E.A., Clermont-Ferrand, 1999.

- Autres :

BLUESTON (G.). – *Novels into films (Les romans en films),* Berkeley : University of California Press, 1968.

CATTRYSSE (P.). – *Pour une théorie de l'adaptation filmique*, Berne : Lang, 1992.

CLERC (J.M.). – *Littérature et cinéma*, Paris : Nathan, 1993.

ID. – *Ecrivains et cinéma : des mots aux images, des images aux mots, adaptations et ciné-romans*, Paris : Klincksieck, 1985.

COLLECTIF. – *Cinéma et littérature*, Paris X : R.I.T.M., 1999.

ID. – *Cinéma et roman*, in La revue des Belles Lettres, Paris-Caen, 1999, n° 36-38.

ID. – *De l'écrit à l'écran,* Limoges : Presses Universitaires de Limoges, 2000.

COREMANS (L.). – *La transformation filmique*, Berne : Lang, 1990.

EISENSTEIN (S.M.) et NIJNY (V.). – *Leçons de mise en scène*, Paris : FEMIS, 1989.

ELIAD (T.). – *Les secrets de l'adaptation*, Paris : Dujarric, 1981.

ELKAISSI (A.). – *Roman et cinéma : l'adaptation et ses problèmes*, Thèse de Doctorat, Toulouse, 1993.

GARCIA (A.). – *L'adaptation du roman au film*, Paris : Dujarric, 1990.

ROPARS-WUILLEUMIER (M.C.). – *De la littérature au cinéma : genèse d'une écriture*, Paris : Colin, 1970.

SERCEAU (M.). – *L'adaptation cinématographique des textes littéraires*, Liège : Céfal, 1999.

VANOYE (F.). – *Scénarios modèles, modèles de scénarios*, Paris : Nathan, 1991.

WAGNER (G.). – *The novel and the cinéma (le roman et le cinéma)*, New Jersey : Associated University Presses Inc., 1975.

b) Articles :

- Sur *Le Colonel Chabert* :

AUTEUR SANS NOM. – *Le Colonel Chabert ou la réincatnation de Raimu*, in Atelier, 11 décembre 1943.

BARON (A.M.). – *Balzac et le cinéma*, in Magazine littéraire, février 1999.

D'YVOIR (Ch.). – *Colonel Chabert : un premier film ambitieux. Depardieu éblouissant,* in Studio, septembre 1994.

FRODON (J.M.). – *Cinéma : le Colonel Chabert d'Yves Angelo, le fantôme déshérité*, in Le Monde, 22 septembre 1994.

GERARD (H.). – *Le Colonel Chabert*, in Présent, 20 décembre 1943.

MALESTROIT (Y.). – *Le Colonel Chabert*, in Les Nouvelles Continentales, 11 décembre 1943.

NERSON (J.). – *Depardieu porte ce chef-d'œuvre à bout de bras*, in Le Figaro Magazine, 17 septembre 1994.

ROY (J.L.). – *Le Colonel Chabert*, in Vedettes, 22 janvier1943.

TABOULAY (C.). – *On ne meurt que deux fois*, in Cahiers du cinéma, octobre 1994.

TOSCAN DU PLANTIER (D.). – *Chabert revient, le classicisme aussi*, in Le Figaro magazine, 24 septembre 1994.

TRACHANT (M.N.). – *Luchini, cascadeur de l'âme*, in Le Figaro (périodique), 22 septembre 1994.

- Sur les œuvres de Balzac :

FONTAINE (I.). – *C'est Balzac qu'on modernise*, in TéléObs/Le Nouveau Cinéma, 24 février 2001.

GAUTHIER (G.). – *Balzac au cinéma*, in Europe, n° 429-430, janvier/février, Paris, 1965.

LEMAITRE (H.). – *Jean Giraudoux*, in Positions, 12 février 1944, p.12.

LENZINI (J.). – *L'adaptation des œuvres littéraires selon Pierre Moustier*, in Le Monde, 25 novembre 1991.

MAGNY (J.). – *La Belle Noiseuse*, in Cahiers du cinéma, juin 1991.

- Autres :

CARRIERE (J.L.). – *Jean-Claude Carrière scénariste ou le voyage à Bruxelles*, in Revue Belge du cinéma, Hiver 1986.

FRODON (J.M.). – *Stanley Kubrick, un humain au-delà des étoiles*, in Le Monde, 10 mars 1999.

JULIEN (J.F.). – *Georges Laurent : sa vie vaut bien un film*, in Le Populaire, 8 novembre 1998.

LAROUCHE (M.). – *L'adaptation filmique*, in Protée, Chicoutimi, printemps 1997.

c) Documents vidéo :

Histoire d'une histoire, le scénario : Jean-Claude Carrière, propos recueillis par Marie-Claude Valla, prod. SF3, 1989.

2°) Etudes théoriques sur la littérature et le cinéma :

a) Ouvrages :

BALASZ (B.). – *L'esprit du cinéma*, Paris : Payot, 1977.

BAZIN (A.). – *Qu'est-ce que le cinéma ?*, Paris : Cerf, 1994.

BOUTANG (P.A.). – *Polansky par Polansky*, Paris : du Chêne, 1986.

CHÂTEAUVERT (J.). – *Des mots à l'image : la voix over au cinéma*, Paris : Méridiens Klincksieck, 1996.

CHKLOVSKI (V.). – *Résurrection du mot et littérature et cinématographe*, Paris : Lebovici, 1985.

COLIN (M.). – *Langue, film, discours*, Paris : Klincksieck, 1985.

COLLECTIF. – *Littérature et cinéma*, Poitiers : La Licorne, 1993.

DEL LITTO. – *Stendhal – Balzac : Réalisme et Cinéma*, Grenoble : Presses Universitaitres de Grenoble, 1978.

FUZELIER (E.). – *Cinéma et littérature*, Paris : Idhec, 2 tomes, 1957.

GAUDREAULT (A.). – *Du littéraire au filmique*, Paris : Colin, 1988.

HELBO (A.). – *L'adaptation du théâtre au cinéma*, Paris : Colin, 1997.

JOST (F.). – *L'œil – caméra : entre film et roman*, Lyon : Presse Universitaires de Lyon, 1987.

KLEIN (M.) et PARKER (W.). – *The english novel and the movies (Le roman anglais et le cinéma),* New-York : Ungar Publishing, 1981.

LEFEVRE (R.). – *Jean-Luc Godard,* Paris : Edilig, 1983.

ROPARS-WUILLEUMIER (M.C.).-*Ecraniques : le film du texte*, Lille : Presses Universitaires de Lille, 1990.

VANOYE (F.). – *Récit écrit, récit filmique*, Paris : Nathan, 1979.

b) Articles :

CLERC (J. M.). – *Transposition visuelle*, in Les Cahiers du Mois, n° spécial cinéma, Paris, 1990.

COLLECTIF. – *Film et roman : problèmes*, in Cahiers du cinéma, n° 185, décembre 1966.

3°) Etudes théoriques sur l'image :

a) Ouvrages :

AUMONT (J.) et collaborateurs. – *Esthétique du film*, Paris : Nathan, 1993.

ID. – *Introduction à la couleur : des discours aux images*, Paris : Colin, 1994.

BATAILLE (R.). – *Grammaire cinématographique*, Paris : Taffin Lefort, 1947.

BORDWELL (D.). – *Making meaning : Inference and Rethoric in the Interpretation of cinema*, Cambridge : Harvard University Press, 1989.

BRESSON (R.). – *Note sur le cinématographe*, Paris : Gallimard, 1975.

BURCH (N.) et SELLIER (G.). – *La drôle de guerre des sexes du cinéma français : 1936-1956*, Paris : Nathan, 1996.

CALBO (S.). – *Réception télévisuelle et affectivité*, Paris : L'Harmattan, 1998.

CAMPAN (V.). – *L'Ecoute filmique*, Paris : Presses Universitaires de Vincennes, 1999.

CANUDO (R.). – *L'usine aux images*, Genève : Chiron, 1927.

CASETTI (F.). – *Les théories du cinéma depuis 1945*, Paris : Nathan, 1999.

CHARAUDEAU (P.). – *Le discours d'information médiatique : la construction du miroir social*, Paris : Nathan, 1997.

CHEVASSU (F.). – *L'expression cinématographique*, Paris : L'Herminier, 1977.

CHION (M.). – *L'audio-vision : son et image au cinéma*, Paris : Nathan, 1990.

ID. – *La voix au cinéma*, Paris : Cahiers du cinéma, 1993.

ID. – *Le son au cinéma*, Paris : Nathan, 1998.

COHEN-SEAT (G.). – *Esthétique et psychologie du cinéma*, Paris : Editions Universitaires, 1963.

COLLECTIF. – *L'expression du sentiment au cinéma*, Poitiers : La Licorne, 1996.

ID. – *Lectures du film*, Paris : Albatros, 1980.

ID. – *La théorie du film*, Paris : Albatros, 1980.

DELEUZE (G.). – *L'image-temps*, Paris : Les éditions de Minuit, 1985.

DELLUC (L.). – *Photogénie*, Paris : Brunhoff, 1920.

DUCCINI (H.). – *La télévision et ses mises en scène*, Paris : Nathan, 1998.

GARDIES (A.). – *L'espace au cinéma*, Paris : Méridiens Klincksieck, 1993.

ID. – *Le récit filmique*, Paris : Hachette, 1993.

GAUDREAULT (A.) et JOST (F.). – *le récit cinématographique*, Paris : Nathan, 1990.

JOLY (M.). – *L'image et les signes*, Paris : Nathan, 1994.

JOST (F.) et LEBLANC (G.). – *La télévision française au jour le jour*, Paris : Anthropos/I.N.A., 1994.

KYROU (A.). – *Le surréalisme au cinéma*, La Flèche : Le Terrain Vague, 1985.

LITWIN (M.). – *Le film et sa musique*, Paris : Romillat, 1992.

LOTMAN (Y.). – *Esthétique et sémiotique du cinéma*, Paris : ES/Ouvertures, 1977.

MAILLOT (P.). – *L'écriture cinématographique*, Paris : Méridiens Klincksieck, 1994.

METZ (C.). – *L'énonciation impersonnelle ou le site du film*, Paris : Méridiens Klincksieck, 1991.

ID. – *Essais sur la signification au cinéma*, Paris : Klincksieck, 1994, 2 tomes.

ID. – *Le signifiant imaginaire*, Paris : Bourgeois, 1993.

MITRY (J.). – *La sémiologie en question*, Paris : Cerf, 1987.

MORIN (E.). – *Le cinéma ou l'homme imaginaire*, Paris : Les éditions de Minuit, 1995.

ID. – *Les Stars*, Paris : Seuil, 1957.

ODIN (R.). – *Cinéma et production de sens*, Paris : Colin, 1990.

PAVIS (P.). – *L'analyse des spectacles*, Paris : Nathan, 1996.

PEETERS (B.) et collaborateurs. – *Storyboard : le cinéma dessiné*, Paris : Yellow Now, 1992.

PERRIN (C.). – *Carl Th. Dreyer*, Paris : Seghers, 1969.

REVAULT D'ALLONNES (F.). – *La lumière au cinéma*, Paris : Cahiers du cinéma, 1994.

ROHMER (E.). – *L'organisation de l'espace dans Faust de Murnau*, Paris : 10/18, 1978.

ROMANO (D.). – *L'esperienza cinématografica*, Florence : Barbera, 1965.

SMOLDERS (O.). – *Eloge de la pornographie,* Paris : Yellow Now, 1992.

ZAZZO (R.) et ZAZZO. – *Une expérience sur la compréhension du film*, in Revue Internationale de Filmologie, 1949, n°5.

b) Articles :

ASANUMA (K.). – *Reproduction et expression : essai sur les méthodes sémiologiques et esthétiques de Christian Metz,* in Semiotica, 1996, n° 112-1/2.

CARANI (M.). – *L'hypoiconicité comme paradigme des arts visuels*, in Visio, volume 3, n°1.

CHATEAU (D.). – *La sémiologie du cinéma : un bilan*, in Degrés, Bruxelles, n° 64, 1990.

CONSTANTINI (M.). – *Sur un paradoxe de l'iconique*, in Visio, volume 3, n° 1.

FRIEDMAN (R.M.). – *La spécularité diffractée : mise en abyme et début de film,* in Semiotica, 1996, n° 112-1/2.

MICHOTTE (A.). – *La participation émotionnelle du spectateur à l'action représentée à l'écran*, in Revue Internationale de Filmologie, 1953, n°13.

RICHIR (M.). – *Le cinéma : artefact et simulacre*, in Protée, Chicoutimi, printemps 1997.

c) Documents vidéo :

- Cinéma :

Le son au cinéma, de Guy Mousset, prod. Arcadia Films, 1993.

- Peinture :

Palette, Delacroix : sous les pavés, l'image, d'Alain Jaubert, prod. Arte, 1990.

Palette, Kandinsky : figures de l'invisible, d'Alain Jaubert, prod. Arte, 1994.

Palette, Rembrandt : le miroir des paradoxes, d'Alain Jaubert, prod. Arte, 1991.

4°) Didactique et cinéma :

a) Ouvrages :

ARDOIN (N.). – *L'école du cinéma : enseignement du cinéma et expérience pédagogique*, thèse, Paris VIII, 1987.

BUSSON (E.) et PERICHON (D.). – *Le cinéma dans la classe de Français : se former et enseigner*, Paris : Bertrand-Lacoste, 1998.

CITTERIO (R.) et collaborateurs. – *Du cinéma à l'école*, Paris : Hachette, 1995.

COLLECTIF. – *Culture de l'écrit, culture de l'écran*, C.R.D.P. Midi-Pyrénées, 1994.

ID. – *L'image et le cinéma dans l'enseignement des Lettres*, C.R.D.P. Poitou-Charentes, 1999.

DEMOUGIN (F.). – *Adaptations cinématographiques d'œuvres littéraires*, C.R.D.P. Midi-Pyrénées, 1996.

ROLLET (S.). – *Enseigner la littérature avec le cinéma*, Paris : Nathan, 1996.

b) Articles :

SAINT-MARTIN (F.). – *Nouvelles orientations en sémiologie visuelle*, in Degrés, Bruxelles, 1991.

c) Documents vidéo :

Eugène et Lucien d'Anne Breit, prod. C.N.D.P., 1983.

Bibliographie et filmographie thématique et sélective

Il s'agit de trouver les ouvrages littéraires et cinématographiques qui regroupent les mêmes thèmes que *Le Colonel Chabert*. Ces derniers sont éparpillés dans notre étude afin de ne pas la réduire à une simple approche thématique, compte tenu de tous les paramètres littéraires et cinématographiques à mettre en adéquation. Mais, il nous a paru utile de présenter quelques thèmes généraux sans classement particulier, simplement dans la perspective de faire des rapprochements littéraires et cinématographiques avec *Le Colonel Chabert*. Nous avons sélectionné une partie des ouvrages les plus connus, sans évoquer les autres oeuvres de Balzac, afin de proposer des pistes de recherches. La liste est loin d'être exhaustive et reste une simple illustration.

1°) Identité et reconnaissance : disparition, réapparition et vengeance :

A) Littérature :

Hamlet de William Shakespeare

Le Comte de Montre-Cristo d'Alexandre Dumas

Le retour de Guy de Maupasssant

Œdipe roi de Sophocle

B) Cinéma :

Candyman de Bernard Rose

Itinéraire d'un enfant gâté de Claude Lelouch

Justinien trouvé ou le batard de Dieu de Christian Fechner

Le retour de Martin Guerre de Daniel Vigne

2°) L'absurdité de la vie comme fatalité :

A) Littérature :

Le roi se meurt d'Eugène Ionesco

Lorenzaccio d'Alfred Musset

Malone meurt de Samuel Beckett

Phèdre de Jean Racine

B) Cinéma :

Bad Lieutenant d'Abel Ferrara

Colonel Redl de Istvan Szabo

Element of crime de Lars Von Trier

La faim d'Henning Carlsen

3°) L'argent et le désir de domination destructrice :

A) Littérature :

Bel ami de Guy de Maupassant

L'éducation sentimentale de Gustave Flaubert

La Curée d'Emile Zola

Lucien Leuwen de Stendhal

B) Cinéma :

Barry Lyndon de Stanley Kubrick

L'argent de Robert Bresson

Petits meurtres entre amis de Danny Boyle

Un plan simple de Sam Raimi

4°) L'instinct de survie et la volonté de puissance :

A) Littérature :

Chéri-Bibi de Gaston Leroux
1984 de Georges Orwell
Ravage de René Barjavel
Robinson Crusoé de Daniel Defoe

B) Cinéma :

Affreux, Sales et méchants d'Ettore Scola
L'entre de la folie de John Carpenter
La chasse du Comte Zaroff d'Ernest Beaumont Schoedsack
Seul contre tous de Gaspar Noé

5°) La folie et le rejet de l'individu :

A) Littérature :

Docteur Jeckyll et Mr Hyde de Robert Louis Stevenson
La métamorphose de Franz Kafka
Le hors-là de Guy de Maupassant
Le portait de Dorian Gray d'Oscar Wilde

B) Cinéma :

Faux-semblants de David Cronenberg
Le secret de Véronika Voss de Rainer Werner Fassbinder

Shinig de Stanley Kubrick
Vol au dessus d'un nid de coucou de Milos Forman

6°) Le traumatisme de la guerre :

A) Littérature :

L'espoir d'André Malraux
La débâcle d'Emile Zola
Les Thibault de Roger Martin du Gard
Voyage au bout de la nuit de Céline

B) Cinéma :

Birdy d'Allan Parker
Full metal jacket de Stanley Kubrick
Johnny s'en va en Guerre de Dalton Trumbo
Rambo de Ted Kotcheff

7°) Mariage et déchirement :

A) Littérature :

L'Immoraliste d'André Gide
La princesse de Clèves de Madame de Lafayette
Le roman de Tristan et Iseut de Joseph Bédier (version renouvelée)
Madame Bovary de Gustave Flaubert

B) Cinéma :

Kramer contre Kramer de Robert Benton

La guerre des roses de Danny de Vito
Les Diaboliques de Henry-Georges Clouzot
Vertigo d'Alfred Hitchcock

8°) Paris et la déperdition de l'individu :

A) Littérature :

L'assommoir d'Emile Zola
Les liaisons dangereuses de Pierre Choderlos de Laclos
Les misérables de Victor Hugo
Manon Lescaut de L'abbé Prévost

B) Cinéma :

La vérité de Henry-Georges Clouzot
Le loup garou de Paris de Anthony Willer
Les cousins de Claude Chabrol
Les quatre cent coups de François Truffaut

9°) Société et individu marginalisé :

A) Littérature :

La lettre écarlate de Nathaniel Hawthorne
Le loup des mers de Jacques London
Le parfum de Patrick Süskind
20 000 lieues sous les mers de Jules Verne

B) Cinéma :

Danse avec les loups de Kevin Costner

Dead man de Jim Jarmusch

Edward aux mains d'argent de Tim Burton

Un homme dans la foule d'Elia Kazan

Filmographie sélective

Je remercie particulièrement les personnes qui m'ont aidé à trouver les films et les téléfilms en cassettes vidéo : Anne-Marie Baron, Véronique Monteilhet, Yoshie Oshita, et Jean-Louis Maisonnet.

1°) Films et téléfilms tirés des œuvres de Balzac :

a) *La Comédie humaine* :

Albert Savarus d'Alexandre Astruc, prod. Les films Auramax, La sept, Fr., 1992, téléfilm de 60 min.

Arrivistes (Les) de Louis Daquin, prod. Pathé/D.E.F.A., Fr.-R.F.A., 1959, 112 min.

Belle Noiseuse (La) de Jacques Rivette, prod. Polygram, Fr., 1991, 120 min. (version courte).

Chouans (Les) de Henri Calef, prod., Georges Legrand, Fr., 1947, 99 min.

Colonel Chabert (Le) d'Yves Angelo, prod. TF1 Films Productions, Fr., 1994, 107 min.

ID. de René Le Hénaff, prod. C.C.F.C., Fr., 1943, 102 min.

Cousin Pons (Le) de Guy Jorré, prod. I.N.A. Fr., 1976, téléfilm de 102 min.

Cousine Bette (La) d'Yves-André Hubert, prod. TF1, Fr., 1964, téléfilm de 120 min.

Cousine Bette de Des Mcanuff, prod. Twentieth Century Fox, U.S.A., 1997, 104 min.

Curé de Tours (Le) de Gabriel Axel, prod. TF1, Fr., 1980, téléfilm de 110 min.

Duchesse de Langeais (La) de Jacques de Baroncelli, prod. Films Orange, Fr., 1941, 92 min.

ID. de Jean Daniel Verhaeghe, prod. France 3 I.N.A. et Technisonor, Fr., 1994, téléfilm de 80 min.

Eugènie Grandet de Jean Daniel Verhaeghe, prod. France 3 I.N.A. et Technisonor, Fr., 1993, téléfilm de 80 min.

Fausse maîtresse (La) d'André Cayatte, prod. Continental films, Fr., 1942, 80 min.

Lys dans la vallée (Le) de Marcel Cravenne, prod. I.N.A., Fr., 1970, 120 min.

Out one (noli me tangere) de Jacques Rivette, prod. Les film du losange, Fr., 1971, 8 épisodes de 90 min.

Passion in the desert (Passion dans le désert) de Lavinia Currier, prod. Roland Films, U.S.A., 1990, 90 min.

Père Goriot (Le) de Guy Jorré, prod. I.N.A., Fr., 1975, téléfilm de 105 min.

ID. de Robert Vernay, prod. Pierre O' Connell/Regina, Fr., 1945, 92 min.

Rastignac ou les Ambitieux d'Alain Tasma, prod. Serge Moati, Fr., 2001, 4 épisodes de 95 min. (téléfilm).

Secrets de la Princesse de Cadignan (Les) de Jacques Deray, prod. FR3, PROGEFI-DADA FILM – R.A.I., Fr., 1982, téléfilm de 90 min.

Seul amour (Un) de Pierre Blanchar, prod. Gaumont, Fr., 1943, 96 min.

Splendeurs et Misères des Courtisanes de Maurice Cazeneuve, prod. Société nouvelle Pathé cinéma, Fr., 1976, 9 épisodes de 52 min. (téléfilm).

The Conquering Power (Eugènie Grandet) de Rex Ingram, prod. Metro Goldwin Mayer, U.S.A., 1921, 90 min.

Ursule Mirouët de Marcel Cravenne, prod. I.N.A., Fr., 1982, téléfilm de 180 min.

Vautrin de Pierre Billon, prod. Gaumont, Fr., 1944, 116 min.

b) Les œuvres théâtrales :

Faiseur (Le) de Georges Folgoas, mise en scène théâtrale de Jean Galabru, Prod. France 3/S2R International Productions, Fr., 1999, 120min.

2°) Divers :

Alien de Ridley Scott, prod. Brandywine, U.S.A., 1979, 115 min.

Alphaville (Une étrange aventure de Lemmy Caution) de Jean-Luc Godard, prod. André Michelin, Fr., 1965, 98 min.

Ange Bleu (L') de Josef Von Sternberg, prod. Erich Pommer, All., 1930, 110 min.

Angèle de Marcel Pagnol, prod. Marcel Pagnol, Fr., 1934, 150 min.

Année dernière à Marienbad (L') d'Alain Resnais, prod. Pierre Coureau, Fr., 1961, 93 min.

Apocalypse now de Francis Ford Coppola, prod. Omni Zoetrope, U.S.A., 1979, 147 min.

Balzac de Josée Dayan, prod. T.F.1, Fr., 1999, 2 épisodes de 100 min. (téléfilm).

Belle captive (La) d'Alain Robbe-Grillet, prod. Anatole Dauman, Fr., 1983, 90 min.

Belle de jour de luis Buñuel, prod. Robert et Raymond Hakim, Fr., 1966, 105 min.

Brazil de Terry Gilliam, prod. Arnon Milchan, G.B., 1985, 142 min.

Brigades du Tigre (Les) de Victor Vicas, prod. A2, Fr., de 1979 à 1983, 40 épisodes de 55 min. (série télé).

Cabinet du Docteur Caligari (Le) de Robert Wiene, prod. Erich Pommer/Decla, All., 1919, 78 min.

César de Marcel Pagnol, prod. Films Marcel Pagnol, Fr., 1936, 160 min.

Comte de Monte-Cristo (Le) de Josée Dayan, prod. T.F.1, Fr., 1998, 4 épisodes de 95 min. (téléfilm).

Cyrano de Bergerac de Jean-Paul Rapeneau, prod. Hachette/A2, Fr., 1990, 135 min.

Dallas de David Jacobs, prod. C.B.S., U.S.A., 1978 à 1991, 355 épisodes de 47 min. (série télé).

Danton d'Andrzej Wajda, prod. Films du Losange, Fr., 1982, 136 min.

2001 L'Odyssée de l'espace de Stanley Kubrick, prod. M.G.M., G.B., 1968, 141 min.

Docteur Petiot de Christian De Chalonge, prod. Gaumont, Fr., 1990, 102 min.

Dracula de Francis Ford Coppola, prod. Gaumont, U.S.A., 1993, 123 min.

Dune de David Lynch, prod. Raffella de Laurentis, U.S.A., 1983, 137 min.

Eclectisme et composition de Gilles Visy, prod. Festv'Art et Centre de Recherches sur les Littératures Populaires et les Cultures Médiatiques, Faculté de Limoges, Fr., 2000, 26 min. (court métrage).

Eternel retour (L') de Jean Delanoy, prod. André Paulvé, Fr., 1943, 115 min.

Etrange Monsieur Victor (L') de Jean Grémillon, prod. A.C.E./ U.F.A., Fr., 1937, 113 min.

Europa de Lars Von Trier, prod. Peter Aalbeak Jensen, Danemark, 1991, 108 min.

Fanny de Marc Allégret, prod. Films Marcel Pagnol, Fr., 1932, 142 min.

Farenheit 451 de François Truffaut, prod. Lewis M. Allen, Fr., 1966, 113 min.

Femme et le pantin (La) de Jacques de Baroncelli, prod. Société des Cinéromans/Films de France, Fr., 1928, 138 min.

Femme du boulanger (La) de Marcel Pagnol, prod. Films Marcel Pagnol, Fr., 1938, 130 min.

Folie des grandeurs (La) de Gérard Oury, prod. Alain Poiré, Fr., 1971, 113 min.

Fraises sauvages (Les) de Ingmar Bergman, prod. Svensk Filmindustri, Suède, 1957, 92 min.

Germinal de Claude Berri, prod. BODO SCRIBA, Fr., 1993, 160 min.

Grand chemin (Le) de Jean-Loup Hubert, prod. Pascal Hommais, Fr., 1987, 106 min.

Guerre des étoiles (La) de Georges Lucas, prod. Georges Lucas, U.S.A., 1977, 120 min.

Guerre du feu (La) de Jean-Jacques Annaud, prod. John Kemeny, Fr., 1981, 96 min.

Hannibal de Ridley Scott, prod. Dino de Laurentis, U.S.A., 2001, 135 min.

Ile aux trente cercueils (L') de Marcel Cravenne, prod. A2, 1979, 6 épisodes de 60 min. (téléfilm).

Immortelle (L') d'Alain Robbe-Grillet, prod. Tamara Films, Fr., 1962, 95 min.

Inconnus dans la maison (Les) de Henri Decoin, prod. Republic Pictures, Fr., 1941, 90 min.

India song de Marguerite Duras, prod. Films Armorial, Fr., 1974, 120 min.

Inhumaine (L') de Marcel L'Herbier, prod. Cinégraphic, Fr., 1923, 130 min.

Insoutenable légèreté de l'être (L') de Philip Kaufman, prod. Saul Zaentz Compagny, U.S.A., 1987, 172 min.

Jesuit Joe de Olivier Austen, prod. Jean-Jacques Grimblat, Fr., 1991, 100 min.

Jour de fête de Jacques Tati, prod. Fred Orain, Fr., 1947, 75 min.

Jour se lève (Le) de Marcel Carné, prod. Sigma, Fr., 1939, 95 min.

Kingdom (The) de Lars Von Trier, prod. Zentropa, Danemark, 1994 à 1996, 7 épisodes de 50 min. (téléfilm).

Loulou de Georg Wilhelm Pabst, prod. Nerc Film, All., 1928, 132 min.

Marius de Alexandre Korda, prod. Paramount/Marcel Pagnol, Fr., 1931, 130 min.

Mépris (Le) de Jean-Luc Godard, prod. Carlo Ponti et Georges Beauregard, Fr.-Ital., 1963, 103 min.

Metropolis de Fritz Lang, prod. U.F.A., All., 1927, 120 min. (version noir et blanc et version teintée par Georgio Moroder en 1984).

1492, Chritophe Colon de Ridley Scott, prod. Ridley Scott, U.S.A., 1992, 160 min.

Misérables (Les) de Josée Dayan, prod. T.F.I, Fr., 2000, 4 épisodes de 95 min. (téléfilm).

Misérables (Les) de Robert Hossein, prod. Dominique Harispuru/S.F.P.C., Fr., 1982, 183 min.

Napoléon d'Abel Gance, prod. Société du film Napoléon, Fr., 1925, 360 min.

New-York 1997 de John Carpenter, prod. Debra Hill, U.S.A., 1980, 102 min.

Nom de la rose (Le) de Jean-Jacques Annaud, prod. Alexandre Mnouchkine, Fr., 1986, 131 min.

Nosferatu le vampire de Frédéric Wilhelm Murnau, prod. Prana Films, All., 1922, 110 min.

Nuit des masques (La) de John Carpenter, prod. Falcon International, U.S.A., 1978, 93 min.

Pacte des Loups (Le) de Christophe Gans, prod. TF1 Films Production, Fr., 2000, 137 min.

Partie de campagne de Jean Renoir, prod. Pierre Braunberger, Fr., 1936, 40 min.

Passion de Jean-Luc Godard, prod. Sara Films, Fr., 1982, 87 min.

Polyester de John Waters, prod. John Waters, U.S.A., 1981, 90 min.

Pontcarral, Colonel d'empire de Jean Delannoy, prod. Pathé-Cinéma, Fr., 1942, 125 min.

Princesse de Clèves (La) de Jean Delannnoy, prod. Silver-Films, Fr., 1961, 115 min.

Pulp fiction de Quentin Tarantino, prod. Miramax, U.S.A., 1994, 149 min.

Regain de Marcel Pagnol, prod. Films Marcel Pagnol, Fr., 1937, 135 min.

Reservoir dogs de Quentin Tarantino, prod. Lawrence Bender et Monte Hellman, U.S.A., 1992, 95 min.

Retour de Martin Guerre de Daniel Vigne, prod. F.R.3, Fr., 1981, 123 min.

Roi sans divertissement (Un) de François Leterrier, prod. Les films Jean Giono, 1963, 88 min.

Roméo et Juliette de Jérôme Araujo et de Gilles Visy, prod., D.R.A.C. du Limousin, 1998, 45 min. (moyen métrage).

Rouge et le noir (Le) de Claude Autant-Lara, prod. Henri Deutschmeister, Fr., Ital., 1954, 198 min.

Sierra de Teruel d'André Malraux, prod. Roland Tual, Fr., 1945, film inachevé, 75 min.

Silence des agneaux (Le) de Jonathan Demme, prod. Kenneth Utt, U.S.A., 1991, 114 min.

Sixième sens (Le) de Michael Mann, prod. De Laurentis Entertainment, U.S.A., 1986, 113 min.

Symphonie pastorale (La) de Jean Delannoy, prod. Films Gibe, Fr., 1946, 95 min.

Syndrome de Stendhal (Le) de Dario Argento, prod. Colombo, Ital., 1996, 120 min.

Temps retrouvé (Le) de Raul Ruiz, prod. Film Office, Fr., 1999, 155 min.

Tire-au-flanc de Jean Renoir, prod. Armor-Film, Fr., 1928, 83 min.

Trafic de Jacques Tati, prod. Robert Dorfmann, Fr., 1971, 96 min.

Tristana de Luis Buñuel, prod. Epoca-Film et Talia-Film, Fr., 1970, 100 min.

Ultime razzia (L') de Stanley Kubrick, prod. James B. Harris, U.S.A., 1956, 83 min.

Valseuses (Les) de Bertrand Blier, prod. U.P.F./ P.R.O.D.I.S., Fr., 1974, 117 min.

Vidocq de Pitof, prod. RF2K, Studio Canal, Fr., 2001, 95 min.

Filmographie générale à partir des œuvres de la comédie humaine (films et téléfilms)

Cette filmographie a été constituée avec l'aide des ouvrages suivants : *Balzac cinéaste* d'Anne-Marie Baron, *Le Napoléon des lettres* de Gérard Gemgembre, *Les secrets de l'adaptation* de Tudor Eliad, ainsi que l'article de René Jeanne et de Charles Ford intitulé *Balzac et le cinéma* publié dans *L'Année balzacienne* de 1961 et celui de Guy Gauthier nommé *Balzac au cinéma*, in Europe, n° 429-430, janvier/février, Paris, 1965.

1°) ETUDES DES MŒURS

A) Scènes de la vie privée

- *Albert Savarus*

  - *Abert Savarus* d'Alexandre Astruc, Fr, 1992, téléfilm

- *Autre étude de femme*

  - *Seul amour (Un)* de Pierre Blanchar, Fr., 1943
  - *Grande Bretèche (La)* d'André Calmettes, Fr., 1910
  - *Grande Bretèche (La)* de Claude Barma, Fr., 1960, téléfilm

- *Béatrix*

  - *Béatrix* de Xamilio de Riso, Ital., 1919
  - *Béatrice* de Herbert Brenon, Ital., 1920
  - ID. d'Alain Boudet, Fr., 1976, téléfilm

- *Colonel Chabert (Le)*

  - *Colonel Chabert (Le)* d'André Calmettes et Henri Pouctal, Fr., 1911
  - ID. de Carmine Gallone, Ital., 1922
  - *Mensh Ohne Nahmen* (*L'homme sans nom*) de Gustav Uciky, All., 1932
  - *Colonel Chabert (Le)* de René Le Hénaff, Fr., 1943
  - ID. d'Yves Angelo, Fr., 1994

- *Femme abandonneé (La)*

  - *Femme abandonnée (La)* d'Edouard Molinaro, Fr., 1992, téléfilm

- *Femme de trente ans (La)*

  - *Femme de trente ans (La)* d'Alexandre Devarennes, Ital., 1919
  - *If Women only knew* d'Edward H. Griffith, U.S.A., 1921

- *Fille d'Eve (Une)*

  - *Fille d' Eve (Une)* d' Alexandre Astruc, Fr., 1988, téléfilm

- *Fausse maitresse (La)*

  - *Maitresse masquée (La)* d'Ottakar Vavra, Tch., 1940
  - *Fausse maitresse (La)* d'André Cayatte, Fr., 1942

- *Interdiction (L')*

  - *Interdiction (L')* de Pierre Moustiers, Fr., 1991, téléfilm

- *Mémoires de deux jeunes mariés (Les)*

  - *Mémoires de deux jeunes mariés (Les)* de Maurice Cazeneuve, Fr., 1981, téléfilm

- *Père Goriot (Le)*

  - *Père Goriot (Le)* de Travers Vale, U.S.A., 1915

- ID. de Mario Corsi, Ital., 1919
- ID. de Jacques de Baroncelli, Fr., 1921
- *Paris at midnigth* de M. Hopper, U.S.A., 1926
- *Karriere in Paris* de Georg C. Klaren et Hans-Georg Rudolph, All., 1951
- *Père Goriot (Le)* de Guy Jorré, Fr., 1972, téléfilm

B) Scènes de la vie de province

- *Curé de Tours (Le)*

  - *Curé de Tours (Le)* de Gabriel Axel, Fr., 1980, téléfilm

- *Eugènie Grandet*

  - *Eugènie Grandet* d'Armand Numes, Fr., 1910 (?)
  - *The Conquering Power* de Rex Ingram, U.S.A., 1921
  - *Eugenia Grandet* de Mario Soldati, Ital., 1946
  - *Eugènie Grandet* de Jean Cazenave, Fr., 1956, téléfilm
  - *Eugenia Grandet* de Emilio Gomez Muriel, Mex., 1952
  - ID. réalisateur inconnu, Esthonie, 1959 (?)
  - ID. de S. Alexeiev, Russ., 1960, téléfilm
  - ID. d'Alain Boudet, Fr., 1968, téléfilm

- *Illusions perdues*

  - *Rastignac ou les Ambitieux* d'Alain Tasma, Fr., 2001, téléfilm
  - *Illusions perdues* de Maurice Cazeneuve, Fr., 1966, téléfilm
  - *Elveszett Illusiok* de Guyla Gazdag, Hongr., 1983

- *Pierrette*

  - *Pierrette* de Guy Jorré, Fr., 1980, téléfilm

- *Rabouilleuse (La)*

  - *Rabouilleuse (La)* de Fernand Rivers, Fr., 1943
  - *Arrivistes (Les)* de Louis Daquin, Fr., 1959

- *Ursule Mirouët*

  - *Ursule Mirouët* de Marcel Cravenne, Fr., 1982, téléfilm

C) Scènes de la vie parisiennes

- *Cousin Pons (Le)*

  - *Cousin Pons (Le)* de Jacques Robert, Fr., 1924
  - ID. de Guy Jorré, Fr., 1977, téléfilm

- *Cousine Bette (La)*

  - *Cousine Bette (La)* de Max Rieux, Fr., 1928
  - ID. d'Yves-André Hubert, Fr., 1964, téléfilm
  - *Cousine Bette* de Des Mcanuff, U.S.A., 1997

- *Duchesse de Langeais (La)*

  - *Duchesse de Langeais (La)* réalisateur inconnu, Fr., avant 1914 (?)
  - *The eternal flame (La Duchesse de Langeais)* de Frandk Loyd, U.S.A., 1922
  - *Liebe (Histoire des Teize)* de Paul Czinner, All., 1926
  - *Duchesse de Langeais (La)* de Jacques de Baroncelli, Fr., 1942
  - ID. de Jean-Paul Roux, Fr., 1983, téléfilm
  - ID. de Jean-Daniel Verhaeghe, Fr., 1994, téléfilm

- *Ferragus, chef des Dévorants*

  - *Ferragus* d'André Calmettes, Fr., avant 1914 (?)
  - *La Storia dei tredeci* de Carmine Gallone, Ital., 1917
  - *Histoire des Treize*, réalisateur inconnu, Ital., 1919
  - *Ferragus* de Gaston Ravel et Tony Lekain, Fr., 1923
  - *Out one* de Jacques Rivette, Fr., 1970 (inspiré librement de *L'Histoire des Treize*).

- *Fille aux yeux d'or (La)*

  - *Fille aux yeux d'or (La)* de Gabriel Albicoco, Fr., 1961

- *Histoire de la grandeur et de la décadence de César Birotteau*

  - *César Birotteau* d' Emile Chautard, Fr., 1911 (?)
  - *César Birotteau* de Victorin Jasset, Fr., 1911
  - ID. d' Arnaldo Fratelli, Ital., 1921
  - ID. de René Lucot, Fr., 1977, téléfilm

- *Secrets de la princesse de Cadignan (Les)*

  - *Secrets de la princesse de Cadignan (Les)* de Jean-Paul Carrère, Fr., 1960, téléfilm
  - ID. de Jaques Deray, Fr., 1982, téléfilm

- *Splendeurs et Misères des Courtisanes* (et cycle Vautrin)

  - *Vautrin* de Charles Krauss, Fr. 1914 (?)
  - *Vautrin* de Alexandre Devarennes, Ital. 1919
  - *Dernière incarnation de Vautrin (La)* de Alexandre Devarennes, Ital. 1919
  - *Galérien (Le)* de Rochus Gliese, All., 1919
  - *Morel, der Meister der kette* de Louis Ralph, All., 1920
  - *Glanz und Elend der kurtisaner* de Manfred Noa, All., 1927
  - *Vautrin* de Pierre Billon, Fr., 1943
  - *Der Bagnosträfling* de Gustave Froelich, All. 1949
  - *Vautrin* de Jean Vertex, Fr., 1957, téléfilm
  - *Spendeurs et misères des courtisanes* de Maurice Cazeneuve ; Fr., 1976, téléfilm

D) Scènes de la vie politique

- *Ténébreuse affaire (Une)*

  - *Ténébreuse affaire (Une)* d' Alain Boudet, Fr., 1975, téléfilm

E) Scènes de la vie militaire

- *Chouans ou la Bretagne en 1799*

  - *Chouans (Les)* de Henri Calef, Fr., 1946

- *Une passion dans le désert*

  - *Passion in the desert (Passion dans le desert)* de Lavinia Currier, U.S.A., 1990.

F) Scènes de la vie de campagne

- *Lys dans la vallée (Le)*

  - *Lys dans la vallée (Le)* de Marcel Cravenne, Fr., 1970, téléfilm
  - ID. de Fabrice Mazé, Fr., 1975, téléfilm

2°) ETUDES PHILOSOPHIQUES

- *Adieu*

  - *Adieu* de réalisateur inconnu, All., 1922
  - ID. de Pierre Badel, Fr., 1982, téléfilm

- *Auberge rouge (L')*

  - *Auberge rouge (L')* de Jean Epstein, Fr., 1923

- *Chef d'œuvre inconnu (Le)*

  - *Belle Noiseuse (La)* de Jacques Rivette, Fr., 1991 (deux versions : une courte et une longue)

- *Drame au bord de la mer (Un)*

- *L'homme du large* de Marcel L'Herbier, Fr., 1921

- *Melmoth réconcilié*

- *Melmoth réconcilié* de Georges Lacombe, Fr., 1964, téléfilm

- *Peau de chagrin (La)*

- *Peau de chagrin (La)* d'Albert Capellani, Fr., 1909
- *Das Spiel vom Tode* d' Alwin Neub, All., 1917
- *Desire, the Magic Skin* de Georges Edward, G.B., 1920
- *Narayana* de Léon Poirier, Fr., 1920
- *Slave of desire* de Jack Warren, U.SA., 1926
- *Die Unheilmlichen Wünsche* de Heinz Hilpert, All., 1939
- *La piel de zapa* de Luis Bayon Herrera, Argentine, 1943
- *Segrenska Kosa* d'Ivo Urbanic et Vlado Kristl, Yougoslavie, 1960 (dessin animé)
- *Peau de chagrin (La)* de Michel Favart, Fr., 1980, téléfilm

Index filmique de *La Comédie humaine*

Post-face

Il n'est pas aisé d'écrire une post-face après ce travail documenté et cette réflexion approfondie, posant un nombre certain de questions et de tentatives de réponses qui, paradoxalement, permettent à la fois de mieux saisir et comprendre le problème de l'adaptation d'une œuvre littéraire au cinéma dans son ensemble tout en restant aussi démuni et seul lorsque précisément on se trouve confronté à ce travail. Et pourquoi cela ? Les réponses sont multiples, certaines évidentes, d'autres moins, car plus subjectives et c'est précisément sur ce point que je voudrais insister dans le cadre de ce texte. J'ai longtemps réfléchi sur la correspondance étrange entre le travail de l'interprète/musicien et celui du cinéaste qui adapte dans la forme qu'il connaît le travail d'un autre, « s'appropriant » malgré lui mais inéluctablement la pensée de l'autre. Dit autrement, et plus brutalement : parler avec le discours d'un autre. Que fait d'autre l'interprète face à une partition de musique, sinon parler de sa propre voix et avec sa sensibilité sur le discours du compositeur ? Et si l'on suit cette correspondance jusqu'au bout, on peut arriver à un retournement de la question sans cesse posée de la fidélité au texte original ou son infidélité, car en musique, les exemples sont nombreux de l'étonnement admiratif du compositeur découvrant ce qu'un interprète a fait de son œuvre, la sublimant en l'accomplissant, éclaircissant des zones restées sombres d'une lumière soudain évidente, lui faisant même découvrir une direction qu'il n'avait pas lui-même envisagée, et qui le comble ! (Je citerai entre autres pour illustrer ce propos Ravel, Stravinsky, Schoenberg, Bartok, Berg…la liste pourrait être plus longue). Comment alors parler objectivement de fidélité ou d'infidélité à l'auteur ? On transmet toujours ce qu'on ignore à travers ce que l'on croit savoir. C'est pourquoi les raisons du désir d'adapter une œuvre existante sont souvent faussement objectives, car nous les comprenons vraiment qu'après le film réalisé (le film en l'occurrence pour moi, mais ce pourrait être aussi bien une pièce de théâtre, de musique ou de peinture, ou encore même une nouvelle direction donnée à son parcours artistique). Il est étonnant de noter qu'après avoir réalisé « Le Colonel Chabert », qui était à l'origine un désir de Gérard Depardieu d'interpréter le rôle, les différents thèmes de mes films suivants, adaptations ou sujets originaux, étaient déjà présents dans le roman de Balzac, à savoir la solitude d'un être, le jeu de masques inhérent à tout rapport social, la place de l'argent et plus généralement de l'intérêt dans ce rapport, l'ambiguïté inhérente à tout personnage, etc...etc... On pourrait presque avancer l'idée que le désir d'adapter une œuvre contient déjà le sentiment d'une attention fidèle à la pensée de l'auteur. D'ailleurs, la pluralité des points de vue, la diversité de compréhension, l'antagonisme des jugements ne sont-ils pas engendrés précisément par la qualité de l'œuvre, qui nourrit elle-même cette contradiction apparente ? Etre capable d'une œuvre, n'est-ce pas justement être capable de se l'approprier pour y ajouter son propre regard (au sens où Pascal disait « être capable de Dieu ») ? Allons plus loin : le fait de dire « Je » avec la parole d'un autre (ce pourrait être une des définitions du travail d'adaptation) n'est-il pas assimilable avec la position de l'acteur qui, dans l'acte de jouer, dit « Je » avec une parole qui à priori est étrangère à sa propre pensée ? Le spectateur lui-même ne fait-il pas aussi un travail d'adaptation en voulant comparer deux œuvres dont la naissance est nécessairement différente ? Autant de questions qui restent posées et dont les réponses plus ou moins élaborées n'apporteront jamais une conclusion définitive au problème, et c'est bien ainsi, car la beauté d'une œuvre restera toujours un mystère. Ecouter une sonate de Beethoven par cent interprètes différents ne permettra jamais de dire que la pensée de Beethoven est dans celle-ci ou l'autre, mais seulement de comprendre que la puissance du génie crée elle-même cette multiplicité d'approches, de tâtonnements, d'incertitudes. Le reste n'est qu'une question de goût : j'aime ou je n'aime pas, je suis intéressé ou pas, je suis bouleversé ou je ne ressens rien... La modestie et l'humilité qui doivent toujours s'insérer dans le rapport à l'œuvre, (que ce soit le créateur ou le critique, le chercheur ou le simple spectateur) nous conduisent humblement à suggérer des sortes d'étincelles, à jeter des pierres dans l'eau et provoquer ainsi, dans la conscience de celui qui reçoit l'œuvre, des ronds dans l'eau qui le conduiront à l'exploration inconsciente et infinie peut-être, de toute une zone de possibles. Cette zone de possibles est pour moi l'intérêt premier de tout travail artistique, et j'emploie ce mot dans le sens le plus humble qu'il est concevable. Le questionnement, le voyage à travers des chemins obscurs et inconnus, la volonté de se rapprocher d'une vérité qui ne cessera jamais de se dérober à la pensée, sont paradoxalement la plus belle façon de s'accomplir artistiquement (que l'on crée quelque chose ou pas, car l'accomplissement artistique n'est pas forcément lié à une quelconque création), et de poursuivre son évolution sans cesse remise en cause et jamais achevée.

Pierre Boulez a dit cette phrase admirable, qu'il me semble intéressant de citer parce qu'elle résume parfaitement notre interrogation : « Les grandes œuvres, par bonheur, ne cessent jamais de récompenser leur intransgressible nuit de perfection ».

Yves Angelo.

Table des matières

Achevé d'imprimer en France
Protection IDDN